西北工业大学"十四五"研究生教材建设项目

工程塑料

编者 张广成 马忠雷 秦建彬

西北工业大学出版社

西 安

【内容简介】 本书以工程塑料主要品种的发展过程、合成、结构与性能、改性、成型加工、应用以及新品种的发展为主线,对聚酰胺、聚碳酸酯、聚甲醛、热塑性聚酯、聚苯醚、聚苯硫醚、聚砜、聚酰亚胺以及其他特种工程塑料进行了比较深入、系统、全面的介绍。

本书可供高等学校材料科学与工程、化学、化学工程、材料工程领域偏向高分子材料与工程方向的硕士研究生使用,也可供高等学校高分子材料与工程专业的高年级本科生以及相关领域的技术人员学习。

图书在版编目(CIP)数据

工程塑料 / 张广成,马忠雷,秦建彬编. — 西安:
西北工业大学出版社,2024.3
ISBN 978 - 7 - 5612 - 9224 - 2

Ⅰ. ①工… Ⅱ. ①张… ②马… ③秦… Ⅲ. ①工程塑料 Ⅳ. ①TQ322.3

中国国家版本馆 CIP 数据核字(2024)第 047394 号

GONGCHENG SULIAO

工 程 塑 料

张广成 马忠雷 秦建彬 编

责任编辑:朱晓娟		**策划编辑:**倪瑞娜	
责任校对:王玉玲		**装帧设计:**李 飞	

出版发行:西北工业大学出版社

通信地址:西安市友谊西路 127 号　　邮编:710072

电　　话:(029)88491757,88493844

网　　址:www.nwpup.com

印 刷 者:兴平市博闻印务有限公司

开　　本:787 mm×1 092 mm　　1/16

印　　张:21.25　　彩插:1

字　　数:530 千字

版　　次:2024 年 3 月第 1 版　　2024 年 3 月第 1 次印刷

书　　号:ISBN 978 - 7 - 5612 - 9224 - 2

定　　价:58.00 元

前　言

　　工程塑料是三大合成有机高分子材料(塑料、橡胶和合成纤维)中发展最为活跃的种类之一。由于工程塑料具有很好的力学性能,耐热性能,电绝缘性能,耐水、耐介质腐蚀以及良好的成型加工性能和高的性价比等综合优势,因此它可以替代金属材料广泛应用于电子电器、机械工程、汽车工业、建筑材料、包装工业、农业、日用品、医疗器械、航空航天等高新技术领域。工程塑料相关知识也是国内外高等学校高分子材料与工程专业本科生、硕士生、博士生培养必然涉及的内容。

　　目前,"工程塑料"专业课教材不仅严重缺乏,而且为数不多的教材或者参考书也已经比较陈旧,难以适应工程塑料的发展以及人才培养的需求,迫切需要出版一本新的《工程塑料》教材。

　　笔者为研究生讲授"工程塑料"课程近30年,结合科研工作以及相关学术会议对工程塑料有了比较深入的理解与知识积累,也对工程塑料的发展有着一定的了解,这些都为编写本书打下了良好的基础。本书的特色与创新性如下。

　　1. 内容全面,重点突出

　　本书在相关教材及参考文献的基础上,对编写内容进行仔细推敲,优选出聚酰胺、聚碳酸酯、聚甲醛、热塑性聚酯、聚苯醚、聚苯硫醚、聚砜、聚酰亚胺以及其他特种工程塑料等主要品种作为本书的编写内容,以其发展过程、合成、结构与性能、改性、成型加工、应用以及新品种的发展为主线,系统、全面、深入地进行讲解。这些品种涵盖了现有工程塑料90%以上的品种,能够帮助读者全面了解工程塑料的相关知识及其发展。

　　2. 层次分明,结构合理

　　本书的章节编排体现了现有工程塑料的发展过程以及知识体系自身构筑的规律性,有利于读者在学习时由易到难、由简单到复杂、由基础到应用,循序渐进地理解和掌握工程塑料相关知识,能够培养读者应用所学高分子化学、高分子物理、高分子成型加工的知识分析问题、解决问题的能力。

　　3. 适合教学,体现创新

　　本书不同于国内已经出版的同类教材或者教学参考书,能够适合于我国高等学校高分子材料与工程相关专业对材料类相关课程的教学要求,既能让学生在40学时内掌握工程塑料的基本知识和基本规律,又能激发学生对工程塑料进行创新的兴趣。

4. 课程思政,彰显国力

本书将结合我国工程塑料领域的发展,以国内著名企业、著名高等学校在聚芳醚腈、聚二氮杂萘酮系列工程塑料,半芳香族聚酰胺、长碳链尼龙、硫磺化合成、聚苯硫等新品种工程塑料的突出贡献为例,提升学生热爱高分子材料相关专业,奉献祖国的家国情怀。

全书由张广成负责统稿。本书第1章(绪论)、第2章(聚酰胺)、第3章(聚碳酸酯)、第4章(聚甲醛)、第6章(聚苯醚)、第7章(聚苯硫醚)、第10章(其他特种工程塑料)由西北工业大学张广成编写,第8章(聚砜)和第9章(聚酰亚胺)由西北工业大学马忠雷编写,第5章(热塑性聚酯)由西北工业大学秦建彬编写。

在编写本书的过程中,西北工业大学左鑫佩、盛贤哲、蒋若楚等对书中的分子式和插图进行了绘制;在本书的立项和编写过程中,西北工业大学出版社倪瑞娜和杨军给予了支持与帮助;在此一并表示感谢。同时向本书参考文献的作者致谢。

鉴于本书为西北工业大学"十四五"研究生教材建设项目立项教材,笔者力图将本书编写成为一本精品教材,但由于水平有限,书中的不足和疏忽之处在所难免,恳请读者给予批评指正,以便不断修正和提高。

编 者

2023 年 9 月

目　　录

第1章 绪 论

1.1 概 述

塑料、橡胶、合成纤维是高分子材料的三大主要工业品种,也是高分子材料最主要的表现形式。其中,塑料又分为热塑性塑料和热固性塑料。热塑性塑料是指大分子主链为线型或者略带支链型的聚合物,具有可以反复熔融流动加工的特点,而热固性塑料是指分子链含有多个可反应官能团的低分子预聚物,如酚醛树脂、不饱和聚酯树脂、环氧树脂、双马来酰亚胺树脂、氰酸酯树脂等,其相对分子质量大多在几百至几千之间,在首次加工时可以熔融流动,一旦固化成型就不具备再次流动性的塑料。通常,热固性塑料比热塑性塑料具有更高的强度和更好的耐热性。

单一的聚合物很少直接作为材料使用,而塑料通常是以聚合物为主要成分,再加入添加剂(如抗氧剂、增塑剂、抗静电剂等)制成的混合物。这些添加剂是为了改善塑料的加工性能,或者改善塑料的某些使用性能(如阻燃性、力学性能、抗老化性能等),或者增加塑料的功能性(如导电性、磁性、吸波性等)。此外,通过对两种或者两种以上的聚合物进行共混,制备的塑料合金也是一种新的塑料材料形式。这些塑料合金既能保持聚合物各自的优点,又能改进各自的缺点。

工程塑料(Engineering Plastics)是在通用塑料(General Plastics)[如聚乙烯(PE)、聚丙烯(PP)、聚氯乙烯(PVC)、聚甲基丙烯酸甲酯(PMMA)、聚苯乙烯(PS)]基础上发展起来的具有更高的力学性能和更好的耐热性的热塑性塑料,其基本概念或者定义是:作为工程塑料的基础树脂,应具有较高的力学性能和较好的耐热性;能够代替金属材料应用于机械工程、电子电器、汽车、建筑、航空航天等领域,作为结构零件使用。一般情况下,工程塑料的拉伸强度大于50 MPa,弯曲模量大于 2 GPa,无缺口抗冲击强度大于50 kJ/m²,热变形温度大于 100 ℃。

由此可见,热固性塑料及其改性材料,虽然具有很高的力学性能和很好的耐热性,也可以代替金属作为结构零件使用,但不在传统工程塑料的概念之内。事实上,随着技术、产能、市场的发展,工程塑料的概念也在发展、变化之中,如 ABS(丙腈烯-丁二烯-苯乙烯三种单体的共聚物)是最早出现的综合性能优异的工程塑料,在电子电器领域发挥了极其重要的作用,目前已经将其作为通用塑料(PS)的改性品种。随着 PP 改性技术的发展,也有人把增韧/增强改性的 PP 作为工程塑料,比如用作汽车保险杠、汽车仪表盘、洗衣机盖板等。现有的工程塑料也大多采用增韧、增强、阻燃、合金化等技术来改性,以满足使用要求。

1.2 工程塑料的分类

从品种上看:普遍认为聚酰胺(PA)、聚碳酸酯(PC)、聚甲醛(POM)、热塑性聚酯[PET(聚对苯二甲酸丁二酯,又称 PBT)、PTT(聚对苯二甲酸丙二醇酯)]、聚苯醚(PPO)[含改性聚苯醚(MPPO)]是五大通用工程塑料,其使用温度范围大多在 100~150 ℃ 之间;将使用温度超过 150 ℃且具有更高力学性能的聚苯硫醚(PPS)、聚砜(PSF 或 PSU)、聚四氟乙烯(PTFE)、超高相对分子质量聚乙烯(UHMWPE)、热塑性聚酰亚胺(TPI)、聚芳酯(PAR)、聚醚醚酮(PEEK)、液晶聚合物(LCP)、聚苯并咪唑(PBI)、聚苯并噁唑(PBO)、聚芳醚腈(PEN)等称为特种工程塑料。工程塑料的类型及耐热性如图 1-1 所示。此外,通用工程塑料的价格一般在 2 万元/t 左右,而特种工程塑料的价格则在 4 万元/t 以上,甚至达到每吨几十万元至上百万元。

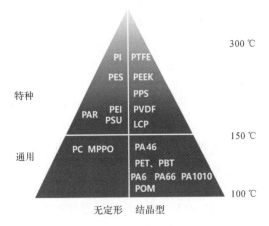

图 1-1 工程塑料的类型及耐热性
注:PI 为聚酰亚胺;PES 为聚醚砜树脂;PEI 为聚醚酮酮酯。

从结晶行为上看,工程塑料可以分为无定形工程塑料和结晶型工程塑料。无定形工程塑料的聚合物大分子链一般为无序结构,没有明显的熔融温度(T_m),其软化或者流动温度范围较宽,一般具有透明性、低收缩和低翘曲等特点。其特征温度有脆化温度(T_b)、玻璃化转变温度(T_g)、流动温度(T_f)、分解温度(T_d)等,其理论使用温度的上限是玻璃化转变温度。无定形工程塑料的主要品种有 PC、PPO、MPPO、PSF 等。而结晶型工程塑料的聚合物大分子链有规律折叠与取向排列,能形成紧密的堆砌结构。相比于无定形工程塑料,结晶型工程塑料具有比较明显的熔融温度(熔点),其理论使用温度的上限是熔点,同一种聚合物处于结晶态时密度大、硬度高,力学性能和耐热性均会上升,但收缩率大,易发生翘曲,透明性变差且熔融时需要的热量更多。其特征温度有 T_b、T_g、T_m、T_d 等。结晶型工程塑料的主要品种有 PA、POM、PBT、PTFE、PEEK 等。

从聚合物大分子链的化学结构上看,工程塑料可以分为聚酰胺类(如 PA6、PA46、PA66、PA610、PA1010、PA11、MPIA、PPTA 等)、聚酯类(如 PC、PET、PBT、PEN、PAR

等）、聚醚类（如 POM、PPO、PPS、PEEK 等）、聚砜类（如 PSF、PES、PAS 等）、聚芳杂环类（如 PI、PBI、PBO 等）和含氟聚合物类（如 PTFE、PCTFE、PVDF、PFA、FEP）等。这些聚合物大多采用不同官能团之间的缩合聚合的方法进行合成（见表 1-1）。

表 1-1 工程塑料的类型

分子结构类型	典型品种	分子结构式
聚酰胺类	PA6	$HO+C(CH_2)_5NH+_nH$（C上连O）
	PA66	$+NH(CH_2)_6NH-C(CH_2)_4C+_n$（两个C上各连O）
	PA610	$+NH(CH_2)_6NH-C(CH_2)_8C+_n$（两个C上各连O）
	PA1010	$+HN(CH_2)_{10}NH-C(CH_2)_8C+_n$（两个C上各连O）
	PA11	$HO+C(CH_2)_{10}N+_n H$（C上连O，N上连H）
	MPIA	$+NH-\bigcirc-NH-C\bigcirc C+_n$（两个C上各连O）
	PPTA	$+EU-\bigcirc-NH-C\bigcirc C+_n$（两个C上各连O）
聚酯类	PC	$+O-\bigcirc-\underset{CH_3}{\overset{CH_3}{C}}-\bigcirc-O-C+_n$（末端C上连O）
	PET	$+C\bigcirc C-O-CH_2CH_2-O+_n$（两个C上各连O）
	PBT	$+C\bigcirc C-O(CH_2)_4O+_n$（两个C上各连O）

续表

分子结构类型	典型品种	分子结构式
聚酯类	PEN	
	PAR	
聚醚类	POM	$+CH_2-O+_n$ 或 $+CH_2O+CH_2CH_2O+_m$ $(n>m)$
	PPO	
	PPS	
	PEEK	
聚砜类	PSF	
	PES	
	PAS	

续表

分子结构类型	典型品种	分子结构式
聚芳杂环类	PI	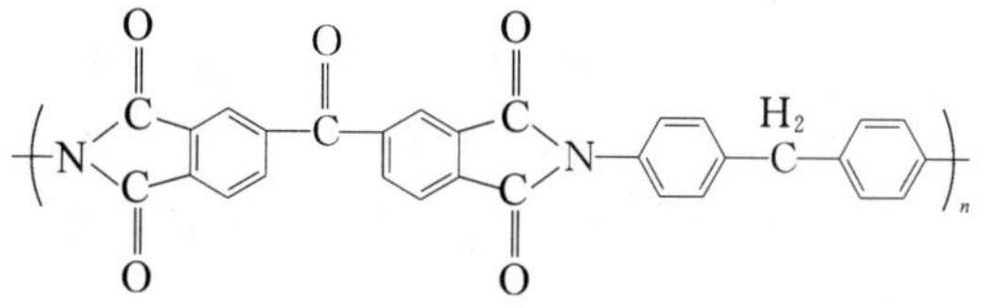 （聚酰亚胺分子结构式）
	PBI	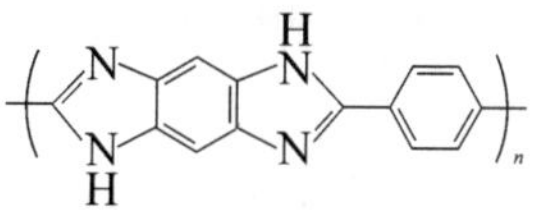 （聚苯并咪唑分子结构式）
	PBO	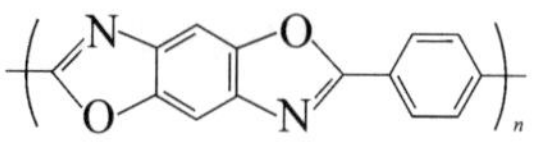 （聚苯并噁唑分子结构式）
含氟聚合物类	PTFE	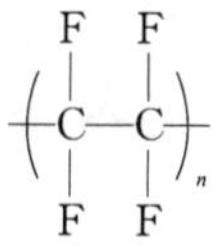 （分子结构式）
	PCTFE	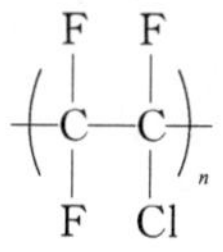 （分子结构式）
	PVDF	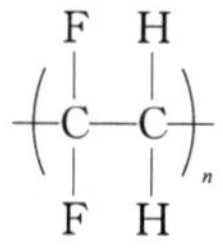 （分子结构式）
	PFA	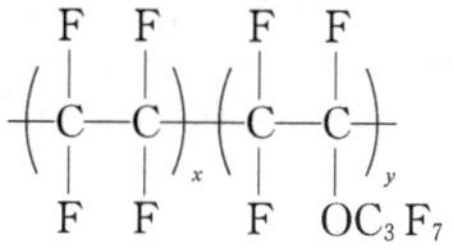 （分子结构式）
	FEP	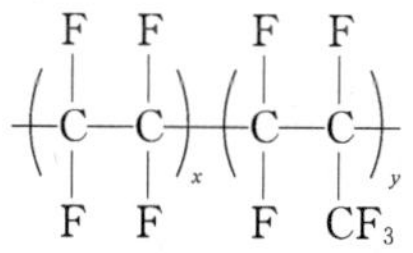 （分子结构式）

由此可见，这些工程塑料所用聚合物是线性大分子，其大分子中除了含有脂肪链、苯环、

芳杂环以外，还具有酰胺基（—NHCO—）、酯基（—OCO—）、醚键（—O—）或者硫醚键（—S—）、砜基（—OSO—）、酮基（—CO—）、酰亚胺基[—N(CO)₂—]、碳氟键（—CF—）、腈基（—CN）等，以及这些功能基或者功能键与脂肪链、苯环、芳杂环的组合，如聚醚醚酮、聚醚砜、聚酰胺酰亚胺、聚酯酰亚胺、聚苯硫醚酮、聚芳醚腈、聚苯硫醚酮、聚苯硫醚腈等。脂肪链的聚合物具有较高的柔顺性，加工性能较好，它们通过结晶和分子间作用力给聚合物提供力学性能和耐热性。而芳杂环结构聚合物大分子链的刚性大，难以结晶，加工性能较差，但可以给聚合物提供更高的力学性能和更好的耐热性。在充分认识聚合物大分子链结构与性能之间关系的基础上，能够设计出聚合物的分子结构，从而合成出一系列满足使用性能要求的新型工程塑料树脂基体。

从聚合物结构与性能的关系看，能够作为工程塑料的线型聚合物有数百种，而从实际应用看，目前工程塑料的品种只有几十种。这是因为实际应用必须考虑工程塑料的成型加工工艺性以及成本，还需要进一步考虑回收再利用。

1.3　工程塑料的优缺点

与金属材料和无机非金属材料（如玻璃、陶瓷、水泥等）相比，工程塑料一般具有如下优点：

（1）密度小。工程塑料所用聚合物的密度一般小于 1.4 g/cm³，如尼龙（PA）为 1.14 g/cm³、聚碳酸酯（PC）为 1.2 g/cm³、聚甲醛（POM）为 1.42 g/cm³、聚苯醚（PPO）为 1.06 g/cm³、聚对苯二甲酸丁二酯（PBT）为 1.21 g/cm³，即使通过短纤维增强、无机填料或者有机填料填充改性以及不同聚合物之间合金改性，聚合物的密度也不会超过 2.0 g/cm³。这一密度是钢的约1/4、铝的约1/2、有色金属的1/8～1/5。

（2）比强度和比模量高。由于工程塑料的密度远低于金属材料，所以其比强度和比模量要优于金属材料，这对于航空航天、交通运输和船舶、服装、体育器材等领域的应用具有重要的意义。表 1-2 为几种工程塑料与金属材料的比强度的对比。

表 1-2　几种工程塑料与金属材料的比强度

材料	密度/(g·cm⁻³)	拉伸强度/MPa	比拉伸强度/(MPa·g⁻¹·cm³)
合金钢	8.0	1 000	125
硬铝	2.8	390～450	140～160
铸铁	8.0	150	19
玻璃纤维增强 PC(GFPC)	1.4	140	100
玻璃纤维增强 PA(GFPA)	1.22	180	150
玻璃纤维增强 PET(GFPET)	1.6	140	88

（3）耐热性较好。相比于通用塑料耐热性（这里指耐热温度）大多在 100 ℃ 以下，工程塑料的耐热性明显提高，通用工程塑料的温度大多为 100～150 ℃，而特种工程塑料的耐热温

度可以达到 350 ℃甚至更高。特别是经过玻璃纤维增强后的工程塑料,在工程领域使用的热变形温度(HDT)和长期使用温度(UL)更加具有实际意义。表 1-3 列出了几种工程塑料热变形温度(HDT)和长期使用温度(UL)的对比。

表 1-3 几种工程塑料热变形温度(HDT)和长期使用温度(UL)

材料	HDT/℃	UL/℃	材料	HDT/℃	UL/℃
PA6	63(190)	105(115)	PPO	130(140)	100(110)
PA66	70(240)	105(125)	PEEK	160	240
PC	135(145)	110(130)	PES	203	170~180
POM	123(163)	80(105)	PPS	260	220
PBT	58(210)	120(140)	PI	357	260~316

注:括号中数据为经过 30%玻璃纤维增强后的结果。

(4)耐水和耐化学介质性能优异。工程塑料大分子链主要由脂肪基、苯基、芳杂环基、酯基、酰胺基、酮基、砜基、酰亚胺基、醚键、硫醚键等组成。大分子链的缠结、结晶、取向和相互作用等,使其即使有一定的极性,在室温下也表现出很好的耐水和耐化学介质性能。高温下,其耐水和耐化学介质性能会有一定的下降。

(5)电绝缘性高。与耐水和耐化学介质性能相近,工程塑料一般在室温下和低频率下表现出高的表面电阻、体积电阻率,低的介电损耗因数以及电击穿强度,在温度升高、电场频率增大或者在湿度大的环境条件下,极化增加可能导致其电绝缘性有一定程度的下降,但仍然处于较高的电绝缘状态。

(6)成型加工方便。工程塑料加工性普遍良好,容易通过挤出、注射、压延、吹塑、吸塑、热压等成型工艺制备出形状复杂、大小不同的各种制品,如管、棒、膜、片、异型材、容器、形状复杂的零部件,生产效率极高,而且成本低,特别适合于大批量零部件的制造。

(7)容易调色与改性。工程塑料可以通过简单的着色工艺(如色母料或者色粉着色)实现制品的颜色变化,还可以通过合金、填充、增强以及加工手段变化等实现材料性能或者制品性能的显著改进。如玻璃纤维增强后能够显著提高 PA 力学性能和热变形温度,添加阻燃剂可以使得 PBT 达到《设备和电器部件塑料材料易燃性测试安全标准》(UL 94—2003)的发 V0 级(简称 UL94 V0),双向拉伸可以显著提高 PET 薄膜的力学性能和阻隔性。

然而,与通用塑料相同,工程塑料也存在容易燃烧、容易老化等问题,其耐热性和力学性能与金属材料或者无机非金属材料相比仍处于较低水平。为了满足更加严酷的应用环境,不断提高工程塑料的力学性能、耐热性依然是未来发展的方向。

1.4 工程塑料的结构表征与性能测试

结构表征与性能测试是工程塑料制备与应用过程中的重要环节。工程塑料的分子结构和相对分子质量通常采用傅里叶变换红外光谱(FTIR)、核磁共振(NMR)、X 射线光电子能谱(XPS)、凝胶色谱仪(GPC)等方法进行表征。工程塑料的凝聚态结构通常采用 X 射线衍射仪(XRD)、扫描电子显微镜(SEM)及其能谱仪(EDS)、透射电子显微镜(TEM)、偏光光学显微镜(POM)等方法进行表征。工程塑料的流变性能通常采用熔融指数(MFR)、转矩流变仪、旋转流变仪等进行测试,工程塑料的热性能通常采用差示扫描量热仪(DSC)、热失重分析仪(TGA)、动态热机械仪(DMA)等方法进行测试。工程塑料的力学性能通常采用电子万能试验机、冲击试验机等进行测试,而燃烧性能通常采用氧指数仪、水平垂直燃烧仪、锥形量热仪等进行测试,电性能通常采用电阻率测试仪、介电常数测定仪等进行测试。

工程塑料的性能一般包括物理性能(密度、吸水率、透光率、硬度、表面粗糙度、尺寸变化率、收缩率、线膨胀系数、导热系数)、力学性能(拉伸、压缩、弯曲、剪切、冲击、耐磨、疲劳、蠕变)、热性能(脆化温度、玻璃化转变温度、熔融温度、流动温度、分解温度、维卡软化温度、热变形温度)、电性能(表面电阻率、体积电阻率、介电常数、介电损耗因数、介电强度)、耐介质性能(耐水性、耐有机溶剂性能、耐无机溶剂性能、耐油性、耐微生物性能)、燃烧性能(氧指数、水平或者垂直燃烧时间、离火自熄时间、烟密度、烟雾毒性、热释放速率、阻燃等级)、老化性能(热空气老化、光老化、臭氧老化、湿热老化、微生物老化、人工加速老化)。这些性能的测试通常采用中国国家标准(GB)、美国材料与试验协会(ASTM)标准、国际标准(ISO)等方法进行标准试样的测试,其结果具有可比性,可用于材料研制、入厂复验以及不同材料之间的性能对比。

需要特别说明的是,由于工程塑料中聚合物相对分子质量、相对分子质量分散性、添加剂、生产工艺等因素的不同,以及测试方法和测试机构的不同,测试结果离散,即使对同一种工程塑料,其性能测试结果也可能存在一定的差距,因此读者在不同文献资料中得到的性能数据存在差异,这种情况比较普遍,也属于正常。读者不必过于纠缠这些数据的差异,只需要将这些数据作为参考。重要情况下的可靠、准确数据,需要用户自行按照相关标准进行测试来获取。同时,建议工程塑料原材料生产厂家也尽可能多采用相关标准对出厂产品进行多项或者全面性能测试,以便用户在选材时能更准确地把握材料性能。

此外,工程塑料制品的性能也可能与标准试验得到的性能不同,这是由于制品形状、结构、成型加工方法和工艺参数、模具、后处理等因素的不同,可能会造成大分子链的取向、结晶、内应力、熔接痕、填料分散与分布等因素与标准试验件不同,使得制品的性能相比标准试验件的性能不同,而且制品中各向异性程度较高。大多数情况下,制品性能的降低与成型加工过程中引入缺陷有关,如制品中出现气泡、银纹、熔接痕、内应力与大分子链少量降解有关。

1.5 工程塑料的应用领域与市场

工程塑料发明的初衷主要是将其作为结构材料使用,代替木材、有色金属、钢材、水泥等应用于国民经济的各个方面,最主要的应用领域是汽车工业、机械制造、电子电器、家用电器、化学工业、化学纤维、医疗器械、包装工业、建筑材料、航空航天等。作为一种轻质、高比强度和比模量、绝缘、耐水、耐腐蚀、成型加工性优良、性价比高的材料,工程塑料已经成为人们生活中不可或缺的材料(见表 1-4)。

表 1-4 工程塑料的主要应用领域及其产品

主要应用领域	主要产品
汽车工业	保险杠、翼子板、燃油箱、仪表盘等内装饰件,车身板、车门、车灯罩、燃油管、散热器以及发动机相关的零部件
机械制造	轴承、齿轮、丝杠螺母、密封件等机械零件,壳体、盖板、手轮、手柄、紧固件及管接头等机械结构件
电子电器	电器开关、继电器、交流接触器、电线/电缆包覆层、线路板、绝缘材料与结构件、显示器、键盘、鼠标、手机等
家用电器	电冰箱、洗衣机、空调器、电视机、电风扇、吸尘器、电熨斗、微波炉、电饭煲、收音机、组合音响与照明器具
化学工业	热交换器、化工设备衬里、管材/管件接头、阀门、泵、管路等
医疗器械	手术器材、注射器、心脏瓣膜、骨骼修复、导管等
包装工业	旅行杯、奶瓶、微波炉用品、食品包装容器等
建筑材料	管材、门窗芯材、大型场所天棚建材、隔声板等
航空航天	透明窗玻璃、内饰件、灯罩、仪器仪表盘、管路/管件、轴承/轴套、电子电器零部件等

　　工程塑料可作为工程结构材料代替金属材料制造机器零部件,具有综合性能优良、刚性大、蠕变小、机械强度高、耐热性好、电绝缘性好的特点,可在较苛刻的化学、物理环境中长期使用,可替代金属材料作为工程结构材料而广泛使用。

　　据统计,2012 年全球工程塑料的市值约 670 亿美元,2022 年已经达到 1 137 亿美元。2022 年,全球工程塑料的产能近 3 000 万 t,其中,聚酰胺和聚碳酸酯的产能均超过 600 万 t,聚甲醛的产能超过 150 万 t,聚苯硫醚等特种工程塑料单个品种的产能均在 30 万 t 以下。这些工程塑料的主要生产企业有美国杜邦、陶氏化学,德国巴斯夫、拜耳、罗地亚,日本旭化成、三菱、帝人、宝理,韩国三星、LG(乐金电子公司),沙特 SABIC(基础工业公司)等。其中,杜邦是全球最大的尼龙生产商,SABIC[收购 GE(通用电气公司)塑料业务]是全球最大的改性 PC 与 PPO 生产商,巴斯夫在汽车用工程塑料领域具有较强的竞争力。聚酰亚胺、聚醚醚酮的生产主要集中在美国、日本、欧洲等地的少数几家大型企业。

　　我国是世界上工程塑料发展速度最快的一个国家,据统计:2000—2007 年我国工程塑料市场以年均 20% 的速度增长,即使在 2008—2009 年全球金融危机期间,我国工程塑料的增长速度也达到 9% 以上;2010—2022 年平均年增长速度也达到了 10%;2021 年工程塑料的需求量为 665 万 t,2022 年工程塑料的总需求量高达 725 万 t,2027 年将达到近 1 000 万 t。我国工程塑料的主要生产企业包括广州金发(KINGFA)、上海普利特(PRET)、深圳沃特新材料(WOTE)、山东道恩(Dawn)、南京聚隆(JULONG)、江苏博云、云天化等。

1.6 工程塑料的发展

工程塑料的发展历经了 100 多年,起源于 20 世纪 20 年代德国科学家 H. Staudinger 建立的高分子理论。五大通用工程塑料中率先工业化的聚酰胺(PA66),是在美国科学家 W. H. Czarothersz 在 1931 年申请专利的基础上,由美国杜邦于 1939 年工业化并主要作为纤维来使用,直到第二次世界大战期间才作为电线电缆包覆材料以及少量的成型产品使用。作为工程塑料的尼龙是在 1950 年开始使用的。1956 年,美国杜邦又成功开发出均聚甲醛(POM),并于 1959 年实现工业化生产。1962 年,美国 Celamese 生产出共聚甲醛(POM),聚甲醛是一种高刚性、高硬度、耐磨自润滑、力学性能优异的工程塑料,也称为"赛钢"或"夺钢",作为代替金属铝、铜、镁的新材料使用。1958 年和 1960 年德国 Bayer 和美国 GE 分别开发成功酯交换法和光气法聚碳酸酯(PC),这种具有高度透明性、良好耐热性、高力学性能的工程塑料作为结构材料获得了广泛应用,增加了人们对以工程塑料取代金属材料使用的信心。1964 年,美国 GE 又开发成功了性能优异的聚苯醚(PPO),但其加工性不好,两年后发现聚苯乙烯(PS)或者高抗冲聚苯乙烯(HIPS)与聚苯醚共混(MPPO)可以显著改善聚苯醚的流动性,使得 MPPO 成为第五大工程塑料,也开拓了通过共混实现工程塑料合金化的新途径。1970 年,美国 Celamese 又成功开发出聚对苯二甲酸丁二酯(PBT),这一品种成为五大通用工程塑料最后开发出来但产量增长率极高的品种。

1964 年,美国杜邦开发成功聚酰亚胺(PI),揭开了芳杂环耐热工程塑料的序幕,随后相继有聚砜类(PSF)、聚苯硫醚类(PPS)等耐高温工程塑料推出。1980 年英国 ICI(帝国化学公司)开发出熔点高达 336 ℃的聚醚醚酮(PEEK),开辟了聚醚酮类(PEK)耐热工程塑料的新发展方向。

表 1-5 列出了主要工程塑料品种的工业化时间及其主要生产厂家。

表 1-5 工程塑料主要品种的工业化时间及其主要生产厂家

年份	品种	缩写	主要生产厂家
1939 年	聚酰胺 66	PA66	美国杜邦
1942 年	聚酰胺 6	PA6	德国 Farben (BASF)
1945 年	聚四氟乙烯	PTFE	美国杜邦
1949 年	聚对苯二甲酸乙二醇酯	PET	英国 ICI(帝国化学公司)
1955 年	聚酰胺 11	PA11	法国阿托
1956 年	均聚甲醛	POM	美国杜邦
1958 年	聚碳酸酯	PC	德国 Byler、美国 GE
1960 年	共聚甲醛	POM	美国 Celamese
1961 年	聚酰胺 1010	PA1010	中国上海赛璐珞
1961 年	聚苯并咪唑	PBI	美国 NASA(国家航空航天局)

续表

年份	品种	缩写	主要生产厂家
1964 年	聚酰亚胺	PI	美国杜邦、美国 GE
1964 年	聚酰胺酰亚胺	PAI	美国 GE
1964 年	聚苯醚	PPO	美国 GE
1965 年	聚砜	PSF	美国 UCC（联合碳化物公司）
1966 年	改性聚苯醚	MPPO	美国 GE
1966 年	聚酰胺 12	PA12	德国赫斯
1968 年	聚苯硫醚	PPS	美国 Phillips
1970 年	聚对苯二甲酸丁二醇酯	PBT	美国 Celamese
1971 年	聚酰胺酰亚胺	PAI	美国 Amoco
1972 年	聚醚砜	PES	英国 ICI
1973 年	聚芳酯	PAR	日本尤尼奇卡
1978 年	聚醚醚酮	PEEK	英国 ICI
1980 年	聚醚酰亚胺	PEI	美国 GE
1986 年	聚醚酮	PEK	英国 ICI
1987 年	聚醚酮酮	PEKK	美国杜邦

我国相关高等学校和科研单位在 20 世纪 50—70 年代紧跟世界工程塑料的发展趋势，陆续开发、研究了一系列工程塑料，基本满足了当时背景下关键新材料的需求，详见后续章节的内容。特别是在 20 世纪 60 年代首次利用蓖麻油制取了癸二酸，再经过氨化脱水制取了癸二腈，在世界上首次合成出长链尼龙 1010。改革开放以来的 40 多年，我国工程塑料的发展进入了快车道，从引进、消化、吸收，到自主创新，开展了一系列卓有成效的工作。例如：郑州大学在长碳链尼龙（PA1212、PA1111、PA1313、PA1012、PA1311、PA1214 等）、半芳香族尼龙（PAnT、PAnN、PAnC 等）取得了突出的成果；长春应用化学研究所在酚酞型聚醚酮（PEK-C）、大连理工大学在二氮杂萘酮系列工程塑料（PPESK、PPENS 等）、电子科技大学在聚芳醚腈（PEN）等特种工程塑料中均做出了显著贡献，相关内容可见本书第 2 章和第 10 章。此外，上海杰士杰新材料（集团）股份有限公司、广州金发科技股份有限公司、开封龙宇化工有限公司、四川晨光化工研究院、万华化学集团股份有限公司、中国神马有限责任公司等单位为我国工程塑料的产业化和规模化发展均做出了卓越贡献。

我国工程塑料的发展历程可以分为以下 4 个阶段：

（1）起步阶段（1950—1990 年）。20 世纪 50 年代末期，我国工程塑料开始小规模生产；80 年代初期，我国工程塑料研究试制出了 10 余种新型工程塑料。此阶段，我国与世界工程塑料的产业差距巨大。

（2）初步发展阶段（1990—1999 年）。国外著名公司先后在我国建立了独资或者合资工程塑料生产企业。此阶段,我国工程塑料产业的产品品种增加,生产技术得到了改进和提高,生产能力得到了提升。

(3)快速发展阶段(2000—2009年)。我国拥有了主要工程塑料品种的生产能力,并开始形成了具有树脂合成、塑料改性与合金、助剂生产、塑机和模具制造、加工应用等相关配套能力的完整产业链。同时,我国在特种工程塑料领域实现了技术突破。

(4)稳步发展阶段(2010年至今)。各品种工程塑料发展程度不一,部分品种实现产业化但产能闲置,部分品种处于技术开发和应用研究阶段,尚待实现产业化。整体来看,我国国产工程塑料生产实力不足以满足国内市场需求,仍需大量进口工程塑料。为此,2022年10月26日,国家发展改革委和商务部明确提出,将聚苯硫醚、聚醚醚酮、聚酰亚胺、聚砜、聚醚砜、聚芳酯、聚苯醚、特种聚酰亚胺及其改性材料、液晶聚合物等工程塑料及塑料合金产品纳入《鼓励外商投资产业目录(2022年版)》。

图1-2为塑料及工程塑料主要品种推出的工业化时间,其中20世纪20—40年代推出了聚氯乙烯(PVC)、聚苯乙烯(PS)、聚甲基丙烯酸甲酯(PMMA)、低密度聚乙烯(LDPE)、聚酰胺(PA)、聚对苯二甲酸乙二酯(PET)、聚氨酯(PU)和聚氧化乙烯(PEO)等品种,40—60年代推出了聚对苯二甲酸丁二酯(PBT)、环氧树脂(Epoxy)、聚丙烯腈(PAN)、丙烯腈-丁二烯-苯乙烯共聚物(ABS)、高密度聚乙烯(HDPE)、聚丙烯(PP)、聚四氟乙烯(PTFE)、聚芳酯(PAR)、聚甲醛(POM)和聚苯硫醚(PPS)等品种,60—80年代推出聚醚酰亚胺(PEI)、聚酰亚胺(PI)、聚醚砜(PES)和聚醚醚酮(PEEK)等品种,80年代后推出液晶聚合物(LCP)等品种。

图1-3为通过不同聚合物之间的共混推出的工程塑料合金的主要品种及其工业化时间,其中20世纪40—60年代推出聚氯乙烯/腈基丁二烯橡胶(PVC/NBR)、聚苯乙烯/丁二烯橡胶(PS/BR)和苯乙烯-丙烯腈共聚物/腈基丁二烯橡胶(SAN/NBR)等品种,60—80年代推出玻璃钢(GRP)、聚苯乙烯/聚苯醚(PS/PPO)、聚氯乙烯/乙烯-醋酸乙烯共聚物(PVC/EVA)、聚氯乙烯/丙烯腈-丁二烯-苯乙烯共聚物(PVC/ABS)、聚丙烯/三元乙丙橡胶(PP/EPDM)、聚酰胺/三元乙丙橡胶(PA/EPDM)、聚对苯二甲酸乙二酯/三元乙丙橡胶(PET/EPDM)、聚碳酸酯/聚对苯二甲酸丁二酯(PC/PBT)和聚碳酸酯/丙烯腈-丁二烯-苯乙烯共聚物(PC/ABS)等品种,80年代后推出聚对苯二甲酸丁二酯/三元乙丙橡胶(PBT/EPDM)、聚甲醛/聚氨酯(POM/PU)、苯乙烯-马来酸酐共聚物/聚碳酸酯/丙烯腈-丁二烯-苯乙烯共聚物(SMA/ABS)、聚酰胺/高密度聚乙烯(PA/HDPE)、聚酰胺/聚苯醚/聚苯乙烯(PA/PPO/PS)、聚氯乙烯/氯化聚乙烯(PVC/CPE)、聚丙烯/聚酰胺(PP/PA)、聚碳酸酯/苯乙烯-丙烯腈-丙烯酸酯共聚物(PC/ASA)、聚对苯二甲酸丁二酯/液晶聚合物(PBT/LCP)和环烯烃类共聚物(COC)等品种。

由图1-2和图1-3可见,工程塑料的新品种在20世纪80年代以后越来越少,而通过改性技术推出的新品种越来越多,主要原因是:寻找新单体、合成新品种越来越困难,新品种的研制费用越来越高,研制周期也越来越长,难以满足市场应用的需求。另外,人们发现,采用ABC[合金化(Alloy,指两种或者两种以上的聚合物之间的物理或者化学混合)、共混(Blending,指聚合物与无机或者有机填料之间的混合)、复合(Compounding,指聚合物与短切纤维之间的混合)]手段可以比较容易实现对现有工程塑料品种的改性,从而满足技术和市场对于工程塑料的需求。

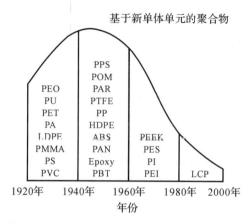

图 1-2 塑料及工程塑料主要品种工业化时间

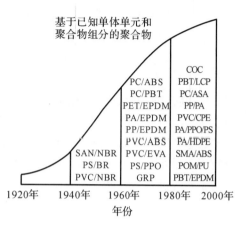

图 1-3 工程塑料合金主要品种工业化时间

ABC 法的优点是:第一,可以达到性能互补,如 PC/PBT 合金,PC 抗冲击性能好、耐化学性能差,而 PBT 耐化学性能好、抗冲击性差,两者制备成合金后,性能互补,综合性能优异;第二,可以提供改性剂,如 PC/HDPE 合金,使用 5% HDPE 作为改性剂可使 PC 缺口抗冲击强度提高 4 倍,熔体黏度下降 1/3,而 PC 的热变形温度基本保持不变,又如在 PA 或 POM 中加入 10%~20% 弹性体,所得产品为超韧尼龙(美国杜邦)和超韧 POM,低温抗冲击性能大幅度上升;第三,赋予工程塑料功能性,如阻燃性、导电性、导热性、电磁屏蔽性能等,这一目的通常通过添加阻燃剂、导电填料、导热绝缘填料、导电填料和磁性填料实现;第四,改善加工性能,如 PI/PPS,用流动性好的 PPS 改善流动性差的 PI,并保持其耐热性基本不变;第五,高性能工程塑料的通用化,GE 生产的 PEEK 树脂本身具有 260 ℃ 的耐热性、UL94 V0 级阻燃性、耐磨性、耐水性、电性能、耐辐射性等,但售价高达 100 万元/t。如何在不降低或很少降低其优异性能的前提下,通过 ABC 法降低成本使其能够在较多领域应用就是研究的方向。

ABC 法需要解决各组分之间相溶性、界面和相态结构调控、组分配比与各项性能之间的协调,以便在满足使用目的的前提下,尽可能提高改性工程塑料的综合性能以及成型加工工艺性能。

笔者认为工程塑料未来的发展方向主要有:

第一,现有工程塑料的复合化改性(即合金、增强、填充)依然是市场上最活跃的一项技术,这些技术需要进一步解决不同材料之间的相态控制和提升界面相互作用等问题。

第二,通用塑料的高性能化包括结晶、取向、交联、提高相对分子质量、超支化等,有望通过这些措施提高通用塑料性能并将其应用于工程塑料的领域。

第三,工程塑料新品种(如半芳香族尼龙、全芳香族聚酯、完全生物降解聚酯)的开发。新品种的开发离不开新型单体的合成以及聚合技术的创新。

第四,新功能型工程塑料的应用开发,包括导电、光电、压电、导热、形状记忆、人工器官用工程塑料及其制品。

第五,工程塑料的循环利用技术(如回收-分离技术、回收料性能的提升技术)的开发。

第六,开发工程塑料的绿色加工技术[如基于超临界 CO_2($SC-CO_2$)、超临界 N_2($SC-N_2$)的微孔发泡技术]以满足轻量化与低成本的需求。

第七,环境友好工程塑料(如基于 CO_2、生物、植物、微生物合成现有工程塑料)单体的研发,或者直接合成新型工程塑料用的树脂基体,低 VOC(挥发性有机物)含量的工程塑料技术。

总之,高性能、好加工、低成本、功能化、环境友好型工程塑料必将成为未来工程塑料发展的主流。

工程塑料的发展离不开树脂合成工业、塑料助剂工业、塑料改性工业、塑料机械工业、塑料模具工业以及塑料加工工业的协同发展。市场驱动以及高分子科学与技术的进步都将促进工程塑料的进一步发展。

第2章 聚 酰 胺

2.1 概 述

聚酰胺(Polymide,PA)简称尼龙(Nylon),是指大分子主链含有酰胺基(—CONH—)的聚合物,可以分为脂肪族聚酰胺、半芳香族聚酰胺、全芳香族聚酰胺和共聚型聚酰胺四大类。聚酰胺一般具有优良的力学性能、自润滑和耐磨性,较高的耐热性,良好的电绝缘性,优异的耐油性能以及成型加工性能等。通过 ABC 法可以获得几百种商业化产品,是通用工程塑料中产量最大、品种最多、用途最广的品种。

聚酰胺可以作为管材、棒材、薄膜、片材和各种零部件等工程塑料制品的材料,也可以作为尼龙丝、尼龙布、尼龙网、尼龙棉等纤维制品的材料,还可以作为纸蜂窝、弹性体、热熔胶颗粒和热熔胶棒以及 3D(三维)打印的粉末、丝材的材料以及透明尼龙薄膜和透明尼龙管等制品的材料。聚酰胺主要用于机械、汽车、电子电器、交通运输、化工设备、电动工具、电线/电缆、通信、包装、纺织、日用品等领域。

2.1.1 聚酰胺的分类

聚酰胺(尼龙)按照化学结构可以分为以下四大类。

(1)脂肪族尼龙:由内酰胺开环或脂肪族二元胺和脂肪族二元酸反应制备的尼龙,如 PA6、PA46、PA66、PA69、PA11、PA12、PA610、PA1010、PA1111、PA1212、PA1313 等。

(2)半芳香族尼龙:由芳香族二元胺与脂肪族二元酸或脂肪族二元胺与芳香族二元酸反应制备的尼龙,如间苯二胺(Metaxylylene diamine,MXDA)与己二酸合成的聚酰胺 MXD-6,己二胺与对苯二甲酸合成的聚酰胺 PA6T,壬二胺与对苯二甲酸合成的聚酰胺 PA9T,正十二胺与对苯二甲酸合成的聚酰胺 PA12T,癸二胺与间苯二甲酸合成的聚酰胺 PA10I 等。

(3)全芳香族尼龙:由芳香族二元胺和芳香族二元酸反应制备的尼龙,如对苯二胺与对苯二甲酸或者对苯二甲酰氯合成的聚酰胺 PPTA(商品名 Kevlar),间苯二胺与间苯二甲酸或者间苯二甲酰氯合成的聚酰胺 MPIA(商品名 Nomex)等。

(4)共聚尼龙:由两种或者两种以上的尼龙单体经过共缩聚反应制备的尼龙,如 PA66/6、PA66/6T 等,其中前一种尼龙在分子主链占比要超过 50%。

在以上四大类尼龙中,脂肪族尼龙 PA6 和 PA66 占了 90% 以上的产量,因此本章中无特殊说明时,一般所指的尼龙均为脂肪族尼龙,特别是 PA6 和 PA66。

2.1.2 聚酰胺的命名

(1)p 型尼龙:用重复的 ω-氨基酸或内酰胺中的碳原子数表示,称 PAp 型尼龙(碳原子个数 p,亚甲基个数为 $p-1$),如 PA3、PA4、PA6、PA9、PA10、PA11、PA12 等。其分子结构如图 2-1 所示,这种尼龙也称为单号码尼龙。

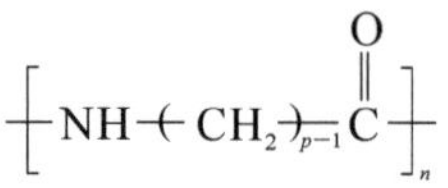

$$\left[NH + CH_2 \right]_{p-1} \overset{O}{\underset{\|}{C}} \right]_n$$

图 2-1 p 型尼龙的结构通式

(2)mp 型尼龙:重复二胺和重复二酸的碳原子数分别为 m 和 p,称 PAmp 型尼龙(胺中亚甲基 m 个,酸中亚甲基 $p-2$ 个),胺在前,酸在后,如 PA46、PA66、PA69、PA610、PA1010、PA1111。PA1212 等。其分子结构如图 2-2 所示,这种尼龙也称为双号码尼龙。

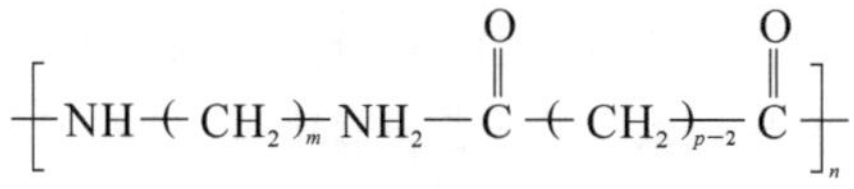

$$\left[NH + CH_2 \right]_{m} NH_2 \overset{O}{\underset{\|}{C}} + CH_2 \right]_{p-2} \overset{O}{\underset{\|}{C}} \right]_n$$

图 2-2 mp 型尼龙的结构通式

(3)半芳香族尼龙:芳香单体用英文缩写表示,脂肪单体用数字表示。例如:间苯二甲胺 (Metaxylylene diamine,MXDA)与己二酸合成的聚酰胺,缩写为 MXD-6,如图 2-3 所示;己二胺与对苯二甲酸(Terephthalic acid),缩写为 PA6T,如图 2-4 所示;壬二胺与对苯二甲酸,缩写为 PA9T,如图 2-5 所示。

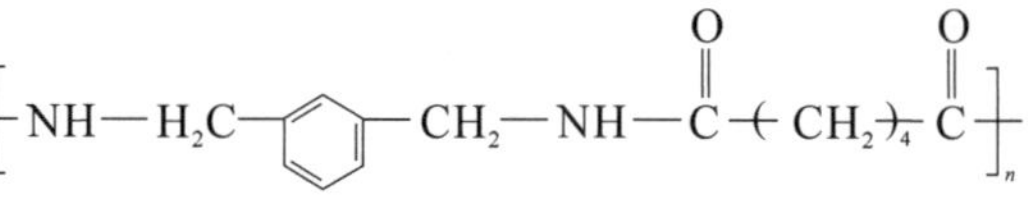

$$\left[NH - H_2C - \bigcirc - CH_2 - NH - \overset{O}{\underset{\|}{C}} + CH_2 \right]_{4} \overset{O}{\underset{\|}{C}} \right]_n$$

图 2-3 半芳香族聚酰胺 MXD-6

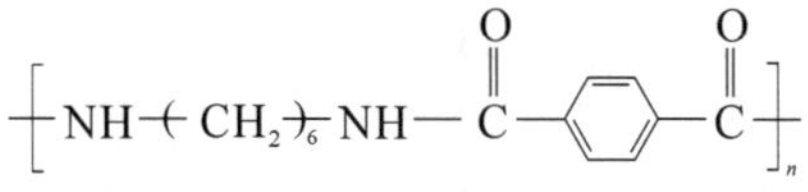

$$\left[NH + CH_2 \right]_{6} NH - \overset{O}{\underset{\|}{C}} - \bigcirc - \overset{O}{\underset{\|}{C}} \right]_n$$

图 2-4 半芳香族聚酰胺 PA6T

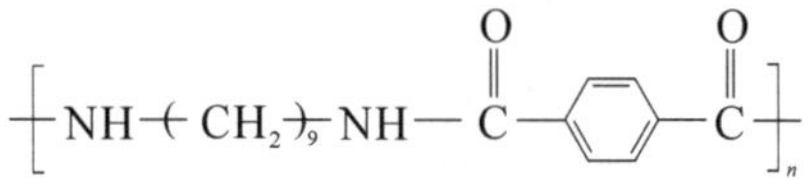

$$\left[NH + CH_2 \right]_{9} NH - \overset{O}{\underset{\|}{C}} - \bigcirc - \overset{O}{\underset{\|}{C}} \right]_n$$

图 2-5 半芳香族聚酰胺 PA9T

(4)全芳香族尼龙:合成尼龙的两种单体均为芳香族单体,如由对苯二胺与对苯二甲酸合成的聚对苯二甲酰对苯二胺(PPTA)。PPTA 主要用于纤维,其纤维的商品名称为 Kevlar 29、Kevlar 49 和 Kevlar 149 等,如图 2-6 所示。另一种常见的全芳香族聚酰胺是由间苯二胺与间苯二甲酸合成的聚间苯二甲酰间苯二胺(MPIA),主要用于 Nomex 蜂窝,如图 2-7 所示。Kevlar 纤维和 Nomex 蜂窝如图 2-8 所示。

图 2-6　全芳香族聚酰胺 PPTA

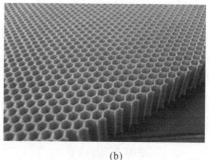

图 2-7　全芳香族聚酰胺 MPIA

图 2-8　全芳香族尼龙的两个典型商品

(a)Kevlar 纤维;　(b)Nomex 蜂窝

(5)共聚尼龙:由两种或者两种以上聚酰胺单体采用共缩聚合成的聚酰胺,主要聚酰胺种类放在前面,如 PA6/PA66、PA66/PA6、PA66/PA6T 等。这种共聚尼龙可以通过在分子链上引入第二种尼龙,显著改善第一种尼龙的性能。

2.1.3　聚酰胺的发展

聚酰胺各个品种的发展历史见表 2-1。由表 2-1 可见,聚酰胺主要品种是由美国、德国、日本的企业在 20 世纪 30—60 年代发展起来的,其中尼龙 1010 和尼龙 1212 是我国推出的新品种。20 世纪 70 年代以后主要为聚酰胺各种改性产品的发展。

表 2-1　聚酰胺品种的工业化时间与推出厂家

年代	品种	厂家
1931 年	PA66 纤维专利	杜邦、W. H. Carothers
1937 年	己内酰胺开环聚合生产 PA6 专利	Farber(BASF)、P. Schlack
1939 年	PA66	杜邦
1941 年	PA610	杜邦
1942 年	PA6	Farber(BASF)
1951 年	PA6 纤维	东洋人造丝
1955 年	PA11	Atochem

续表

年代	品种	厂家
1961 年	PA1010	上海赛璐璐
1964 年	PI	杜邦
1965 年	PA66	东洋人造丝
1966 年	PA12	Hüls
1969 年	透明尼龙	诺贝尔炸药
1971 年	聚酰亚酰(PAI)	Amco
1972 年	PA612、Kevlar、填充尼龙	杜邦
1976 年	PA66/EPDM 超韧尼龙	杜邦
1980 年	PA46	DSM(帝斯曼公司)
1981 年	聚醚酰亚胺(PEI)	GE
1983 年	MXD6	三菱瓦斯
1985 年	尼龙系高分子合金	GE
1985 年	非晶尼龙和高分子合金商品化	杜邦
1998 年	PA1212	郑州大学

在整个聚酰胺发展过程中,PA6 和 PA66 依然是聚酰胺最主要的两个品种。

随着我国在己内酰胺生产技术的突破,国内己内酰胺的产能大幅度提高。2021 年:我国己内酰胺的总产能已经达到 503 万 t,同比增长 16.2%;PA6 产能已经达到 585 万 t。2022 年:我国己内酰胺生产企业 27 家,产能达到 638 万 t,预计 2025 年将达到 878 万 t;PA6 生产企业 48 家,其中 10 万 t 以上规模企业 23 家,占比 48%,PA6 产能达到 565 万 t,预计 2025 年将达到 780 万 t。未来百万吨级的己内酰胺-聚酰胺联合生产基地将是新常态。表 2-2 为 2022 年我国主要企业的己内酰胺及 PA6 产能。

表 2-2 2022 年我国主要企业的己内酰胺及 PA6 产能 单位:万 t

序号	企业名称	己内酰胺		PA6	
		现有产能	拟建产能	现有产能	拟建产能
1	巴陵石化	30	60	5	15
2	岳阳化纤化工	0	0	16	40
3	湖北三宁	15	40		40
4	平煤神马	40	20	7	
5	福建天辰耀隆	35		2	
6	沧州旭阳	15			

续表

序号	企业名称	己内酰胺		PA6	
		现有产能	拟建产能	现有产能	拟建产能
7	山西阳煤	20		10	
8	山东海力化工	20			
9	山东方明	30		6.5	
10	鲁西化工	30		40	
11	鲁南化工	30			
12	华鲁恒升	30			
13	内蒙古庆华	20			
14	江苏海力化工	20			
15	浙江恒逸集团	45	120	51	60
16	福建申远	60		20	
17	福建中锦新材	26		31	
18	江苏海洋化纤			35	
19	新会美达			20	
20	福建永阳锦江			35	
21	福建长乐力恒			18	
22	福建长乐恒申			15	
23	无锡长安高分子			15	
24	杭州聚合顺			30	60
25	江苏弘盛新材			20	
26	浙江方圆新材			18.5	
27	南京东方	40			
28	东明旭阳化工	30			
29	福建永荣科技	28			
30	江苏海力化工	20			
31	江苏永通新材			15	
32	中仓塑业			14	
33	其他企业	44		191(25)	
	合计	638	240	565	215

数据来源：邓如生，新时期我国聚酰胺产业现状与发展战略，2023 年中国工程塑料复合材料技术研讨会论文集，《工程塑料应用》杂志社，2023 年 8 月。

通过己二腈加氢反应制备己二胺,再由己二胺与己二酸反应制备 PA66。因此,己二腈是制备 PA66 最关键的原料之一,而己二腈的生产技术长期被国外垄断。2022 年我国己二腈生产企业 7 家,产能达到 57.5 万 t,预计 2025 年将增至 12 家,产能将达到 232.3 万 t。2022 年我国 PA66 生产企业 7 家,产能达到 59.6 万 t,预计 2025 年将达到 17 家,产能将达到 481.6 万 t。表 2-3 为 2022 年我国己二腈/己二胺及 PA66 主要生产企业的产能。

表 2-3 2022 年我国己二腈/己二胺及 PA66 主要生产企业的产能 单位:万 t

序号	企业名称	己二腈/己二胺		PA66	
		现有产能	拟建产能	现有产能	拟建产能
1	平煤神马	5.0		21.0	24.0
2	浙江华峰		30.0	8.0	30.0
3	英威达	21.5	40.0	20.0	24.0
4	中化集团天辰	20.0			20.0
5	郓城旭阳		30.0		60.0
6	唐山旭阳		5.0		30.0
7	河北富海润泽		30.0		
8	四川久源		40.0		80.0
9	山东东辰				24.0
10	杭州聚合顺				50.0
11	慈溪洁达				8.0
12	福建古雷				40.0
13	湖北三宁				20.0
14	其他企业	10.8		10.6	12.0
	合计	57.3	175	59.6	422

汽车、工程机械、轨道交通、光伏发电、风电装备、航空航天、核电装备、港口机械、矿山机械、智能装备等新领域的快速发展,对于耐高温尼龙、共聚尼龙、长碳链尼龙、高阻隔尼龙、尼龙弹性体等特种尼龙的需求日益剧增,除了常规的 PA6 和 PA66 之外,我国在特种聚酰胺领域也有了快速的发展。2021 年我国特种聚酰胺企业 14 家,产能达到 6.7 万 t,万吨级企业 5 家,新增万吨级企业 1 家,千吨级企业 8 家。近两年,多家公司拟上马特种尼龙项目。预计未来 5 年我国特种聚酰胺产能将达到 15 万 t。表 2-4 为 2021 年我国特种聚酰胺生产

企业的品种及产能。

表 2 - 4　2021 年我国特种聚酰胺生产企业的品种产能　　　　单位:万 t

序号	企业名称	产品类型	产能	备注
1	金发科技	PA10T、PA6T	1.0	已建成
2	江门优居	PA10T、PA6T	0.2	已建成
3	东莞华盈	PA10T	0.2	已建成
4	青岛三力	PA6T	1.0	已建成
5	成都升宏	PA6T	0.3	已建成
6	浙江新和成	PA6T	1.0	已建成
7	浙江新和成	PA10T	1.0	已建成
8	山东东辰	长碳链 PA	0.5	已建成
9	山东祥龙	透明 PA	0.5	已建成
10	平顶山倍安德	透明 PA	0.2	已建成
11	平顶山华伦	透明 PA	0.3	已建成
12	河北安耐吉	MXD6	0.3	已建成
13	鞍山七彩化学	MXD6	1.0	在建
14	凯赛生物	PA56	2.0	已建成
合计			6.7	

2.2　聚酰胺的合成

2.2.1　p 型聚酰胺的合成

以 PA6 合成为例,尼龙 PA6 的聚合机理如下。

1)水解聚合(ε-己内酰胺在水存在下开环聚合)

(1)水解。己内酰胺水解生成氨基酸,其反应式为

$$\text{HN}\mathord{-}(\text{CH}_2)_5\mathord{-}\overset{\displaystyle O}{\text{C}} + \text{H}_2\text{O} \rightleftharpoons \text{H}_2\text{N}\mathord{-}(\text{CH}_2)_5\mathord{-}\overset{\displaystyle O}{\text{C}}\mathord{-}\text{OH} \tag{2-1}$$

(2)缩合。不同氨基酸分子之间缩合聚合,通过脱水形成二聚体、三聚体、四聚体、五聚体等,直至形成高相对分子质量的 PA6,反应式为

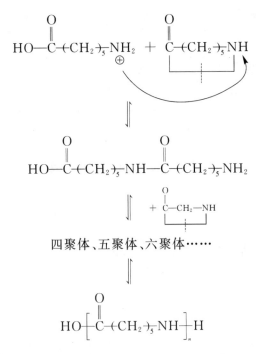

$$(2-2)$$

（3）加成聚合。利用氨基酸中端胺基活泼氢对己内酰胺进行开环加成反应，不断形成二聚体、三聚体、四聚体……直至形成高相对分子质量的 PA6，这一反应不放出低分子的水，反应式为

$$(2-3)$$

2）碱性阴离子聚合（浇铸尼龙 MC 的合成）

（1）阴离子的形成。利用 NaOH 或者 Na 与己内酰胺中 N 原子上的活泼氢反应形成己内酰胺盐，反应式为

$$NaOH + NH{+CH_2{)_5}}\overset{O}{\overset{\|}{C}} \Longleftrightarrow Na^{\oplus}N^{\ominus}{+CH_2{)_5}}\overset{O}{\overset{\|}{C}} + H_2O$$

$$Na + NH{+CH_2{)_5}}\overset{O}{\overset{\|}{C}} \Longleftrightarrow Na^{\oplus}N^{\ominus}{+CH_2{)_5}}\overset{O}{\overset{\|}{C}} + \frac{1}{2}H_2$$

$$(2-4)$$

（2）链增长。己内酰胺阴离子与另外一个己内酰胺分子进行开环反应,形成二聚体阴离子。二聚体阴离子再夺取己内酰胺活泼氢形成稳定的二聚体(氨基己酰己内酰胺)以及己内酰胺阴离子,反应式为

$$NH{+CH_2{)_5}}\overset{O}{\overset{\|}{C}} + N^{\ominus}{+CH_2{)_5}}\overset{O}{\overset{\|}{C}} \longrightarrow HN{+CH_2{)_5}}\overset{O}{\overset{\|}{C}}\overset{\ominus}{N}{+CH_2{)_5}}\overset{O}{\overset{\|}{C}}$$

$$HN^{\ominus}{+CH_2{)_5}}\overset{O}{\overset{\|}{C}}N{+CH_2{)_5}}\overset{O}{\overset{\|}{C}} + HN{+CH_2{)_5}}\overset{O}{\overset{\|}{C}} \longrightarrow NH_2{+CH_2{)_5}}\overset{O}{\overset{\|}{C}}N{+CH_2{)_5}}\overset{O}{\overset{\|}{C}} + N^{\ominus}{+CH_2{)_5}}\overset{O}{\overset{\|}{C}}$$

$$(2-5)$$

氨基己酰己内酰胺,极易与己内酰胺阴离子反应进行链增长,按照阴离子逐步聚合反应机理形成 PA6 大分子。

$$H_2N{+CH_2{)_5}}\overset{O}{\overset{\|}{C}}N{+CH_2{)_5}}\overset{O}{\overset{\|}{C}} + N^{\ominus}{+CH_2{)_5}}\overset{O}{\overset{\|}{C}}$$

$$\downarrow$$

$$H_2N{+CH_2{)_5}}\overset{O}{\overset{\|}{C}}-\overset{\ominus}{N}{+CH_2{)_5}}N{+CH_2{)_5}}\overset{O}{\overset{\|}{C}} + HN{+CH_2{)_5}}\overset{O}{\overset{\|}{C}}$$

$$\downarrow$$

$$H_2N{+CH_2{)_5}}\overset{O}{\overset{\|}{C}}-NH{+CH_2{)_5}}\overset{O}{\overset{\|}{C}}-N{+CH_2{)_5}}\overset{O}{\overset{\|}{C}} + N^{\ominus}{+CH_2{)_5}}\overset{O}{\overset{\|}{C}}$$

$$\downarrow$$

$$H{\left[NH{+CH_2{)_5}}\overset{O}{\overset{\|}{C}}\right]_n}N{+CH_2{)_5}}\overset{O}{\overset{\|}{C}}$$

$$(2-6)$$

3）固相聚合

将相对分子质量较低的 PA6 切片用水萃取后，通过磷酸催化剂的作用，在 PA6 熔点以下的固态进行相对分子质量进一步增大的聚合。这一固相聚合的机理是，PA6 大分子中存在氨基己酸链式两性离子线性结构排列，这种两性离子结构排列往往处于 PA6 相对分子质量的两端，这种结构脱水就可以形成大分子，从而增大 PA6 的相对分子质量。这种聚合机理不仅适用于脂肪族尼龙的合成，也适用于半芳香族尼龙以及共聚尼龙的合成，是一种更加高效的增大尼龙相对分子质量、降低生产成本的聚合方法，反应式为

$$\sim\sim NH_2(CH_2)_5\overset{\ominus}{CO_2} \cdot \overset{\oplus}{NH_2}(CH_2)_5\overset{\ominus}{CO_2} \cdot \overset{\oplus}{NH_2}(CH_2)_5\overset{\ominus}{CO_2}\sim\sim$$

$$\Big\Updownarrow H_2O$$

$$\sim\sim NH(CH_2)_5CONH(CH_2)_5CONH(CH_2)_5CO\sim\sim$$

$$(2-7)$$

4）插层聚合

将有机化处理的层状硅酸盐［如有机化蒙脱土（O-MMT）］加入己内酰胺单体中，在250 ℃下，己内酰胺插入 MMT 的层间进行开环聚合反应，同时将 MMT 剥开，使其厚度为1～3 nm，长、宽大约为 100 nm，并均匀分散到 PA6 之中，形成无机纳米粒子改性的 PA6 材料，O-MMT 含量在 5％以内，PA6/O-MMT 比 PA6 拉伸强度提高 70％，热变形温度提高2 倍多，刚性明显增大，吸水率显著降低，综合性能与 30％玻璃纤维增强尼龙 6 接近。这也是纳米塑料最早成功的范例。其聚合机理也适用于其他插层开环聚合物中。纳米 PA6 的合成示意图如图 2-9 所示。

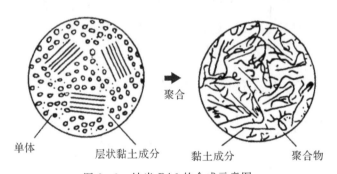

单体　　　　层状黏土成分　　　黏土成分　　　聚合物

图 2-9　纳米 PA6 的合成示意图

2.2.2　mp 型聚酰胺的合成

以 PA66 合成为例介绍 mp 型尼龙的合成，其余品种的合成类似。

（1）PA66 盐的制备。以二元酸和二元胺缩聚合成 mp 型聚酰胺时，要求严格控制它们的物质的量比，其中的任何一种单体过量，都会降低 mp 型聚酰胺的相对分子质量。为此，在工业生产中，一般是先把己二胺和己二酸制成 PA66 盐，然后再进行缩聚反应。等物质的量的己二酸与己二酸在 60 ℃乙醇溶液中反应形成 PA66 盐的乙醇溶液，成盐后经析出、过滤、醇洗、干燥后得到 PA66 盐的晶体，再将 PA66 盐晶体溶于水中配成 60％的水溶液进行

后续的缩合反应,反应式为

$$\text{HOOC} + \text{CH}_2 \frac{1}{4} \text{COOH} + \text{H}_2\text{N} + \text{CH}_2 \frac{1}{6} \text{NH}_2 \xrightarrow[\text{乙醇液}]{60\,℃} \overset{\ominus}{\text{OOC}} + \text{CH}_2 \frac{1}{4} \text{COO} \overset{\oplus}{\text{H}_3\text{N}} + \text{CH}_2 \frac{1}{6} \overset{\oplus}{\text{NH}_3}$$

PA66盐的乙醇溶液

$$(2-8)$$

(2)PA66 盐的聚合。在不断升高温度和抽空条件下,PA66 盐通过脱水反应形成 PA66 大分子。该反应放出低分子的水,因此需要抽真空,随着相对分子质量的增大,体系黏度增大,需要不断升温并提高真空度,才能获得高相对分子质量的 PA66。作为工程塑料的 PA66 的相对分子质量为 3 万～7 万,而 PA66 纤维的相对分子质量约为 20 万,反应式为

$$n\overset{\oplus}{\text{H}_3\text{N}} + \text{CH}_2 \frac{1}{6} \overset{\oplus}{\text{NH}_3} \overset{\ominus}{\text{OOC}} + \text{CH}_2 \frac{1}{4} \overset{\ominus}{\text{COO}} \xrightarrow[\text{抽真空}]{220\sim250\,℃}$$

$$\left[\text{NH} + \text{CH}_2 \frac{1}{6} \text{NHC} + \overset{\text{O}}{\underset{}{\text{CH}_2}} \frac{1}{4} \overset{\text{O}}{\underset{}{\text{C}}} \right]_n + (2n-1)\text{H}_2\text{O}$$

$$(2-9)$$

其他 mp 型尼龙的合成与 PA66 相似,如 PA46、PA610、PA612、PA1010、PA1212、PA1213 等。

mp 型尼龙的合成是典型的逐步聚合反应(缩聚反应)历程,遵循链引发、链增长、链转移或链终止 3 个历程,其反应是可逆过程,相对分子质量随反应进行不断增大。mp 型尼龙的聚合反应也是研究线性缩聚反应基本规律的最好例证之一。

提高单体纯度(无单官能度化合物)、单体分子的规整度(无支化)、单体等物质的量之比、及时排除副产物水、反应后期提高温度和真空度等因素有利于获得高相对分子质量的尼龙产物。另外,还可以采用固相后聚合的方法进一步提高尼龙的相对分子质量,降低生产成本。

2.2.3 半芳香族聚酰胺和全芳香族聚酰胺的合成

(1)半芳香族聚酰胺的合成。半芳香族聚酰胺的合成也是按照先合成聚酰胺盐,再经过高温熔融缩聚或者固相缩聚成为半芳香族聚酰胺。对苯二甲酸与脂肪族二元胺合成半芳香族尼龙 6T、8T、9T、10T、11T、12T、13T 的反应式为

$$\text{HOOC} - \bigcirc - \text{COOH} + \text{H}_2\text{N} + \text{CH}_2 \frac{1}{n} \text{NH}_2 \xrightarrow[T]{\text{H}_2\text{O}}$$

$$\overset{\ominus}{\text{OOC}} - \bigcirc - \overset{\ominus}{\text{COO}} \overset{\oplus}{\text{H}_3\text{N}} + \text{CH}_2 \frac{1}{n} \overset{\oplus}{\text{NH}_3} \xrightarrow[\text{搅拌}]{\text{降温}} \xrightarrow{\text{抽滤}} \xrightarrow{\text{干燥}} \text{PAnT盐晶体}$$

$$(2-10)$$

PAnT盐晶体

$$\overset{\ominus}{\text{OOC}} - \bigcirc - \overset{\ominus}{\text{COO}} \overset{\oplus}{\text{H}_3\text{N}} + \text{CH}_2 \frac{1}{n} \overset{\oplus}{\text{NH}_3} \xrightarrow[\text{保压}]{\text{降温}} \xrightarrow[\text{负压}]{\text{降温}}$$

PAnT聚合物

$$\left[\overset{\text{O}}{\underset{}{\text{C}}} - \bigcirc - \overset{\text{O}}{\underset{}{\text{C}}} - \text{NH} + \text{CH}_2 \frac{1}{n} \text{NH} \right]_n$$

$$(2-11)$$

（2）全芳香族聚酰胺的合成。将对苯二胺或者间苯二胺、对苯二甲酰氯或者间苯二甲酰氯溶解于 N-甲基吡咯烷酮（NMP）、二甲基乙酰胺（DMAc）、二甲基甲酰胺（DMF）、六甲基磷酰胺（HMP）、二甲基亚砜（DMSO）等溶剂中，加入碱金属或碱金属氯化物（$LiCl$、$CaCl_2$、$MgCl_2$），经低温聚合成为 PPTA 或者 MPIA，反应生成的 HCl 用 $Ca(OH)_2$ 中和，反应式为

$$n\mathrm{H_2N-\!\!\!\bigcirc\!\!\!-NH_2} + n\mathrm{ClOC-\!\!\!\bigcirc\!\!\!-COCl} \longrightarrow \left(\!\!\mathrm{HN-\!\!\!\bigcirc\!\!\!-NH-\overset{\overset{O}{\|}}{C}-\!\!\!\bigcirc\!\!\!-\overset{\overset{O}{\|}}{C}}\!\!\right)_{\!n} + n\mathrm{HCl}$$

（2-12）

$$n\mathrm{N_2H-\!\!\!\bigcirc\!\!\!-NH_2} + n\mathrm{ClOC-\!\!\!\bigcirc\!\!\!-COCl} \longrightarrow \left(\!\!\mathrm{HN-\!\!\!\bigcirc\!\!\!-NH-\overset{}{C}-\!\!\!\bigcirc\!\!\!-\overset{}{C}}\!\!\right)_{\!n} + n\mathrm{HCl}$$

（2-13）

2.2.4 共聚尼龙的合成

共聚尼龙是由两种或两种以上的尼龙单体或低聚体，按一定的比例通过缩聚或高温加压制得的高聚物。共缩聚尼龙改变了尼龙存在的干态和低温抗冲击强度低、吸水率高、不透明、溶解性差以及大多数的脂肪族尼龙耐热性不高等缺点。根据尼龙共聚物的不同结构，共聚改性工艺可分为无规共聚、嵌段共聚、接枝共聚和交替共聚等。

1）无规共聚尼龙

无规共聚尼龙的制备通常有 3 种工艺路线：①先制取各分子链节所对应的聚酰胺盐，再进行溶液缩聚；②二元酸/羧酸酯、二元胺、内酰胺或氨基酸直接熔融聚合；③二元胺和二酰氯进行界面缩聚。在聚合过程中，选择适当的聚合工艺十分重要。无规共聚使尼龙分子结构的规整性受到破坏，氢键减少，结晶性降低，导致尼龙材料的物理性能、力学性能和光学性能发生很大变化。如共聚尼龙 PA6/66、PA1010/66/6、PA66/6/610、PA6/66/610/12 的熔点由 PA6 和 PA66 的 220～260 ℃下降至 120～180 ℃，提高了尼龙的醇溶性，可以应用于环氧树脂、酚醛树脂、聚氨酯、三聚氰胺树脂、脲醛树脂的增韧改性等。

2）嵌段共聚尼龙

嵌段共聚法制备共聚尼龙主要有 3 种工艺路线：①内酰胺或氨基酸的多步法活性阴离子聚合；②均缩聚预聚物熔融混合的酰胺交换反应；③均缩聚预聚物的固相缩聚。嵌段共聚法主要改进尼龙的抗冲击性能和制备高性能尼龙功能材料。

尼龙系列热塑性弹性体（TPAE）是一种典型的嵌段共聚物，具有软、硬两种类型的分子链结构，在室温下具有橡胶弹性，而在高温下具有熔融流动性。硬链段用耐热性高的结晶性尼龙，可用尼龙 6、尼龙 11、尼龙 12 等单号码脂肪族尼龙，也可用芳香族尼龙，在实际工业生产中，以尼龙 12 为主；软链段是双端羟基聚四亚甲基醚（PWG）、聚丙二醇（PPG）、脂肪族双端羟基聚酯。TPAE 大致可分为聚酯嵌段聚酰胺和聚醚嵌段聚酰胺两类。它的典型制法是把 ω-十二内酰胺、双端羟基聚四亚甲基醚和二酸（如己二酸、十二碳二酸等）加入反应釜内，在具有内酰胺开环条件下进行反应，得到末端有羧基的尼龙 12 低聚物，再减压聚合制成聚酯嵌段聚酰胺或者聚醚嵌段聚酰胺，反应式为

$$\left[\begin{array}{c}\text{HN—CO}\\(\text{CH}_2)_{11}\end{array}\right] + \text{HOOC—R—COOH} \longrightarrow \text{HO}\big[\text{CO}\big(\text{CH}_2\big)_{11}\text{NH}\big]_n\text{CO—R—COOH} +$$

ω-十二内酰胺 　　　　 二元酸 　　　　　　　　　　　 端羧基尼龙12

$$\text{HO}\big[(\text{CH}_2)_4\text{O}\big]_m\text{H} \longrightarrow \{\big[\text{CO}\big(\text{CH}_2\big)_{11}\text{NH}\big]_n\text{CO—R—COO}\big[(\text{CH}_2)_4\text{O}\big]_m\}_x$$

双端羟基聚亚甲基醚 　　　　 尼龙12嵌段聚亚甲基醚共聚物N-12/PTMG

$$(2-14)$$

$$\left[\begin{array}{c}\text{HN—CO}\\(\text{CH}_2)_{11}\end{array}\right] + \text{HOOC—R—COOH} + \text{N}_2\text{H—R}_1\text{—O}\big[(\text{CH}_2)_4\big]_m\text{O—R}_1\text{—NH}_2 \longrightarrow$$

ω-十二内酰胺 　　　 二元酸 　　　　　　　 双端胺基聚亚甲基醚

$$\{\big[\text{CO}\big(\text{CH}_2\big)_{11}\text{NH}\big]_n\text{CO—R—CO—NHR}_1\text{O}\big[(\text{CH}_2)_4\text{O}\big]_m\text{R}_1\text{NH}\}_x$$

硬链段 　　　　　　　　　　　　 软链段

$$(2-15)$$

尼龙弹性体具有密度小,加工成型工艺优良,耐油、耐化学介质性良好,耐磨性、低温特性优良,耐弯曲疲劳性和耐水解性良好等特性。尼龙热塑性弹性体是德国休尔斯公司于1979 年首先在市场上出售的。随后,瑞士的 EMS 公司、法国阿托化学公司、意大利的 Anic 公司相继开发成功,并实现工业化生产。1987 年,日本宇部兴产公司开发成功,并利用该技术生产"UBE 聚酰胺弹性体"。日本的大赛璐·休尔斯公司、大日本油墨化学工业公司、东丽公司等亦生产类似产品。其主要用于:体育用品如鞋底、滑雪靴;电器电子部件,如磁带录像机的消声齿轮,电脑键盘罩;机械部件。聚酰胺弹性体用作 ABS 法的改性剂。

3)耐热性共聚尼龙

随着电子产品的小型化、精密化和得以轻量化的要求不断提高,集成电路基板上搭载、连接半导体芯片和电子元件的数量大幅增大,表面安装技术(SMT)得以迅速推广、普及。该技术对所用材料耐热性、精密成型性和制品尺寸稳定性等要求很严。因此,在尼龙分子主链段引入芳环改性,并采用二元或多元共聚的方法,大大提高了制得的共聚尼龙的耐热性。例如,1987 年日本三井石油化学工业公司研究成功共聚尼龙 MCX - A (6T/6I),1989 年开始正式生产。其他公司也相继开发了类似产品。耐热共聚尼龙的名称、结构以及性能详见表 2 - 5。

表 2 - 5 耐热共聚尼龙的名称、结构以及性能

共聚尼龙名称	化学结构式	T_g/℃	T_m/℃	HDT(30%GF)/℃
6T/66	$\big[\text{NH(CH}_2)_6\text{NH}\big]\big[\overset{O}{C}\text{-(CH}_2)_4\text{-}\overset{O}{C}\big]/\big[\overset{O}{C}\text{-}\langle\text{○}\rangle\text{-}\overset{O}{C}\big]_n$	90~110	290	280
6T/6I (MCX - A)	$\big[\text{NH(CH}_2)_6\text{NH}\big]\big[\overset{O}{C}\text{-}\langle\text{○}\rangle\text{-}\overset{O}{C}\big]/\big[\overset{O}{C}\text{-}\langle\text{○}\rangle\text{-}\overset{O}{C}\big]_n$	125	320	295
6T/6I/66	$\big[\text{NH(CH}_2)_6\text{NH}\big]\big[\overset{O}{C}\text{-(CH}_2)_4\text{-}\overset{O}{C}\big]/\big[\overset{O}{C}\text{-}\langle\text{○}\rangle\text{-}\overset{O}{C}\big]/\big[\overset{O}{C}\text{-}\langle\text{○}\rangle\text{-}\overset{O}{C}\big]_n$	120	315	396

续表

共聚尼龙名称	化学结构式	T_g/℃	T_m/℃	HDT(30%GF)/℃
6T/6	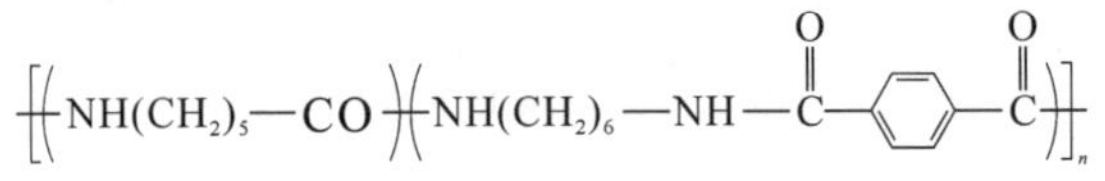 $\left[\!\left[NH(CH_2)_5\!-\!CO \right]\!\left(NH(CH_2)_6\!-\!NH\!-\!\overset{O}{\underset{}{C}}\!-\!\bigcirc\!-\!\overset{O}{\underset{}{C}} \right)\right]_n$	—	295	—
6T/M-5T	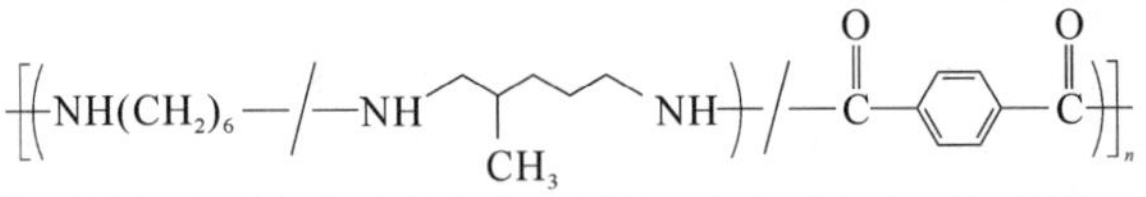 $\left[\!\left[NH(CH_2)_6 \right]\!-\!\left[NH\!-\!CH_2\underset{CH_3}{CH}CH_2CH_2\!-\!NH \right]\!-\!\left(\overset{O}{C}\!-\!\bigcirc\!-\!\overset{O}{C} \right)\right]_n$	135	305	260

2.3 聚酰胺的结构与性能

2.3.1 聚酰胺的大分子链结构

脂肪族聚酰胺大分子链在空间呈锯齿形结构,分子链间有数量众多的氢键,可以结晶。

对于 p 型聚酰胺,酰胺键朝着一个方向排列,酰胺键之间有 $p-1$ 个亚甲基—CH_2—,如图 2-10 所示。而对于 mp 型聚酰胺,酰胺键相对排列,酰胺键之间分别有 m 个亚甲基—CH_2—(—NH—之间)和 $p-2$ 个亚甲基—CH_2—(—CO之间),如图 2-11 所示。

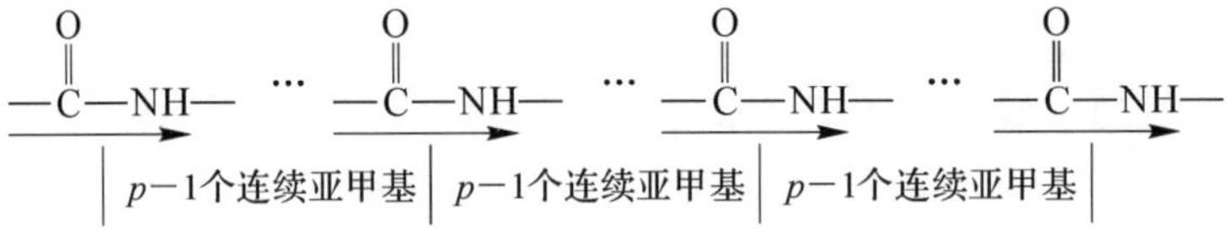

图 2-10 p 型尼龙中酰胺键的方向及亚甲基数量

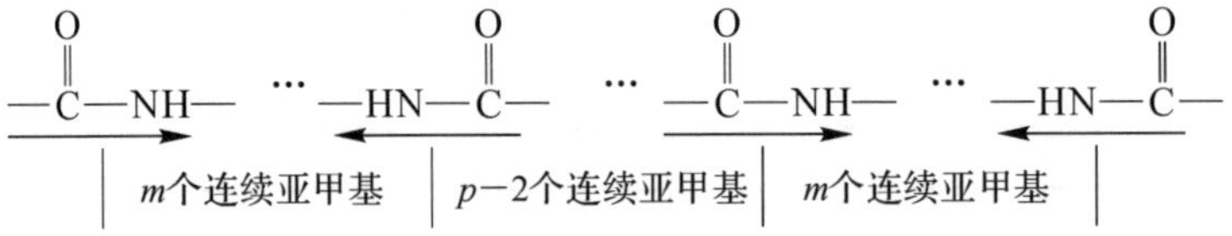

图 2-11 mp 型尼龙中酰胺键的方向及亚甲基数量

亚甲基赋予 PA 柔性,亚甲基越长,PA 柔性越好,越像 PE,如长链尼龙。亚甲基被芳环取代,则刚性和耐热性大大上升,如半芳香族尼龙和全芳香族尼龙。

酰胺基为刚性基,但其刚性较苯环弱得多,酰胺基为较强的极性基,可以形成大分子链之间的氢键,从而提供了分子之间的作用力,使 PA 具有较高的强度、刚性,但产品易吸水,这在脂肪族尼龙中尤为重要。

总之,脂肪族尼龙的分子链结构规整,柔顺性强,以柔性为主,易于结晶,分子间作用力较大(氢键提供)。

2.3.2 聚酰胺的氢键

脂肪族尼龙单分子链以锯齿形排列,但在空间大分子相互以氢键吸引排列规整,并形成晶体。结晶赋予脂肪族尼龙较高的硬度、耐磨性、力学性能以及熔融温度,而氢键增加了分子间作用力,类似于大分子链间的物理交联,因而增加了产物的密度和强度,同时提高了产物的熔点。

氢键的形成与脂肪族尼龙中化学结构密切相关,并非每个—C=O均可与另一条分子链 N 上的—H形成氢键,它们形成氢键有一定的规律性。

对于 p 型尼龙,凡单体中有奇数个碳原子时,亚甲基—CH_2—为偶数,酰胺基可以形成 100%氢键,凡单体中有偶数个碳原子时,亚甲基—CH_2—为奇数,可以形成 50%氢键。

对于 mp 型尼龙,两种单体均含有偶数个碳原子时,亚甲基—CH_2—为偶数,可形成 100%氢键,两种单体只要有一种或两种含有奇数个碳原子时最多只能形成 50%氢键(见表 2-6 和图 2-12)。

表 2-6　尼龙中氢键与重复单元中碳原子数奇偶的关系

聚酰胺分子间氢键结构	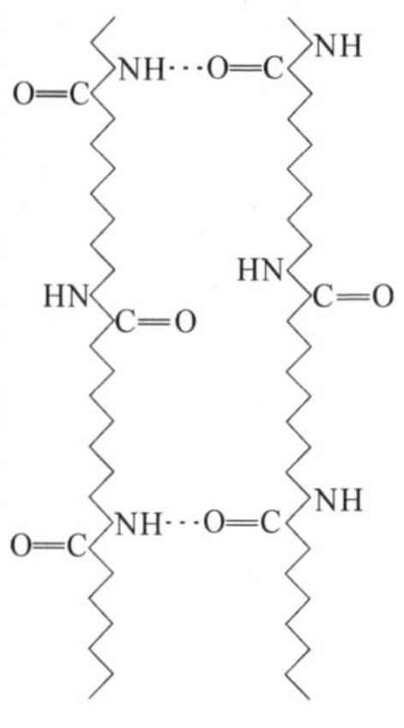	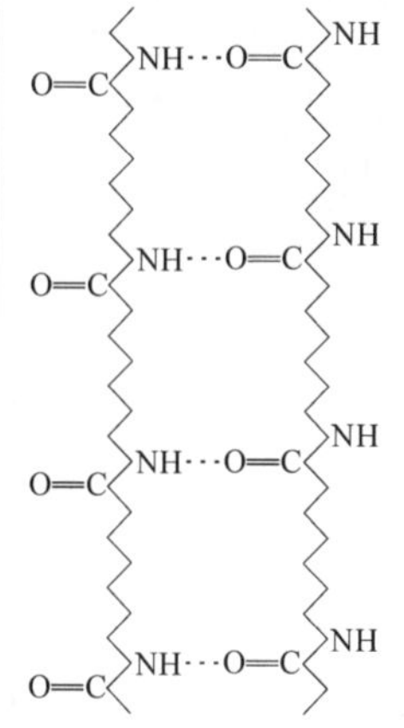	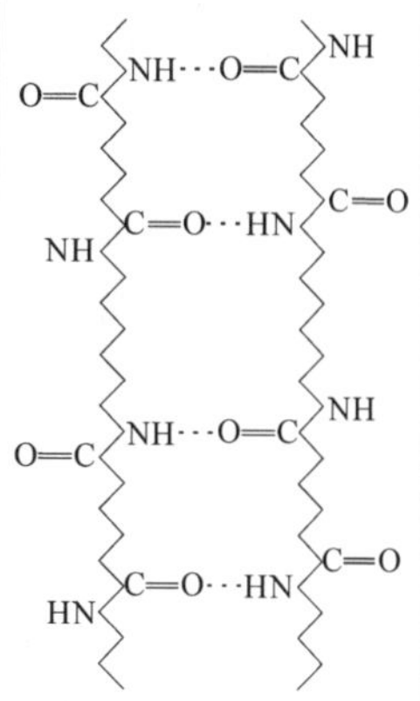	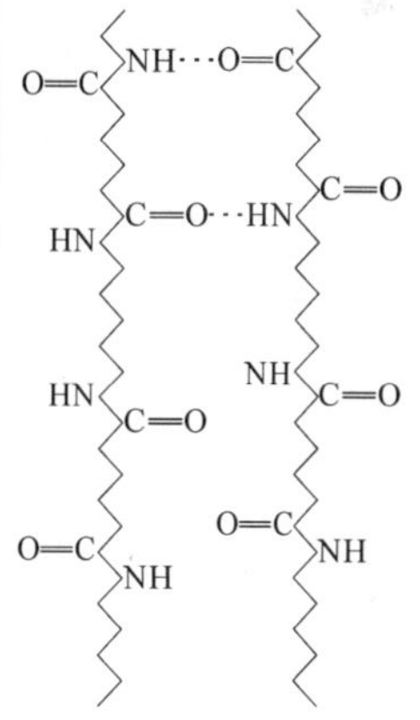
碳原子数	偶数的氨基酸	奇数的氨基酸	偶酸偶胺	偶酸奇胺
形成氢键数	半数	全部	全部	半数
熔点	低	高	高	低

氢键的贡献在于极大增加了分子间作用力,使 PA 的内聚能密度大幅度提高,熔点升高,如 PE 的内聚能密度为 260 kJ/cm^3,PA66 的内聚能密度为 774 kJ/cm^3,而 PAN 的内聚能密度高达 992 kJ/cm^3,且 PAN 的熔点高于其分解温度,使其无法进行熔融加工。

无论 p 型尼龙还是 mp 型尼龙:凡单体中含有偶数个亚甲基时,可形成 100%氢键;凡单体中全部或一种含有奇数个亚甲基时,最多只能形成 50%氢键。亚甲基赋予尼龙柔性、疏水性,亚甲基越多越长,柔性越大,耐低温性越好,吸水性越差。其强度和熔点下降也较多,亚甲基起着冲淡酰胺键的作用,亚甲基越多,PA 的性能越接近于 PE。

聚酰胺大分子间的氢键对于聚酰胺的熔点有着十分重要的影响,在碳原子个数相近的尼龙中,氢键越多,熔点越高。由图 2-13 和图 2-14 可见,在 p 型尼龙中,PA7、PA9、PA11 的熔点分别比 PA6、PA8、PA10 要高出接近 20 ℃,半芳香族尼龙 PA6T、PA8T、PA10T、PA12T 的熔点也比 PA7T、PA9T、PA11T 要高出 10~50 ℃。

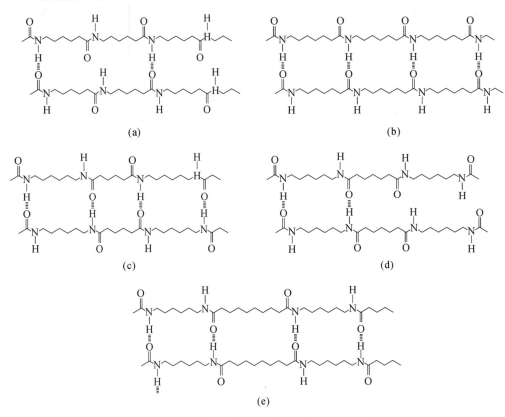

图 2-12　尼龙中氢键与亚甲基个数的关系

(a)PA6(50％氢键)；　(b)PA7(100％氢键)；　(c)PA66(100％氢键)；

(d)PA67(50％氢键)；　(e)PA610(100％氢键)

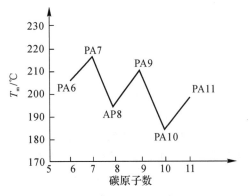

图 2-13　p 型尼龙中碳原子数与熔点的关系

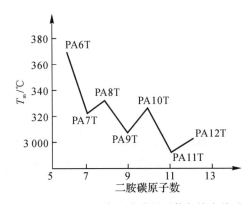

图 2-14　PAnT 中二胺碳原子数与熔点关系

然而,尼龙中酰胺基和氢键越多,其吸水率也就越高(见表 2-7)。吸水后的聚酰胺会造成加工性能下降,尺寸稳定性变差,电绝缘性、强度和模量降低,而抗冲击强度和断裂延伸率则会上升。

表 2-7 聚酰胺中氢键对于熔点和吸水率的影响

性能	PA6	PA66	PA69	PA610	PA12	PA1010
酰胺键含量/%	38	38	32	30.7	28	25.4
氢键含量/%	50	100	50	100	100	100
熔点 T_m/℃	220	260	226	213	212	200
大气中 24 h 吸水率/%	1.3~1.9	1.0~1.3	0.5	0.4	0.4	0.39
大气中饱和吸水率/%	2.0~2.5	1.5	0.5	2.0~3.5	1.5	0.5~1.0
65%RH 饱和吸水率/%	3.4~3.8	1.8~2.0		3.0~4.4	1.5~1.8	1.05~1.1
水中饱和吸水率/%	8.5~9.5	3.5~4.0	1~2	10.5~10.7	3.3	1.6~1.85

注:RH 为相对湿度。

2.3.3 聚酰胺的结晶

尼龙的大分子链规整、柔顺性好,因而容易结晶。结晶温度范围为 $T_g \sim T_m$,越靠近 T_g 结晶时成核速率越快而球晶增长越慢,越靠近 T_m 结晶时成核速率越慢而球晶增长越快。结晶使 PA 的密度增大,硬度提高,耐磨性、力学性能、耐热性增强,耐化学介质性变好。

可以采用 DSC 研究 PA 的结晶动力学,典型的 PA6 升温及降温 DSC 如图 2-15 所示,可见 PA 的熔点为 221.4 ℃或 225.2 ℃,结晶峰值温度为 167.9 ℃。采用不同升温速率的 DSC 曲线,通过 Avrami 方程就可以获取尼龙材料的结晶速率常数 k、Avrami 指数 n、半结晶时间 $t_{1/2}$、半结晶峰宽、结晶放热焓、结晶度、熔融热焓等重要的结晶热力学和动力学参数。

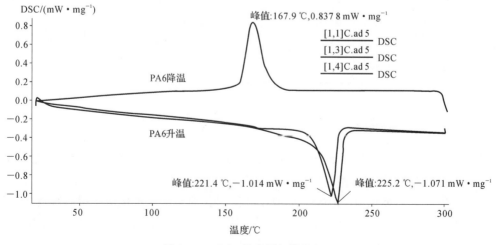

图 2-15 PA6 的升温与降温 DSC

2.3.4 聚酰胺的力学性能

脂肪族聚酰胺的拉伸强度为 $50\sim100$ MPa,断裂延伸率为 $30\%\sim300\%$,弹性模量为 $1.5\sim3.0$ GPa,抗冲击强度小于 PC 和 POM,但高于 PMMA。随着亚甲基含量增多,脂肪族聚酰胺的强度和模量下降,伸长率增加,低温冲击性能提高。引入芳香环后的聚酰胺,强度和模量显著增大,伸长率下降非常显著。此外,聚酰胺还具有优异的耐疲劳性能、耐磨性能。常用聚酰胺的力学性能见表 $2-8$。

表 $2-8$ 聚酰胺的力学性能

性能	PA6	PA66	PA46	PA11	PA12	MXD6
拉伸强度/MPa	75	83	100	55	50	85
断裂伸长率/%	150	50	40	300	350	2
弯曲强度/MPa	110	120	144	69	74	162
弯曲模量/GPa	2.4	2.9	3.2	1	1.1	4.6
抗冲击强度/($J \cdot m^{-1}$)	70	45	90	40	90	19

吸水后的聚酰胺不仅对加工过程不利,而且强度和模量、硬度会明显降低,伸长率和抗冲击强度会上升,水分相当于对聚酰胺起到增塑作用(见表 $2-9$)。但是,吸水后的尼龙加工性会很差,产品中往往存在气泡、银纹等缺陷。

表 $2-9$ 吸水率对聚酰胺的力学性能影响

性能	PA6		PA66		PA46		MAD6	
	干态	35%湿态	干态	25%湿态	干态	30%湿态	干态	30%湿态
拉伸强度/MPa	75	$50\sim55$	83	58	100	60	84.5	76.2
伸长率/%	150	$270\sim290$	60	270	40	200	2.0	10
弯曲强度/MPa	110	$34\sim39$	120	55	144	67	162	132
弯曲模量/GPa	2.4	$0.65\sim0.75$	2.9	1.2	3.2	1.1	4.63	4.03
抗冲击强度/($J \cdot m^{-1}$)	70	$280\sim400$	45	110	90	180	19	
硬度	120	85	120	108	118	91	107	

2.3.5 聚酰胺的耐热性

脂肪族尼龙为结晶型聚合物,具有明显的熔点,其 T_m 为 $140\sim280$ ℃,但热变形温度却比较低,在 1.86 MPa 测试条件下的热变形温度为 $50\sim70$ ℃,长期使用温度为 80 ℃左右,短时可在 180 ℃左右使用,在高于 90 ℃或 100 ℃时长期与氧或水接触会引起缓慢分解,颜色也会变黄、变深。低温可用于 $-10\sim-70$ ℃,线膨胀系数为金属的 $5\sim7$ 倍,收缩率大。

2.3.6　聚酰胺的电性能

尼龙大分子链中含有酰胺键,属于极性高分子,易吸水,因此电绝缘性和介电性能不是很突出,不适合应用于高频和湿态环境下,但在低频的干燥条件下仍然为优良的绝缘材料。主要聚酰胺的电性能参数见表 2-10。

表 2-10　主要聚酰胺的电性能参数

性能	PA6	PA66	PA46	PA11	PA12	PA1010
体积电阻率/($\Omega \cdot$ cm)	7×10^{14}	4.5×10^{14}	10^{15}	10^{13}	10^{14}	
击穿强度/(kV $\cdot$ mm^{-1})	31	15.4	24	16.7	30	>12
介电常数(10^6 Hz)	3.4	3.3	4.0	3.2~3.7	3.1	3.6
介电损耗(10^6 Hz)	0.02	0.04	0.01	0.05	0.03	0.03

2.3.7　聚酰胺耐化学介质性能

酰胺基在高温下会水解成为酸和胺。室温下强极性溶剂(如苯酚、甲酚、间苯二酚和浓无机酸、甲酸)可使其溶解,恰巧利用这一特点可将尼龙引入酚醛树脂合成中,实现尼龙对酚醛树脂的增韧。在高温下,酰胺基可溶于乙二醇、冰醋酸、丙二醇以及氟乙酸、氟乙醇中。PA 对大多数化学试剂稳定,特别是对汽油、润滑油的抵抗能力很强,尤其是 PA11 和 PA12耐油性很突出,成为汽车油管的首选材料。

2.3.8　聚酰胺的加工性能

聚酰胺的成型加工工艺性很好,可采用多种方法(如注射、挤出、流延、吹膜、吹塑、熔融纺丝、浇铸、旋转、冷加工等)加工为各种各样的制品。

加工时必须注意以下要点:

(1)由于聚酰胺特别是脂肪族聚酰胺 66 和聚酰胺 6 容易吸水,含水率超过 0.1% 会使制品出现气泡、银纹和银丝,并导致外观变差。因此,聚酰胺在加工前必须进行充分干燥,一般在 80~90 ℃下干燥至含水量小于 0.1%。

(2)聚酰胺的熔点高,熔融温度范围窄,熔体黏度低,流动性非常好,容易在喷嘴处出现流延现象以及注射时的熔体逆流现象。为此,需要安装自锁喷嘴以及螺杆头部的止逆环。其熔体的热稳定性较差,不宜高温长期停放,以免出现降解和水解。

(3)成型收缩率大,冷却速率对结晶结构和制品性能影响较大,制品的尺寸稳定性容易受到加工条件和环境湿度影响而发生变化。

2.4　聚酰胺的改性

聚酰胺的优点是具有耐磨性、自润滑性、耐油性、耐化学介负性、电性能,易成型,密度较小;缺点是易吸水,尺寸稳定性、力学性能和热变形温度较低。

由于聚酰胺的分子主链端基为羧基或胺基,在高温下具有一定的反应活性,所以聚酰胺比较容易实现改性,而且改性效果显著。特别是反应增容技术使聚酰胺合金迅速得到发展。目前,聚酰胺改性品种牌号达到数百种,是通用工程塑料中改性品种最多的工程塑料。

聚酰胺改性方法主要有增强、阻燃、增韧、合金化、填充等。下面仅介绍前 4 种改性方法。

2.4.1 增强

采用 20％～40％无碱玻璃纤维经双螺杆挤出工艺得到增强 PA 是一种简便、易行的尼龙增强改性方法。增强 PA 主要品种是 PA6、PA66、PA1010 等,采用玻璃纤维增强后,其拉伸强度和模量、弯曲强度和模量、热变形温度、抗冲击强度、相对密度增大,而伸长率、热膨胀系数、成型收缩率、吸水率等降低。

表 2-11 列出了 PA6 和 PA66 经过 30％短切玻璃纤维增强后的性能数据。可以看出,拉伸强度、弯曲强度和抗冲击强度提高了约 2 倍,弯曲模量提高了接近 3 倍,热变形温度提高了 3 倍,线膨胀系数降低为原来的 1/3。此外,其阻燃性提高,吸水率也降低。这说明,玻璃纤维对于脂肪族聚酰胺的增强效果十分显著,是一种改性效果极佳的方法。进一步采用短切碳纤维和长玻璃纤维的增强效果将更加优异。

表 2-11 玻璃纤维增强 PA6 和 PA66 的主要性能

性能	PA6	30％GFPA6	PA66	30％GFPA66
密度/(g·cm^{-3})	1.14	1.36	1.14	1.37
T_g/℃	50	50	50	50
T_m/℃	220	220	260	260
拉伸强度/MPa	74	160	80	170
伸长率/％	200	5	60	5
弯曲强度/MPa	125	240	130	240
弯曲模量/GPa	2.6	7.5	3.0	8.0
缺口抗冲击强度/(J·m^{-1})[①]	56	110	40	80
洛氏硬度(R)	114	120	118	121
1.86 MPa 热变形温度/℃	63	190	70	240
长期使用温度/℃	105	115	105	125
线膨胀系数/(10^{-5}℃$^{-1}$)	8.5	2.5	8.2	3.0
阻燃性(UL94)	V2	HB	V2	HB
体积电阻率/(Ω·cm)	10^{15}	10^{15}	10^{15}	10^{15}
介电强度/(kV·mm^{-1})	31	60	35	60
24 h 吸水率/％	1.8	1.2	1.3	1.0
收缩率/％	0.6～1.6	0.6	0.8～1.5	0.6～0.8

注:①抗冲击强度的单位为 J/m(ASTM)和 J/m²(GB)。

2.4.2 阻燃

脂肪族聚酰胺都容易燃烧并放出毒性气体和滴落物。因此,脂肪族聚酰胺需要采用阻燃剂进行阻燃改性。这些阻燃剂包括:溴系,如十溴联苯醚、八溴联苯醚(毒性高),用量15%～17%就可以达到 UL94 V0 级阻燃;磷系,如红磷(带黑色,用于黑色制品),用量5%～7%就可以达到 UL94 V0 级阻燃;氮系,如三聚氰胺、氰脲酸盐,其毒性小,但阻燃效果差,仅能达到 UL94 V2 级;锑系,如三氧化二锑;氮磷、溴磷、氮溴复配的阻燃体系,复配阻燃体系用量在 15%～20%就可以达到 UL94 V0 级阻燃,氧指数可以达到 27%～30%。目前,无卤阻燃聚酰胺也得到了迅速发展。

与无机填料改性聚酰胺类似,在聚酰胺中引入阻燃剂,可以在一定程度上提高聚酰胺的流动性、弯曲强度和抗冲击强度,降低收缩率和吸水率。

2.4.3 增韧

如前所述,PA6、PA66 具有较高的弯曲、拉伸强度,但其抗冲击强度,特别是抗低温脆性并不很理想,对于一些室外使用的场合以及要求抗冲击的部件,如铁轨轨端绝缘板、滑冰鞋、体育器具等,必须通过橡胶或者弹性体增韧改性,以提高 PA6、PA66 的抗冲击性能。橡胶或者弹性体增韧尼龙的结构一般为海岛结构,典型的增韧机理为银纹-剪切带理论。用作尼龙增韧剂的橡胶主要有乙丙橡胶(EPR)、三元乙丙橡胶(EPDM)、丁腈橡胶(NBR)、丁苯橡胶(SBR)等,热塑弹性体有苯乙烯-丁二烯-苯乙烯嵌段共聚物(SBS)、加氢 SBS、苯乙烯-乙烯-丁二烯-苯乙烯嵌段共聚物(SEBS)、乙烯-乙酸酯共聚物(EVA)、乙烯-丙烯酸共聚物(EAA)等,使用最多的是三元乙丙橡胶。

影响增韧效果的主要因素有:

(1)橡胶或者弹性体粒径的影响。橡胶或者弹性体颗粒粒径及其分布对增韧有较大影响,从终止银纹的角度看,大多观点主张橡胶或者弹性体粒径越小越好,粒径分布越均匀越好。橡胶或者弹性体粒径及其分布与很多因素有关,如螺杆剪切混合效果、共混挤出温度、橡胶或者弹性体颗粒的黏弹性以及与基体尼龙的相溶性等。

(2)橡胶交联度的影响。橡胶的交联度过大,橡胶相模量过高,会失去橡胶的特征,增韧作用小;交联度太小,加工时受剪切作用时橡胶颗粒易变形、破碎,也影响其增韧效能。交联度的程度,应根据应用场合对产品性能的要求来决定。

(3)橡胶或者弹性体与尼龙之间黏结力的影响:橡胶或者弹性体与尼龙的黏结力大时,橡胶或者弹性体颗粒才能有效地引发、终止银纹并分担施加的负荷,提高其增韧效果。提高橡胶或者弹性体与尼龙黏结力的有效办法是通过接枝反应增加两相间的化学结合,改善两相界面性质,缩小两相界面层尺寸,实现一定程度的相溶性。用 EVA 或者 EPDM 弹性体与马来酸酐(MAH)进行接枝制备的增容剂(E－g－MAH)对于实现尼龙基体与弹性体颗粒的界面黏结具有非常好的效果。对于 PA6/(E－g－MAH)和 PA6/EPDM/(E－g－MAH)两种共混体系都有同样的规律,当 E－g－MAH 含量达 20%时,共混物抗冲击强度达 42 kJ/m²(GB),是纯 PA6 的 7 倍。如图 2－16 和图 2－17 所示,特别是－20 ℃低温条件下,增韧尼龙显示出更加优异的低温抗冲击强度,如图 2－18 和图 2－19 所示。对上述体系形态结构研究表明,用弹性体接枝共聚物改性的PA6有效地减小了分散相颗粒直径以及分散相的粒径分布均匀性,而且E-g-MAH和PA6在熔融共混时,发生了部分界面化学反应,增加了弹性体与PA6的相溶性,从而提高了弹性体对PA6的增韧效果。

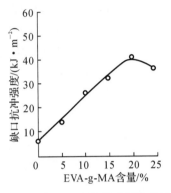

图2-16　PA6/E-g-MAH共混物抗冲击强度与E-g-MAH含量的关系

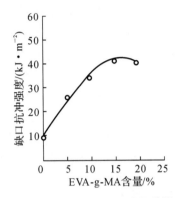

图2-17　PA6/EPDM/E-g-MAH共混物抗冲击强度与E-g-MAH含量的关系

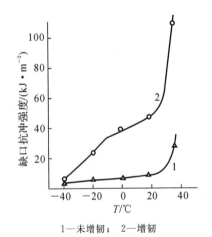

1—未增韧；　2—增韧

图2-18　增韧尼龙和未增韧尼龙6的抗冲击强度与温度的关系

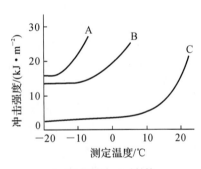

A-PA/EPDM-g-MAH；
B-PA6/EPDM/E-g-MAH；
C-PA/EPDM

图2-19　增韧尼龙和未增韧尼龙6的抗冲击强度与温度的关系

2.4.4　合金化

高分子合金也称共混物,是指由两种或两种以上高分子材料构成的复合体系。高分子合金的制备方法分为两大类:一类是化学法,即两种或两种以上的不同单体经共聚而制得的多组分嵌段或者接枝共聚物。这种方法的特点是可以进行分子结构与性能的设计,实现人为控制最终产品的性能,但投资大,过程控制较为复杂。另一种是物理共混法,即将两种或两种以上的聚合物通过机械的混炼得到复合高分子合金。在物理共混法中,也伴有部分化学方法。如所应用的相溶剂,实际上就是一种接枝或嵌段共聚物,既能与聚合物A相溶(反应)也能与聚合物 B 相溶(反应)。近年来,人们已找到一种简便的接枝共聚方法,即双螺杆挤出熔融接枝共聚法,使化学接枝改性工艺变得简单、有效。

物理共混法,是通过已知的高聚物共混来制备高分子合金,在工艺上较为简单,所以,通过物理共混法制备聚合物合金的研究成为高分子材料科学中十分引人注目的领域。

在众多的高分子合金中,尼龙合金无论是其数量还是其性能上都具有十分重要的地位。所谓尼龙合金是以尼龙为主体,其他高分子聚合物为辅组合而成的高分子多相体系。其目的是提高尼龙的低温抗冲击性、刚性、耐热性和尺寸稳定性,降低尼龙的吸水率和线膨胀系数。尼龙合金主要种类如图 2-20 所示。制备尼龙合金往往需要相溶剂,以便提高尼龙与其他聚合物之间的相互作用力,增大分散程度,减小分散相的尺寸。

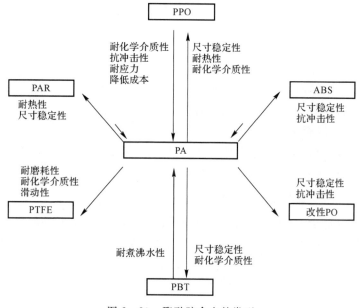

图 2-20　聚酰胺合金的类型

2.4.4.1　相溶剂的作用

关于聚合物相溶性的判据主要有以下 3 种方法:

(1)溶解度参数评价法。根据溶解度参数预测聚合物之间的相溶性。一般来说,两聚合物的溶解度参数差小于 0.5 时,相溶性较好,如 PET 与 PBT、PPO 与 ABS 等。

(2)玻璃化转变温度(T_g)的评价法。聚合物共混物的 T_g 与两种聚合物分子级的混合程度有直接关系。若两种聚合物组分完全相溶,共混物为均相体系,则只有一个 T_g。若两组分完全不溶,形成界面明显的两相结构,则有两个各自的 T_g。如果部分相溶,所测的 T_g 介于两种聚合物各自 T_g 之间,但两者会相互靠近,靠近的程度取决于分子级混合的程度。

(3)聚合物合金形态结构评价法。从聚合物合金的形态结构特征(如单相连续结构、互穿网络结构、层状分布形态结构等)可以判定合金中各组分的相溶性。

研究聚合物共混合金形态结构通常用光学显微镜(OM)或电子显微镜(SEM、TEM)直接观察共混物的形态结构。此外,还可以测定共混合金各种力学松弛特性,特别是玻璃化转变温度,作为一种补充的方法。

两种聚合物共混时,共混体系存在 3 个区域结构,即两聚合物各自独立的区域以及两聚合物之间形成的过渡区。这个过渡区称为界面层。界面层的结构与性质,在一定程度上反映了共混聚合物之间的相溶程度和相间的黏结强度,对共混物的性能起着很大的作用。聚合物在共混过程中经历两个过程:第一个过程是两相之间相互接触,第二个过程是两种聚合物大分子链段之间的相互扩散。这种大分子链相互扩散的过程也就是两相界面层形成的过程。

聚合物大分子链段的相互扩散存在两种情况:若两种聚合物大分子具有相近的活动性,则两大分子链段以相近的速度相互扩散;若两大分子的活动性悬殊,则发生单向扩散。

两种聚合物大分子链段的相互扩散过程中,在相界面之间产生明显的浓度梯度。如 PA6 与 PP 共混时,由于扩散的作用,以 PA6 相来讲,在 PA6 相边,PA6 的浓度呈逐渐减小的变化趋势,PP 相边的浓度变化亦逐渐变小,最终形成 PA6 和 PP 共存区域,这个区域就是界面层。

界面层的厚度主要取决于两聚合物的相溶性。相溶性差的两聚合物共混时,两相间有非常明显和确定的相界面。两种聚合物相溶性好则共混体中两相的链段的相互扩散程度大,相界面较模糊,界面层厚度大,两相间的黏结力大。若两种聚合物完全互容,则共混体最终形成均相体系,相界面完全消失。

目前,对界面层的研究还处于定性描述阶段,主要通过电子显微镜照片观察,并与力学性能测定结果进行关联。

2.4.4.2 相溶剂及其在尼龙合金中的应用

在聚合物共混合金中,相溶剂起着十分重要的"桥梁"作用。相溶剂是指与两组分聚合物都具有良好相溶性的物质,能通过化学反应或物理缠结将不相溶的聚合物有机地结合起来,减小两组分的界面张力,增大互溶性。这种相溶剂一般具有与两组分共混聚合物相似的结构,或具有与某一聚合物可以反应的化学基团。尼龙合金体系中常用的相溶剂见表 2-12。

表 2-12 尼龙合金体系中常用的相溶剂

相溶剂	合金体系	作用
PP-g-MAH	PA6/PP、PA66/PP	增容
PE-g-MAH、PE-g-MMA	PA6/PE、PA66/PE	增容、增韧
SBS-g-MAH	PA6/SBS、PA66/SBS、PA6/PPO	增容、增韧
EPDM-g-MAH、EPDM-g-MMA	PA6/EPDM、PA66/EPDM	增容、增韧
PA6-g-MAH	PA6/PBT、PA6/PP	增容
ABS-g-MAH、ABS-g-MMA	PA6/ABS	增容
SEBS-g-MAH	PA6/PBT	增容

1)相溶剂的增容机理

非反应型相溶剂的作用机理:非反应型相溶剂一般是聚合物 A 与聚合物 B 的嵌段共聚物(A-b-B)或者接枝共聚物(A-g-B)。由于非反应型相溶剂的大分子链段结构与共混物组分 PA、PB 大分子链结构相同,因此可在 PA、PB 两相界面处起到"偶联"作用,使两组分的相溶性得以改善。其作用在于 3 个方面:降低两相之间界面能(界面张力);在聚合物共混过程中促进相的分散;强化相间黏结,阻止分散相凝聚。如 PA6/PS 的合金中,可采用苯乙烯与己内酰胺的嵌段共聚物(PA6 - b - PS)或者接枝共聚物(PA6 - g - PS)作为 PA6/PS 合金的非反应型增容剂。

反应型相溶剂的作用机理:利用相溶剂上面的官能团可以与某个组分进行反应,从而实现强迫增容。PP - g - MAH 作为相溶剂时,其 MAH 的酸酐基可以与尼龙端胺基的活泼氢反生反应,形成聚酰胺或者聚酰亚胺结构,而聚丙烯链可以与聚丙烯相溶,从而提高 PP 在 PA6 中的相溶性,如图 2 - 21 所示。

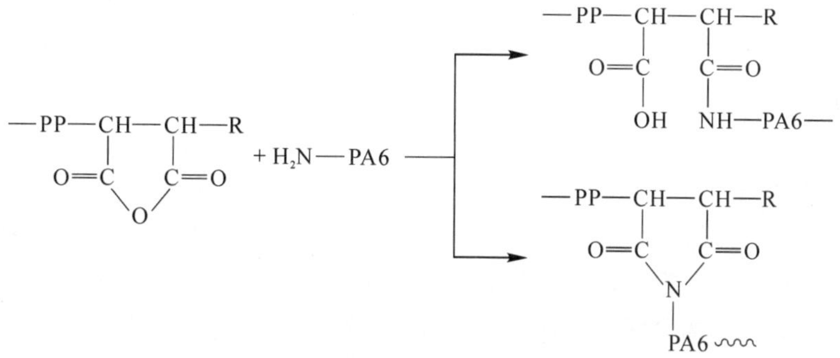

图 2 - 21　反应型相溶剂的增容原理

2)相溶剂的制备

在 PA6、PA66 合金商品化进程中,相溶剂的制备是实现合金高性能化的关键因素。相溶剂的制备方法,从聚合方法上分为嵌段共聚和接枝共聚,嵌段共聚以两单体为原料,采取溶液或是本体聚合得到。接枝共聚采用聚合物与单体原料,以溶剂法或者熔融挤出反应法制备。溶剂聚合法接枝率很高,但生产成本高。而熔融挤出共聚工艺简单,成本较低,但共聚物的接枝率较低。已证明,熔融挤出共聚法制备的相溶剂可满足合金生产的需要,是行之有效的方法。从已掌握的反应型相溶剂来看,接枝共聚反应均属于自由基聚合。引发剂有过氧化二苯甲酰(BPO)、过氧化二异丙苯(DCP)、二叔丁基过氧化物(DTBP)等,反应常在双螺杆挤出机中进行。

2.4.4.3　常用尼龙合金

(1)PA6/PP 和 PA6/PE 合金。聚丙烯(PP)、聚乙烯(PE)与 PA 的合金是研究较早的合金之一。PP、PE 的加入,有效地改善了 PA6、PA66 的吸湿性,提高了制品的尺寸稳定性。由于 PP、PE 属于非极性聚合物,所以其与强极性的 PA 不具有热力学相溶性。只有通过在 PP、PE 大分子链上接枝马来酸酐(MAH)、丙烯酸(AA)及丙烯酸酯类(AR)等具有酸酐基团或羧基、酯基的化合物,才能在与 PA 熔融共混时,与 PA 大分子末端的氨基反应,强化两聚合物的界面黏结性,提高共混物性能。

PA6 与 HDPE 共混,PA6 与 HDPE 的熔体黏度差,在一定的温度和适当的剪切速率作用下,可将 PA6 延展成为层片状结构分布在 HDPE 基体中。具有这种层片状结构的 PA6/

HDPE 合金,对有机溶剂、汽油、气体(氧气)均具有良好的阻隔性。用 PP - g - MAH 作为相溶剂将 PA6 与 PP 共混,能有效地改善 PA6 的吸湿性和尺寸稳定性,缺口抗冲击强度提高近 1 倍。

(2)PA6/ABS 合金。PA6/ABS 合金具有很高的抗冲击强度和优良的综合力学性能,较佳的耐热翘曲性、流动性和外观,在电子电器、汽车、家电、体育用品等领域具有较为广阔的市场。

PA6/ABS 合金不相溶,需要引入 ABS - g - MAH 作为相溶剂。该相溶剂中的马来酸酐可以与 PA6 的端胺基发生反应,从而促使分散相 ABS 尺寸变小、分散均匀程度提高。ABS 的含量低于 30% 时还可以部分提高 PA6 的韧性,过高的含量会造成 PA6 的强度降低。进一步在 PA6/ABS/ABS - g - MAH 合金中引入弹性体 EPDM,可以大幅度提高其低温韧性。

(3)PA6/PPO 或 PA66/PPO 合金。尼龙与聚苯醚(PPO)共混合金是用非结晶性 PPO 增强结晶性尼龙的高分子合金。其特点是强度高、抗冲击性强、吸湿性低、耐热性优异。

PPO 与 PA6、PA66 是不相溶体系,简单的机械混合只能形成粗大的相分离体系,这种共混物不具实用价值。采用相溶剂可以显著改善 PPO 与 PA6 或 PA66 的相溶性,苯乙烯与顺丁烯二酸酐的共聚物(S - co - MAH)是较为理想的相溶剂。此外,SBS 或 SEBS 接枝马来酸酐、苯乙烯与丙烯酸及其酯类共聚物均可作相溶剂。在合金中加入适量的橡胶弹性体,也能改善合金的微观结构。如日本东丽公司开发的尼龙、PPO 和橡胶多元合金(商品名称 PPA)具有很高的弯曲强度(92 MPa)和热变形温度(155 ℃)。美国 GE 公司开发的"NORYL GTX"可以在 160 ℃ 以上在线喷涂。

(4)其他尼龙合金。除以上常见的尼龙合金外,还有以下几种比较重要的尼龙合金。

a. PA/PBT 系合金,共混过程中,在高温和剪切力场作用下可以通过酯基与酰胺基的交换反应使其二者之间具有一定互容性。这种合金在电子电器行业有较大的市场。

b. PA/PC 系合金,能改善 PC 的抗冲击性能。这种合金的耐热性、刚性、韧性均可大幅提高,可望代替铝合金,用于加热器具手柄等需要耐热的场合。

c. PA6、PA66 与其他尼龙的共混合金,如与 PA11、PA12 与 PA6 或 PA66 的合金,均可以利用长碳链尼龙弥补 PA6、PA66 容易吸水的不足。

d. PA6/PPTA、PA66/PPTA 合金,属于高性能合金,芳香族尼龙 PPTA 与 PA6 或 PA66 共混,可得到耐高温、高强度、高刚性的合金,用于汽车发动机等部件。

e. PA6/PAR 合金,其特点是耐热性好,热变形温度由大约 70 ℃ 提高至 150 ℃,而且吸水率减小,耐油、耐有机溶剂性提高。这种合金适宜制造汽车用耐热、耐冲击的各种部件,如汽车外板、挡泥板等外装件以及发动机部件。

2.5 特种聚酰胺

2.5.1 浇铸尼龙(MC)

己内酰胺熔融后加入 NaOH,灌注入模具,在抽真空条件下高温进行本体聚合,制备出相对分子质量高达几十万到上百万的 MC 制品。其特点是聚合与成型一步完成,由于相对分子质量大、结晶度高、分子链之间的缠结多,因此其力学性能和耐磨性十分优异,后机械加工性突出,可以车、铣、钻、割为其他形状制品,如齿轮、轴、圆盘、轮子等。表 2-13 为 MC 与 PA6 的主要性能对比。由此可见,相比于 PA6,MC 的吸水率、线膨胀系数大幅度降低,而力学性能、耐磨性、耐疲劳性能以及耐热性大幅提高。

表 2-13　MC 和 PA6 的主要性能对比

性能	MC	PA6
密度/(g·cm^{-3})	1.14~1.16	1.14
吸水率/%	0.9	1.8
拉伸强度/MPa	>75	70~75
拉伸模量/GPa	3.92	2.5~2.75
伸长率/%	20	74~150
压缩强度/MPa	>100	
弯曲强度/MPa	>140	110~125
弯曲模量/GPa		2.4~2.6
无缺口抗冲击强度/(J·m^{-1})	>510	56~70
洛氏硬度(R)		114
疲劳强度/MPa	200×10^6	80×10^6
摩擦因数(无油润滑)	0.09~0.3	0.4
热变形温度/℃	120	63
长期使用温度/℃	120	105
耐低温性/℃	-40	
导热系数/[W·(m·K)$^{-1}$]	0.28~0.29	0.21~0.27
线膨胀系数/(10^{-5}℃$^{-1}$)	4~7	8.5
阻燃性(UL94)	V0	V2
体积电阻率/(Ω·m)	>6×10^{12}	10^{14}
表面电阻率/Ω	9.7×10^{14}	
介电常数(1 MHz)	3.5~6.5	3.4~4.1
介电损耗(1 MHz)	0.015~0.02	0.02~0.06
介电强度/(kV·mm^{-1})	15	31
收缩率/%		0.6~1.6

2.5.2　透明尼龙

通常尼龙不透明,在一些应用领域对透明材料的物理力学性能要求很高,如高压监视窗和耐油透明视窗,透明尼龙能满足要求。透明尼龙的制备从以下 3 个方面入手:①降低结晶度,制得无定形尼龙制品;②将晶区尺寸减小到低于可见光波长范围;③通过共混、共聚等手段调节晶区和非晶区的折射率相近。

透明共聚尼龙经过了以下 3 个发展阶段:①含复杂侧链的单体与直链脂肪族单体无规共聚;②直链脂肪族单体共聚;③微晶结构单元共聚。

引入侧链或环状结构的单体能够破坏尼龙分子链的规整性,大大破坏了氢键和结晶,从而获得透明尼龙。例如,德国的 Hills 公司生产的商品名为 Trogamid 透明尼龙。Trogamid 的合成分为两种:一种是以丙酮为起始原料合成的 2,2′,4-三甲基己二胺与对苯二甲酸进行缩聚而制得的 Trogamid-T 系列,分子链间中引入 3 个侧甲基,破坏了结晶,如图 2-22 所示;另一种是以脂肪族二元酸与脂环二胺为原料进行缩聚的产物,如 2,2′-双(4-氨基环己基)丙烷二胺与壬二酸缩聚物(PACP-9/6),分子中引入脂环结构,破坏了结晶和分子之间的氢键,其结构式如图 2-23 所示。Trogamid-T 和 PACP-9/6 的主要性能分别见表 2-14 和表 2-15。由表可见,透明尼龙不仅透光率可以达到 90% 以上,而且耐热性和力学性能也比 PA6 有明显的提高。

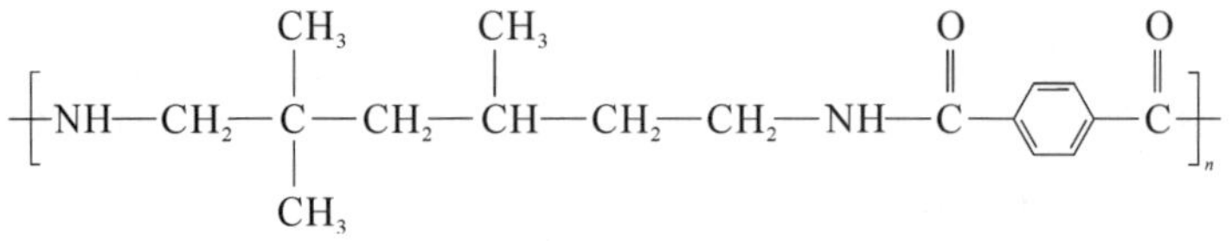

图 2-22 透明尼龙 Trogamid T5000 的结构式

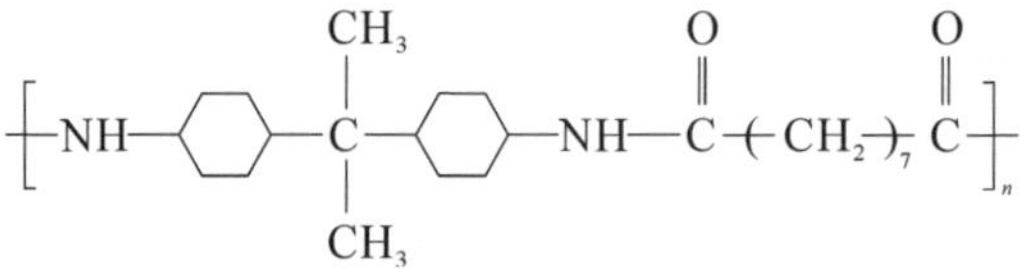

图 2-23 透明尼龙 PACP-9/6 的结构式

表 2-14 Trogamid-T 的主要性能

性能	数值	性能	数值
密度/$(g \cdot m^{-3})$	1.12	维卡软化点/℃	150
透光率/%	90	热变形温度(1.82 MPa)/℃	130
折射率	1.566	最高连续使用温度/℃	90
吸水率/%	0.41	简支梁抗冲击强度/$(kJ \cdot m^{-2})$	缺口 10~15 mm; 无缺口,不断
收缩率/%	0.5	介电常数	3.4
拉伸强度/MPa	84	介电损耗(1 MHz)	0.023
氧指数/%	26.8	表面电阻率/Ω	5×10^{15}

表 2 - 15　PACP - 9/6 的主要性能

性能	数值	性能	数值
透光率/%	92	玻璃化温度/℃	185
雾度/%	0.5	热变形温度(1.82 MPa)/℃	160
拉伸强度/MPa	85	介电常数	3.9
伸长率/%	50～100	介电损耗/(1 MHz)	0.027
弯曲模量/GPa	2.225	表面电阻率/Ω	5×10^{11}
悬臂梁缺口抗冲击强度/(kJ·m^{-2})	55		

除了上述透明尼龙外,还有日本东洋 Rayon 公司生产的 Trogamiden - T 透明尼龙,日本三菱化成公司生产的透明尼龙(商品名为 X21 和 X21L)。透明尼龙还有许多品种,如聚庚二胺-3-叔丁基己二酸和聚间苯二甲酸-2,5-二甲基己二胺。为了降低成本,只用脂肪族单体共聚合成非晶型透明尼龙,如用己内酰胺、十二烷基内酰胺和乙二酸合成的透明尼龙,以及 Emser 公司以尼龙 6/12 共聚合成的商品名为 GrilonCF35 的透明尼龙。合成微晶共聚透明尼龙 PACM12 等,兼顾了结晶材料的化学稳定性和无定形材料的透明性及抗紫外线的作用。尽管如此,目前透明尼龙的主导产品仍然以引入含侧链和环状结构单体共聚尼龙为主,因为这一类透明尼龙原料易得,耐热性、电性能和力学性能优良,透光率高,对 O_2、N_2、CO_2 气体阻隔性能好;除醇类外,对稀或浓无机酸、氧化酸、酮、脂肪烃、芳烃、卤代烃、去污剂、脂和油均有优良的化学惰性,也不易被水果汁、墨水等玷污;成型时收缩率小、尺寸变化小,吸水时制品尺寸变化也小,特别是刚性与干态时基本上没有变化。因此,该透明尼龙被广泛用于制造光学仪器部件、流量计、观察镜、仪表盘、包装薄膜、高档体育用品、电动机部件、汽车部件,X 射线仪的窥窗、印刷机械溶剂盛器、高强度开关的插座、电子元器件等。

2.5.3　半芳香族聚酰胺

尼龙的性能与其分子结构有密切的关系。已经大量生产和使用的尼龙主要是脂肪族尼龙 6 和尼龙 66,其结晶速度快,结晶度高,有一定耐热性、柔软性、韧性、滑动性和机械强度,被广泛地应用于各个领域。但是,它的酰胺基含量高、吸水性大,制品尺寸稳定性较差,玻璃化转变温度低,耐热性不高。在脂肪族尼龙的分子主链链段中引入芳环将有利克服上述缺点,使其满足某些要求耐高温、低吸水率、高刚性等的场合。

在脂肪族尼龙的分子主链链段中,可部分引入芳环,即将合成脂肪族尼龙的单体中的二胺或二酸用芳香族二胺或芳香族二酸代替,尼龙 MXD6、尼龙 6T 和尼龙 9T 等就是其中的杰出代表。表 2 - 16 列出了目前合成的半芳香族尼龙的主要品种及其耐热性。

表 2-16　半芳香族尼龙的主要品种及其耐热性

品种	分子结构式	T_g/℃	T_m/℃	HDT(1.82 MPa)/℃
PA6T	$\left[\begin{array}{c} O \\ \parallel \\ C \end{array} - \bigcirc - \begin{array}{c} O \\ \parallel \\ C \end{array} - NH + CH_2 \rangle_6 NH \right]_n$	180	370	
PA9T	$\left[\begin{array}{c} O \\ \parallel \\ C \end{array} - \bigcirc - \begin{array}{c} O \\ \parallel \\ C \end{array} - NH + CH_2 \rangle_9 NH \right]_n$	126	308	143
PA12T	$\left[\begin{array}{c} O \\ \parallel \\ C \end{array} - \bigcirc - \begin{array}{c} O \\ \parallel \\ C \end{array} - NH + CH_2 \rangle_{12} NH \right]_n$	125	310	143
PA10I	$\left[\begin{array}{c} O \\ \parallel \\ C \end{array} - \bigcirc - \begin{array}{c} O \\ \parallel \\ C \end{array} - NH + CH_2 \rangle_{10} NH \right]_n$			
MXD6	$\left[\begin{array}{c} O \\ \parallel \\ C \end{array} - (CH_2)_4 \begin{array}{c} O \\ \parallel \\ C \end{array} - NH - CH_2 - \bigcirc - CH_2 - NH \right]_n$	75	243	95
PA10N	$\left[\begin{array}{c} O \\ \parallel \\ C \end{array} - \bigcirc\!\bigcirc - \begin{array}{c} O \\ \parallel \\ C \end{array} - NH + CH_2 \rangle_{10} NH \right]_n$	173	320	136
BO6	$\left[\begin{array}{c} O \\ \parallel \\ C \end{array} - (CH_2)_4 \begin{array}{c} O \\ \parallel \\ C \end{array} - NH - \text{苯并恶唑} - \bigcirc - NH \right]_n$		370	

2.5.3.1　尼龙 MXD6

20 世纪 50 年代,Lum 等人以间苯二甲胺和己二酸为原料,成功地合成了半芳香族结晶性尼龙树脂,称为尼龙 MXD6。尼龙 MXD6 初期主要用于生产纤维,现在主要用作工程塑料。其合成反应为

$$NH_2CH_2\!-\!\bigcirc\!-\!CH_2NH_2 + HOOC(CH_2)_4COOH \longrightarrow$$

$$\left[NHCH_2\!-\!\bigcirc\!-\!CH_2NH-\begin{array}{c} O \\ \parallel \\ C \end{array}+CH_2\rangle_4\begin{array}{c} O \\ \parallel \\ C \end{array} \right]_n$$

$$(2-16)$$

尼龙 MXD6 的特性为吸水性小,玻璃化转变温度高,拉伸强度、弯曲强度和模量高,线膨胀系数小,硬度大,气体阻隔性优良。尼龙 MXD6 的性能见表 2-17。

尼龙 MXD6 可以注塑成型,也可以共挤出、共注塑吹塑成型,主要用于电器部件、机械部件、小齿轮、皮带轮、气密性包装材料、多层极片和多层容器等。

表 2-17 尼龙 MDX6 的主要性能

性能		尼龙 MXD6	30GFMXD6	50GFMXD6
玻璃纤维含量/%		0	30	50
密度/(g·cm⁻³)		1.22	1.45	1.65
吸水率/%	20 ℃水中 24 h	5.8	0.2	0.14
	65%RH 平衡	3.1	2.0	1.5
热变形温度/℃		96	232	234
熔点/℃		243	243	243
玻璃化转变温度/℃		75	75	75
线膨胀系数/(10⁻⁵℃⁻¹)		5.1	1.5	1.1
成型收缩率/%			0.51	0.40
拉伸强度/MPa		101	161	219
断裂伸长率/%		2.3	2.0	2.0
拉伸模量/GPa		4.8	10.8	18.4
弯曲强度/MPa		160	235	272
弯曲模量/GPa		4.5	10	14.2
压缩强度/MPa			245	261
缺口抗冲击强度/(J·m⁻¹)		20	84	119
洛氏硬度(R)		108	112	111
体积电阻率/(Ω·cm)			1.3×10^{16}	1.3×10^{16}
表面电阻率/Ω			7×10^{14}	9×10^{14}
介电常数(1 MHz)			3.6	4.0
介电损耗(1 MHz)			0.010	0.009
介电强度/(kV·mm⁻¹)			30.4	32.2
耐电弧性/s			85	129

2.5.3.2 尼龙 6T

尼龙 6T 是以己二胺和对苯二甲酰氯为原料合成的半芳香族尼龙,其分子结构式如图 2-24 所示。

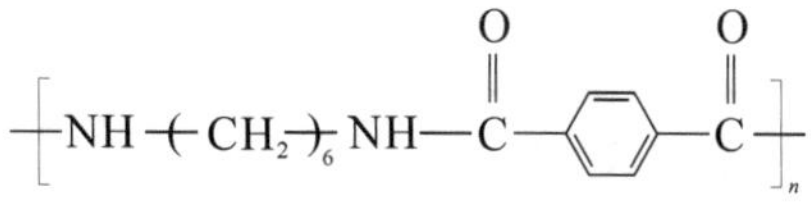

$$\left[NH-(CH_2)_6-NH-\overset{O}{\underset{\|}{C}}-\overset{}{\underset{}{\bigcirc}}-\overset{O}{\underset{\|}{C}} \right]_n$$

图 2-24 尼龙 6T 的分子结构式

尼龙 6T 是一种脂肪二胺与芳香族二酰氯合成的尼龙,具有较高的拉伸强度和较好的尺寸稳定性。它的熔点为 370 ℃,密度为 1.21 g/cm³,玻璃化转变温度为 180 ℃,仅溶于硫酸和三氟乙酸,需采用界面缩聚或固相聚合。尼龙 6T 还具有高刚性,可在广泛的温度下保持高刚性和高强度,它的吸水性小,尺寸稳定,高温下膨胀系数小,耐药品性能优良,还耐焊接,能应用浸渍焊和回复流动焊,主要用于纤维制造,也用于制造机械零件和薄膜。

2.5.3.3 尼龙 9T

尼龙 9T 由日本可乐丽公司最先开发成功。它是由壬二胺和对苯二甲酸熔融缩聚制备的半芳香族尼龙。单体壬二胺是以丁二烯为起始原料合成的,也是可乐丽公司独创的工业技术。尼龙 9T 的合成反应为

$$
2CH_2\!=\!CH\!-\!CH\!=\!CH_2 \xrightarrow{H_2O} CH_2\!=\!CH\!-\!CH_2\!-\!CH_2\!-\!CH_2\!-\!CH\!=\!CH\!-\!CH_2OH \xrightarrow{\text{转位}}
$$

$$
CH_2\!=\!CH\!\!+\!\!CH_2\!\!)_4 CH_2\!-\!CHO \xrightarrow[\text{羟基化}]{CO/H_2} OHC\!\!+\!\!CH_2\!\!)_7 CHO \xrightarrow[H_2]{NH_2}
$$

$$
H_2N\!\!+\!\!CH_2\!\!)_9 NH_2 \xrightarrow{C_6H_4(COOH)_2} \!\!+\!\!NH\!\!+\!\!CH_2\!\!)_9 NH\!-\!\overset{\overset{\displaystyle O}{\|}}{C}\!-\!\!\!\langle\ \rangle\!\!\!-\!\overset{\overset{\displaystyle O}{\|}}{C}\!\!+\!\!\!)_n
$$

$$
(2-17)
$$

从尼龙 9T 结构看出,尼龙 9T 兼有尼龙 46 和尼龙 6T 的化学结构特征,而在分子链段中还有亚甲基结构,为单一均聚物。因此,尼龙 9T 吸水性小,尺寸稳定性好,吸水率仅为 0.17%,具有优良的高温尺寸稳定性和高温刚性。尼龙 9T 力学性能和模量开始降低时的温度高,焊接温度为 290 ℃。此外,其加工成型性优良,结晶度高,结晶速度快,能快速成型。

目前,尼龙 9T 主要用于电气电子行业的表面实装,以及计算机和移动电话等信息设备的零部件和汽车工业。

2.5.4 全芳香族聚酰胺

全芳香族尼龙是美国杜邦公司在 20 世纪六七十年代针对国防和宇航开发成功并实现工业化生产,主要用于生产合成纤维。作为高强度、高模量的全芳香族尼龙纤维种类研究很多,但是具有实用价值的主要有以下两种。

2.5.4.1 聚对苯二甲酰对苯二胺(PPTA)

1)对苯二胺的合成

对苯二胺采用对硝基氯苯氨解还原法生产,这是国外工业上生产对苯二胺的主要方法,也可以采用对二氯苯氨解还原法生产。

(1)对硝基氯苯氨解还原法的反应式为

$$
\langle\ \rangle + Cl_2 \longrightarrow \langle\overset{Cl}{\ }\rangle \xrightarrow{\text{硝化}} O_2N\!\!-\!\!\langle\ \rangle\!\!-\!Cl \xrightarrow{NH_3} O_2N\!\!-\!\!\langle\ \rangle\!\!-\!NH_2 \longrightarrow
$$

$$
H_2N\!\!-\!\!\langle\ \rangle\!\!-\!NH_2
$$

$$
(2-18)
$$

（2）对二氯苯氨解法的反应式为

$$Cl-\!\!\!\bigcirc\!\!\!-Cl + 4NH_3 \xrightarrow[\text{高温、高压}]{\text{催化剂}} H_2N-\!\!\!\bigcirc\!\!\!-NH_2 + 4NH_4Cl \tag{2-19}$$

2）对苯二甲酰氯（TPC）的合成

（1）对苯二甲酸法。以对苯二甲酸为原料，五氯化磷、硫的氯化物、光气、四氯化碳等作为氯化剂进行对苯二甲酰氯的合成，反应式分别为

$$C_6H_4(COOH)_2 + 2PCl_5 \xrightarrow{100\sim200\ ℃} C_6H_4(COCl)_2 + 2POCl_3 + 2HCl \tag{2-20}$$

$$C_6H_4(COOH)_2 + 2SOCl_2 \xrightarrow[\text{催化剂 DMF}]{40\sim80\ ℃} C_6H_4(COCl)_2 + 2SO_2 + 2HCl \tag{2-21}$$

$$C_6H_4(COOH)_2 + 2COCl_2 \xrightarrow[\substack{\text{溶剂氯苯}\\90\sim120\ ℃,4\ h}]{\text{催化剂 DMF}} C_6H_4(COCl)_2 + 2CO_2 + 2HCl \tag{2-22}$$

$$C_6H_4(COOH)_2 + 2CCl_4 \xrightarrow[140\sim200\ ℃,4\sim8\ h]{\text{催化剂 FeCl}_3} C_6H_4(COCl)_2 + 2COCl_2 + 2HCl \tag{2-23}$$

（2）对苯二甲酸二甲酯法。其反应式为

$$C_6H_4(COOCH_3)_2 + 6Cl_2 \xrightarrow[150\sim180\ ℃]{\text{光}} C_6H_4(COOCCl_3)_2 + 6HCl \longrightarrow$$
$$C_6H_4(COOCl)_2 + 2COCl_2 \tag{2-24}$$

（3）甲基苯甲酸法。其反应式为

$$CH_3C_6H_4COOH + 3Cl_2 \xrightarrow[130\sim270\ ℃,5\sim15\ h]{\text{催化剂或光}} Cl_3CC_6H_4COOH \xrightarrow{\text{FeCl}_3} C_6H_4(COCl)_2 \tag{2-25}$$

（4）二甲苯法。其反应式为

$$\left.\begin{aligned} C_6H_4(CH_3)_2 + 6Cl_2 &\xrightarrow{\text{光}} C_6H_4(CCl_3)_2 + 6HCl \\ C_6H_4(CCl_3)_2 + C_6H_4(COOH)_2 &\xrightarrow[70\sim80\ ℃,1\sim3\ h]{\text{催化剂 FeCl}_3} 2C_6H_4(COCl)_2 + 2HCl \end{aligned}\right\} \tag{2-26}$$

3）聚对苯二甲酰对苯二胺（PPTA）的制备

PPTA 是美国杜邦公司于 1965 年开发出来的，1972 年中试成功，1974 年生产规模达到 4 200 t/年，1990 年生产能力扩大到（3～3.5）万 t/年。1983 年，荷兰阿克苏（Akzo）公司的子公司恩卡（Anka）建成了 5 000 t/年的生产装置。PPTA 是典型的全芳香族尼龙，合成方法主要是低温溶液聚合法。该方法技术成熟度高，是实现工业化生产的主要方法。此外，还有低温界面聚合法、高温催化聚合法和气相聚合法等。

低温溶液聚合法工艺成熟，反应速度快，聚合物黏度高，实现工业生产比较容易。它的基础反应是经典的 Schotten Baumann 反应，其特点是反应速度快、放热、聚合物极难溶。反应体系短时间内黏度急剧增加，进而发生相分离，生成凝胶状化合物，往往造成单体混合不均，体系局部过热，活性端基活动受阻，反应进行不完全，限制了聚合物相对分子质量的增大，使其相对分子质量分布不均匀。主要采取下列措施：①改变溶剂体系；②采用二步法工艺；③反应后期使用高剪切力的设备。制备全芳香族尼龙的溶剂一类是 N-烷基取代的酰胺，如 N-甲基吡咯烷酮（NMP）、二甲基乙酰胺（DMAc）、二甲基甲酰胺（DMF）、六甲磷

酰胺(HMP);另一类为砜类,如二甲基亚砜(DMSO)。其中,HMP 是强极性溶剂,对 PPTA 溶解能力最强,在 PPTA 研究过程中起过关键作用,1975 年发现有致癌作用,大大限制了它的应用。此后,NMP 和助溶剂、DMAc -助溶剂体系的研究取得较好效果,助溶剂是碱金属或碱土金属的氯化物,如 LiCl、$CaCl_2$、$MgCl_2$ 等。制备 PPTA 的反应为

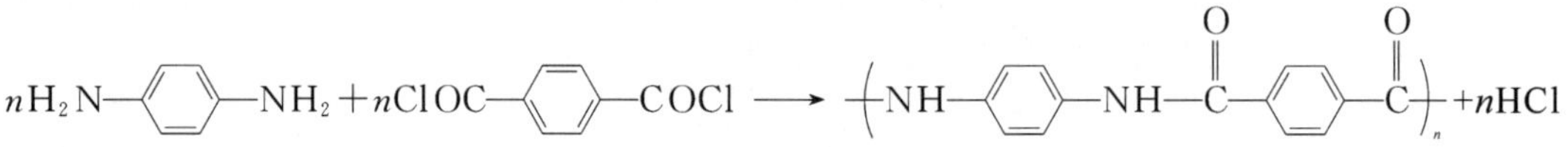

$$n H_2N \text{—} \langle\bigcirc\rangle \text{—} NH_2 + n ClOC \text{—} \langle\bigcirc\rangle \text{—} COCl \longrightarrow \left(NH \text{—} \langle\bigcirc\rangle \text{—} NH \text{—} \overset{O}{\overset{\|}{C}} \text{—} \langle\bigcirc\rangle \text{—} \overset{O}{\overset{\|}{C}} \right)_n + n HCl$$

$$(2-27)$$

首先将对苯二胺和 $CaCl_2$ 或 LiCl 溶于酰胺类溶剂中,使其成为悬浮乳状,再加入对苯二甲酰氯进行聚合,溶剂能在反应过程中与反应生成的 HCl 反应,生成盐酸盐,反应产物变为块状,最后变为粉末状,经水洗分离出 PPTA 聚合体。

PPTA 是刚性链结构的聚合物,其分子结构中含大量对位苯环,苯环与酰胺键交替排列,具有高度的对称性和规整性,结晶度高,分子之间具有很强的氢键,分子内旋转困难,为处于拉伸状态的刚性伸直链晶体,如图 2 - 25 所示。因此,PPTA 具有高强度、高模量、耐高温、低密度等优良综合性能。同时,它是极难溶解的聚合物,只能溶于浓硫酸之类的强质子酸中,PPTA 的溶液纺丝就是利用这一特性。PPTA 的主要用途是作为 Kevlar 纤维纺丝的原料。几种纤维的力学性能对比列入表 2 - 18。

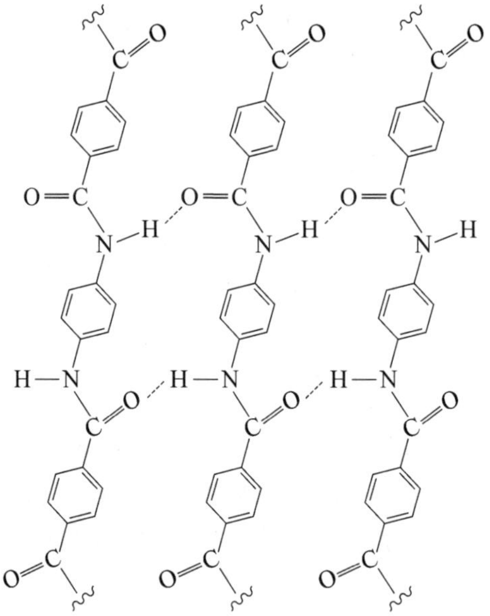

图 2 - 25 PPTA 分子结构示意图

表 2 - 18 几种纤维的力学性能对比

性能	Kevlar - 29	Kevlar - 49	聚酯纤维	E 玻璃纤维	碳纤维		不锈钢丝
					高模量级	高强度级	
密度/$(g \cdot cm^{-3})$	1.44	1.44	1.38	3.5	1.86	1.75	7.85

续表

性能	Kevlar-29	Kevlar-49	聚酯纤维	E玻璃纤维	碳纤维		不锈钢丝
					高模量级	高强度级	
拉伸强度/GPa	2.81	2.81	1.14	2.46	2.0	3.15	1.73
拉伸模量/GPa	63.3	126.6	14.1	70.3	350	190	214
断裂伸长率/%	3.6	2.5	14.5	2.6	0.5	1.3	2.0

Kevlar 纤维可以作为树脂基复合材料、橡胶材料的增强材料,其短切纤维也可以作为塑料的增强填料。例如,Kevlar-49 比金属轻,比强度、比模量高,用其制作的复合材料在航天领域的应用范围正在扩大,如流线型外壳、地板材料、门、垂直尾翼、方向舵主翼(前缘、折翼)等。这种复合材料弯曲应力大,又具有与金属同等的压延性,可用在有挠性的部位。PPTA 纤维可以与碳纤维混合配用,充分发挥两者优点,可以制作对损伤有抵抗能力的部件。

PPTA 纤维还可制作各类防护服,代替石棉材料和各种管、垫片等。PPTA 可以通过模压烧结成型方法,制成任意形状制品,制品在 200 ℃下经 20 d 尺寸无变化。PPTA 的不足之处是它的耐疲劳性和耐压性能较差。

2.5.4.2 聚间苯二甲酰间苯二胺 (MPIA)

聚间苯二甲酰间苯二胺(MPIA)的原料主要是间苯二胺和间苯二甲酰氯,合成方法基本上与对苯二胺和对苯二甲酰氯相类似。MPIA 的缩聚方法主要是低温溶液缩聚法和界面缩聚法,所用溶剂也是极性酰胺溶剂[如二甲基乙酰胺(DMAc)和 N-甲基吡咯烷酮(NMP)]。先将间苯二胺溶在溶剂中,在低温下搅拌,再加入间苯二甲酰氯,进行缩聚反应,反应式为

$$n\mathrm{H_2N} \text{—} \bigcirc \text{—} \mathrm{NH_2} + n\mathrm{ClOC} \text{—} \bigcirc \text{—} \mathrm{COCl} \longrightarrow \overset{}{\underset{}{\left(\mathrm{HN} \text{—} \bigcirc \text{—} \mathrm{NH} \text{—} \overset{\mathrm{O}}{\overset{\|}{\mathrm{C}}} \text{—} \bigcirc \text{—} \overset{\mathrm{O}}{\overset{\|}{\mathrm{C}}} \right)_n}} + n\mathrm{HCl}$$

$$(2-28)$$

反应生成的 HCl 用 Ca(OH)$_2$ 中和,聚合溶液作为纺丝液,界面缩聚还处于试验阶段。与 PPTA 一样,影响 MPIA 缩聚的因素很多,有原料纯度、原料物质的量之比、溶剂中水分含量等,为了控制相对分子质量,可加入适量单官能度的相对分子质量调节剂,如苯胺。

MPIA 主要用作生产合成纤维的原料,其纤维通常称为芳纶 1313。芳纶 1313 的力学性能与通用合成纤维差不多。它的特点是:具有优良的耐热性和阻燃性,在高温下,力学性能下降少,长时间热老化变化小;氧指数、着火点、闪点都高,着火时发烟量少,特别是产生有害气体量少。

将 MPIA 纤维打碎后做成浆料,然后制成芳纶纸,再将芳纶纸进行叠合、拉伸、浸胶、定型,就可以成为 Nomex 蜂窝。Nomex 蜂窝可以作为夹层结构复合材料的芯材。MPIA 纤维也可用于制造连续使用温度可达 200 ℃的防护服、赛车服,耐高温过滤布、滤袋等,还可以作为电气绝缘材料纸、薄膜、复印机粉末清除器等。MPIA 可以加工成板材和棒材,利用它的耐热

性、阻燃性、耐磨性、耐放射线等优异特性,可用于航空航天、原子能工业、电气和汽车等行业。

2.5.5 长碳链尼龙

长碳链尼龙是指尼龙大分子中两个酰胺基之间的碳原子数大于或等于 10 的尼龙,已经报道的脂肪族长碳链尼龙主要品种有 PA1010、PA1111、PA1212、PA1313、PA1414、PA1012、PA11、PA12 等。长碳链半芳香族尼龙有 PA11T、PA12T、PA13T、PA12N、PA13N 等,长碳链脂环族尼龙有 PA11C、PA12C、PA13C 等。长碳链尼龙的合成需要碳原子数大于或等于 10 的直链二元羧酸,但这种二元酸在自然界中不存在,且合成难度极大。目前化学合成方法只能合成到十二碳二元酸,只有美国、德国、日本和我国掌握了长碳链二元酸的生产技术。我国是目前唯一应用生物发酵技术大规模工业化生产多种长碳链二元酸的国家,产品包括癸二酸、十一碳二元酸、十二碳二元酸、十三碳二元酸、十四碳二元酸。

本小节以工业化成熟的长碳链脂肪族尼龙 PA1010、PA11、PA12、PA1212 为例,对长碳链尼龙的合成及其结构与性能进行讲解,其余长碳链尼龙可以参照其他文献。

2.5.5.1 尼龙 1010

尼龙 1010 学名聚亚癸基癸二酰胺或聚癸二酰癸二胺,英文名 Polydecamethylene sebacamide,简称 PA1010,分子结构式如图 2-26 所示。

$$\left[HN-(CH_2)_{10}-NH-\overset{O}{\overset{\|}{C}}-(CH_2)_8-\overset{O}{\overset{\|}{C}} \right]_n$$

图 2-26 尼龙 1010 的分子结构式

尼龙 1010 是我国利用蓖麻油为主要原料独创的尼龙品种,至今看到国外有该品种生产的报道。1961 年,尼龙 1010 首先在上海长红塑料厂(现为上海赛璐珞新材料有限公司)实现工业化生产,由于它的性能优良、原料易得,发展迅速,最多时有 40 多套生产装置,生产能力达 6 000~7 000 t,年产量近 3 000 t。目前,由于原料蓖麻油短缺等原因,只剩下几套装置在生产,其中以上海赛璐珞新材料有限公司产量最大、品种最多。尼龙 1010 开发生产初期仅用作工业丝和民用丝的原料,目前主要用作工程塑料。

尼龙 1010 是以蓖麻油为主要起始原料,经皂化、碱裂解制取癸二酸,再由癸二酸氨化脱水制取癸二腈,经催化加氢合成癸二胺。尼龙 1010 的缩聚也和尼龙 66 一样,先将癸二胺和癸二酸中和制成尼龙 1010 盐,然后再用尼龙 1010 盐的水溶液缩聚而生产尼龙 1010,反应式为

$$H_2N-(CH_2)_{10}-NH_2 + HOOC-(CH_2)_8-COOH \xrightarrow[\text{乙醇}]{75℃} \overset{\oplus}{H_3}N-(CH_2)_{10}-\overset{\oplus}{N}H_3 \quad \overset{\ominus}{O}OC-(CH_2)_8-CO\overset{\ominus}{O}$$

$$(2-29)$$

$$\overset{\oplus}{H_3}N-(CH_2)_{10}-\overset{\oplus}{N}H_3 \quad \overset{\ominus}{O}OC-(CH_2)_8-CO\overset{\ominus}{O} \longrightarrow \left[HN-(CH_2)_{10}-NH-\overset{O}{\overset{\|}{C}}-(CH_2)_8-\overset{O}{\overset{\|}{C}} \right]_n + (2n-1)H_2O$$

$$(2-30)$$

尼龙 1010 是一种半透明白色或微黄色的坚韧固体,具有一般尼龙的共性,密度在 1.04~1.05 g/cm³ 之间,对霉菌的作用非常稳定,无毒,对光的作用也很稳定。它的力学性能、热性能和电性能见表 2-19。可以看出,尼龙 1010 的最大特点是具有高度延展性,在拉力的作用下,可牵伸至原长的 3~4 倍,同时,还具有优良冲击性能和低温冲击性能,−60 ℃下不脆。但是,在高于 100 ℃下,长期与氧接触逐渐变黄,力学性能下降,特别是在熔融状态下,极易热氧化降解。

表 2-19 尼龙 1010 的力学性能、热性能和电性能

性能	数值	性能	数值
密度/(g・cm⁻³)	1.04	熔体流动速率/[g・(10 min)⁻¹]	5.89
相对分子质量(黏度法)	13 100	吸水率(23 ℃/50%RH)/%	0.9~1.3
结晶度/%	56.4	吸水率(23 ℃水中)/%	1.6~2.0
结晶温度/℃	180	布氏硬度/MPa	105
熔融温度/℃	204	洛氏硬度(R)	547
分解温度(DSC)/℃	328	球压痕硬度/MPa	81
拉伸强度/MPa	70	长期使用温度/℃	80
断裂伸长率/%	340	热变形温度(1.86 MPa)/℃	54.7
拉伸模量/MPa	700	马丁耐热温度/℃	43.7
弯曲强度/MPa	131	维卡软化温度/℃	159
弯曲模量/GPa	2.2	线膨胀系数/℃⁻¹	12.8×10^{-5}
5%变形压缩强度/MPa	1067	表面电阻率/Ω	4.73×10^{13}
缺口抗冲击强度(23 ℃)/(kJ・m⁻²)	9.1	体积电阻率/(Ω・cm)	5.9×10^{15}
缺口抗冲击强度(−40 ℃)/(kJ・m⁻²)	5.67	介电常数(10^6 Hz)	3.66
无缺口抗冲击强度(23 ℃)/(kJ・m⁻²)	458.5	介电损耗(10^6 Hz)	0.072
无缺口抗冲击强度(−40 ℃)/(kJ・m⁻²)	308.3	介电强度/(kV・mm⁻¹)	21.6
Taber 磨耗量/mg	2.92	耐电弧性/s	70

2.5.5.2 尼龙 11

尼龙 11 学名聚十一内酰胺,英文名 Polyundecanoylamide,简称 PA11,结构式如图 2-27 所示。

$$\text{+\!\!NH+\!\!CH}_2\text{+}_{10}\text{CO+}_n$$

图 2-27 尼龙 11 的分子结构式

尼龙 11 是以氨基十一酸为原料制备的长碳链柔软尼龙,是由法国阿托化学公司开发成功,并于 1955 年实现工业化生产,商品名为 Rilsano。尼龙 11 开发初期主要用作纺丝的原

料。20 世纪 70 年代通过改性,尼龙 11 逐步发展成为一种尼龙工程塑料,其生产和应用得到迅速发展,目前世界总产量为(2~3)万 t/年。尼龙 11 最大的特点是耐润滑油、汽油、柴油和氟利昂,在低温下具有十分优异的弯曲强度、抗冲击强度和抗震性能。因此,其被广泛用作各种汽车的管道材料。尼龙 11 的生产技术和市场一直被阿托化学公司所垄断。

我国从 20 世纪 50 年代起,就有郑州大学、哈尔滨第二工业局技术研究所等单位对尼龙 11 进行过小试研究,于 70 年代中断。80 年代北京市化工研究院对尼龙 11 进行了系统研究,1995 年与江西樟树化工厂合作进行了百吨级的中试,随后又进行了千吨级的工业试验。目前,郑州大学和中国科学院长春应用化学研究所等单位也在尼龙 11 树脂的合成中取得了重大突破。

尼龙 11 主要是以蓖麻油为原料,经过酯交换、热裂解得到十一烯酸甲酯,水解后得到十一烯酸\,在过氧化物催化下与 HBr 加成生成 ω-溴十一酸,再经过胺化得到 ω-氨基十一烷酸。ω-氨基十一烷酸配成 33% 水浆料,在 80 ℃与其他添加剂一起加入蒸发器,在 220~240 ℃蒸发 10 min,然后在反应温度 240~260 ℃、时间 24 h 得到产率为 98% 的尼龙 11。反应完成后,将熔融聚合体挤出、铸带、冷却、切粒、干燥,制得尼龙 11 粒料。其各步骤的反应式为

$$
\begin{array}{l}
CH_3(CH_2)_5CHOHCH_2CH{=}CH(CH_2)_7COO{-}CH_2 \\
CH_3(CH_2)_5CHOHCH_2CH{=}CH(CH_2)_7COO{-}CH \quad 蓖麻油 \\
CH_3(CH_2)_5CHOHCH_2CH{=}CH(CH_2)_7COO{-}CH_2
\end{array}
$$

$$\downarrow \begin{array}{l} +3H_3OH \\ 酯交换 \end{array}$$

$$
CH_3(CH_2)_5CHOHCH_2CH{=}CH(CH_2)_7COO{-}CH_3 \; + \; \begin{array}{l} CH_2OH \\ CHOH \\ CH_2OH \end{array}
$$

$$\downarrow \begin{array}{l} 300\ ℃ \\ 热裂解 \end{array}$$

$$
\underset{庚醛}{CH_3(CH_2)_5CHO} + \underset{十一烯酸甲酯}{H_2C{=}CH(CH_2)_8COO{-}CH_3}
$$

$$(2-31)$$

$$
H_2C{=}CH(CH_2)_8COO{-}CH_3 + H_2O \longrightarrow H_2C{=}CH(CH_2)_8COOH + CH_3OH
$$

$$(2-32)$$

$$
H_2C{=}CH(CH_2)_8COOH + HBr \xrightarrow{\text{过氧化物}} BrCH_2{-}CH_2(CH_2)_8COOH
$$

$$(2-33)$$

$$
BrCH_2{-}CH_2(CH_2)_8COOH + NH_3 \xrightarrow{H_2O} NH_2CH_2(CH_2)_9COOH + HBr
$$

$$(2-34)$$

$$
n\,NH_2CH_2(CH_2)_9COOH \longrightarrow {+}NH{+}CH_2{\xrightarrow{\ \ }}_{10}CO{+}_n + (n-1)H_2O
$$

$$(2-35)$$

尼龙 11 为白色半透明体,其特点是熔融温度低,加工温度宽,吸水性低,低温性能良好,可在-40~120 ℃范围内保持良好的柔性。它耐碱、醇、酮、芳烃、去污剂、润滑油、汽油、柴油等性能优良;耐稀无机酸和氯代烃的性能中等,不耐浓无机酸,50%盐酸对它有很大腐蚀,苯酚对它也有较大的腐蚀性,尼龙 11 和玻璃纤维增强尼龙 11 都具有良好的耐沸水性。尼龙 11 耐候性中等,加入紫外线吸收剂,可以大大提高其耐候性。尼龙 11 具体性能指标,详见表 2-20。

表 2-20 尼龙 11 的性能

性能		数值	性能		数值
密度/(g·cm⁻³)		1.03~1.05	比热容/[kJ·(kg·K)⁻¹]		2.42
吸水率(23 ℃/65%RH)/%		1.05	熔融热/(kJ·kg⁻¹)		83.7
吸水率(23 ℃水中 24 h)/%		0.3	拉伸强度/MPa		55
透气率/(cm³·cm⁻²)	O₂	0.02×10⁻⁹	断裂伸长率/%		300
	N₂	0.002×10⁻⁹	拉伸模量/MPa		1 300
	CO₂	0.09×10⁻⁹	弯曲强度/MPa		69
玻璃化转变温度/℃		42	弯曲模量/GPa		1.4
熔融温度/℃		186	缺口抗冲击强度/(J·m⁻¹)	20 ℃	43
最高连续使用温度/℃		60		-40 ℃	37
线膨胀系数/℃⁻¹		15×10⁻⁵	洛氏硬度(R)		108
马丁耐热温度/℃		50~55	体积电阻率/(Ω·cm)		6×10¹³
维卡软化温度/℃		160~165	介电常数(10³ Hz)		3.2~3.7
热变形温度/℃	1.86 MPa	55	介电损耗(10³ Hz)		0.05
	0.46 MPa	155	介电强度/(kV·mm⁻¹)		16.7

2.5.5.3 尼龙 12

尼龙 12 学名聚十二内酰胺,英文名 Polylaurylactam,简称 PA12。尼龙 12 是德国 Hüls 公司首先开发成功并实现工业化生产的。尼龙 12 最突出的特点是密度小,熔点低,分解温度高,吸水率低,耐低温性能优良,防噪声效果在工程塑料中最好。尼龙 12 的用途十分广泛,特别是用在某些特殊领域十分理想,如汽车油管、光导纤维护套等。

尼龙 12 树脂主要生产厂家为德国的 Hüls 公司、意大利 Snia 公司、法国阿托公司和日本宇部兴产公司等,全世界总的生产能力为(6~7)万 t/年。我国江苏淮阴化工研究所和上海合成树脂研究所合作,从 1977 年起,以丁二烯为原料,对尼龙 12 的合成进行研究,1982 年建立了小试装置,1993 年建立了中试装置。岳阳石油化工总厂研究院从 1989 年起,以环己酮为原料,进行过合成尼龙 12 的小试研究。

目前,尼龙 12 主要是以丁二烯为起始原料合成的。只有日本宇部兴产公司有一套以环己酮为原料生产尼龙 12 的装置,采用的工艺技术是英国 BP 化学公司 20 世纪 60 年代开发的过氧胺法(PXA 法)。采用丁二烯原料路线的方法有 3 种。

(1)Hüls 法(氧化肟化法)是德国 Hüls 公司开发,并最早实现工业化生产的。Hüls 法首先将丁二烯三聚制成环十二碳三烯,经过加氢合成环十二碳烷,再经过类似环己烷为原料合成己内酰胺的方法,经过氧化、脱氢、肟化、重排合成十二碳内酰胺,最后再经过开环聚合制得尼龙 12。其各步骤的反应式为

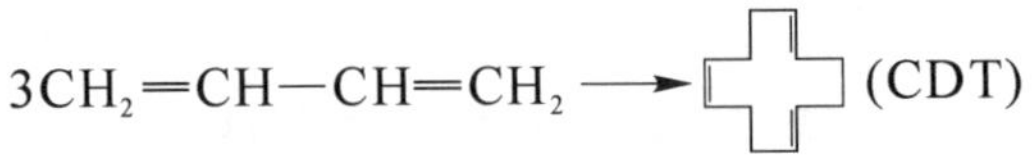

$$3CH_2=CH-CH=CH_2 \longrightarrow \quad (CDT) \tag{2-36}$$

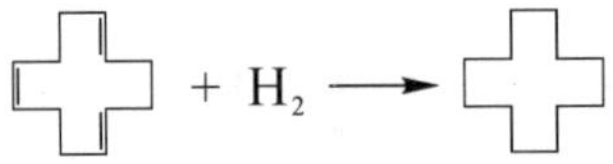

$$+ H_2 \longrightarrow \tag{2-37}$$

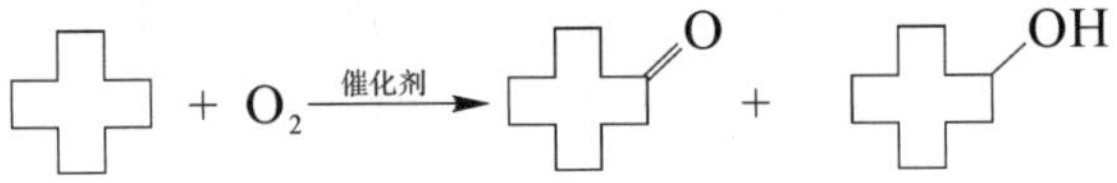

$$+ O_2 \xrightarrow{\text{催化剂}} \quad O \quad + \quad OH \tag{2-38}$$

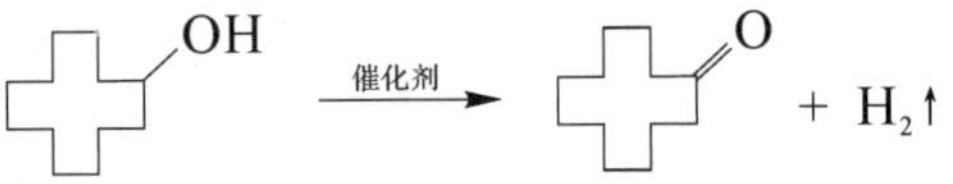

$$OH \xrightarrow{\text{催化剂}} \quad O \quad + H_2 \uparrow \tag{2-39}$$

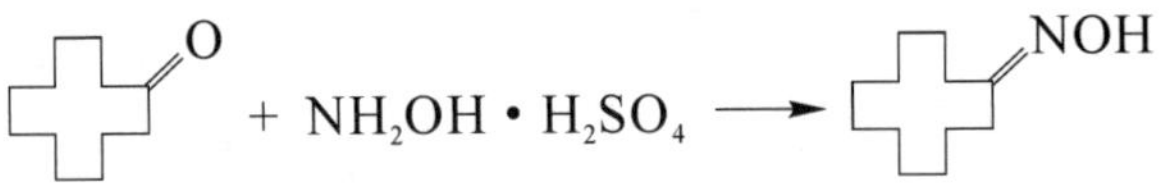

$$O + NH_2OH \cdot H_2SO_4 \longrightarrow \quad NOH \tag{2-40}$$

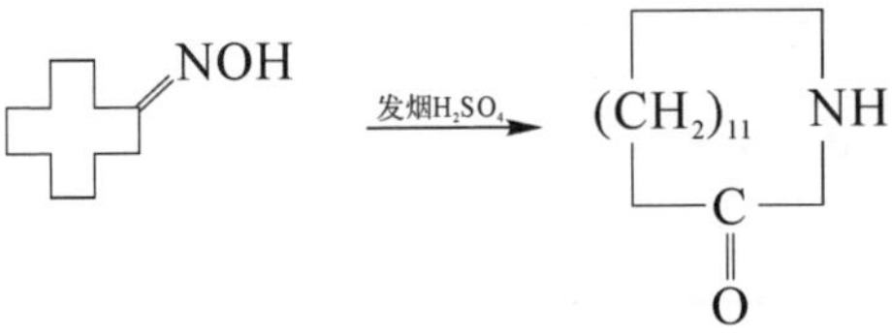

$$NOH \xrightarrow{\text{发烟H}_2\text{SO}_4} (CH_2)_{11} \quad NH \atop C \atop O \tag{2-41}$$

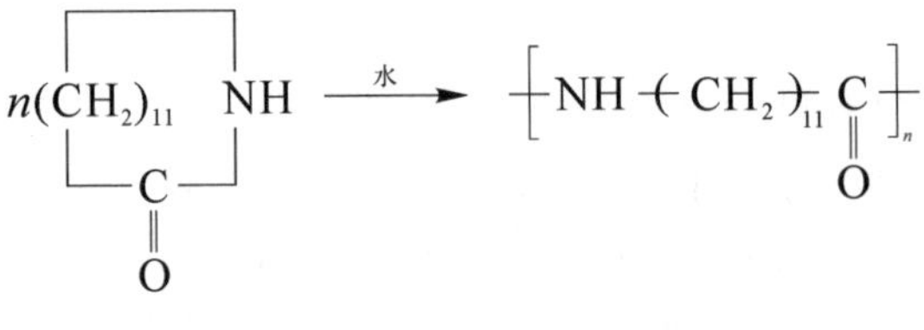

$$n(CH_2)_{11} \quad {NH \atop C} \atop O \xrightarrow{\text{水}} \left[NH(CH_2)_{11}C \atop O \right]_n \tag{2-42}$$

(2)光亚硝化法(ATO 法)由法国阿托公司开发的,它是用光能将环十二碳烷一步合成环十二碳酮肟,其后工艺与 Hüls 法相同。

(3)臭氧氧化法(Snia 法)是意大利 Snia 公司开发的方法,它是用环 1,5,9-十二碳三烯通过臭氧氧化等步骤合成 ω-氨基十二碳酸,最后缩聚制得尼龙 12 树脂。

在这些方法中,Hüls 法技术成熟,总产率高,是目前生产尼龙 12 产量最大的方法。

尼龙 12 的性能类似尼龙 11,但比尼龙 11 有更低的密度、熔点和吸水性,而且物性受酰胺基团的影响较小。尼龙 12 耐碱、去污剂、油品和油脂性能优良,耐醇、无机稀酸,耐芳烃,

不耐浓无机酸、氯代烃,可溶于苯酚。尼龙 12 密度在尼龙树脂中最小,吸水性小,故制品尺寸变化小,易成型加工,特别容易注塑和挤出,具有优异的耐低温冲击性能、耐屈服疲劳性、耐磨耗性、耐水分解性。添加增塑剂可赋予其柔软性,可有效地利用尼龙 12 的耐油性、耐磨性和耐沸水性,广泛用于管材和软管制造。尼龙 12 的具体性能见表 2-21。

表 2-21　尼龙 12 的性能

性能		数值	性能		数值
密度/(g·cm^{-3})		1.02	拉伸强度/MPa		50
吸水率(23 ℃/65%RH)/%		0.95	断裂伸长率/%		350
吸水率(23 ℃水中 24 h)/%		0.25	拉伸模量/MPa		1300
玻璃化转变温度/℃		41	弯曲强度/MPa		74
熔融温度/℃		180	弯曲模量/GPa		1.4
热分解温度/℃		350	缺口抗冲击强度/(J·m^{-1})	干态 0 ℃	90
耐寒温度/℃		-70		干态 -28 ℃	80
最高连续使用温度/℃	空气中	80~90		干态 -40 ℃	70
	水中	70	洛氏硬度(R)		105
	惰性气体中	110	体积电阻率/(Ω·cm)		2.5×10^{15}
	油中	100	介电常数	60 Hz	4.2
线膨胀系数/℃$^{-1}$		10.4×10^{-5}		10^3 Hz	3.8
马丁耐热温度/℃		50~55		10^6 Hz	3.1
维卡软化温度/℃		160~165	介电损耗	60 Hz	0.04
热变形温度/℃	1.86 MPa	55		10^3 Hz	0.05
	0.46 MPa	150		10^6 Hz	0.03
成型收缩率/%		0.3~1.5	介电强度/(kV·mm^{-1})		18.1
Taber 磨耗量/mg		5	耐电弧性/s		109

2.5.5.4　尼龙 1212

尼龙 1212 是美国杜邦公司于 1988 年宣布研究成功的。它的酰胺基之间的亚甲基数目是尼龙 66 的 2 倍,吸水性小,其性能与尼龙 11 类似。尼龙 1212 是单体十二碳二胺和十二碳二酸缩聚而制得的,合成方法与尼龙 66 缩聚类似,反应式为

$$H_2N \!-\!\!(CH_2)_{12}\!\!-\!\! NH_2 + HOOC \!-\!\!(CH_2)_{10}\!\!-\!\! COOH \longrightarrow \overset{\oplus}{H_3}N \!-\!\!(CH_2)_{12}\!\!-\!\! \overset{\oplus}{N}H_3 \quad \overset{\ominus}{OOC} \!-\!\!(CH_2)_{10}\!\!-\!\! COO^{\ominus}$$

$$\longrightarrow \left[HN \!-\!(CH_2)_{12}\!\! NH \!-\! \overset{O}{\underset{\|}{C}} \!-\!(CH_2)_{10}\!\! \overset{O}{\underset{\|}{C}} \right]_n$$

(2-43)

尼龙 12 的特点是吸水性低,故制品尺寸稳定性优良,能耐酸、碱和溶剂。尼龙 1212 与其他尼龙的性能对比见表 2-22。尼龙 1212 的注射成型和挤出成型基本上和尼龙 6、尼龙 66 相同,主要用于汽车、电器、机械等行业,如线圈骨架、电线电缆的绝缘层、燃料油管道、油压系统管道、导管等。

表 2-22 尼龙 1212 与其他尼龙的性能对比

性能		PA6	PA66	PA612	PA11	PA12	PA1212
密度/(g·cm⁻³)		1.14	1.14	1.07	1.04	1.02	1.02
熔融温度/℃		220	260	212	185	177	184
吸水率/%	23 ℃水中 24 h	1.8	1.2	0.25	0.3	0.3	0.2
	23 ℃水中饱和	10.7	8.5	3.0	1.8	1.6	1.4
拉伸强度/MPa		74	80	62	58	51	55
断裂伸长率/%	23 ℃	180	60	100	330	200	270
	−40 ℃	15	15	10	40	100	239
弯曲模量/MPa		2 900	2 880	2 070	994	1 330	1 330
洛氏硬度(R)		120	121	114	108	105	105
热变形温度/℃	0.46 MPa	190	235	180	150	150	150
	1.8 MPa	70	90	90	55	55	52

第3章 聚碳酸酯

3.1 概　　述

3.1.1 聚碳酸酯简介

聚碳酸酯英文名称 Polycarbonate,简称 PC。它是一类分子主链中含有碳酸酯链节的线型聚合物,其通式可以写为图 3-1 的结构式,这一结构与传统的热塑性聚酯[如聚对苯二甲酸乙二醇酯(PET)、聚对苯二甲酸丁二醇酯(PBT)、聚乳酸(PLA)、聚芳酯(PAR)]中的酯基结构明显不同。

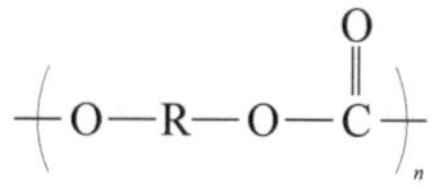

$$\left[\!\!\begin{array}{c} O \\ \| \\ O-R-O-C \end{array}\!\!\right]_n$$

图 3-1　聚碳酸酯的结构通式

按其链节中 R 基团的不同,聚碳酸酯可分为脂肪族、脂环族、芳香族和脂肪-芳香族等四大类型。脂肪族聚碳酸酯熔点低、溶解度大、热稳定性差、力学性能不高,无法作为工程材料使用。脂环族、脂肪-芳香族聚碳酸酯,熔点有所提高,溶解度也有所减小,但由于结晶趋势较大、性脆、力学性能仍然不足,其实用价值还是不大。从原材料成本、制品性能及成型加工条件等多方面来综合考虑,目前只有芳香族聚碳酸酯最具有工业价值。其中,尤以双酚 A 型聚碳酸酯(Polycarbonate of bisphenol A)最为重要,3 类聚碳酸酯的性能对比如图 3-2 所示。

双酚 A 型聚碳酸酯,学名 2,2′-双(4-羟基苯基)丙烷聚碳酸酯,结构式如图 3-3 所示,通常缩写为 PC。

聚碳酸酯的综合性能优异:第一,其具有优异的透明性,透光率可达 90% 以上,是继 PMMA(耐热性约 70 ℃)之后耐热性可以达到 140 ℃的透明材料;第二,具有突出的抗冲击能力、抗蠕变性和尺寸稳定性;第三,具有优异的耐低温性和较高的耐高温性,可在 −100~140 ℃范围内使用;第四,在 60~10^6 Hz 的宽频率范围内保持良好的绝缘性能;第五,还具有良好的卫生性能,允许与食品接触;第六,具有良好的成型加工工艺性。因此,聚碳酸酯自工业化以来颇受人们青睐,已在国民经济各个领域,包括电子电器、汽车、建筑、办公机械、包装、运动器材、医疗保安、日用百货、食品等部门内获得了普遍应用,呈现出不断扩大的势头,并已经扩展到航空航天、电子计算机、光盘、高铁等许多高新技术领域,尤其在光盘的使用上,发展速度惊人。同时,聚碳酸酯还可与其他许多树脂共混而形成共混物,改善其抗溶剂性及耐磨性较差的缺点,使其适应更多特定应用领域对成本和性能的要求。在五大通用工程塑料的发展中,聚碳酸酯产量仅次于聚酰胺,并有逐渐赶上聚酰胺的趋势。

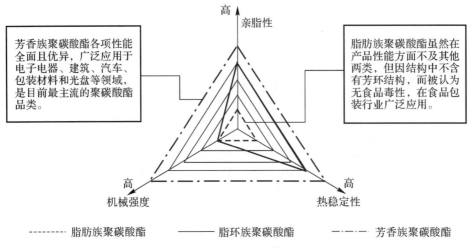

图 3-2　3 类聚碳酸酯的性能对比示意图

图 3-3　双酚 A 型聚碳酸酯的结构式

3.1.2　聚碳酸酯的发展

聚碳酸酯的发展至今已经有 100 多年的历史,早在 1881 年,K. Birnbaum 和 G. Lurie 在吡啶存在下由间苯二酚与光气制得了碳酸酯缩合物。1889 年,A. Einhorn 又用对苯二酚、间苯二酚与光气在吡啶中进行缩合反应制得了碳酸酯聚合物。1902 年,C. A. Bischoff 等人由对苯二酚或间苯二酚与碳酸二苯酯进行酯交换反应也制得了芳香族聚碳酸酯。1930 年,W. H. Carothers 通过脂肪族二羟基化合物与碳酸二乙酯的酯交换反应或脂肪族二羟基化合物与环状碳酸酯的开环聚合反应获得了低熔点的脂肪族聚碳酸酯。上述科学家所合成的聚碳酸酯或许由于相对分子质量不高并未发现其有实用的价值,但却为后来聚碳酸酯的光气法及酯交换法合成奠定了基础。1940 年,美国杜邦公司 Petereon 通过己二醇与碳酸二丁酯的酯交换反应,成功地制得了可制成纤维和薄膜的脂肪族高相对分子质量聚碳酸酯,并取得了美国专利,这是关于聚碳酸酯研究开发方面的第一件专利。

1953 年 10 月,德国 Bayer 公司 H. Schnell 对双酚 A 与碳酸衍生物在熔融状态下进行酯交换反应,首次获得了具有实用价值的热塑性高熔点线形聚碳酸酯并立即在本国申请了专利,并于 1954 年借助比利时专利公布了有关制造方法。1956 年,H. Schnell 在汉堡公开了双酚 A 型聚碳酸酯的详细研究论文。1958 年,Bayer 公司实现了熔融酯交换法合成双酚 A 型聚碳酸酯的中等规模工业化生产,商品名为 Makrolon。1960 年,Bayer 公司又以光气化溶剂法生产技术在美国设立了子公司——莫贝(Mobay)化学公司,投产了商品名为 Merdon 的聚碳酸酯产品。

美国 GE 公司于 1955 年 7 月在美国申请了专利,并于 1959 年通过澳大利亚专利公布了光气化溶剂法聚碳酸酯制造工艺后,也在 1960 年投入了聚碳酸酯的工业生产,商品名为 Lexan。

日本出光石油化学公司(1960 年)、帝人化成公司(1961 年)和三菱瓦斯化学公司(1961 年)均用自己开发的光气化溶液法工艺技术生产聚碳酸酯,1962 年,帝人化成公司和三菱瓦斯化学公司又分别从拜耳公司引进了酯交换法生产工艺,并先后于 1964 年、1965 年正式开工生产。

1965 年,美国 PPG 公司开发了名为 Nuclon 的溶剂法新型聚碳酸酯。1967 年,苏联也开发了熔融法和溶剂法聚碳酸酯。1970 年,日本长濑产业公司从美国 GE 公司输入 Lexan 进行销售。1975 年,三菱化成工业公司也加入了聚碳酸酯的生产行列。

进入 20 世纪 70 年代以后,尤其是 1975 年以后,随着聚碳酸酯应用的日趋广泛,国际上一些大型聚碳酸酯生产厂家,如美国 GE、德国 Bayer 和日本出光石油化学公司等大多将生产装置的规模迅速发展到万吨级,并都纷纷开始致力于全球性的扩展,以其先进的工艺技术在国外许多地区先后独资或合资建厂,使世界聚碳酸酯产业呈现出一派兴旺的景象。

我国聚碳酸酯的研制工作始于 1958 年,由沈阳化工研究院首先开发成功了熔融酯交换法工艺,于 1965 年完成了中试,并在大连塑料四厂建成了 100 t/年的生产装置。1966 年后,有关人员先后调迁至四川晨光化工研究院和杭州地区的相关企业,继续进行有关研究开发工作。在此期间,上海合成树脂研究所在酯交换法方面进行过卓有成效的研究,浙江省化工研究所、清华大学、天津合成材料研究所、广东肇庆化工研究所等在光气化法合成工艺上的研究开发也是非常有益的。

20 世纪 70 年代,我国聚碳酸酯中试工作已经积累了一定的经验,采用国内的技术,先后建成了 20 多套设计能力为百吨级的光气化法试生产装置和酯交换法生产装置。但是,所有这些聚碳酸酯装置都因小型、分散、设备简陋、工艺不完善、原料不达标又缺少分析控制手段,而导致产品单耗高、质量差,市场打不开局面,迫使多数厂家纷纷停产或转产。到 1977 年时,酯交换法工艺只留下上海染料化工二厂(现改名为上海中联化工厂)的生产装置,1979 年重庆长风化工厂新建了一套酯交换法装置。光气化法工艺只留下常州有机化工厂(现名为五矿常州合成化工总厂)、杭州塑料化工一厂和天津有机化工二厂等的生产装置。

1971—1976 年,我国援助罗马尼亚会战对酯交换法技术进步起了很大促进作用,当时的主攻目标是提高产品色相质量,会战中发现原料双酚 A 型聚碳酸酯和催化剂是影响产品色相的关键,于是把国产硫酸法双酚 A 型聚碳酸酯改成用进口优质双酚 A 型聚碳酸酯,改变了原用的催化剂乙酸钴,结果聚碳酸酯树脂的外观及内在质量均有了明显的改善。1978 年 2 月,我国援助罗马尼亚酯交换法聚碳酸酯生产装置顺利建成并试车投产成功,并受到好评。为此,不仅酯交换法聚碳酸酯的质量水平上到了一个新的台阶,而且光气化法产品的质量也因改用进口优质双酚 A 型聚碳酸酯而得到了显著的改善。

1981—1988 年,聚碳酸酯的年均增长率高达 13%,1989—1996 年均增长率仍然高达 9%。2000 年以来,世界上共有 10 多个国家和地区生产聚碳酸酯,其中年产能排在前 5 名的公司是美国 GE 公司(37 万 t)、美国 Mobay 公司(24 万 t)、德国 Bayer 公司(16 万 t)、日本三菱瓦斯(13 万 t)、日本帝人化成(12 万 t)。2001 年,世界聚碳酸酯的产量已经达到 159 万 t。到了 2017 年,全球聚碳酸酯的产量迅速发展到 488.1 万 t,其中 Bayer 公司(130 万 t)、SABIC(119.4 万 t)、三菱气体和三菱化学(48.2 万 t)、帝人化成(48 万 t)占据全球总产量的 71%。目前,聚碳酸酯仍然以每年 8% 左右的速度增长。

自 1978 年改革开放以来,我国聚碳酸酯行业也得到了快速发展。20 世纪 80 年代初期有上海中联化工厂、重庆长风化工厂、杭州塑料化工一厂、天津有机化工二厂、五矿常州合成化工总厂、鲁西化工厂等企业生产聚碳酸酯,1985 年的产能为 2.3 万 t/年,1989 年增长到 3.4 万 t/年,1997 年增长到约 6 万 t/年,2012 年已经增长到 94.5 万 t/年。国内聚碳酸酯消费量从 2000 年的约 20 万 t/年扩大至 2019 年的近 250 万 t/年,年均消费增速超过 14%。

近年来,随着以科思创、帝人、三菱为代表的外资公司和以浙铁大风、鲁西化工、利华益、万华化学为代表的内资企业陆续在国内投放产能,我国的聚碳酸酯供应获得了长足的发展。

我国真正意义上的第一套万吨级聚碳酸酯装置是日本帝人株式会社于 2005 年在浙江嘉兴投产的一条 5 万 t/年的界面缩聚法生产线。经过 10 多年的发展,我国已成为全世界最大的聚碳酸酯生产国。截止到 2020 年末,聚碳酸酯产能已达到 179 万 t/年,占全球总产能的约 30%。另外,还有 123 万 t/年在建和扩建产能,以及超过 300 万 t/年的规划产能。截至目前,我国总的规划产能已经超过 600 万 t/年(见表 3-1)。

表 3-1 我国聚碳酸酯生产企业及其产能情况　　　　　　单位:万 t/年

生产企业	地区	2020 年末产能	在建/扩建产能	规划总产能
科思创	上海	45	15	60
帝人	浙江嘉兴	15	0	15
中石化三菱	北京	6	0	6
三菱瓦斯	上海	10	0	10
浙铁大风	浙江宁波	10	0	10
鲁西化工	山东聊城	20	20	40
万华化学	山东烟台	20	0	40
中蓝国塑	四川泸州	10	0	60
盛通聚源	河南濮阳	13	0	13
甘宁石化	湖北宜昌	7	0	7
利华益维远	山东东营	13	0	13
浙江石化	浙江舟山	0	26	52

续表

生产企业	地区	2020 年末产能	在建/扩建产能	规划总产能
中沙(天津)	天津	0	26	26
沧州大化	河北沧州	10	0	20
平煤神马	河南平顶山	0	10	40
海南华盛	海南东方	0	26	52
青岛恒源	山东青岛	0	0	10
营口佳孚	辽宁营口	0	0	13
星云化工	黑龙江大庆	0	0	70
华谊集团	广西钦州	0	0	20
中海壳牌	广东惠州	0	0	26
漳州奇美	福建漳州	0	0	15
合计		179	123	618

数据来源:张雷,我国聚碳酸酯发展新趋势,化学工业,2021,39(1):35-39。

目前,聚碳酸酯的主要品种有注射级、吹塑级、耐紫外线级、耐候级、光盘级等,如 T-1230(低黏度通用注射型)、T-1260(中黏度通用注射型)、T-1260B(中黏度着色通用注射型)、T-260.7(抗冲击注射型)、TE-2614(PE 改性注射型)、TG-2625(25％玻璃纤维增强注射型)、T-1290(高黏度通用吹塑型)、T-1230U(低黏度耐紫外线型)、T-1260U(中黏度耐紫外线型)、T-1290U(高黏度耐紫外线型)等。

国内聚碳酸酯最大的下游应用市场为电子电器(34％),其次为板材/薄膜(21％),这两大应用市场(不含家电)占据了整个聚碳酸酯消费量的 50％以上。此外,汽车也是聚碳酸酯非常重要的一个下游应用市场,目前聚碳酸酯在汽车的消费占总消费量约 16％(包含车灯、车窗及车用改性塑料等)。另外主要是光学(13％)、家电(7％)、包装(3％)、医疗(1％)、其他领域(5％)等,相对占比较小的市场。未来的进口产品将主要集中在医疗、特殊光学等高端领域,预计 2025 年进口量超过 50 万 t。

回顾过去 20 多年我国聚碳酸酯的发展,可以将其分为 4 个阶段。第一阶段,2000—2007 年,随着聚碳酸酯在光盘、笔记本电脑、功能手机、汽车等领域的大量使用,其消费量从 2000 年的 20 万 t 迅速提升至 2007 年的 80 万 t 以上,一举成为全球最大的聚碳酸酯消费国家,年增速超过 20％,远高于全球不到 10％的水平。第二阶段,2008—2015 年,由于全球金融危机,以及新型存储媒介 USB 和智能手机等行业的兴起,聚碳酸酯需求增速显著放缓,全球年增速只有 1％左右,但我国仍有接近 10％的中高增速。第三阶段,2015—2018 年,随着欧美经济复苏,全球聚碳酸酯需求量增速回到 3％左右,而我国聚碳酸酯需求由于新应用领域增长乏力,价格高位运行,导致需求增速下降至 5％左右。第四阶段,2019 年至今,随着聚碳酸酯价格持续低位徘徊,以及国家对洋垃圾的严格管控,国内聚碳酸酯的消费增速显著回升,价格回归正常水平,增速将与国内生产总值(GDP)增速接近。预计 2025 年,国内聚碳酸酯的需求量将接近340万t。

纵观国内聚碳酸酯20多年的发展,可以预见:国内产能快速释放,自给率快速上升;结构性过剩与结构性短缺将并存;一体化、规模化将构建综合竞争优势;通用聚碳酸酯将大宗化,改性聚碳酸酯将通用化;高端应用的差异化需求将会愈加明显;价格将由市场导向转向为成本导向;再生聚碳酸酯将规模化和规范化;两种聚碳酸酯合成技术将长期并行发展;共聚聚碳酸酯产品国产化将加速发展;标准先行将引领行业健康发展。

3.2 聚碳酸酯的合成

聚碳酸酯的品种虽多,但真正具有大规模工业生产价值的只有双酚A型聚碳酸酯。双酚A型聚碳酸酯所需的主要原料为双酚A(BPA)、碳酸二苯酯(DPC)、光气、一氧化碳。其中碳酸二苯酯是生产酯交换法聚碳酸酯的主要原料,它的合成工艺从光气法到非光气法不断改进,产品质量的不断提高,推动了聚碳酸酯生产的发展。

3.2.1 碳酸二苯酯的合成

1)光气法

由苯酚与光气在碱性介质中的反应原理来合成碳酸二苯酯,反应式为

$$2\ \text{苯环}-OH\ +COCl_2\ \xrightarrow{2NaOH}\ \text{苯环}-O-\overset{\displaystyle O}{\overset{\|}{C}}-O-\text{苯环}\ +2NaCl+H_2O \quad (3-1)$$

目前,工业上大多采用苯酚钠盐水溶液与光气反应来生产碳酸二苯酯,反应式为

$$\text{苯环}-OH\ +NaOH\ \longrightarrow\ \text{苯环}-ONa\ +H_2O \quad (3-2)$$

$$2\ \text{苯环}-ONa\ +COCl_2\ \longrightarrow\ \text{苯环}-O-\overset{\displaystyle O}{\overset{\|}{C}}-O-\text{苯环}\ +2NaCl+H_2O \quad (3-3)$$

该反应是放热反应,反应过程中必须冷却,否则物料会过热,原料光气会遭到破坏,产率会大大降低。将反应温度控制在15℃以下,碳酸二苯酯的产率可达95%以上。

此法早已投入工业生产,产率也较高,但由于光气剧毒,不易贮存、运输,副产物氯化氢腐蚀性强,污染环境,正在被酯交换法取代。

2)酯交换法

由苯酚与碳酸二甲酯在催化剂作用下通过酯交换反应来合成碳酸二苯酯,反应可在150~250℃和常压或减压下进行,反应式为

$$2\ \text{苯环}-OH+ H_3CO-CO-OCH_3\ \xrightarrow{催化剂}\ \text{苯环}-O-CO-O-\text{苯环}\ +2CH_3OH$$
$$(3-4)$$

酯交换法反应中使用的是无毒的碳酸二甲酯,整个工艺过程中的腐蚀状况大为减轻。但是,由于碳酸二甲酯的反应活性远低于光气,反应速率较慢,产率较低。为此,最初采用碱或碱金属化合物作为反应催化剂,但反应速率慢并有大量二氧化碳和苯甲醛副产物出现,产率较低。后来,改用路易斯酸作催化剂,产率略有提高,但因腐蚀性强而给工业化带来困难。

20 世纪 80 年代后,人们相继开发了硅、铅、铁、锂和铝的烷氧基化合物、氧化物及乙酸盐类催化剂,以及钛、锡的各种金属有机化合物催化剂,如钛酸丁酯、二丁基氧化锡、苯氧基铝、丁基三氯化锡和聚羟基二丁基亚锡烷等,这两类催化剂都是均相催化剂,效果较好,碳酸二苯酯产率可达 44%,选择性可达 80%~100%。

3)氧化羰基法

以苯酚、一氧化碳和氧气为原料,在催化剂作用下一步氧化直接合成碳酸二苯酯,反应式为

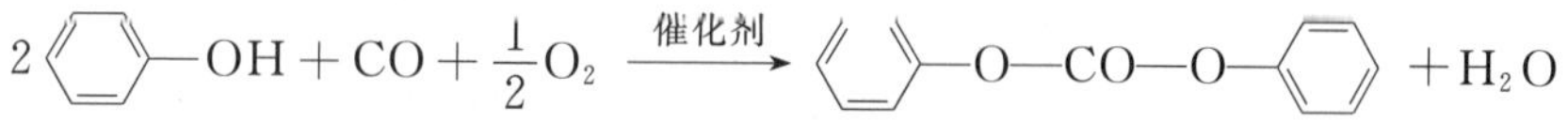

$$2 \bigcirc\!\!\!-OH + CO + \frac{1}{2}O_2 \xrightarrow{\text{催化剂}} \bigcirc\!\!\!-O—CO—O—\bigcirc + H_2O$$

$$(3-5)$$

氧化羰基法反应一般在 0.4~3 MPa、100~150 ℃、钯系催化剂作用下进行。钯系催化剂较贵且转换效率不高,碳酸二苯酯产率也比较低,使得氧化羰基化法合成碳酸二苯酯的工艺很难实现工业化。但是,该法所用原料便宜易得、毒性小、工艺简便,只要能寻找到价格低廉、转化率高的催化剂,仍然是具有发展前途的碳酸二苯酯合成方法。

3.2.2　聚碳酸酯的合成

3.2.2.1　光气法

直接采用光气作单体,使双酚 A 羰基化而合成聚碳酸酯的方法叫作光气化法。这种方法是在催化剂、溶剂和除酸剂存在下,使光气与双酚 A 进行反应来实现的,反应式为

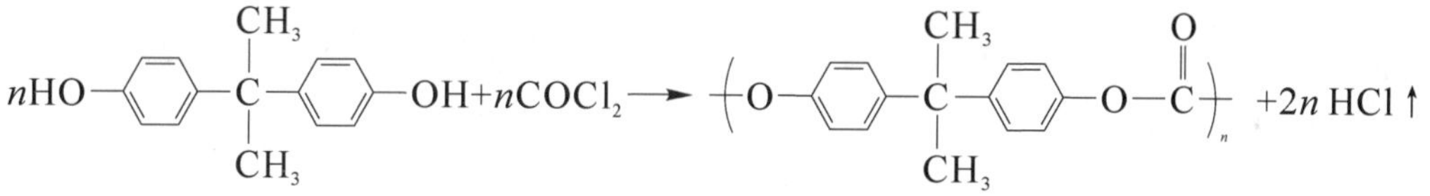

$$n\text{HO}—\bigcirc\!\!\!-\overset{CH_3}{\underset{CH_3}{C}}\!\!\!-\bigcirc\!\!\!-OH + n\text{COCl}_2 \longrightarrow \left(\!O—\bigcirc\!\!\!-\overset{CH_3}{\underset{CH_3}{C}}\!\!\!-\bigcirc\!\!\!-O—\overset{O}{C}\!\right)_n + 2n\,\text{HCl}\uparrow$$

$$(3-6)$$

光气化法在实际工业化生产中又可分为溶液缩聚法和界面缩聚法。

1)溶液缩聚法

溶液缩聚法是将光气通入双酚 A 的吡啶溶液中进行反应。此法中所用吡啶有恶臭,易燃易爆,有一定毒性,污染环境,给生产操作带来了困难,操作人员需要特殊劳动保护,而且吡啶较贵,溶剂及沉淀剂需分离回收,致使过程繁杂,经济性差。因此,该法不具备工业化条件。

2)界面缩聚法

界面缩聚法是指在两相界面上使单体进行缩合聚合的方法。与一般的缩聚方法不同,它是一个不可逆的非平衡转变过程,这种反应通常是在室温下,在互不相溶的两相界面上进行,而且可以制得很高相对分子质量的树脂产品。本法对于那些本身对热不稳定,但能合成高熔点聚合物的单体来说,更是开创了一个良好的制取高聚物的途径。因此,这种方法一出现便立即引起普遍关注。首先成功地用界面缩聚法进行工业生产的合成材料正是聚碳酸酯,如图 3-4 所示。

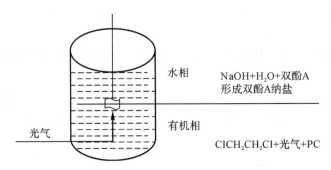

图 3-4 界面缩聚法制备聚碳酸酯示意图

利用界面缩聚法制备聚碳酸酯时,是在搅拌下将光气通入惰性溶剂与双酚 A 的氢氧化钠水溶液中进行反应,也可以将液化光气溶于溶剂中,再滴加入双酚 A 的氢氧化钠水溶液中进行反应,还可以加入催化剂。由于反应是在界面上进行的,所以必须进行强烈的搅拌,以使两相有更多的接触,加速反应的进行。其反应式为

$$(3-7)$$

$$(3-8)$$

生成的聚碳酸酯树脂溶于有机相中,副产物氯化钠溶于水相中。反应结束后,破乳分层,除去水相,用水洗涤有机相,将树脂与溶剂分离,便得聚碳酸酯。

界面缩聚合成聚碳酸酯按工艺不同又分为二步法和一步法。

(1)二步法。界面缩聚二步法聚碳酸酯树脂的合成工艺主要包括双酚 A 钠盐的制备、光气化反应、界面缩聚反应等步骤。

界面缩聚二步法合成聚碳酸酯时,将配制好的双酚 A 钠盐加入光化釜,随即加入溶剂二氯甲烷(或二氯乙烷等),启动搅拌。当釜内温度降至 20 ℃ 左右时,恒速地通入光气,以便在水油相界面进行光气化反应。当反应体系内的 pH 达到 7~8 时,停止通光气。这时在油相中得到了低相对分子质量的聚碳酸酯,其端基为酰氯,称为简聚体,如图 3-5 所示。

图 3-5 光气化反应产物——简聚体

将上述所得简聚体送入缩聚釜,接着加入 25% 的氢氧化钠水溶液、催化剂(如叔胺、三甲基苄基氯化铵、四甲基氯化铵)和相对分子质量调节剂(苯酚、对叔丁基苯酚)等,在搅拌下于 25～30 ℃ 之间进行缩聚反应,如图 3-6 所示。叔胺作为催化剂,形成了大分子活性中心,增加了相对分子质量较大的简聚体的端基活性,有利于进一步缩聚后提高聚碳酸酯的相对分子质量,该过程为链增长的主要方式。反应进行到一定程度,加入单官能度酚类化合物作为相对分子质量调节剂,可将相对分子质量控制在 3 万～10 万以内,满足工程塑料的需求,同时还可以将活性端基封闭,实现链终止。

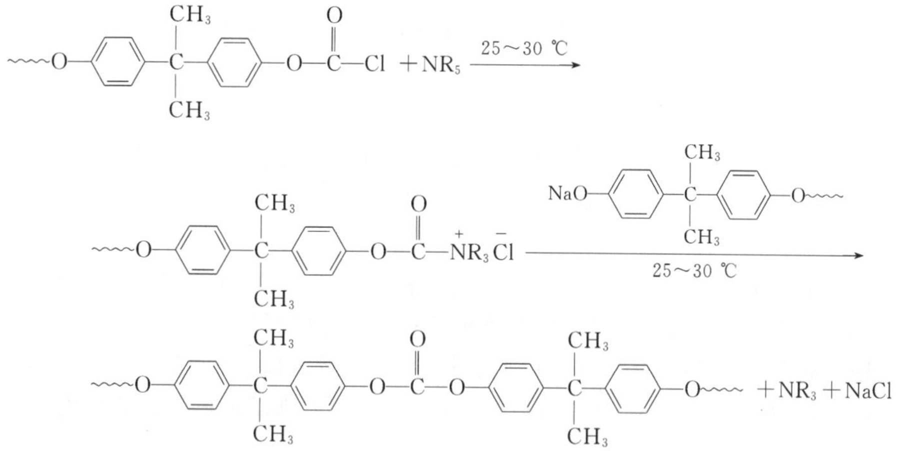

图 3-6　简聚体的缩聚反应

反应停止后,静置破乳分层,除去上层碱盐水溶液,向有机相中加入 5% 的甲酸水溶液,使物料呈微酸性(pH=3～5),通过虹吸弃去上层酸水相,下层黏性树脂溶液送入下一步的树脂的后处理工序中。

在界面缩聚法聚碳酸酯树脂合成过程中,氢氧化钠起着双重作用:①使双酚 A 成为双酚 A 钠盐,提高端羟基的反应活性,才能在水介质中迅速与光气发生反应,制得所需要的高相对分子质量聚碳酸酯;②及时中和掉反应中副生的氯化氢,使其变成氯化钠从体系中除去,反应得以迅速进行,同时减少氯化氢对设备的腐蚀。

碱的存在为树脂合成反应所必需的,但是副反应的发生也与碱的浓度有关。碱过量太多,会加剧光气及低聚体的水解。因此,在反应过程中必须调节好碱的用量,使双酚 A 钠盐的浓度保持一定,这样就可以减少副反应的发生,而获得反应的重现性。为此,把反应分为光气化阶段和缩聚阶段两步来进行。在光气化阶段,碱量以能保证双酚 A 与光气反应完全即可。光气加完后,反应液的 pH 为 7～8 为宜。在缩聚阶段,再补加碱液使低相对分子质量聚碳酸酯扩链增长,从而得到高相对分子质量聚碳酸酯。

(2)一步法。将配制好的双酚 A 钠盐和催化剂、相对分子质量调节剂加入反应釜中,加入氯代烷烃类溶剂,在搅拌下通入光气,一步进行界面缩聚反应,制取高相对分子质量的聚碳酸酯树脂,这是当前普遍采用的工业生产方法。工艺过程又可分为间歇法和连续法两种,间歇法采用单釜间歇生产,有利于生产多品种。连续法采用多级反应釜串联生产,特点是产率高,产品质量均匀、稳定。

(3)树脂的后处理。界面缩聚反应结束后所得到的聚碳酸酯树脂,一般都是溶于有机溶剂中的黏稠性胶液,它除了溶剂以外,还含有不易除去的各种杂质及电解质。这些杂质和未反应掉的双酚 A 的存在,都会直接影响产品质量,尤其对产品透光率、热稳定性、电性能影响较大。此外,界面缩聚反应本身是一个在非均相下进行的不可逆过程,树脂的相对分子质量分布是不均匀的。特别是少量低分子物的存在,对产品性能也会产生不良的影响。因此,树脂的后处理,也就是树脂溶液的净化和离析是必不可少的。

聚碳酸酯溶液中的杂质主要来自 3 个方面:①来自原料(如光气、双酚 A、溶剂、除酸剂等)中的杂质;②反应中生成的副产物及未反应的物料,如氯化钠、氢氧化钠、双酚 A 等;③机械设备和管道等附带的杂质等。尽管这些杂质含量不一定很大,但微量的杂质,特别是碱性杂质的存在,会使成型制件的颜色变深,力学性能降低,绝缘性能下降。

对上述杂质:一般采用抽吸过滤,去掉尺寸较大的机械杂质;用酸中和残留于有机相中的碱;然后用去离子水(或蒸馏水)在搅拌下反复洗涤,直至洗涤水中不含电解质(特别是氯离子)为止。

光气法合成聚碳酸酯的主要影响因素有原料配比、有机相惰性溶剂的选择及回收、反应过程的 pH、胶液萃取精制工艺、相对分子质量及其分布的控制等。

光气法路线单体转化率高达 90% 以上,相对分子质量可以达到 15 万～20 万,相对分子质量分布宽,需将相对分子质量调节剂至 2.5 万～7 万才能满足工程塑料的使用要求。

3.2.2.2 酯交换法

酯交换法又被称为熔融缩聚法,是在碱性催化剂存在下,由双酚 A 与碳酸二苯酯在高温、高真空度条件下,经酯交换反应和缩聚反应而生成聚碳酸酯的一种工艺过程。其总反应式为

$$n\ \text{苯}-O-\overset{O}{\underset{}{C}}-O-\text{苯} + n\text{HO}-\text{苯}-\overset{CH_3}{\underset{CH_3}{C}}-\text{苯}-\text{OH} \xrightarrow[\text{(苯甲酸钠)}]{\text{催(醋酸锂)}}$$

$$\left(O-\text{苯}-\overset{CH_3}{\underset{CH_3}{C}}-\text{苯}-O-\overset{O}{\underset{}{C}}\right)_n + 2n\ \text{苯}-OH$$

$$(3-9)$$

酯交换法制备聚碳酸酯时,除原料需要达到所规定的质量指标外,还必须重视如下几个条件的控制,才能得到高质量的聚碳酸酯产品。

(1)酯交换反应是在无溶剂条件下进行的反应,因此,必须有足够高的温度,使单体、低聚物、高聚物等物料呈熔融状态,并在有一定活化能情况下才能进行反应。

(2)酯交换作用是一种十分明显的催化反应,只有使用催化剂,如碱金属、碱土金属类的弱酸盐类,反应才能迅速进行。

(3)酯交换反应是一种平衡性反应,反应体系中生成的苯酚必须及时排出体系外,才能

促进反应体系向着生成物方向进行,因此,反应需在真空下进行。

(4)反应原料的配料比应始终严格保持,尤其是双酚 A 不能过量,理论上碳酸二苯酯与双酚 A 的物质的量之比为 1∶1,由于碳酸二苯酯的沸点 301 ℃比双酚 A 的沸点 401 ℃低,所以实际配比中碳酸二苯酯过量 5%～10%。

(5)反应设备应能保证加热均匀,并能在隔绝空气下进行反应;反应后期物料黏度增大,应能确保有良好的搅拌。

酯交换法合成聚碳酸酯的反应过程分为两步进行,即酯交换过程和缩聚过程。

1)酯交换过程

对装有搅拌系统、进料管、通氮系统、抽真空系统和调温系统等的不锈钢酯交换反应釜进行气密性试验并合格后,先后加入规定量的碳酸二苯酯、催化剂、双酚 A,升温至 150～180 ℃使物料熔融(碳酸二苯酯熔点 81 ℃,双酚 A 熔点 158 ℃),启动搅拌,随即将反应体系内余压降低 6.7 MPa。这时,物料开始进行酯交换反应,生成碳酸酯低聚物及副产苯酚,反应式为

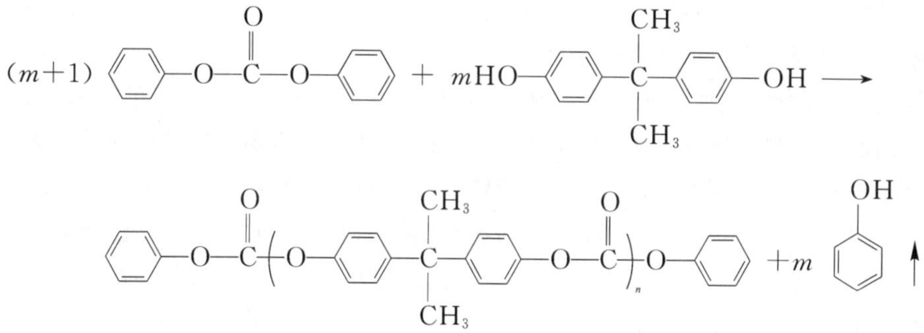

$$(m+1) \text{（结构式）} + m \text{HO（结构式）OH} \longrightarrow$$

$$\text{（结构式）}_n + m \text{（苯酚）} \uparrow \quad (3-10)$$

苯酚立即被抽出至接收器内。随着反应的不断进行,苯酚馏出量逐渐减少。为保证反应速率和体系真空度,需逐渐将反应温度提高至 200～230 ℃,当馏出之苯酚量达到理论量的 80%～90%时,应在大约 30 min 内将体系余压降至 133 Pa 以下,温度升至(298±2)℃,继续反应 2 h 左右。然后用氮气消除体系的真空,并加压将微带浅黄色的透明黏性液态产物送入缩聚釜。

2)缩聚过程

在材质与酯交换釜类似的缩聚反应釜受料后,启动搅拌并抽真空,将釜内温度控制在 295～300 ℃,余压约在 133 Pa 以下,使物料碳酸酯低聚物进行缩聚反应,同时脱出副产的苯酚和携带出来的碳酸二苯酯,反应式为

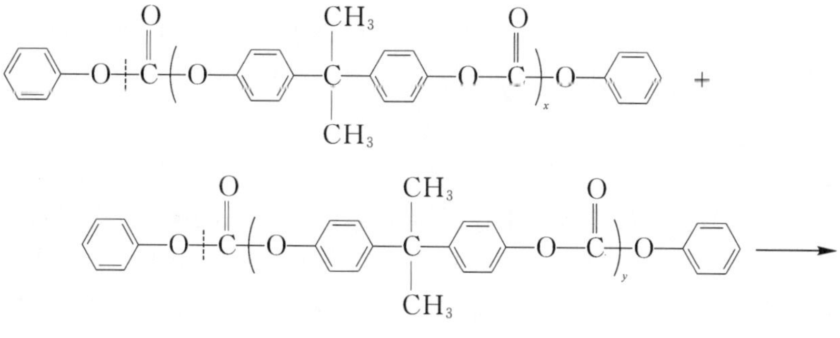

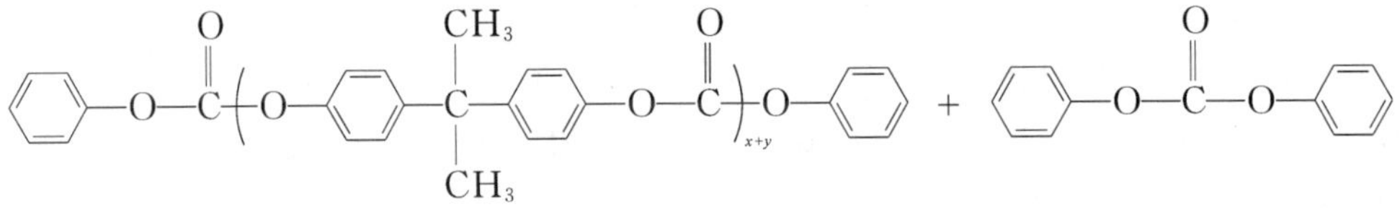

$$(3-11)$$

随着反应的进行,产物相对分子质量逐渐增大,釜内熔体黏度变大,这时应加大搅拌力度(增大搅拌电动机的功率或电流值),促使反应顺利进行。当达到所需相对分子质量范围时,反应即告结束,停止搅拌,用氮气消除体系真空。将物料静置 10 min,然后用氮气将物料从缩聚釜中压出。物料经釜底铸型孔被挤压成条状或片状,冷却后通过切粒机切成颗粒。

在酯交换法合成聚碳酸酯的反应过程中,原料物质的量之比、催化剂、反应温度及真空度等对反应过程及产品性能均有较大影响。

这种酯交换法的优点在于,在制备原料单体碳酸二苯酯时就将氯元素以氯化钠的形式除去了,减轻了对设备的腐蚀和对环境的污染。制得的碳酸二苯酯,通过真空蒸馏法很容易除去其中的杂质,工艺流程简单,产物不用后处理,过程中不用溶剂,无溶剂回收设备,树脂从反应釜中压出后便可直接切粒和包装。

酯交换法的缺点是:这种工艺需要在高温、高真空度下进行反应,生产条件和设备要求较严格,投资较大;物料熔体黏度大(尤其是缩聚后期阶段),必须要有特殊的搅拌装置;要得到高相对分子质量树脂较困难,除非有相当特殊的设备;催化剂存在污染,产品中存在副产苯酚,产品光学性能较差,黄度指数偏高;受到搅拌、传热以及间歇反应等工程问题的限制,难以实现大吨位工业生产。这些弊端限制了该工艺的应用。同时,在这种传统酯交换法中,其原料碳酸二苯酯的生产要使用剧毒的光气,对操作人员和环境极为不利。因此,该生产工艺的发展受到限制。

20 世纪 70 年代后,该法便逐步向连续式工艺过渡(如采用螺杆式连续缩聚反应器等),强化了传热、传质效果,缩短了物料停留时间,降低了反应温度,提高了相对分子质量,产品质量不断提高,透光率和黄度指数等均已达到了光气化法聚碳酸酯水平。加之酯交换法固有的长处,其又逐渐受到了业界的青睐,能够提供具有相当竞争力的聚碳酸酯。基于这种改良酯交换法合成聚碳酸酯工艺的第一个大型工厂由美国 GE 公司和日本三菱石油化学公司在日本联合兴建。随着传统方法的不断改进,聚碳酸酯连续酯交换法生产工艺还会获得进一步发展。

3.2.2.3 非光气法合成聚碳酸酯

非光气酯交换法是指在从单体到产品聚碳酸酯树脂的合成中都不使用光气为原料的一种聚碳酸酯熔融酯交换合成工艺,这种工艺的成功开发,是对传统酯交换法聚碳酸酯合成工艺的一大突破,在未来的聚碳酸酯生产中将占有重要的地位。

传统酯交换法是目前在聚碳酸酯工业上应用较为广泛的方法之一,其原料之一的碳酸二苯酯是由光气与苯酚制得的,碳酸二苯酯中残留的少量氯甲酸酯常使催化剂失活,产品颜色也因此而微微泛黄。再者光气的毒性极强,容易让人们产生肺水肿、咳嗽、恶心、呕吐、头昏、乏力等症状。随着人们环保意识的增强,研究非光气酯交换法逐渐被提上日程,倍受关注。

非光气酯交换法大致可分为两类：①采用非光气法制得双酚 A（BPA）和碳酸二苯酯（DPC），再由碳酸二苯酯与双酚 A 进行酯交换反应生成聚碳酸酯；②用其他非光气单体直接与双酚 A 或双酚 A 酯进行酯交换反应制得聚碳酸酯。

（1）非光气双酚 A、碳酸二苯酯和聚碳酸酯的合成。此法的关键在于不用光气为原料，有代表性的是意大利 Enichem 公司开发的以甲醇和丙酮为原料合成双酚 A，再由二氧化碳和环氧乙烷合成碳酸乙烯酯，碳酸乙烯酯与甲醇反应合成碳酸二甲酯，碳酸二甲酯与苯酚反应合成碳酸二苯酯，双酚 A 与碳酸二苯酯进行酯交换合成聚碳酸酯。其各步骤的反应式为

$$2 \bigcirc-OH + H_3C-\overset{\overset{\displaystyle O}{\|}}{C}-CH_3 \longrightarrow HO-\bigcirc-\overset{\overset{\displaystyle CH_3}{|}}{\underset{\underset{\displaystyle CH_3}{|}}{C}}-\bigcirc-OH + H_2O$$

$$(3-12)$$

$$CO_2 + H_2C\overset{\diagup}{\underset{\diagdown O \diagup}{}}CH_2 \longrightarrow$$

$$(3-13)$$

$$CH_3OH + \longrightarrow H_3CO-\overset{\overset{\displaystyle O}{\|}}{C}-OCH_3 + HO-CH_2CH_2-OH$$

$$(3-14)$$

$$H_2CO-\overset{\overset{\displaystyle O}{\|}}{C}-OCH_3 + 2\bigcirc-OH \longrightarrow \bigcirc-O-\overset{\overset{\displaystyle O}{\|}}{C}-O-\bigcirc + 2CH_3OH$$

$$(3-15)$$

$$HO-\bigcirc-\overset{\overset{\displaystyle CH_3}{|}}{\underset{\underset{\displaystyle CH_3}{|}}{C}}-\bigcirc-OH + \bigcirc-O-\overset{\overset{\displaystyle O}{\|}}{C}-O-\bigcirc \longrightarrow$$

$$\left(\!\!\overset{\overset{\displaystyle O}{\|}}{C}-O-\bigcirc-\overset{\overset{\displaystyle CH_3}{|}}{\underset{\underset{\displaystyle CH_3}{|}}{C}}-\bigcirc-O\!\!\right)_n + 2\bigcirc-OH$$

$$(3-16)$$

该方法主要原料仅有 CO_2、环氧乙烷(EO)、苯酚(PhOH)、丙酮(ACE),是绿色环保工艺,基本无污染,主要产品有聚碳酸酯(PC)和乙二醇(EG),该方法生产的聚碳酸酯纯度高、透明性好、性能高,投资比光气法节省30%以上。2002年,第一套以CO为原料生产聚碳酸酯的装置由我国台湾旭化成公司实现商业化运营,年产能6万t,每万吨聚碳酸酯可以消耗0.173万t CO_2。近年来,非光气法聚碳酸酯年产能已经达到67万t,其中我国占24万t。

(2)非光气其他单体直接合成法。由非光气其他单体与双酚A或双酚A酯进行酯交换反应而直接合成聚碳酸酯,报道较多的目前已有下列两种方法。

由碳酸烷基苯基酯与双酚A进行酯交换反应合成聚碳酸酯,反应式为

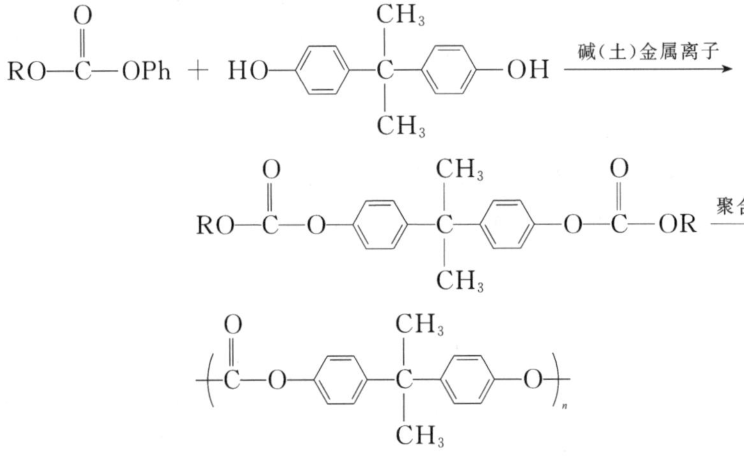

$$(3-17)$$

由碳酸二甲酯与双乙酸双酚A酯(BPAQ)进行酯交换反应而直接制得聚碳酸酯法,该法也称为Deshpande法,反应式为

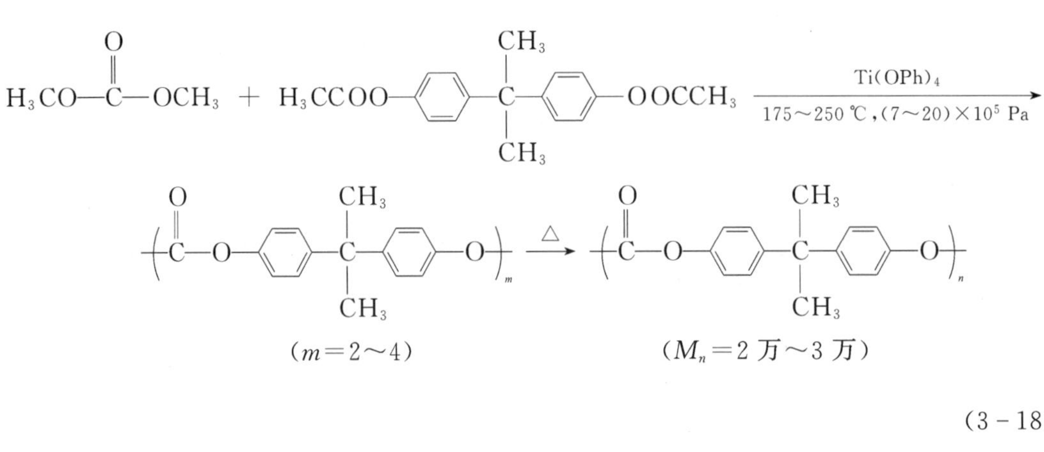

$$(3-18)$$

3.3　聚碳酸酯的结构与性能

3.3.1　聚碳酸酯的结构

3.3.1.1　聚碳酸酯的分子结构

目前,具有工业价值的聚碳酸酯是芳香族聚碳酸酯,其化学结构式如图 3 - 7 所示。

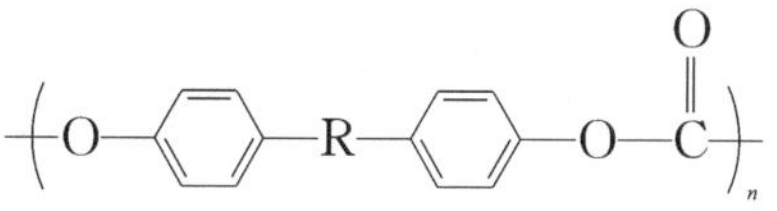

图 3 - 7　芳香族聚碳酸酯的结构通式

图中:R 可为多种不同的基团,最多的 R 为异丙基。

1)链节结构的影响

聚碳酸酯链节结构直接影响到其分子链的柔顺性和分子间的相互作用力,进而影响到它的性能。芳族聚碳酸酯主链上除 R 基团外,还有苯基、氧基、羰基和酯基。

(1)苯基是一种大共轭的芳香环状体,是芳族聚碳酸酯主链中难以弯曲的僵直部分,苯基提高了分子链的刚性,增大了聚碳酸酯的力学性能、尺寸稳定性、耐热性、耐化学介质性和耐候性,降低了它在有机溶剂中的溶解性和吸水性。

(2)氧基又叫醚键,它的作用与苯基相反。醚键增大了分子链的柔曲性,使链段容易绕醚键两端单键发生分子内旋转,加大了聚合物在有机溶剂中的溶解性和吸水性。

(3)羰基增大了分子链间的相互作用力,使大分子链间靠得更紧密,聚合物刚性增大。

(4)酯基是一种极性较大的基团,是聚碳酸酯分子链中较薄弱的部分。它容易水解断裂,使聚碳酸酯较易溶于极性有机溶剂,也是聚碳酸酯的电绝缘性能不及非极性甚至弱极性聚合物的重要原因。

综上所述,在暂不考虑 R 基团的情况下,对芳族聚碳酸酯分子链刚性的影响,苯基加上羰基的作用远超过了氧基的相反作用。结果,刚性相当大的聚碳酸酯分子链及大分子间较大的吸引力使得彼此缠结不易解除,因而分子链间相对滑动困难。聚合物在外力作用下不易变形,尺寸稳定性提高。大分子链取向困难,不易结晶,使聚合物处于无定形态,具有良好的透明性。在受外力强迫取向后,大分子链又不易松弛,导致聚碳酸酯制品内残留的内应力难以自行消除,在外界溶剂或者外力作用下容易发生内应力开裂。

2)苯基上取代基的影响

聚碳酸酯大分子链中苯基上的取代基团可影响到分子链间的相互作用力和分子链的空间活动情况。

苯基上氢原子被非极性的烃基取代后,将减小分子链间的作用力,增大分子链的刚硬性。用极性的卤素原子取代时,将增加分子链间的作用力,苯基上卤原子越多,分子链间作用力就越大,使分子敛集得更加紧密,分子链刚性就更大,加之卤原子体积小、卤素不燃,所以,四溴双酚 A 型聚碳酸酯的 T_g、T_m、静强度比普通双酚 A 型聚碳酸酯大得多,而伸长率和冲击韧性则要小得多,还有良好的耐燃性,仍可结晶,吸湿性及透水汽率也较小。

3) 主链上的 R 基团的影响

聚碳酸酯大分子主链上的 R 基团会给它的性质带来较大的影响。

R 基为烃基时,随中心碳原子两旁侧基体积及刚性的加大,如 H—<CH₃—<C₂H₅—<C₃H₇—< C₆H₅—等:一方面使得大分子刚性增大、位阻增加,导致聚碳酸酯 T_g、T_m、静强度提高,而伸长率和冲击韧性下降;另一方面使链间距加大,相互作用力减弱,又会使 T_g、T_m、静强度减小。这样两种相互矛盾的因素作用的结果,前一倾向略占上风,总的结果是 T_m 下降,而静强度上升。当 R 基中心碳原子两侧基不对称时,便破坏了分子的规整性,聚合物就更难结晶。例如:

$$\text{H—C—C}_3\text{H}_7 \qquad \text{H—C—}\bigcirc$$

当 R 为—O—、—S—、—SO₂、—NH—等杂原子或杂原子基团时,所得到的聚碳酸酯均为特殊品种,都有各自特殊的性能,很容易看到它们各自的独特影响。

4) 端基的影响

聚碳酸酯大分子链两末端上的端基对其热性能有显著的影响。在未使用封端剂的情况下,酯交换法聚碳酸酯分子链末端是羟基和苯氧基,光气化法聚碳酸酯分子链末端则是羟基和酰氯基(水解后为羧基)。聚碳酸酯属酯类化合物,在高温下羟基会引起它的醇解,羧基会促使它酸性水解,并将进一步促进聚碳酸酯的连锁降解。因此,分子链末端上羟基、羧基的存在,对树脂的热稳定性是不利的,应设法防止。

在酯交换法合成聚碳酸酯过程中,由于碳酸二苯酯是过量的,因此生成的大分子链两端可能大多变成苯氧基。尽管如此,也还必须要在反应中采取措施以使端羟基尽可能地除尽。在光气化法中,光气的过量可使生成的分子链两端多为酰氯基。为此,可加入适量的单官能团化合物(如苯酚、对叔丁基苯酚等)作为链终止剂,来与酰氯基反应。这样,既可使分子链末端上的活性基得到封锁,控制了产物相对分子质量,又可避免生成羧基的不良后果。

加入某些链终止剂以生成相应的稳定性(或特殊功能性)端基,可提高聚合物的稳定性。这就是所谓的"内稳定化"的方法之一。若通过链终止剂法而引入某些既稳定又具有功能性的端基,从而使聚合物既提高稳定性又具有某些功能性。例如,当应用烃基醚醇 [R—(OR')₁₋₃—OH] 或卤代醚烷作光气化法生产聚碳酸酯的链终止剂时,便生产出了具有耐高温性和低熔体黏度的聚碳酸酯。

5) 相对分子质量及其分布的影响

聚合物一般是相对分子质量大小不同的同系物分子的混合物。通常所说的聚合物的相对分子质量,实际是指它的平均相对分子质量。组成聚合物的不同相对分子质量的各级分及其含量存在一个分布问题。相对分子质量分布就是指某一平均相对分子质量的聚合物树脂中各不同相对分子质量级分所占比例的统计值。聚合物的物理力学性能和加工性能与其相对分子质量大小及其分布密切相关,甚至可以说对其性能影响很大。

聚碳酸酯的相对分子质量分布可用沉淀法分级来测定。如用四氢呋喃-甲醇（THF -CH_3OH）、二氯甲烷-甲醇（CH_2Cl_2 - CH_3OH）和三氯甲烷-甲醇（$CHCl_3$ - CH_3OH）体系进行分级，再测各级分的相对分子质量，进而得出相对分子质量分布情况。

聚碳酸酯的相对分子质量影响着它的结晶性、耐热性、力学性能及应力开裂性等。能够引起聚碳酸酯性能发生突变的相对分子质量叫作它的特征相对分子质量或者临界相对分子质量。当聚碳酸酯大分子链的链节数 $n=40$（其相对分子质量约为 $254×40=10\ 160$，实际长度约 40 nm）时，聚碳酸酯就会出现高弹态；当 $n<40$ 时，聚碳酸酯便会表现出低分子化合物的特征，不能成型为制品，这时的聚碳酸酯可称为聚碳酸酯低聚物，其转变温度（物质状态发生转变时的温度）只有 T_m；在 $n>40$ 以后，分子链缠结数增加，链间作用力增大，聚碳酸酯呈高弹态，其转变温度除了 T_m 外，还出现了 T_g；随着 n 的继续增长，T_m 和 T_g 也都不断提高且提高较快，但是，T_m 和 T_g 不会无限制地增大；当 $100<n<130$ 时，T_m 和 T_g 已经变化不大了；当 $n=130$（相对分子质量约33 000）时，聚碳酸酯的 T_m 和 T_g 便趋于恒定，即 $T_m=220\sim230\ ℃$，$T_g=140\sim150\ ℃$。这时，大分子链的延长对链构象改变的阻力已基本不会再增大，且大分子链间的相对滑动也基本上是按链段进行了；当 $n>800$（相对分子质量 20 万以上）时，聚碳酸酯已完全不能结晶了。

相对分子质量分布越窄，聚合物分子大小比较均一，熔程（物质从始熔至全熔的温度）范围较小。相对分子质量分布加宽，低相对分子质量级分增多，熔程加宽。

一般来说，熔融酯交换法合成的聚碳酸酯的相对分子质量大多在 25 000～50 000 范围内，而光气化法聚碳酸酯相对分子质量大多在 100 000 以内。后者相对分子质量分布较前者宽，低相对分子质量的级分较多，也可以通过产物精制除去低相对分子质量级分，减小相对分子质量分布。

3.3.1.2　聚碳酸酯的凝聚态结构

聚碳酸酯由于分子链的刚性大，玻璃化转变温度高，因此，常规条件下，聚碳酸酯不结晶。结晶聚碳酸酯要在很高的外力以及高弹态温度下通过特殊的方法才能得到。

线型高聚物分子容易敛集成束。链束中分子敛集可松可紧，规整度不同，可为无定形态或结晶形态。链束也可以再组成不同形式的超分子结构，如球粒状、原纤维状、捆状等。

链节中 R 基为—CH_2—或其氢原子再被其他基团取代的一类聚碳酸酯，易形成的最稳定超分子结构是很不对称、长而硬的原纤维状结构。随制法的不同，也可形成球粒状结构，但当受热或被拉伸时，还会转变成原纤维状结构。原纤维与未进入原纤维的分子共同组成高聚物。双酚 A 型聚碳酸酯相对分子质量约 40 000 时，其原纤维的直径约为 50 nm，最大长度约为 2 μm，它们混合交错地连接组成疏松的网络，使高聚物中存在大量微空隙。

原纤维内部分子敛集的规整度及分子间的作用力都较大，成为一种整体性的结构单元。当外力作用时，首先是以原纤维为单位开始移动。

聚碳酸酯超分子结构的上述特点取决于聚碳酸酯分子链结构、合成工艺、成型加工条件。超分子结构的不同，会给聚碳酸酯带来一些新的特点。聚碳酸酯具有很高的抗冲击强度，就是由原纤维骨架在高聚物中的增强作用所致；而聚合物中大量微小空隙的存在又使原纤维骨架在受到冲击作用时能迅速位移以致显示出更高的弹性。各种聚碳酸酯抗冲击强度的不同,则是由它们分子链结构不同所导致的原纤维及其堆砌特点不同造成的。

3.3.2 聚碳酸酯的性能

3.3.2.1 物化性能

纯聚碳酸酯树脂是一种无定形、无味、无嗅、无毒、透明的硬质刚性热塑性聚合物,工程塑料级的相对分子质量一般在 20 000～70 000 范围内,相对密度为 1.18～1.20,玻璃化转变温度为 140～150 ℃,熔程为 220～230 ℃,分解温度达 320 ℃以上。

聚碳酸酯具有一定的耐化学腐蚀性。在常温下,它受下列化学试剂长期作用而不会溶解和引起性能变化:20%盐酸、20%硫酸、20%硝酸、40%氢氟酸、100%甲酸、100%乙酸、10%碳酸钠水溶液、食盐水溶液、10%重铬酸钾＋10%硫酸复合溶液、饱和溴化钾水溶液、30%双氧水、脂肪烷烃、动植物油、乳酸、油酸、皂液及大多数醇类。但是,甲酸和乙酸有轻微侵蚀作用。

聚碳酸酯的耐油性优良:在天然汽油中浸泡 3 个月或在润滑油中 125 ℃下浸泡 3 个月,制品尺寸和质量基本不变化;而在常温、高挥发性汽油中浸泡 1 个月后,其表面会受到轻微侵蚀。

由于聚碳酸酯的非结晶性,分子间堆砌不够致密,芳香烃、氯代烃类有机溶剂能使其溶胀或溶解,容易引起溶剂内应力开裂现象。能使聚碳酸酯溶胀而不溶解的溶剂有四氯化碳、丙酮、苯、乙酸乙酯等,而乙醚能使聚碳酸酯轻微溶胀。

虽不会引起明显降解但较易使聚碳酸酯溶解的溶剂有四氯乙烷、二氯甲烷、二氯乙烷、三氯甲烷、三氯乙烷、三氯乙烯、二氧六环、吡啶、四氢呋喃、三甲酚、噻吩、磷酸三甲酯等。温热的氯苯、苯酚、环己酮、二甲基甲酰胺和磷酸三甲苯酯等也有类似作用。常温下,聚碳酸酯在几种良溶剂中的溶解度示于表 3-2 中。

表 3-2　常温下聚碳酸酯在几种溶剂中的溶解度　　　　　单位:g/mL

溶剂	四氯乙烷	二氯甲烷	二氯乙烷	三氯甲烷	三氯乙烷	二氧六环
溶解度	0.33	0.31	0.21	0.20	0.10	0.12 ～ 0.14

聚碳酸酯长期浸泡在甲醇中会引起结晶、降解并发脆,对乙醇、丁醛、樟脑油的耐蚀性也有限。聚碳酸酯制品浸泡在甲苯中可提高表面硬度,浸泡在二甲苯中则会发脆。

聚碳酸酯的耐碱性较差。稀的氢氧化钠水溶液便可使它缓慢破坏。氨、胺或其 10%水溶液即可使它迅速皂化、降解。此外,溴水、浓硫酸、浓硝酸、王水及糠醛等也可使它的结构遭到破坏。

聚碳酸酯的吸水性小,不会影响制品的稳定性。但是,由于分子链中大量酯键的存在,不用说长期泡在沸水或饱和水蒸气中,就是长期处于高温、高湿情况下也会引起一定的水解、分子链断裂,最终出现制品开裂现象。

聚碳酸酯分子刚性较大,熔体黏度比普通热塑性树脂的高得多,这使得成型加工具有一定的特殊性,要按特定条件进行。

聚碳酸酯本身无自润滑性,与其他树脂相溶性较差,也不适合于制造带金属嵌件的制品。

3.3.2.2　结晶性

双酚 A 型聚碳酸酯大分子链较僵硬,结晶比较困难,一般多为无定形聚合物。但是,当相对分子质量较低时,它还是有结晶的趋势的。将无定形聚碳酸酯升温到 160 ℃以上,在没有空气的条件下长时间加热,便会逐步形成结晶。在 190 ℃下加热,其结晶速度最快,大分子链段在松弛状态下自由取向。若在其玻璃化转变温度以上进行拉伸,链段取向更快,结晶能力增大。当聚碳酸酯结晶时,其熔点升高,强度增加,伸长率下降,同时,其电绝缘性提高,溶解性和吸湿性减小。

3.3.2.3　力学性能

聚碳酸酯的力学性能优良,尤为突出的是它的抗冲击强度和尺寸稳定性很高,在 -100 ~140 ℃的温度范围内仍能保持较高的力学性能,其缺点是耐疲劳强度和耐磨性较差,较易产生应力开裂现象。表 3-3 为聚碳酸酯在室温下的力学性能。

表 3-3　聚碳酸酯室温下的力学性能

性能	数值	性能		数值
拉伸强度/MPa	61~70	剪切模量/MPa		795
拉伸模量/GPa	2.13	抗冲击强度/(kJ·m^{-2})	无缺口	38~45
伸长率/%	80~130		缺口	17~24
弯曲强度/MPa	100~110	疲劳强度/MPa	10^{6}次	10.5
弯曲模量/GPa	2.1		10^{7}次	7.5
压缩强度/MPa	85	布氏硬度/MPa		150~160
剪切强度/MPa	35			

在对聚碳酸酯的力学性能研究中,需要注意以下几个问题:

(1)抗冲击强度。聚碳酸酯的抗冲击强度在通用工程塑料乃至所有热塑性塑料中都是很突出的,其数值与 45%玻璃纤维增强聚酯(PET)相似。影响聚碳酸酯抗冲击强度的主要因素有相对分子质量、缺口半径、温度和添加剂等。

当聚碳酸酯的平均相对分子质量小于 $2.0×10^4$ 时,其抗冲击强度较低;当平均相对分子质量大于 $2.0×10^4$ 时,抗冲击强度逐渐增加;当平均相对分子质量为$(2.8~3.0)×10^4$时,其抗冲击强度达到最大值;随着相对分子质量的继续增大,抗冲击强度便逐渐下降。因此,在要求具有较高抗冲击强度的场合,应选择使用平均相对分子质量为$(2.8 ~ 3.0)×10^4$的聚碳酸酯。

一般来说,塑料抗冲击强度对缺口是比较敏感的,不同塑料对缺口的敏感性不一样。大量测试数据表明,结晶型韧性塑料比无定形刚性塑料和无定形韧性塑料对缺口的敏感性更大。总体来看,聚碳酸酯对缺口的敏感性还是比较大的。无缺口抗冲击强度(38~45 kJ/m^2)比缺口抗冲击强度(17~24 kJ/m^2)几乎大 1 倍。因此,在实际应用中若主要利用聚碳酸酯的抗冲击强度时,无论是制件设计还是模具设计都要尽力避免应力集中,即在制品最薄弱的地方也不应有像带缺口那样的情况。

聚碳酸酯抗冲击强度还与环境温度有关。随温度的升高，其抗冲击强度值也就逐渐增大。当温度升到 160～180 ℃时，聚碳酸酯处于高弹态，其抗冲击强度便达到最大值而趋于恒定。此外，聚碳酸酯抗冲击强度还受制品热处理温度的明显影响。在 100 ℃以下处理，对抗冲击强度影响不大；当热处理温度大于 100 ℃时，抗冲击强度便随处理温度的提高和处理时间的增加而下降。热处理效果与制品成型时的定型温度（如模温）也有关系。定型温度越低，热处理后抗冲击强度变化越大；定型温度越高，热处理后抗冲击强度变化较小。但是，处理后的抗冲击强度相对大小仍决定于处理前的抗冲击强度相对大小。

如果聚碳酸酯树脂中添加剂（主要有增塑剂、颜料、UV 吸收剂和脱模剂）加入量超过一定比例，抗冲击强度将会下降。因此，添加剂含量的选定应兼顾抗冲击强度和其他性能。

(2)耐蠕变性。聚碳酸酯的耐蠕变性在热塑性工程塑料中是相当好的，优于尼龙和聚甲醛。因吸水而引起的尺寸变化和冷流变形均很小，这是其尺寸稳定性优良的重要标志。

在 30 MPa 以内应力下对聚碳酸酯做蠕变试验表明：在最初 300 h 内蠕变速度较快；随着时间继续延长，蠕变速度显著减缓；在室温下逐渐趋于恒定，而升温则会使蠕变加快和允许负荷减少，如图 3-8 所示。

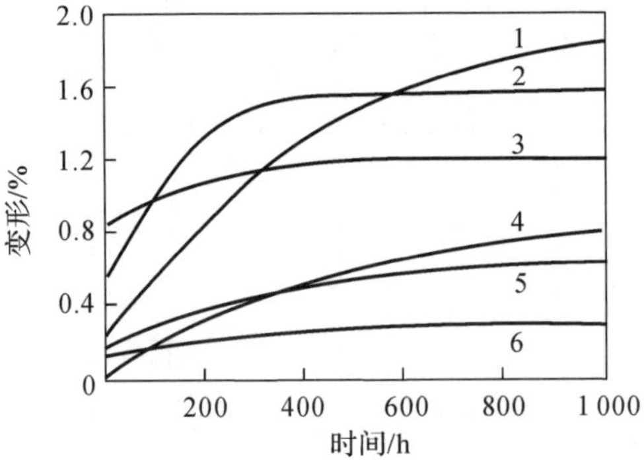

1—125 ℃/5 MPa； 2—100 ℃/10 MPa； 3—25 ℃/20 MPa；
4—75 ℃/10 MPa； 5—125 ℃/2.5 MPa； 6—100 ℃/5 MPa

图 3-8 聚碳酸酯的蠕变与温度和时间的关系

(3)疲劳强度。与尼龙、聚甲醛等分子链柔顺性比较高的聚合物相比，分子链刚性较大的聚碳酸酯抵抗周期性应力循环往复作用的能力较差（见表 3-4）。

表 3-4 几种工程塑料的疲劳强度对比 单位：MPa

疲劳周期/循环	PC	PA6	PA66	均聚 POM	PPO
1×10^6	10.0～14.0	22.0	21.0	35	
1×10^7	7.5	1.2～1.9	2.30～2.50	3.0	0.85～1.40

由于耐疲劳强度低，因此聚碳酸酯在长期负荷情况下所能允许的应力就比较小。反复施加冲击式的小力所引起的抗冲击疲劳强度也很小。表 3-5 示出了聚碳酸酯在不同负荷条件下所能允许的应力值。

表 3-5　聚碳酸酯在不同负荷条件下所能允许的应力值

长期负荷条件	间歇(室温)	间歇(50 ℃)	间歇(100 ℃)	静态(室温)	往复(室温)
允许应力/MPa	28	24	20	14	7.0

　　(4)应力开裂性。聚碳酸酯制品的残留应力和应力开裂现象是较为突出的问题。塑料的内应力主要是被强迫冻结取向的大分子链间相互作用所造成的。将聚碳酸酯的弯曲强度试样挠曲并放置一定时间,当挠曲应力超过其极限值时,便会发生微观撕裂现象。图 3-9示出了在一定应变下发生微观撕裂的时间和应力之间的关系。不难看出:当聚碳酸酯相对分子质量大于 $2.4×10^4$ 时,可承受的应力为 35 MPa;当相对分子质量为 $2.2×10^4$ 时,为 20 MPa 左右。因此,当残余应力或制品所承受的应力在此数值以下时,一般不会发生应力开裂。若制品仅维持在微观撕裂阶段而不再进一步发展的话,一般也不会影响其使用性能。

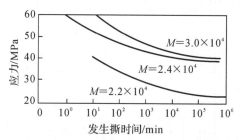

图 3-9　聚碳酸酯发生微观撕裂时间与应力的关系

　　但是,如果聚碳酸酯制品在成型加工过程中因温度过高等原因而发生了分解老化,或者制品本身存在着缺口或熔接缝等脆弱部分以及制品在化学气体中长期使用,那么发生微观撕裂的时间将会大大缩短,所能承受的极限应力值也将大幅度下降。

　　(5)摩擦磨耗性能。与其他大多数工程塑料相比,聚碳酸酯的摩擦因数较大,耐磨性较差。表 3-6 示出了几种工程塑料的摩擦因数和磨耗情况。表 3-7 示出了聚碳酸酯在不同条件下的摩擦因数。

表 3-6　几种工程塑料的摩擦因数和磨耗情况

材料	负荷/N	试验时间/min	摩擦因数	磨痕宽度/mm
PC	230	180	0.73	10.5
MC 尼龙	230	180	0.45	5.0
PA66	230	180	0.50	4.8
POM	230	180	0.31	5.5
PTFE	230	30	0.13~0.16	14.5
PI	230	180	0.43	3.5
氯化聚醚	230	180	0.52	5.1

聚碳酸酯的耐磨性比尼龙、聚甲醛、氧化聚醚及聚四氟乙烯等差,属于一种中等耐磨性材料。在耐摩擦试验时,极限 PV 值(摩擦因数与线速度的乘积,即摩擦力的大小)约为 50 MPa·cm/s。尽管聚碳酸酯的耐磨性较差,但比金属的耐磨性还是要好得多。例如,用聚碳酸酯做轴,分别用锌合金和黄铜做轴承,二者配合后分别以 6 000 r/min 和 3 500 r/min 转速运转 30 h 后,磨耗量比值分别为 1:5 和 1:3。

在聚碳酸酯树脂中加入某些填料(或纤维)可以改善其耐磨性。若加入微粉状聚四氟乙烯,便可降低其摩擦因数和磨耗量,提高其 PV 值;若加入玻璃纤维也可提高其 PV 值,降低其磨耗量。

表 3-7 聚碳酸酯在不同条件下的摩擦因数

摩擦件材料	对磨材料	摩擦因数	
		低速(0.01 m/s)	高速(1.7~2.0 m/s)
PC	PC	0.24	1.97
PC	钢	0.73	0.82
钢	PC	0.35	0.42

3.3.2.4 热性能

在通用工程塑料中,聚碳酸酯的耐热性是比较高的,其玻璃化转变温度可达 150 ℃,热分解温度在 320 ℃以上,长期工作温度可高达 120 ℃。同时,它又具有良好的耐寒性,脆化温度低至 −100 ℃,其长期使用温度范围是 −60~120 ℃。聚碳酸酯热性能数据见表 3-8。

表 3-8 聚碳酸酯的热性能数据

热性能	数值	热性能	数值
热变形温度/℃	130	比热容 C_p/[J·(g·℃)$^{-1}$]	1.17
玻璃化转变温度 T_g/℃	145~150	导热系数 λ/[W·(m·K)$^{-1}$]	0.19
熔融流动温度 T_f/℃	220~230	线膨胀系数 α/℃$^{-1}$	$(5\sim7)\times10^{-5}$
起始分解温度 T_d/℃	>320	成型收缩率/%	0.5~0.7
脆化温度 T_c/℃	−100	可燃性	可燃,离火自熄

聚碳酸酯与其他通用工程塑料的热性能比较见表 3-9。

表 3-9 聚碳酸酯与其他通用工程塑料的热性能对比

热性能	PC	PA6	POM	PPO	PET
热变形温度/℃	130	66~77	100	185~193	85
玻璃化转变温度 T_g/℃	145~150	50	−50	210	75
熔融流动温度 T_f/℃	220~230	214~218	175	260	260
比热容 C_p/[J·(g·℃)$^{-1}$]	1.17	1.88	1.46		

续表

热性能	PC	PA6	POM	PPO	PET
导热系数 $\lambda/[W \cdot (m \cdot K)^{-1}]$	0.192	0.242	0.230		
线膨胀系数 $\alpha/(10^{-5}℃^{-1})$	5~7	10	4.5	5.2	
成型收缩率/%	0.5~0.7	1.5~2.0	2.0~2.5	0.6~0.8	2.0

　　温度的变化会使聚碳酸酯的某些性能发生变化,如拉伸强度随温度的升高而逐渐下降(见图 3-10),比热容则随温度的升高而直线上升(见图 3-11),线膨胀系数随温度的升高而呈先上升后下降的趋势变化,在 70 ℃处达到最大值 $300×10^{-5}℃^{-1}$ (见表 3-10),抗冲击强度也随环境温度的升高而逐渐增大,当温度升到 160~180 ℃左右时达到极值,其后便趋于恒定。

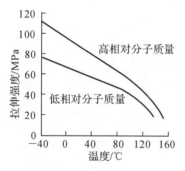

图 3-10　PC 拉伸强度与温度的关系

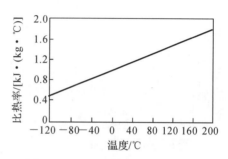

图 3-11　PC 比热容与温度的关系

表 3-10　PC 线膨胀系数与温度的关系

测试温度	25	60	70	110
线膨胀系数/$(10^{-5}℃^{-1})$	6.34	270	300	170

　　热处理温度的不同也明显影响着聚碳酸酯制品的性能。当处理温度小于 100 ℃时,对制品性能的影响不显著;当处理温度大于 100 ℃时,其拉伸强度、弯曲强度和弹性模量有所增大,刚性稍有增加,而抗冲击强度反而有所下降。

　　聚碳酸酯没有明显的熔点,在 220~230 ℃呈熔融状态。由于其大分子链刚性大,其熔体黏度比其他热塑性树脂要大得多。聚碳酸酯熔体黏度与其相对分子质量、温度的关系分别示于表 3-11 和图 3-12。可见,相对分子质量增加,熔体黏度明显增大。温度升高,熔体黏度显著降低。

表 3-11　聚碳酸酯熔体黏度与其平均相对分子质量的关系

平均相对分子质量/10^4	熔体黏度/$(Pa \cdot s)$
2.5	580
2.7	940

续表

平均相对分子质量/10^4	熔体黏度/$(Pa \cdot s)$
3.0	1 450
3.3	3 000
4.0	7 200

聚碳酸酯在熔融状态下,如无水、酸、碱存在时,可在 300 ℃温度下较长时间内保持稳定。聚碳酸酯在超过 280 ℃高温下加热,其平均相对分子质量降低率与时间的关系如图 3-13 所示。图 3-13 中是处于干燥、用氮气置换空气后加热的情况,如果在有水分及氧气存在下加热,则其分解温度将有所下降,那么在更低温度下也会分解。

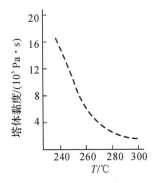

图 3-12 聚碳酸酯熔体黏度随温度变化
(平均相对分子质量为 3 万)

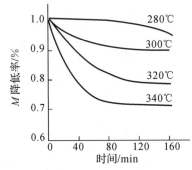

图 3-13 聚碳酸酯平均相对分子质量降低率与时间的关系(平均相对分子质量为 3 万)

3.3.2.5 电性能

聚碳酸酯的分子极性小,玻璃化转变温度比较高,吸水性较低,因此具有优异的电绝缘性能(见表 3-12)。聚碳酸酯的电绝缘性能总体上很高,已接近或相当于被认为是电绝缘性能优异的 PET。

表 3-12 通用工程塑料常温下电性能的对比

材料	介电强度 $kV \cdot mm^{-1}$	介电常数		体积电阻率 $\Omega \cdot cm$	介电损耗	
		60 Hz	1×10^6 Hz		1×60 Hz	1×10^6 Hz
PC	20~22	3.0~3.2	2.8~3.1	$(2 \sim 10) \times 10^{16}$	$(3 \sim 9) \times 10^{-4}$	$(3 \sim 7) \times 10^{-3}$
PA6	16~25	3.9~5.5		10^{14}	$(1 \sim 4) \times 10^{-2}$	
POM	20	3.4~3.7		10^{15}	$(3 \sim 4) \times 10^{-3}$	
PPO	16~20	2.58		10^{17}	3.5×10^{-4}	9.0×10^{-4}
PET	17	3.30	3.00	10^{18}	2.5×10^{-3}	1.6×10^{-2}

聚碳酸酯的电绝缘性能与温度、湿度、电场频率和制品厚度密切相关,图 3-14 和图

3-15分别示出了聚碳酸酯的介电强度与测试温度、样品厚度的关系,表 3-13 为介电强度与水中煮沸时间的关系,表 3-14 为聚碳酸酯的体积电阻率(ρ_v)与温度的关系,表 3-15 为聚碳酸酯介质损耗、相对介电常数与电场频率的关系。

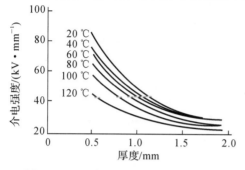

图 3-14　聚碳酸酯介电强度与温度和
厚度的关系曲线

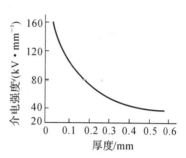

图 3-15　聚碳酸酯介电强度随厚度
变化关系曲线

表 3-13　聚碳酸酯介电强度随水中煮沸时间的变化

煮沸时间 h	介电强度 $kV \cdot mm^{-1}$	煮沸时间 h	介电强度 $kV \cdot mm^{-1}$	煮沸时间 h	介电强度 $kV \cdot mm^{-1}$
0	31~33	8	40~43	48	40~43
2	36~43	24	38~43	96	40~43

由图 3-14 和图 3-15 可以看出,聚碳酸酯的介电强度随测试温度的提高而降低,随样品厚度的减小而提高,随样品在水中煮沸时间的增加而增大并趋于恒定。

聚碳酸酯的体积电阻率受温度的影响较大:当温度小于-40 ℃时,其体积电阻率比常温时的稍小;当温度在-40~0 ℃范围,其体积电阻率达到最大值(约 $1 \times 10^{17} \, \Omega \cdot cm$);当温度由常温逐渐上升到其 T_g(150 ℃)时,其体积电阻率逐渐下降但较缓慢;当温度超过 T_g 时,随温度的升高,其体积电阻率显著下降。

聚碳酸酯的介电常数随电场频率的增大而缓慢降低,而介质损耗则是逐渐升高;但电场频率升到 $1 \times 10^7 \, Hz$ 时,介质损耗达到最大值后又开始缓慢下降。

表 3-14　PC 的体积电阻率与温度的关系

温度/℃	体积电阻率/$(\Omega \cdot cm)$
-30	1×10^{17}
-20	1×10^{17}
-3	1×10^{17}
23	2.1×10^{16}
100	2.1×10^{15}
125	2.0×10^{14}
150	2.5×10^{13}

表 3 – 15　聚碳酸酯的介电损耗、介电常数与电场频率的关系

频率/Hz	介电常数	介电损耗(10^{-2} Hz)
60	3.17	0.09
1×10^3	3.02	0.11
1×10^4	3.00	0.21
1×10^5	2.99	0.49
1×10^6	2.96	1.00
1×10^7	2.94	1.12
1×10^8	2.88	1.00

3.3.2.6　吸水性

聚碳酸酯大分子链上堆砌了大量的苯环且极性低,其吸水性在通用工程塑料中是比较小的。聚碳酸酯的吸水主要来自大分子中的酯基等极性基团和表面吸附作用。它在不同条件(沸水、室温水和相对湿度 50% RH 的空气下)的吸水率如图 3 – 16 所示,聚碳酸酯薄膜在室温、不同湿度下的平衡吸水率如图 3 – 17 所示。

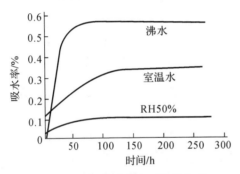

图 3 – 16　聚碳酸酯在不同条件下
吸水率随时间的变化

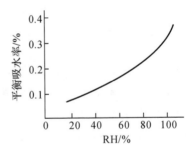

图 3 – 17　聚碳酸酯薄膜在室温下
吸水率与湿度关系

由图 3 – 16 和图 3 – 17 可见,聚碳酸酯吸水率不到 0.6%,在室温(25 ℃)水中浸泡 168 h 后吸水率仍小于 0.4%,在相对湿度 50% RH 的空气中的平衡吸水率仅为 0.12%。聚碳酸酯的吸湿(水)性较小,一般都不会影响其制品的尺寸和形状稳定性。即使在较苛刻的条件下(如 60 ℃/100%RH),聚碳酸酯制品的长度变化为 3.5×10^{-4} mm/mm,质量增加只有 0.36%~0.40%,加之聚碳酸酯模塑收缩率一般仅为 0.5%~0.8%,所以它适合于用来制造精密制品。但是即使聚碳酸酯有很低的吸水率,也会影响成型加工过程以及制品表面光洁度,因此,加工前仍要进行严格的干燥处理。

3.3.2.7　耐老化性能和耐燃性能

(1)耐老化性。聚合物及其制品在其所处的热、光、风、雨、雪、臭氧等环境条件下,性能随着时间的推移会逐渐变坏,不同聚合物抵抗环境因素使其变坏的能力不同。

聚碳酸酯抵抗气候因素使其性能下降的能力极强。将厚 1.33 mm 聚碳酸酯薄板置于

耐候试验机中,在相当于户外恶劣环境条件下历时 1 年,经测试发现其力学性能基本不变。即使是把聚碳酸酯试片放于日光、雨水、气温等都激烈变化的户外环境中暴露 3 年,其颜色虽稍变黄,但屈服极限强度却没有明显下降。

聚碳酸酯的耐热老化性能也相当好(其 UL 温度等级:力学性质为 115～125 ℃,耐热性为 125 ℃),若将聚碳酸酯薄膜放置空气中长时间加热,其性能变化很小。如在 140 ℃空气中长时间加热,聚碳酸酯的拉伸强度不但未降低,反而还略有提高,仅伸长率有所下降;即使是在 160 ℃空气中加热 84 d,其拉伸强度也只是降低了 18％左右。表 3 - 16 示出了聚碳酸酯在空气中的耐热老化性能。

表 3 - 16　聚碳酸酯在空气中的耐热老化性能

薄膜厚度/μm	45				50			80		
温度/℃	140				150			160		
加热时间/d	0	28	56	84	0	98	112	0	56	84
拉伸强度/MPa	66.3	66.4	74.9	68.4	86.8	69.5	70.5	77.4	64.7	63.5
断裂伸长率/％	54	8	7	8	105	15	12	148	58	14

但是,若聚碳酸酯长期处于阳光、氧、水汽作用下,尤其再加上高温,本身又含有一定杂质的情况下,还是会引起降解的。因此,对它进行热老化、热氧老化、光老化和大气老化的研究,并引入热稳定剂[如三(烷基、芳基)-亚磷酸酯]、紫外吸收剂(如 UV - 9、UV - 24、UV - P)等,都是提高聚碳酸酯的抗老化能力的有效方法。

(2)耐燃性。聚碳酸酯是可燃的,在火中燃烧时,火焰呈淡黄色,冒黑烟;氧指数仅 25％,离开火源后立即自动熄灭。若在基体树脂中加入了某些阻燃性物质,如卤化物、三氧化二锑、氢氧化镁、磷酸酯和红磷等,便可提高其阻燃性。若用四溴双酚 A 代替普通双酚 A 制成含卤素的聚碳酸酯,那么其耐燃性就会被大大提高,即使在火源中也不会燃烧。但添加阻燃剂后,将大幅度降低聚碳酸酯的透光率。

3.3.2.8　光学性能和耐辐射性

(1)光学性能。聚碳酸酯是非结晶性聚合物,纯净聚碳酸酯无色透明,具有良好的透过可见光的能力。其透光率与光线的波长、制件厚度有关,如图 3 - 18 所示,2 mm 厚度的聚碳酸酯薄板可见光透过率可达 90％。

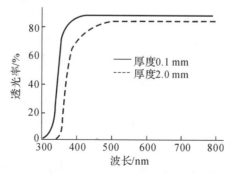

图 3 - 18　聚碳酸酯透光率与波长和样品厚度的关系

聚碳酸酯的透光能力与其制品表面的光洁度有关。因它的表面硬度较差,故耐磨性欠佳,表面容易发毛而影响其透光率。

聚碳酸酯厚片对波长 400 nm 以下的紫外光的透过能力很弱,对于波长 305 nm 紫外光的吸收能力最强。而对于红外线,则是有选择地吸收其中一些特定波长的谱线而透过其余波长的谱线。

聚碳酸酯对可见光的折射率(20 ℃)为 1.587 2。然而,折射率与温度密切相关:从 −20 ℃ 到 140 ℃,折射率直线下降,即由 1.591 4 成比例地下降到 1.574 5;从 140 ℃ 到 200 ℃,亦为直线关系,即折射率由 1.574 5 成比例地下降到 1.558 0,只是斜率不同而已。其中,140 ℃ 是折射率的突变点,相当于高聚物的 T_g。

与其他透明高聚物一样,聚碳酸酯在单向拉伸时,由于分子被强迫取向而产生各向异性,同时贮积了内应力,这时便会出现光线的双折射现象。基于这种光学性质,可用偏振光检查出制品中内应力的大小。

聚碳酸酯对红外光、可见光和紫外光等低能长波光线一般都有良好的稳定性。但是,当受波长 290 nm 附近的紫外光作用时,会发生光氧化反应而逐渐老化的现象。老化先从表面黄变开始,由于分子主链的断裂,相对分子质量降低,力学性能下降,最终发生龟裂现象。因此,通常需要加入紫外线吸收剂以提高其防老化性能。图 3-19 示出了加入紫外线吸收剂后聚碳酸酯暴露在户外大气中的时间(年)与黄色指数间的关系。

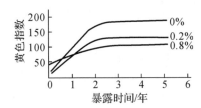

图 3-19　聚碳酸酯中加入紫外线吸收剂后暴露时间与黄变指数的
关系(3.2 mm 厚试样)

(2)耐辐射性能。聚碳酸酯耐辐射性能欠佳。酯交换法聚碳酸酯薄膜在空气中受 Co60、γ 线照射结果表明:在 258~1 806 C/kg 的低辐射剂量下,该薄膜的耐热性、力学性能等均稍有改善,而形变-温度关系变化不大;当在约 1 290 C/kg 辐射剂量时,其拉伸强度增加 20% 左右,可能与分子链发生交联有关;当辐射剂量增至 1 806 C/kg 以上时,其性能开始变差。但是:辐射剂量在 12 900 C/kg 以下,该薄膜电性能的变化不大,辐射引起的氧化很小;在辐射剂量提高到 12 900 C/kg 以上后,便发生了一定氧化作用,薄膜变黄,脆性大增;在辐射剂量达到 25 800 C/kg 时,产生了以主链断裂为主的裂解反应,分子片段上形成了羟基,并有一氧化碳、二氧化碳、氢气等气体产物。其裂解产物全部溶于氯仿或苯,且无凝胶出现。随着辐射剂量进一步提高,对紫外线的吸收能力增大,辐照后的薄膜溶解速度加快;当辐射剂量达到 77 400 C/kg 时,试样变成棕红色且极脆。辐射(尤其是高剂量辐射)会使聚碳酸酯薄膜高温力学性能明显下降。当辐射使薄膜的室温力学性能下降约 20% 时,该被照射薄膜在 100 ℃ 下的拉伸强度便几乎完全丧失。

在真空或氮气中辐照的结果比较接近,而且辐射剂量在 1 290 C/kg 以下时,还与大气中照射的结果类似。但是,在更高辐射剂量之下发生的辐射降解则比在大气中要小得多。然而,电气强度和体积电阻率则大致与辐射剂量无关。

用电子射线辐射聚碳酸酯试样的结果,与用 Co60、γ 射线照射的结果是类似的。

3.3.2.9　透气性能

聚碳酸酯的透气性与气体的相对分子质量和气体的性质有关(见表 3 - 17),同时也受到试样厚度的影响。气体透过速度(P)= 气体在聚合物中的扩散常数(D)×气体在聚合物中的溶解度(S)。气体扩散活化能(E)和 $\lg D$ 都与气体相对分子质量呈线性关系,即气体相对分子质量越小,E 愈小,D 越大。

表 3 - 17　几种气体在聚碳酸酯中的扩散活化能

气体名称	氢气	氩气	水蒸气	氧气	二氧化碳	六氟化硫
气体分子式	H_2	Ar	H_2O	O_2	CO_2	SF_6
气体相对分子质量	2	40	18	32	46	146
$E/(kJ \cdot mol^{-1})$	5	6	6.2	7.7	9	20

由于水的极性强,二氧化碳又与聚碳酸酯的结构相近,所以它们在树脂中的溶解度比其他气体要大,因此它们的总气体透过速率比相对分子质量最小的氢、氦还要大或者接近(见表3 - 18)。

表 3 - 18　几种气体在聚碳酸酯中的透过系数

	N_2	O_2	CO_2
气体透过系数/ $[cm^3 \cdot mm \cdot (m^2 \cdot d \cdot MPa)^{-1}]$	100~250	700~1 300	4 000~8 000

注:根据《塑料薄膜和薄片气体透过性试验方法 压差法》(GB/T 1038—2007),气体透过系数定义为,在恒定温度和单位压力差下,在稳定透过时,单位时间内透过试样单位厚度、单位面积的气体的体积。

3.4　聚碳酸酯的改性及其新品种

3.4.1　玻璃纤维增强聚碳酸酯

为显著提高拉伸强度、弯曲强度及其模量等力学性能,在聚碳酸酯树脂中加入长径比较大的纤维状材料(如玻璃纤维、碳纤维、硼纤维、石棉纤维、合成有机纤维等),便可得到增强聚碳酸酯。由于玻璃纤维力学性能高(单丝拉伸强度可达 3 500 MPa)、耐热性好、阻燃、吸水率低、尺寸稳定性优良,加之价格低廉等优点,因此,在迄今的纤维增强工程塑料中,玻璃纤维增强工程塑料占据重要地位,增强聚碳酸酯也不例外。

在玻璃纤维增强聚碳酸酯生产过程中,按所用玻璃纤维的长短,分为长纤维法(玻璃纤维长度 9~15 mm)和短纤维法(玻璃纤维长度 4~6 mm)两种工艺。但无论哪种方法,其玻璃纤维含量大多在 20%~40% 范围内,尤以含 30% 玻璃纤维的产品最具代表性。

（1）长纤法。长玻璃纤维增强聚碳酸酯生产工艺又可细分为挤出包覆法和直接引入法。前者类似于制造塑料电线或电缆，是在一般单螺杆挤出机的机头上装上类似电线电缆生产中的包覆机头，将玻璃纤维分成单股或多股从中引入，同时，经干燥后的聚碳酸酯树脂通过挤出机熔融挤出后，在包覆机头处与引入的玻璃纤维束相接触，树脂将纤维包覆其中，形成一种以树脂为皮层、玻璃纤维为芯层的条状物料，经包覆机头口模挤出、牵引、切粒后即成一定长度规格（9～15 mm）的长玻璃纤维增强的聚碳酸酯粒料。后者是在混炼式双螺杆挤出机中，将连续长玻璃纤维经专门的纤维加料口直接引入，在料筒内经螺杆及其有关元件的剪切、摩擦作用而被切断和分散，并与该处的熔融聚碳酸酯树脂混合均匀，形成树脂和玻璃纤维的均匀混合物，再经机头挤出、牵引、切粒，即得到一定长度规格（9～15 mm）的长玻璃纤维增强的聚碳酸酯粒料。

（2）短纤法。将事先切成长度3～15 mm的短玻璃纤维通过专门设计的进料装置加入挤出机中，并与同时加入的干燥聚碳酸酯粉料初混。然后，通过螺杆在料筒内进一步塑化混匀，形成树脂和玻璃纤维的均匀混合物。最后，经机头挤出、牵引、冷却、切粒，便得到长度4～6 mm的均匀粒料。

上述两种方法各有利弊。长纤法产品由于纤维长，其力学性能和耐热性均显著高于短纤法产品。但长纤法产品中由于玻璃纤维束在树脂中尚未完全分散均匀，注塑时必须采用混合效果较好的螺杆式注塑机。短纤法产品中玻璃纤维与树脂分散混合均匀，容易塑化，熔体流动性较好，注塑时用一般柱塞式注塑机即可满足要求。其制品的力学性能和耐热性虽不如长纤法产品，但其熔接缝强度较高，表面光泽更好。玻璃纤维含量以及玻璃纤维长度对增强聚碳酸酯性能的影响见表3-19。

表3-19　玻璃纤维增强聚碳酸酯的性能

项目	玻纤含量		
	0 长纤	30%长纤	30%短纤
相对密度	1.20	1.45	1.45
拉伸强度/MPa	56～66	130～140	110～120
拉伸模量/GPa	2.1～2.4	10	6.5～7.5
伸长率/%	60～120	<5	<5
弯曲强度/MPa	80～95	170～180	140～150
压缩强度/MPa	75～85	120～130	100～110
缺口抗冲击强度/(kJ·m^{-2})	15～25	10～13	7～9
热变形温度(0.46 MPa)/℃	140～145	155	150
热变形温度(1.86 MPa)/℃	130～135	146	140
线膨胀系数/(10^{-5}℃$^{-1}$)	7.2	2.4	2.3
热导率/[W·(m·℃)$^{-1}$]	0.20	0.13	
体积电阻率/(Ω·cm)	$2.1×10^{16}$	$1.5×10^{15}$	$1.5×10^{15}$

续表

项目	玻纤含量		
	0 长纤	30％长纤	30％短纤
相对介电常数(1 MHz)	2.9	3.45	3.42
介质损耗角正切值(10^{-3} MHz)	8.3	7.0	6.0
介电强度/(kV · mm^{-1})	18	19	
成型收缩率/％	0.5～0.7	0.2	0.2～0.5
吸水率(23 ℃/24 h)/％	0.15	0.1	

玻璃纤维含量对增强聚碳酸酯的性能影响很大。一般来说:当其含量小于 10％时,增强效果不明显;当含量大于 40％时,制品脆性太大,且熔体流动性差,给成型加工带来困难。通常,玻璃纤维含量在 20％～40％的范围内较为适宜,尤以 30％最具代表性。表 3 - 20 列出了不同玻璃纤维含量对聚碳酸酯力学性能的影响规律。

表 3 - 20　不同玻璃纤维含量增强聚碳酸酯的力学性能

玻璃纤维含量/％	拉伸强度/MPa	伸长率/％	弯曲强度/MPa	缺口抗冲击强度/(kJ · m^{-2})
0	60～70	60	100	17～24
17	100	<5	162	7.2
23	109	<5	165	7.6
28	122	<5	189	7.9

玻璃纤维长度对增强聚碳酸酯力学性能也有明显的影响(见表 3 - 21)。一般来说,当玻璃纤维平均长度小于 0.3 mm 时,其增强效果便显著下降,但过长的玻璃纤维也会造成挤出、注射等常规加工困难,制品缺陷增多。

表 3 - 21　玻璃纤维长度对增强聚碳酸酯拉伸强度的影响

玻璃纤维平均长度/mm	拉伸强度/MPa
0.5	91
1.0～2.0	109
5.0～6.0	132

玻璃纤维表面用有机硅偶联剂处理后可以显著提高其增强聚碳酸酯的力学性能,尤其是在潮湿及高温条件下这种效果更为明显(见表 3 - 22)。但是,各种有机硅表面处理剂的效果也不一样,有的差别还相当大。目前一般认为 γ-氨丙基三乙氧基硅烷的效果较好。

表 3-22　表面处理剂对玻璃纤维增强聚碳酸酯的弯曲强度影响

表面处理剂	弯曲强度			
	23 ℃	49 ℃	121 ℃	149 ℃
无	272	170	208	41
γ-氨丙基三乙氧基硅烷	360	267	251	31
双(β-羟乙基)-γ-氨丙基三乙氧基硅烷	325	268	250	45
β-(3,4-氧撑环己基)-乙基三甲氧基硅烷	315	280	268	44
γ-缩水甘油氧丙基三甲氧基硅烷	318	264	250	33

玻璃纤维增强聚碳酸酯提高了纯聚碳酸酯的力学性能、耐热性和耐应力开裂性,并改善了与金属嵌件接镶不良等缺陷,可广泛应用于机械、仪表、电子电器等工业部门,尤其被用于代替铜、锌、铝等压铸负荷制件及嵌入金属件的制品,如电气开关、配电板、插线板、电动工具外壳、齿轮、齿条、绕线框、计算机零部件、飞机零件、汽车零件、宇航员头盔等。

3.4.2　聚碳酸酯合金

将聚碳酸酯与适当的其他种聚合物树脂掺混在一起而形成的一种热力学上不相溶、动力学上却相对稳定、性能优于各组分的复合物就是聚碳酸酯合金(polycarbonate alloy)。聚碳酸酯合金化改性是实现其高性能化、高功能化的简便而有效的途径。

聚碳酸酯可与聚酯类树脂(如 PET、PBT 等)、丙烯脂-丁二烯-苯乙烯共聚物(ABS)、(改性)聚苯乙烯(PS)、聚甲醛(POM)、聚氨酯(PU)、某些丙烯酸树脂等熔混均匀。

聚碳酸酯虽可与聚氯乙烯(PVC)均匀熔混,但在聚碳酸酯熔融温度下 PVC 会发生显著降解。聚碳酸酯可与少量低密度聚乙烯(LDPE)熔混均匀,也可与氯化聚醚部分熔混,类似于橡胶改性 PS 的情况。

聚碳酸酯与聚丙烯(PP)、高密度聚乙烯(HDPE)及聚酰胺(PA)熔混不均匀,有严重分层现象,但不会引起聚碳酸酯降解。如可把 PA 与 PC 熔混挤出的条撕成许多很细的长丝,折曲多次也不易断裂。

聚碳酸酯与烘干的聚乙烯醇(PVA)熔混时,会严重分解成毫无用处的黄色低分子物质。这是 PVA 分子中的羟基破坏聚碳酸酯分子链中酯键所造成的结果。

适合于与聚碳酸酯组合成合金的聚合物树脂主要有 PE、ABS、PA、POM、PVC、PBT、PET、PS、丙烯酸甲酯共聚物(如 MBS)、热塑性弹性体(TPE)、氯化聚醚、聚四氟乙烯(PTFE)等。其中,尤以 ABS、PE、PA 等与聚碳酸酯的共混物发展较快,应用也较广泛。

生产聚碳酸酯合金时,主要采用熔融共混挤出法。先将聚碳酸酯粒料(或粉料)在烘箱中干燥到挤出无气泡、无银丝,而 ABS、PE、PA 等共混树脂组分也要在 60~80 ℃烘箱内干燥数小时以除去水分。然后,将干燥的聚碳酸酯与共混树脂按规定比例加入挤出机中熔融混炼、挤出、冷却、牵引、切粒,即得所需产品。

通过合金组分的协同效应,改善了原有单纯聚碳酸酯易应力开裂、耐磨性差、加工流动性不良等缺点,扩大了聚碳酸酯的应用领域,满足了多方面的要求。聚碳酸酯的几个主要合金简介如下:

(1)PC/PE:加工流动性好、耐溶剂侵蚀,耐沸水反复蒸煮,缺口抗冲击强度高于纯聚碳酸酯20%以上,着色性优良,电性能和力学性能良好。它主要用作纺织工业纱管、电动工具外壳、电子及仪表和医疗器具等零部件。

(2)PC/ABS:加工流动性有了显著提高,耐汽油等溶剂性能优良,着色性和抗冲击性能良好,电绝缘性和力学性能与纯聚碳酸酯相仿。它用于注塑成家电、仪器、照相机零件、汽车部件、轻工制品及办公用品等复杂形状薄壁制品,也可通过挤出成各种异型板材、棒材及管材等。

(3)PC/PA:力学性能尤其抗冲击强度高,耐化学介质性和耐热性好,耐磨性有所改善。其主要用于汽车、家电、电子电器零部件、光盘等。

(4)PC/POM:在很大程度上保持了纯聚碳酸酯优良的力学性能,而耐有机溶剂性和耐应力开裂性有了明显提高。当两组分采用1∶1比例时,其耐热性和热变形温度均较高。

(5)PC/PBT:拉伸强度和耐热性高,耐应力开裂性有一定改善,加工流动性好,尺寸稳定,透明。它主要用于汽车保险杠、车底板、缓冲器、摩托车身护板、电器装置外壳、吸尘器壳体、医疗器械、体育用品、工业滤罩等。

(6)PC/PU:强度高,刚性高,低温抗冲击强度高,耐磨损。它可用作汽车保险杠、挡泥板、仪表板、车身部件等。

(7)PC/MAS:加工流动性好,抗冲击强度特别高(缺口抗冲击强度高于纯聚碳酸酯1倍),耐有机溶剂性好。它适用于注塑高抗冲击、外观精美的复杂薄壁制品,特别适合于汽车行业等。

(8)PC/弹性体:缺口抗冲击强度、耐汽油性、耐低温性优于纯聚碳酸酯,制品熔接缝强度高,加工流动性、电绝缘性和染色性良好。它适宜注塑带嵌件、外观精美、高抗冲击的各种机械、电动工具及汽车零部件等。

3.4.3　聚碳酸酯新品种

目前,工业化生产的聚碳酸酯,绝大多数是以双酚 A 为单体原料制得的双酚 A 型聚碳酸酯。为克服它们的某些不足,以其他不同种类的双酚和/或其他二元羧酸或聚合物为原料制得了多种结构不同的新型聚碳酸酯,如卤代双酚 A 型聚碳酸酯、聚酯碳酸酯、有机硅-聚碳酸酯及大立体结构双酚型聚碳酸酯等。这类结构上获得改进的新型聚碳酸酯具有更高的使用温度、抗冲击强度及阻燃性等,适应多种特殊用途,正日益引起人们的关注。

3.4.3.1　卤代双酚 A 型聚碳酸酯

卤代双酚 A 型聚碳酸酯(polycarbonates of halogenated bisphenol - A type)按分子组成单元,目前主要有两类结构的产品:均缩聚物和共缩聚物。其结构式如图 3 - 20 所示。

(1)均缩聚物按界面缩聚法,由卤代双酚 A 与光气进行缩合聚合反应,制得卤代双酚 A 型聚碳酸酯树脂。其反应式为

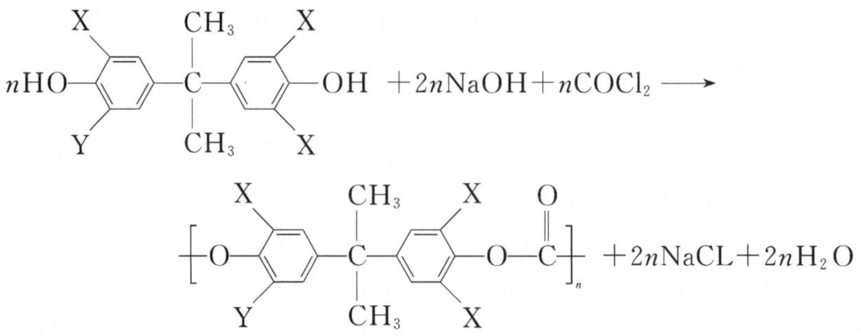

$$n\text{HO} \cdots \text{OH} + 2n\text{NaOH} + n\text{COCl}_2 \longrightarrow$$

$$\cdots + 2n\text{NaCL} + 2n\text{H}_2\text{O} \tag{3-19}$$

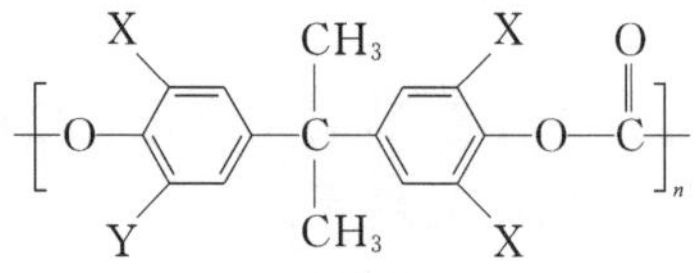

（均缩聚物）

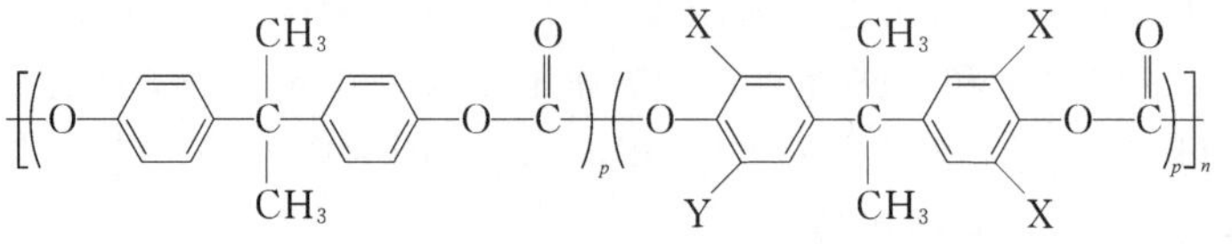

（X=Br,Cl）

（共缩聚物）

图 3-20　卤代双酚 A 型聚碳酸酯的结构

在常温、常压下,启动搅拌,将卤代双酚 A 的氢氧化钠水溶液与光气的惰性有机溶液进行界面不可逆缩聚反应。反应结束后,产物用稀酸中和氢氧化钠并用去离子水洗涤除去氯化钠、酸等,去掉废液。加入沉析剂丙酮或甲醇将树脂沉淀出来,回收溶剂,收集白色粉料,干燥,得到卤代双酚 A 型聚碳酸酯树脂。

由于卤代双酚 A 中的卤原子(X)有较大的空间位阻,在反应过程中,迁移速度比双酚 A 慢;在同样条件下,产物相对分子质量较普通双酚 A 型聚碳酸酯的低。为此,需要选用效果更好的催化剂,以利于得到高相对分子质量卤代双酚 A 型聚碳酸酯。

(2)共缩聚物。先将双酚 A 与光气反应,制成两端带双酚 A 基团的聚碳酸酯低聚物(Ⅰ);然后,再加入卤代双酚 A,进一步通入光气一起进行界面共缩聚,得到共缩聚物型卤代聚碳酸酯树脂。其反应式为

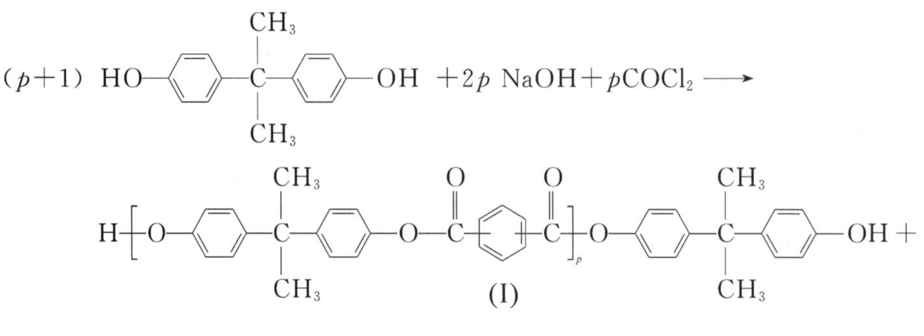

$$(p+1)\ \text{HO} \cdots \text{OH} + 2p\ \text{NaOH} + p\text{COCl}_2 \longrightarrow$$

$$\text{H} \cdots \text{OH} + \tag{Ⅰ}$$

$2pNaCl+(2p+1)\ H_2O$

n(Ⅰ)+nqHO
OH +2nqNaOH+nqCOCl2 ⟶
2nqNaCl+2nqH2O
(X=Br,Cl)

(3-20)

(3)性能。与普通双酚 A 型聚碳酸酯相比,卤代双酚 A 型聚碳酸酯增加了其分子链之间的相互作用力,具有更高的玻璃化转变温度和熔融温度,以及高拉伸强度和优良的阻燃性(离火焰后立刻自熄而不滴落,属于 UL94 V0 级)。溴代物比氯代物更耐高温和更耐燃。但是,卤代双酚 A 型聚碳酸酯不透明,成型加工性能都较差,其他性能与普通聚碳酸酯大致相似。表 3-23 为卤代双酚 A 型聚碳酸酯的主要性能对比。

表 3-23　卤代双酚 A 型聚碳酸酯的主要性能

性能	双酚 A 聚碳酸酯	四溴双酚 A 聚碳酸酯	四氯双酚 A 聚碳酸酯
密度/($g \cdot cm^{-3}$)	1.18～1.20	1.90	1.42
玻璃化转变温度/℃	145～150	225	180
熔融温度/℃	220～230	350～370	250～260
拉伸强度/MPa	61～71	100	100
阻燃性	可燃	不燃	不燃

将四氯双酚 A 和双酚 A 同时与光气反应制得的聚碳酸酯共缩聚物,其耐热性随四氯双酚 A 含量的增加而提高(见表 3-24)。

表 3-24　四氯双酚 A 含量对其共缩聚碳酸酯性能的影响

性能	四氯双酚 A 含量/%				
	0	25	50	75	100
熔融温度/℃	215～235	225～235	235～245	245～255	255～285
热变形温度/℃	145	160	172	187	225
阻燃性	自熄		中等耐燃		不燃

由 10%溴代双酚 A 和 90%双酚 A 制得的共缩聚型阻燃聚碳酸酯的主要性能见表 3-25。由表可见,这一共缩聚物主要改善了聚碳酸酯的阻燃性。

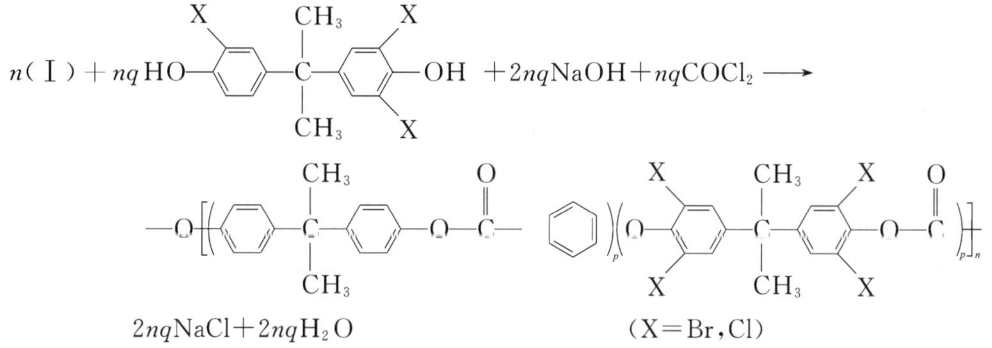

表 3 - 25　　10％溴代双酚 A - 90％双酚 A 共缩聚型聚碳酸酯的性能

性能	指标	性能	指标
拉伸强度/MPa	70	体积电阻率/(Ω·cm)	1.02×10^{17}
伸长率/％	80	介质损耗角正切值(1 MHz)	4.06×10^{-4}
弯曲强度/MPa	104	热变形温度/℃	127
缺口抗冲击强度/(kJ·m^{-2})	18	阻燃性	UL94 V0
介电常数(1 MHz)	3.31		

3.4.3.2　聚酯碳酸酯

聚酯碳酸酯是聚芳酯(聚对苯二甲酸双酚 A 酯或者聚间苯二甲酸双酚 A 酯)和聚碳酸酯的无规嵌段共聚物,其结构式如图 3 - 21 所示。

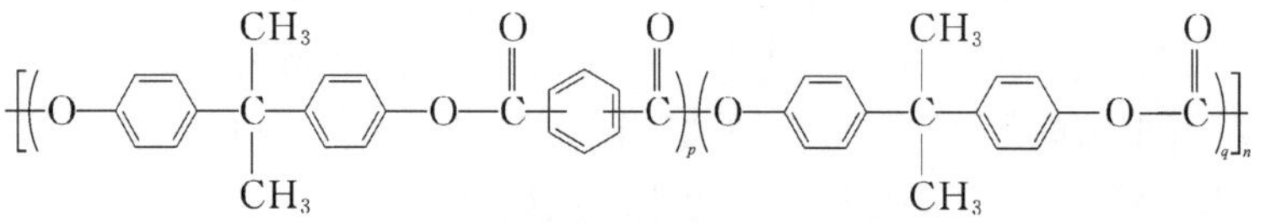

图 3 - 21　聚酯碳酸酯的结构式

聚酯碳酸酯的合成可以采用一步法,也可采用两步法。

(1)一步法。将双酚 A 和苯二甲酸溶于吡啶中,再通入光气,直接制得高相对分子质量的聚苯二甲酸双酚 A 酯-聚碳酸酯嵌段共聚物。控制双酚 A 和苯二甲酸用量比及加料顺序,便可调节产物的结构和组成。其反应式为

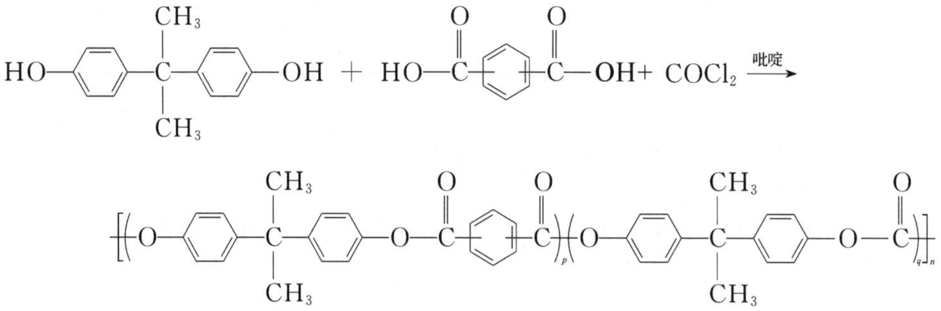

$$(3 - 21)$$

(2)两步法。先由过量的双酚 A 与对位或间位苯二甲酰氯反应生成两端带双酚 A 基团的聚芳酯低聚物(Ⅰ),然后加入相对分子质量调节剂叔丁基苯酚,通入光气使它进行缩聚反应,得到聚酯碳酸酯,反应式为

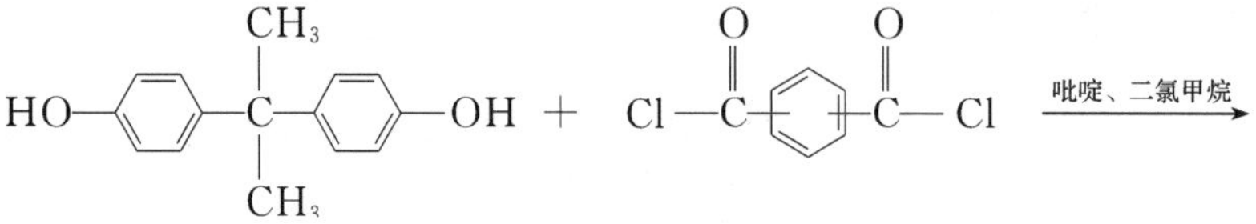

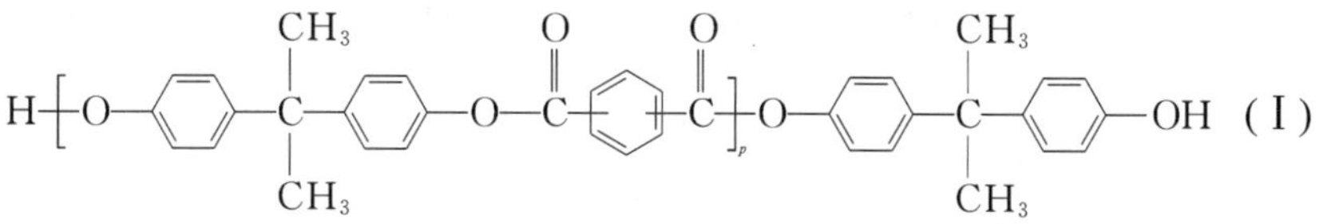

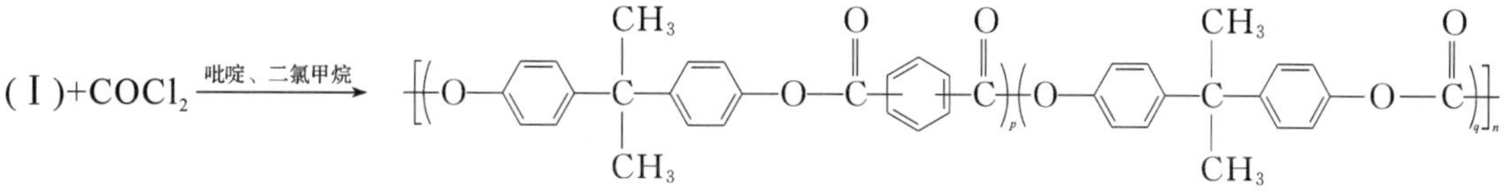

(3－22)

(3)性能。聚酯碳酸酯大分子链中兼有聚苯二甲酸双酚 A 酯嵌段和双酚 A 型聚碳酸酯嵌段,因此它兼具了聚芳酯的高耐热性和聚碳酸酯突出的抗冲击强度,连续使用温度可达 160～170 ℃(双酚 A 型聚碳酸酯为 110～120 ℃),短时间处于 380 ℃下质量也不会有明显变化;其耐蠕变性和耐老化性、耐环境开裂性也很好,能经受 132 ℃高温蒸汽反复消毒处理而不泛黄。其他性能与普通聚碳酸酯相似。为了改进聚酯碳酸酯的加工性和提高抗冲击强度,可加入一定数量的橡胶来进行改性。一般情况下,橡胶的加入量为 2%～40%。聚酯碳酸酯可与普通聚碳酸酯以任意比例相混制成塑料合金。聚芳酯的含量发生变化会显著影响聚酯碳酸酯的性能(见表 3－26)。

表 3－26 不同聚芳酯含量的聚酯碳酸酯性能

性能	聚芳酯含量/%		性能	聚芳酯含量/%	
	10	25		10	25
特性黏度/(dL·g⁻¹)	0.49	0.54	缺口抗冲击强度/(J·m⁻¹) －30	444	503
平均相对分子质量/10⁴	5.5	6.0	－18	700	561
维卡软化点/℃	161	172	0	715	
拉伸强度/MPa	60.9	61.4	25	715	589
伸长率/%	95	80	透光率/%	86.3	87.1
拉伸模量/GPa	2.3	2.2	黄色指数	6.7	5.1

3.4.3.3 有机硅-聚碳酸酯

聚二甲基硅氧烷-双酚 A 型聚碳酸酯的嵌段共聚物(Silicone polycarbonate block copolymers),其结构式如图 3－22 所示。

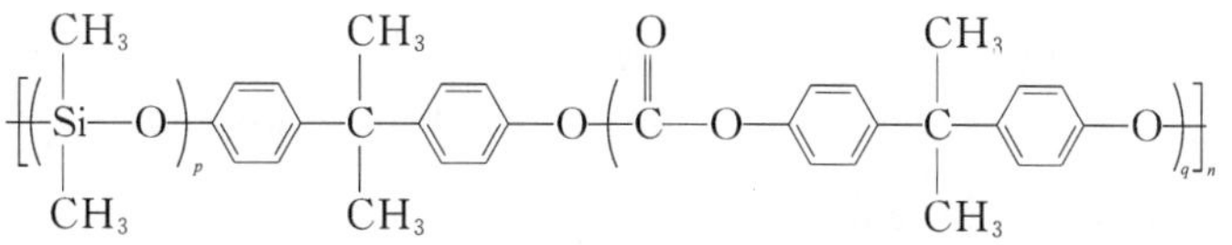

图 3－22 有机硅-聚碳酸酯的结构式

(1)合成方法。由二氯代聚二甲基硅氧烷与双酚 A 缩合,制成两端为双酚 A 基团的聚

二甲基硅氧烷；然后，再加入双酚 A 和光气进行共缩聚，得到有机硅-聚碳酸酯嵌段共聚物。其反应式为

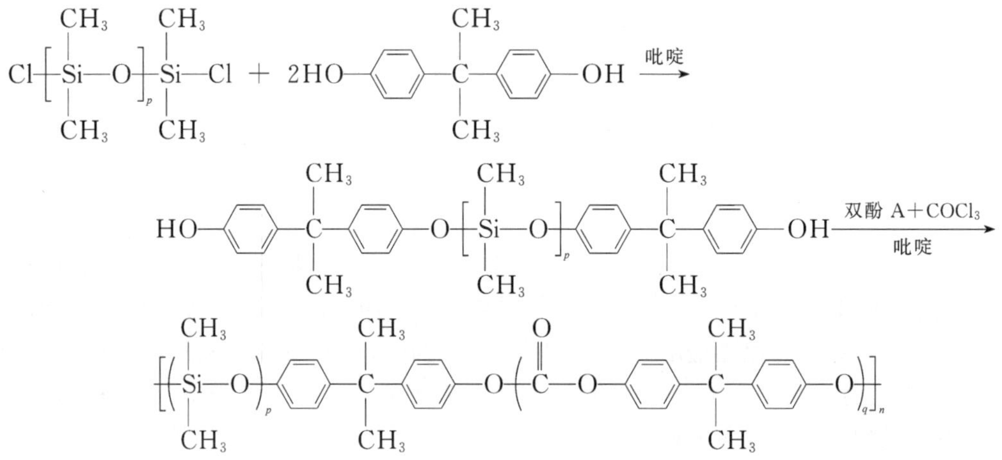

$$(3-23)$$

（2）合成工艺。在搅拌下，向盛有双酚 A、吡啶、二氯甲烷溶液的反应釜中加入二氯代聚二甲基硅氧烷，使之反应而生成两端带有双酚 A 基团的聚二甲基硅氧烷。接着，向混合液中通入光气与两端为双酚 A 基团的聚二甲基硅氧烷以及双酚 A 进行反应，物料的黏度不断增大，直至达到要求的黏度值时停止通光气。待物料沉降后，加入适量氯苯，过滤，去掉吡啶盐酸盐。用甲醇沉析出产物，回收溶剂。将产物反复洗涤后，干燥后得产品。

（3）性能。有机硅-聚碳酸酯嵌段共聚物大分子链中含有一定数量的有机硅嵌段和聚碳酸酯嵌段。机硅嵌段长短及其所占比例的变化，对产品性能影响很大，产品可以从柔软的弹性体变到坚韧的工程结构材料。提高有机硅嵌段的含量，软化温度下降，加工温度和分解温度加宽，伸长率加大，力学性能下降。当有机硅嵌段含量小于 25％时，制品物理力学性能与普通聚碳酸酯大致相似，仅力学性能稍有降低，更富弹性。当有机硅嵌段含量接近 50％时，产品类似皮革状。当有机硅嵌段含量达到 53％时，产品的拉伸强度降到 14 MPa，伸长率可达 360％，成为弹性体。

这种嵌段共聚物坚韧而透明。由于分子中大量硅-氧键的存在，对氧气的透过率比普通聚碳酸酯约高 10 倍；与硅橡胶相比，对氧、氢和二氧化碳的总透过率要小 1/2，但因其力学性能高，可通过增加气体压力来增大透气率。同时，无机材料，尤其是玻璃等含硅材料的黏结力大为提高。

若将这种共聚物与聚对苯二甲酸丁二醇酯（PBT）共混，可改进其抗冲击强度。

有机硅-聚碳酸酯嵌段共聚物主要被用来制造光学透明薄膜（片）和选择性渗透膜。其中，选择性渗透膜可广泛用于宇宙飞船、潜水艇、水下实验室和医疗设备、气体分析设备的供气系统或呼吸系统及人工心肺机等。

此外，该共聚物还可用作 PBT 树脂的掺混料，从而大大提高 PBT 的抗冲击强度。如含 40％有机硅-聚碳酸酯树脂掺混物的抗冲击强度已高达 101.92 J/m，而纯 PBT 仅为 46.55 J/m。

3.4.3.4　环己烷双酚型聚碳酸酯

用环己烷双酚(BPZ,1,6-二羟基二苯基环己烷)代替部分双酚 A,与碳酸二苯酯进行酯交换反应就可以合成一种新型共缩聚碳酸酯。其分子式如图 3-23 所示。

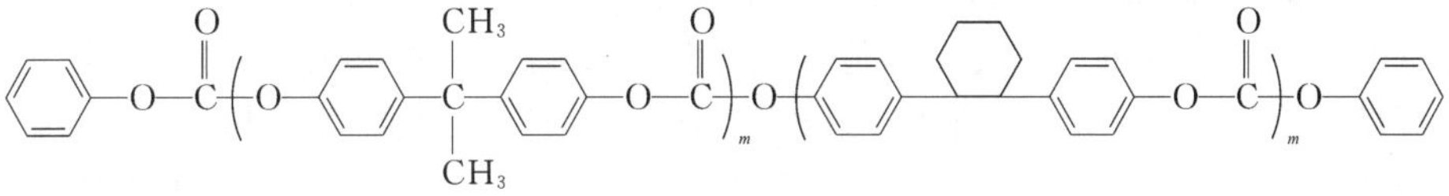

图 3-23　环己烷双酚型聚碳酸酯的分子结构

由于环己烷基比甲基体积大,增大了空间位阻,分子的活动性低,对共缩聚产物的性能影响较大。当环己烷双酚比例小于 10% 时,其熔体黏度与双酚 A 型聚碳酸酯相差不大。随着环己烷双酚比例的增加,共缩聚物的熔体黏度也就不断增大,玻璃化转变温度也便逐渐提高。当 BPZ 由 0 增至 100% 时,聚合物的玻璃化温度便随之由 149 ℃ 提高到 195 ℃。与普通聚碳酸酯相比,这种新型聚碳酸酯的耐热性、力学性能、电绝缘性、耐应力开裂性和透明度等都要好很多。

3.4.3.5　含醚键双酚型聚碳酸酯

利用 4,4′-二羟基二苯醚和另一种双酚一起与光气进行缩聚反应,制得了一系列含醚键的新型双酚型聚碳酸酯,另一种双酚的结构以及含量对含醚双酚型聚碳酸酯的性能影响见表 3-27。与双酚 A 型聚碳酸酯相比,这类含醚键双酚型聚碳酸酯的耐热性、力学性能、耐老化性能等均有所改善,成型加工性能更好,在某些应用领域具有重要的应用价值。

表 3-27　几种含醚双酚型聚碳酸酯的结构及其性能

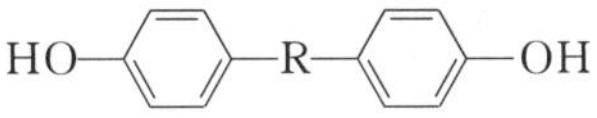 HO—⬡—R—⬡—OH	在双酚中物质的量所占比例/%	拉伸强度 MPa	伸长率 %	软化温度 ℃	熔点 ℃
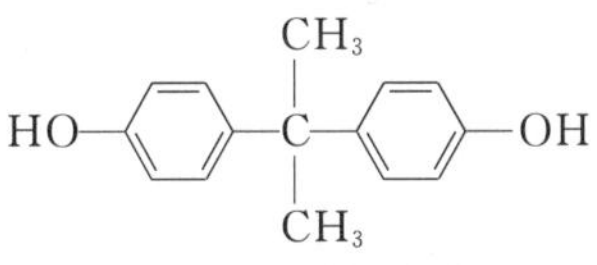 HO—⬡—C(CH₃)₂—⬡—OH	50	57.4	90	155	210
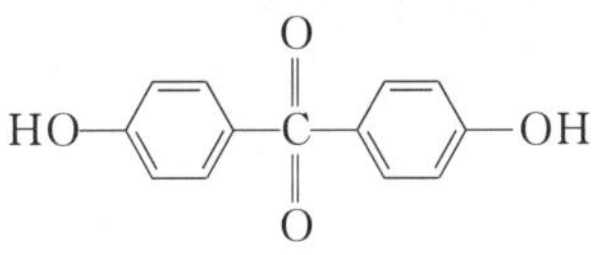 HO—⬡—CO—⬡—OH	50	68.6	40	175	215
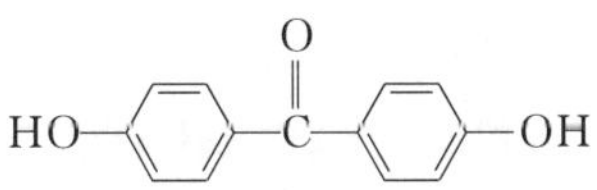 HO—⬡—CO—⬡—OH	50			250	263
 HO—⬡—OH	25	47.6	60	132	208

3.4.3.6　大体积双酚型聚碳酸酯

为了提高耐热等级及其他性能,利用大体积双酚代替双酚 A,制得了一系列具有大空间立体结构分子链的聚碳酸酯。大体积双酚主要指空间体积比双酚 A 还大甚至大得多的双酚,如含有降冰片烷环或含有连在其他环上的降冰片烷环双酚、酚酞等。

用含有降冰片烷环或含有连在其他环上的降冰片烷环双酚与光气反应,制得了一系列玻璃化温度很高(200～290 ℃)的新型聚碳酸酯树脂。它们都是非晶态物质,可溶于二氯甲烷。如由 4,4′-二羟基二苯基-2-降冰片叉与光气经界面缩聚反应制造一种大体积双酚型聚碳酸酯,反应式为

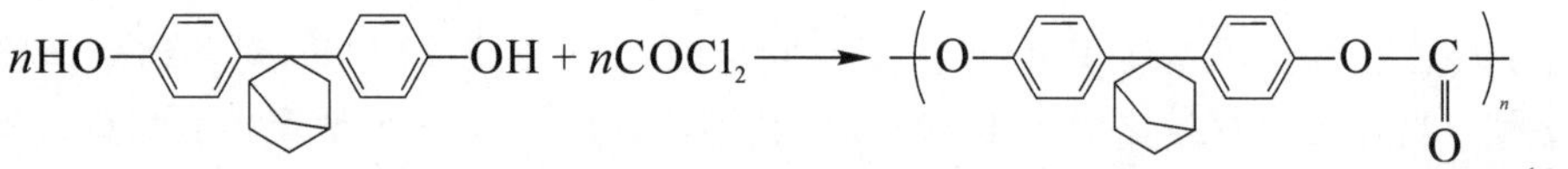

$$n\text{HO}-\!\!\!\!-\!\!\!\!-\text{OH} + n\text{COCl}_2 \longrightarrow \left(\!\text{O}-\!\!\!\!-\!\!\!\!-\text{O}-\!\!\text{C}\!\right)_n$$

$$(3-24)$$

由 1,1′-双(4-羟基苯基)苯基乙烷、1,1′-双(4-羟基苯基)苯基甲烷和 1,1′-双(4-羟基苯基)二苯基甲烷等分别制得了图 3-24 的大体积双酚型聚碳酸酯由于空间位阻增大,这种聚碳酸酯的耐热性明显提高。

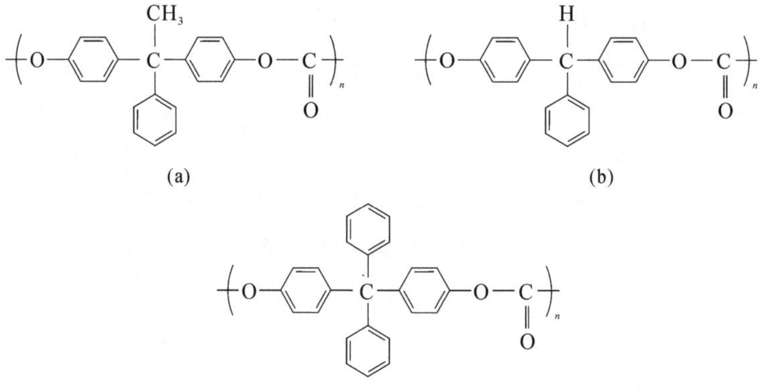

(a)　　　　　　　　　　(b)

(c)

图 3-24　大体积双酚型聚碳酸酯的结构与热性能数据

酚酞型聚碳酸酯,是由酚酞与光气经界面缩聚反应合成的,反应式为

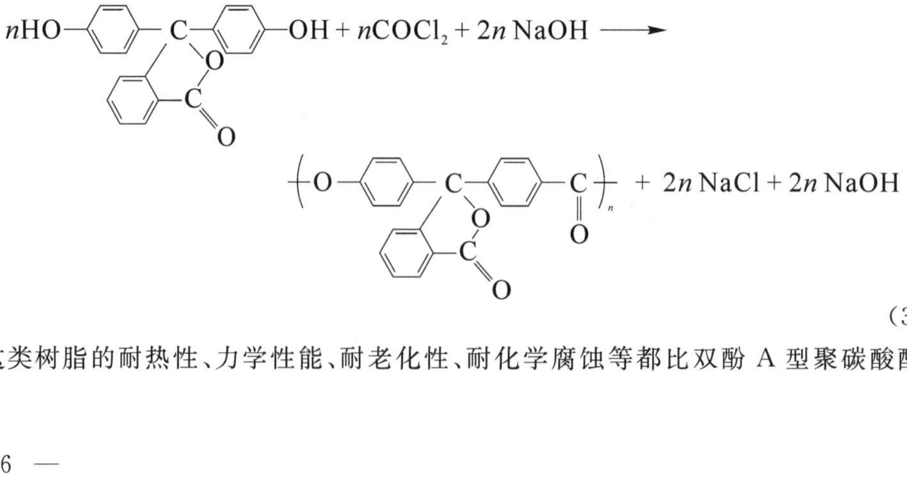

$$n\text{HO}-\!\!\!\!-\!\!\text{C}-\!\!\!\!-\text{OH} + n\text{COCl}_2 + 2n\text{NaOH} \longrightarrow$$

$$\left(\!\text{O}-\!\!\!\!-\!\!\text{C}-\!\!\!\!-\text{C}\!\right)_n + 2n\text{NaCl} + 2n\text{NaOH}$$

$$(3-25)$$

这类树脂的耐热性、力学性能、耐老化性、耐化学腐蚀等都比双酚 A 型聚碳酸酯要高得多。

3.4.3.7　含硫、磷、氮、硅等双酚型聚碳酸酯

利用 4,4′-二羟基二苯硫醚、4,4′二羟基二苯亚砜、4,4′-二羟基二苯砜、含磷酸酯基的双酚、N,N′-二羟基二苯基硫脲、4,4′-二羟基二苯基二甲基硅烷等含硫、磷、氮、硅等杂原子的双酚合成了一系列新型聚碳酸酯,如图 3-25 所示。其软化温度大多在 200～250 ℃ 范围,耐热性高、抗冲击性大、尺寸稳定性优良,适用于电子电器、代替金属制件等领域。

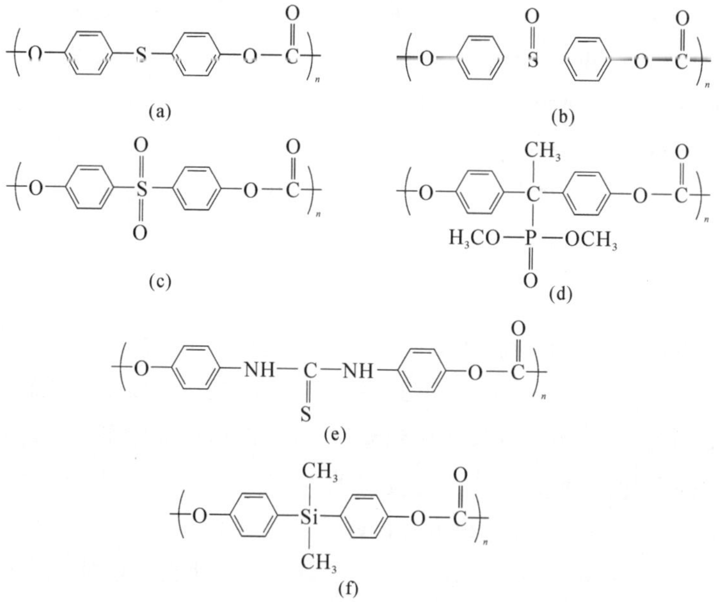

图 3-25　含硫、磷、氮、硅等杂原子的双酚

(a)4,4′-二羟基二苯硫醚型聚碳酸酯;　(b)4,4′二羟基二苯亚砜型聚碳酸酯;
(c)4,4′-二羟基二苯砜型聚碳酸酯;　(d)含磷酸酯基的双酚型聚碳酸酯;
(e)N,N′-二羟基二苯基硫脲型聚碳酸酯;　(f)4,4′—二羟基二苯基二甲基硅烷型聚碳酸酯

上面所介绍的新型聚碳酸酯,只是人们已研制开发过的聚碳酸酯中的一部分,新型聚碳酸酯的品种还在继续增多。许多新型聚碳酸酯在耐高温性能、力学性能、耐应力开裂性、电绝缘性、耐化学腐蚀性、透光性、低温脆性等方面都有了不同程度的改善,进一步适应了各行业各部门的特殊需求。但是,在众多的新型聚碳酸酯中,除少数几种有较大实用价值外,绝大多数仍只处于实验室研究阶段。究其原因,或是原料来源困难,或是成本太高,或是树脂合成工艺不成熟,或是成型加工不易,从而限制了它们的更大发展。

3.5　聚碳酸酯的成型加工

3.5.1　聚碳酸酯的加工特性

3.5.1.1　流变性能

聚碳酸酯的分子链属于刚性分子链,在熔融状态下的流变性接近于牛顿流体,即熔体黏

度的变化与剪切速率关系不大,而主要与温度有关。聚碳酸酯熔体黏度较大且对热敏感,熔体黏度对温度的变化比较敏感。聚碳酸酯熔体黏度可达 10^5 Pa·s,纯聚碳酸酯的表观黏度随温度的升高有较大的下降。但温度下降时,熔体黏度增大也很快,所以成型时制品凝固、定型所需时间也就更短。因此,在注塑时应使用较高的注射压力才能达到预期的效果。

聚碳酸酯材料的剪切敏感性较小,在高剪切速率下,熔体黏度因剪切速率的增加而有所下降,但降低幅度较小。在低剪切速率下,黏度随剪切速率的变化更小。为改善流动状况,在聚碳酸酯成型时,通过调节熔体温度比变动对熔体施加的剪切应力更有效。挤出时,要升高聚碳酸酯物料的温度,根据流变学原理,熔体温度以 280～300 ℃为好。注塑时,注塑机料斗要设保温装置,以避免因塑化时间短,聚碳酸酯物料粒子间的间隙较大,使预塑量不足,导致产品缺料。可以使物料预热到 160～180 ℃,然后再进入注射螺杆。总之,要选择适宜的加工温度。

3.5.1.2 热稳定性

聚碳酸酯在 320 ℃以下很少降解,在 330～340 ℃开始出现热氧降解。透明聚碳酸酯的注塑温度高达 310 ℃,也不会出现气泡、银丝等。成型时应将熔体温度控制在聚碳酸酯分解温度以下。但是,即使在适宜的成型加工温度下,也不能让聚碳酸酯熔体过长时间受热。挤出吹塑成型聚碳酸酯中空制品时,操作温度应低于 315 ℃,在此温度下,允许聚碳酸酯熔体在挤出机内停留 1 h 以内。成型过程中若物料受热时间太长,加之成型机械的剪切作用,便有可能发生机械降解,使其相对分子质量下降。降解还会使聚碳酸酯色泽变黄、变褐,产生不溶组分甚至焦化,造成制品的严重损坏。

3.5.1.3 吸水性

聚碳酸酯的主链结构中含有酯基,有一定的亲水性,容易吸水。在常温空气中,其平衡吸水率为 0.15%～0.20%。成型加工时,聚碳酸酯的水分含量应控制在 0.02%以下。控制水分含量是保证制品质量的关键之一。物料颗粒中的水分不仅会使制品产生银丝或气泡等缺陷,在高温成型加工过程中,水分使分子主链上的酯键产生水解和降解,出现相对分子质量降低,以及力学性能尤其是冲击韧性劣化,材料的抗开裂能力明显下降。汽化的水分也会影响制品的外观质量在 300～320 ℃水解反应较快。

聚碳酸酯物料在 120 ℃干燥 15 h 才能基本上达到成型加工对湿含量(水分含量低于0.02%)的要求。聚碳酸酯经干燥后能很快地再吸附湿气,而且湿气在聚碳酸酯中有较大的扩散速率。干燥合格的聚碳酸酯在常温下放置 15 min 就可能失去干燥效果,所以成型过程中必须密切注意聚碳酸酯的含水率。

3.5.1.4 结晶和定向

聚碳酸酯是非结晶性塑料,在通常的成型加工条件下很少结晶。特定条件下,当用溶液法制备薄膜时,出现正交晶系的结晶结构。

聚合物熔体在外力作用下流动时,由于剪切效应,大分子链在很大程度上顺着流动方向作平行排列,这是分子的定向或者取向过程。当外力停止或减弱时,分子热运动使定向了的分子链、分子链段改变构象,回复到能量最低的平衡状态,此为大分子的松弛过程。聚碳酸酯分子链,由于分子主链中苯环围绕碳-碳键旋转时,两个侧甲基空间位阻较大,旋转困难,所以分子链刚性大,松弛过程缓慢,容易产生应力开裂。熔体温度降到玻璃化转变温度时,定向分子来不及松弛的部分就冻结起来,因而制品内部松弛程度各不相同,被强迫冻结的定向分子力图改变构象所产生的力,即内应力。内应力与材料的抗开裂能力平衡时制品不会出现开裂现象。相对分子质量高、相对分子质量分布窄、热稳定性好的材料,其抗开裂能力较强。减小定向作用,促进松弛过程及提高材料抗裂能力,都是解决制品开裂的方法。

3.5.1.5　收缩率

聚碳酸酯的成型收缩率一般在 0.5%～0.8% 范围内,属于收缩率比较小的工程塑料。聚碳酸酯的相对分子质量、成型时的熔融温度、模具温度、注射温度、保压时间以及制品厚度等都对成型收缩率有一定的影响。

3.5.2　聚碳酸酯的成型加工方法

聚碳酸酯的主要成型加工方法有注射成型、挤出成型、吹塑成型、热成型等。下面仅介绍前 3 种成型加工方法。

3.5.2.1　注射成型

聚碳酸酯的熔体黏度高,其加工温度也较高,所以普遍使用螺杆式注塑机。螺杆式注塑机通常用单头全螺纹、等深螺距、渐变型螺杆,螺杆的压缩比为 2～3,长径比为 15～20。使用锥形尖头的螺杆。聚碳酸酯黏度高,通常使用敞开延伸式喷嘴。经过干燥的聚碳酸酯很快就会再吸湿,所以注塑机料斗要有保温干燥装置。

聚碳酸酯制品的最佳厚度为 1.5～4 mm:太薄会使熔体流动困难,发生注料不足问题;太厚容易造成气泡和凹陷面,致使外观不良。因为聚碳酸酯对金属有较大包紧力,其热膨胀系数为金属的 2～3 倍,热收缩的差异容易导致嵌件周围发生开裂现象。为此,要尽量用热膨胀系数较大的铝代替铜、钢作为嵌件材料。

聚碳酸酯物料在成型加工前必须经过干燥,水分含量应低于 0.02%。常用的干燥方法有:常压热风干燥,温度 110～120 ℃,时间约 24 h,料层厚度 25 mm,干燥过程无须翻料;真空干燥,压力为 0.096 MPa,其他条件与常压热风干燥相似,可缩短时间。聚碳酸酯易带静电而吸尘,干燥的装置及空气应洁净。严格干燥后的聚碳酸酯物料置于保温料斗中,维持 90～100 ℃ 热风循环干燥。

聚碳酸酯的成型温度,通常控制料筒温度为 250～313 ℃,使物料实际温度为 280～300 ℃。成型加工温度应控制在使物料塑化良好,又不至于发生热分解,能顺利完成注射过程的范围内,所以必须高于流动温度(240 ℃),低于分解温度(340 ℃)。为了降低制品的内应力,可以适当地提高物料温度、降低成型压力,因为成型温度比成型压力对调节熔体流动性更有效。为减少因热收缩的差异而引起嵌件周围的开裂现象,可以选用相对分子质量高、相对分子质量分布窄或玻璃纤维增强等抗开裂能力较强的聚碳酸酯牌号,也可以采取适当降低熔体温度并将嵌件预热到 200～250 ℃的方法,减小成型时塑料和嵌件之间的温度差。

制品在模具内冷却定型温度的上限由聚碳酸酯的玻璃化转变温度 T_g(150 ℃)确定,模具温度一般控制在 85～120 ℃之间。聚碳酸酯的成型压力一般为 80～160 MPa,成型压力克服熔体流向型腔的流动阻力,给予熔体充模速度及对塑料进行压实。注射速度也不宜太快或太慢:太快,充模不稳定,制品容易出现银丝纹、旋纹、烧伤;太慢,容易产生熔合纹及波流痕。保压状态的主要目的是将型腔内的塑料压实并继续压入熔体,补足塑料冷却收缩形成的空隙,防止制品产生凹痕、空泡。要尽量采用较低的保压压力和较短的保压时间。塑化压力(背压)为注射压力的 10%～15%。

螺杆转速一般为 30～60 r/min。转速太快会使熔体带有空气,制品出现缺料、烧伤等缺陷。

加料量应调节为制品注射量的 110%～120%,或者使注射完毕时螺杆行程还余留 5～20 mm,以形成稳定的料层缓冲区域,满足注射传压和补料的需要。

聚碳酸酯制品特别要注意内应力问题。被强迫冻结的定向分子力图改变构象所产生的力即是内应力。内应力与材料的抗开裂能力相平衡时,制品不会出现开裂现象,分子链长度增加、链间缠结数目增多,因而分子间作用力加大时,抗开裂能力提高;低相对分子质量组分的分子间作用力较小,在内应力作用下处于应力集中点的分子链,可能逐个断裂形成微观撕裂,甚至裂纹,表现出较差的抗开裂能力。

由于制品往往存在内应力,在贮存及使用过程中常常会出现力学性能下降、光学性能变坏的现象,甚至表面银纹开裂。因此如果聚碳酸酯制品壁厚较大、形状复杂、尺寸精度较高、使用温度范围较宽以及内应力较大,那么需要进行退火处理,使被强迫冻结的聚碳酸酯分子链得到松弛,凝固的分子链段转向无规位置,消除因定向作用而导致的内应力。

退火处理是使制件在加热介质(如机械油、空气等)中静置一定时间。退火温度一般比聚碳酸酯的热变形温度(133～142 ℃)低 10～20 ℃;温度太高(或放置不当)制品容易翘曲变形;温度太低,则处理效果较差。退火时间随制品形状及厚度而定,一般为 1～10 h,厚度越大,时间就要更长。退火时间到达后,制品要逐渐冷却到室温,冷却太快将重新引起内应力。

聚碳酸酯注射成型工艺参数见表 3-28。

表 3-28 聚碳酸酯注射成型工艺参数

工艺参数		数值	工艺参数		数值
料筒温度/℃	前段	270～300	注射压力/MPa		6～14
	中段	270～300	螺杆转速/(r·min^{-1})		30～120
	后端	240～300	螺杆背压/MPa		0～10
喷嘴温度/℃		270～300	成型周期/s	注射时间	1～25
模具温度/℃		70～110		冷却时间	5～40

3.5.2.2　挤出成型

聚碳酸酯的挤出成型用于制造板、管和棒等型材以及薄膜等制品,所用物料相对分子质量较大,一般均在 3.4×10^4 以上。聚碳酸酯管材挤出成型的工艺参数见表 3-29,棒材挤出工艺参数见表 3-30。

表 3-29　聚碳酸酯管材挤出成型工艺参数

工艺参数		聚碳酸酯	玻璃纤维增强聚碳酸酯	工艺参数	聚碳酸酯	玻璃纤维增强聚碳酸酯
料筒温度/℃	后段	250	240	模套内径/mm	26	26
	前段	255	250	模套外径/mm	33	33
机头温度/℃	后段	230	220	管材内径/mm	25.4	25.8
	前段	220	215	管材外径/mm	32.8	32.9
口模温度/℃		210	225	真空定径套内径/mm	33	33
螺杆转速/(r·min⁻¹)		105	105	定径套与口模间隙/mm	20	20
螺杆长径比		24	24	冷却水温度/℃	80	80

表 3-30　聚碳酸酯棒材挤出成型工艺参数

工艺参数		聚碳酸酯	玻璃纤维增强聚碳酸酯	工艺参数	聚碳酸酯	玻璃纤维增强聚碳酸酯
料筒温度/℃	Ⅰ	240~250	250~255	机头定型模连接处温度/℃	200~220	220
	Ⅱ	260~270	250~255	定型模冷却体部分温度/℃	90~110	90~110
	Ⅲ	275~285	270~275	牵引速率/(mm·s⁻¹)	0.5~0.6	—
	Ⅳ	260~270	270~275	水冷却定型模内径/mm	65	130
机头温度/℃	Ⅰ	225~260	250	棒材直径/mm	64.2~64.25	128
	Ⅱ	235~240	230	收缩率/mm	1.2	1.5
	Ⅲ	215~230	230	棒材不圆度	±0.05	±0.05
螺杆转速/(r·min⁻¹)		80	120	生产能力/(kg·h⁻¹)	5.5~6.1	20

3.5.2.3　吹塑成型

用吹塑成型的方法可生产聚碳酸酯的包装容器(瓶)。

聚碳酸酯瓶的吹塑成型包括挤出吹塑成型、共挤吹塑成型和注射吹塑成型等。无论采用哪一种吹塑成型,都要在成型加工前对物料进行严格的干燥,使聚碳酸酯的含水量低于0.01%。

挤出吹塑过程中,首先像挤出成型一样,聚碳酸酯熔体从挤出机中挤出型坯,型坯经适当冷却后转至吹塑模具进行吹胀。挤出吹塑级聚碳酸酯在挤出型坯的剪切速率下,具有较高的熔体强度。用聚碳酸酯吹塑小制品时,可连续地成型型坯。吹塑较长、质量较大的制品时,就要用储料式机头或往复螺杆式储料缸来快速挤出型坯。典型的吹塑成型工艺参数见表 3 - 31。

表 3 - 31 聚碳酸酯挤出吹塑典型工艺参数

制品质量/g		<125	125～250	>250
机筒温度/℃	后端	270	288	304
	中间段	260	293	307
	前段	260	293	307
机头/℃	机头体	255	282	304
	机头口模	215	250	260
型坯温度/℃		260	288	300
吹塑模具温度/℃		65～80	65	55～65

注射吹塑过程中,首先像注塑一样,熔体被注入注塑模具中成型型坯,型坯经适当冷却后转至吹塑模具进行吹胀,这与挤出吹塑相似。注射吹塑级聚碳酸酯的熔体黏度较低,注射吹塑不产生飞边,制品尺寸精度较高,但生产成本较高。

在共挤吹塑成型中,要使温度、黏度不同的几层熔体在机头内良好地复合起来,而且能够处于稳定的层流,流动层之间不能产生紊流,关键是共挤机头的设计和熔体流动的控制。

设计共挤机头时应考虑:

(1)各层树脂的熔体黏度(黏度差别大会造成层厚的不均匀);

(2)各层树脂的熔体黏度受温度与剪切速率的影响程度;

(3)各层的相对厚度。

应通过选择机头中各层流道的相对宽度以使界面的速度接近相等,来尽量降低复合界面的剪切速率,因为复合界面的剪切速率太高,界面不稳定,所以制品出现结构与光学性能方面的缺陷。

共挤吹塑机头的结构有积木式与管套式两种。

共挤吹塑产生的边角料较多,要回收利用,以降低成本。

3.6 聚碳酸酯的应用

聚碳酸酯综合性能优良,已得到广泛的应用。长期以来聚碳酸酯主要用于高透明性及高抗冲击强度的领域,如今光盘用材是聚碳酸酯的主要用途之一,全世界用于光盘的聚碳酸酯的消费量将增加到总消费量的 10% 左右,在光盘材料中聚碳酸酯已超过 50%。聚碳酸酯透光性良好,可透过光线的波长为 400～1 000 nm,透光率高,达 90% 以上,与玻璃相当,由于具有透光特性,聚碳酸酯已成为 CD 盘的主要原料。

汽车制造业扩大使用聚碳酸酯的潜在市场很大,聚碳酸酯可用于生产汽车前灯、侧灯、尾灯、镜面、透镜、车窗玻璃、内外装饰件、仪表板等。国外高级轿车的保险杠是用 PC/PBT

合金制造。PC/PBT 刚性高、抗冲击强度高（PP 的 3 倍以上），有可焊接性及优良的涂装性能。用 PC/PBT 制成的保险杠，车身和保险杠可一次涂装，保险杠和车身同一色彩，称为彩色保险杠，可以做得色彩鲜艳夺目。德国的 BENZ（奔驰）、BMW（宝马）、MAESTRO，美国的 FORD、ESCOT，日本的 PEATHA 等车种采用此种材料，但 PC/PBT 价格昂贵。HONDA/SATURN（本田）的仪表板用 PC/ABS 合金制成，PC/ABS 具有高抗冲击韧性（PVC/ABS 的 3 倍以上），优良的力学性能（PVC/ABS 的数倍），耐老化，价格稍贵。DOW公司的改性聚碳酸酯可用于制作薄壁注塑汽车配件、汽车镜壳和汽车罩框。国外 PC/PET、PC/PA、PC/PBT 合金广泛用于制造各种汽车用的零部件。美国用 PC/PBT 合金生产汽车通风格栅、镜架、装饰物、门框、把手等。BASF 公司用 ASA/PC 制作汽车外部件、配电盒等。预测近期主要的增长就在于将聚碳酸酯的合金用于汽车外部部件，如轮盘、车身板条等。

聚碳酸酯在电子电器行业的应用很值得重视，美国聚碳酸酯总用量的 50％用于电子电器行业，因为聚碳酸酯是优良的 E 级（120 ℃）绝缘材料。低压电柜的接线座、各种绝缘接插件、绝缘套管、机床电机保护开关、空心钻外壳、仪表外壳和办公室自动化设备（OA）的部件等都可用聚碳酸酯成型。电视机、摄像机零部件等用阻燃聚碳酸酯制造。含炭黑的有导电性和阻燃性的聚碳酸酯可用于制造配电部件等，阻燃级 PC/ABS 可用于制造计算机和电子装置的壳体和薄壁部件，透明聚碳酸酯可以用于制造聚合物光纤的芯材。

聚碳酸酯可以代替玻璃和金属。大型灯罩，防爆玻璃，飞机、车、船的风挡玻璃或透明外壳，潜望镜，都可以用透明聚碳酸酯制作。聚碳酸酯板材，特别是中空板，可用作公路隔声板、阳光板、警察用盾牌等。玻璃纤维增强，阻燃级 PC/ABS 合金用作交通红绿灯灯罩，DSM 公司开发的特殊品级聚碳酸酯可作红、黄、绿色透镜。聚碳酸酯还用来生产奶瓶、旅游水壶、酸奶酪罐（代替玻璃罐）、医疗器械、人工肺和人工肾脏等。日本 Ricoh 公司的改性聚碳酸酯可制作激光传真和激光复印所需的精密聚碳酸酯透镜，其成本只有玻璃透镜的 1/10。用改性聚碳酸酯可用作温室顶棚和窗户。

聚碳酸酯可制造用于传递中、小负荷的零部件，如齿轮、齿条、蜗轮等，也可制造离心泵的叶轮、阀门、管件，能耐低温下稀酸的腐蚀。玻璃纤维增强、高流动性的聚碳酸酯可以制作彩色电视机零件、扬声器格栅、仪表板保持架、顶出器垫片、进气管插头和通风格栅等。对于要求刚性大、尺寸稳定、耐冲击的零件，玻璃纤维增强聚碳酸酯比较适用。增强后，产品的耐开裂性也得到改善。聚碳酸酯复合材料可望用作直升机的座舱壳体。

PC/ABS 合金适合于制作高刚性、高冲击韧性的制件，而且易加工、价廉，广泛用作电器部件、仪表外壳、照相器材及机械零部件等。

PC/PE 合金抗冲击强度比聚碳酸酯高 4 倍，耐沸水性、热老化性、耐候性能大大提高，易于成型加工，已成功地用于制造纬纱管等纺织器材。

为扩大聚碳酸酯的应用范围，应设法进一步提高其耐高/低温力学性能，替代铝合金制件。为制作大型的或尺寸精度高的小型制件，而致力于改进玻璃纤维增强技术的研究，玻璃纤维含量最高可达 50％。应研究流动性好、高刚性的聚碳酸酯，将其应用于薄壁、质轻的办公设备零部件。用高速低温注射成型法或注射压缩成型法，解决聚碳酸酯注塑时的热老化问题，以改善制品外观，提高力学性能。

第4章 聚 甲 醛

4.1 概 述

聚甲醛学名聚氧亚甲基,英文名称为 Acetal resin、Polyoxymethylene、Polyacetal,简称 POM。

聚甲醛综合性能优良、加工方便、用途广泛,而且原料来源充沛,问世以后很快发展成为通用工程塑料的重要品种。聚甲醛是直链型高密度、高结晶性聚合物,具有优异的力学性能、电性能、耐磨损性、耐化学腐蚀性、耐疲劳性、自润滑性,制品刚性、弹性和尺寸稳定性好。聚甲醛吸水率小,耐磨、耐有机溶剂、耐化学腐蚀、有着良好的电性能。特别适用于制作尺寸要求精密的、配合要求高的零部件。在工程塑料中,具有"塑钢"和"夺钢"之美称,是代替金属(如铜、铝、锌等有色金属及合金制品)的理想材料,是汽车和电子电器等工业部门必不可少的重要材料。

聚甲醛分为均聚甲醛和共聚甲醛两种。均聚甲醛是主链由氧亚甲基单元构成的,两端均为乙酰基的大分子,即 $CH_3COO—(CH_2O)_n—COOCH_3$,而共聚甲醛主链是以氧亚甲基—$(CH_2O)$—链节为主,其间掺杂 $3\%\sim5\%$ 的乙氧基—(CH_2CH_2O)—或丁氧基—(C_4H_8O)—链节,端基为甲氧基醚或羟基乙基醚结构的线性大分子,如图 4-1 所示。

$$+CH_2—O\frac{}{}_n \qquad +CH_2O\frac{}{}_n(CH_2CH_2O)\frac{}{}_x$$
$$\text{(a)} \qquad\qquad \text{(b)}$$

图 4-1 聚甲醛的分子结构式
(a)均聚甲醛; (b)共聚甲醛

聚甲醛的发展可以追溯到 1859 年,Butlever 首先制备出了聚合状的聚甲醛,但是属低相对分子质量聚合物,呈脆性,无实用价值。

1920 年,Standigger 等人利用纯化的液体甲醛(沸点为 -21 ℃,熔点为 -92 ℃),在 -80 ℃下进行本体聚合获得了高相对分子质量的聚甲醛。但加热至熔点附近(175 ℃)就分解放出甲醛,无实用价值。但 Standigger 却证明了聚甲醛是以—OH 为端基的聚氧亚甲基乙二醇高分子,如图 4-2 所示,并非如图 4-3 所示的聚甲氧基醇的结构。

$$HO+(CH_2O)\frac{}{}_nCH_2OH$$

图 4-2 聚氧亚甲基乙二醇

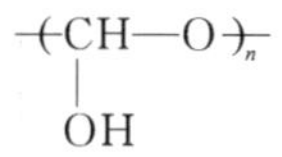

$$+CH-O)_n$$
$$|$$
$$OH$$

图 4-3　聚甲氧基醇

1920—1930 年,Standigger 进一步研究证明,POM 端羟基经酯化或醚化封端后能显著阻止其解聚作用,这一结论为后续聚甲醛的发展提供了重要的理论依据。

1942 年,美国 DuPont 公司发表了关于无水甲醛聚合方法的专利,为 POM 的工业化奠定了基础。此后,又投入了大量的人力、物力,完成了 POM 的热稳定化技术,终于在 1959 年实现了均聚甲醛的工业化生产。该工艺通过精制半缩醛得到高纯度甲醛,然后在氟化物-乙醚络合物的催化下得到均聚甲醛,商品名称为 Delrin。

美国杜邦公司 Delrin 的 POM 是一种均聚物,因其在当时的合成材料中具有最高力学强度,能抵抗数百万次交变应力的耐疲劳性,能抵抗大多数无机有机溶剂的耐化学药品性,还能抵抗较高应力载荷作用的耐蠕变性,且在动力传动传导中具有特异的自润滑性和耐磨耗性,从一问世就引起人们的广泛重视。但是其存在合成过程工艺复杂、后处理困难、热稳定性差、耐酸碱性不好、生产成本高等问题。

1960 年,美国 Celanese 公司开发成功了以三聚甲醛和环氧乙烷制造 POM 共聚物的技术,并于 1962 年投入了以"Celcon"命名的共聚 POM 的工业化生产。共聚 POM 虽然在力学性能等方面较均聚 POM 有 10% 左右的下降,但其热稳定性比均聚 POM 有了较大的提高,为其成型加工和应用提供了重要的技术支撑,因此,1962 年以后共聚 POM 成为工业化聚甲醛生产的主流。

在欧洲,1963 年 Hoechst 和 Celanese 合资公司开始了以"Hostaform"命名的共聚 POM 的工业化生产。1989 年,BASF 公司开始了以"Ultrafoam"命名的共聚 POM 的工业化生产。

在日本,1968 年 Hoechst-Celanese 合资的宝理公司开始了以"Duracon"命名的共聚 POM 的工业化生产。旭化成工业公司分别于 1972 年和 1987 年开始生产均聚 POM 和共聚 POM,商品分别为 Tenac 和 Tenac-C。1981 年,三菱瓦斯化学公司开始了以"Iupital"命名的共聚 POM 的工业化生产。直到 20 世纪 70 年代初,聚甲醛的生产一直由这两个公司所垄断。

中国 1958 年开始研究聚甲醛,长春应用化学研究所和沈阳化工研究院开展了大量实验工作,并在 20 世纪 60 年代中期,由吉林石井沟联合化工厂和上海溶剂厂建成共聚甲醛的实验装置。前者采用釜式淤浆聚合,后者采用板框式本体聚合。目前国内也只有这两家生产共聚甲醛,规模皆为千吨级,都已采用连续本体聚合工艺,单体制造和聚合物后处理也都有了较大进步。

1989 年,世界聚甲醛生产能力达到 43 万 t,消费量约为 38.6 万 t。经过 20 世纪 90 年代初期相对平稳的时期之后,20 世纪 90 年代中后期聚甲醛快速发展。1995 年,其生产能力约为 59 万 t,1997 年达到 61 万 t,2000 年达到 70 万 t 以上。这样的速度在聚甲醛问世以后是从没有过的。

2001 年,云南天然气化工集团公司(简称云天化)从波兰 ZAT 公司引进 1.0 万 t/年聚甲醛生产技术及装置,成为国内最早实现万吨级大规模生产聚甲醛产品的企业,开启了国内引进聚甲醛技术建设生产装置的序幕。随后,云天化陆续在云南水富形成 3 万 t/年聚甲醛产能,在重庆长寿建成 6 万 t/年的聚甲醛装置。

2010 年,上海蓝星引进香港富艺技术建设了 6 万 t/年聚甲醛装置,河南龙宇引进该技术建成 4 万 t/年聚甲醛装置,宁夏煤业建成 6 万 t/年聚甲醛装置,天津天碱建成 4 万 t/年聚甲醛装置。2014 年唐山中浩采用韩国 P&ID 工艺技术建成 4 万 t/年聚甲醛装置,鲁南化肥建成了 4 万 t/年装置。

国外公司分别在南通、张家港独资或联合建成了聚甲醛生产装置。2001 年,宝理、泰科纳等四家外资企业联合在南通注册了宝泰菱工程塑料有限公司,建成 6 万 t/年聚甲醛装置;2002 年,杜邦公司和旭化成公司在连云港成立杜邦-旭化成(聚甲醛)张家港有限公司,采用旭化成共聚甲醛工艺技术建成 2 万 t/年聚甲醛装置。

截至 2020 年,全球主要 POM 生产企业有 17 家,产能达到 145 万 t/年。其中:国外 POM 生产企业 7 家,产能为 90 万 t/年;国内 POM 生产企业 10 家,产能为 55 万 t/年。国外生产企业主要有美国塞拉尼斯,日本宝理、旭化成、三菱工程塑料,韩国工程塑料、可隆以及德国巴斯夫。国内除宝泰菱、杜邦-旭化成 2 家外商投资企业外,其余 8 家企业均为不同国企引进聚甲醛工艺技术建设的项目(见表 4-1)。

表 4-1 2020 年,国内外聚甲醛主要生产厂家、产能及牌号

生产厂家	商品名/工艺	年产能/万 t	产品牌号
美国塞拉尼斯	Celcon Hostaform	25	8 个通用牌号,45 个改性牌号 13 个通用牌号,56 个改性牌号
日本宝理	Duracon	20	21 个通用牌号,64 个改性牌号
日本旭化成	Tenac - C	6.5	6 个通用牌号,40 个改性牌号
日本三菱工程塑料	lupital	10.5	16 个通用牌号,30 个改性牌号
韩国工程塑料	Kepital	15	11 个通用牌号,39 个改性牌号
韩国可隆	Kocetal	7.5	9 个通用牌号,43 个改性牌号
德国巴斯夫	Ultraform	5.5	10 个通用牌号,35 个改性牌号
国外合计		90	
云天化	波兰 ZAT 工艺	9	15 个通用牌号,27 个改性牌号
国家能源宁夏煤业	香港富艺工艺	6	9 个通用牌号,8 个改性牌号
上海蓝星	香港富艺工艺	6	停产
开封龙宇	香港富艺工艺	4	7 个通用牌号
天津碱厂	香港富艺工艺	4	停产
开滦中浩	韩国 P&ID 工艺	4	4 通用+27 改性
山东兖矿	韩国 P&ID 工艺	8	4 通用+18 改性
内蒙古天野	波兰 ZAT 工艺	6	5 个通用牌号

续表

生产厂家	商品名/工艺	年产能/万 t	产品牌号
南通宝泰菱	日本宝理工艺	6	5 个通用牌号
杜邦—旭化成	旭化成工艺	2	5 个通用牌号
国内合计		55	

数据来源:方伟,聚甲醛复合弹性体功能化材料的制备与性能研究,西北工业大学博士学位论文,2022 年。

均聚甲醛的两个主要制造商是杜邦公司和旭化成公司。旭化成公司既制造共聚甲醛又提供均聚甲醛,还是唯一提供第三类聚甲醛(即嵌段共聚聚甲醛)的制造商。它是甲醛在含有活泼氢的功能聚合物 R(X)$_m$OH 存在下聚合制得的,以耐摩擦、耐磨耗特性见长。

目前,通用型聚甲醛树脂的主要牌号见表 4-2,其中不同公司的共聚甲醛主要品级的熔融指数是完全对应的,主要对应于挤出、一般注射和要求高流动性注射 3 个用途,熔融指数分别为 2.5 g/(10 min)、9 g/(10 min)、25~30 g/(10 min)。

表 4-2 聚甲醛树脂的主要牌号

树脂类型	熔融指数 g·(10 min)$^{-1}$	共聚甲醛					均聚甲醛
		Celcon	Ultraform	Jupital	Tenac-C	Solvopom	Delrin
高黏度基础级树脂	2.5	M25	H23××	F10-01	3 510	M25	150
注射级通用树脂	9.0	M90	N2320	F20-02	4 510	M90	500
低黏度注射级树脂	27	M270	W23××	F30-02	7 510	M270	900
超高流动性注射级树脂	≥45	M450	Z23××	F40-02	85××		1 700
吹塑挤出基树脂	1.0	U10	E23××		35××		100

4.2 聚甲醛的合成

4.2.1 均聚甲醛的合成

制备均聚甲醛的聚合反应机理有无水甲醛的加成聚合、水溶液聚合、三聚甲醛的开环聚合等,反应式为

$$n\mathrm{H_2C}{=}\mathrm{O} \xrightarrow{\mathrm{H^+}} {+}(\mathrm{CH_2-O})_n \tag{4-1}$$

$$n\mathrm{H_2C}{=}\mathrm{O} \xrightarrow{+\mathrm{H_2O}} n\mathrm{HO-CH_2-OH} \xrightarrow{-\mathrm{H_2O}} {+}(\mathrm{CH_2-O})_n \tag{4-2}$$

$$n\mathrm{O}\underset{\mathrm{CH_2-O}}{\overset{\mathrm{CH_2-O}}{\big\langle}}\mathrm{CH_2} \longrightarrow {+}(\mathrm{CH_2-O})_n \tag{4-3}$$

由于加成聚合是气态聚合,设备成本高,而水溶液聚合得到的聚甲醛相对分子质量不高,所以,目前工业上采用的均是开环聚合。开环聚合成本低,聚甲醛相对分子质量大,可通过溶液聚合或者本体反应挤出聚合来实现。

工业上常采用精制后的三聚甲醛为原料,以活性较大的阳离子催化剂(三氟化硼乙醚络合物)为催化剂,采用溶液聚合方法。此工艺简单,反应过程中传热性好、反应稳定、相对分子质量均匀,但所消耗的溶液较多,产品色泽较差,聚合物相对分子质量较低。溶剂为环己烷、苯、石油醚(低相对分子质量烷烃混合物,沸程为 $60 \sim 90 \ ℃$)等。

均聚甲醛合成机理如下:

在极性溶剂中,三氟化硼乙醚络合物分解成为三氟化硼乙氧基阴离子和乙基阳离子,反应式为

$$BF_3O(C_2H_5)_2 \longrightarrow BF_3O(C_2H_5)^- + {}^+C_2H_5$$

$$(4-4)$$

在非极性溶剂中需加入微量水作为助剂,此时三氟化硼乙醚络合物分解成为三氟化硼氢氧阴离子、氢阳离子和乙醚,后续氢阳离子将引发开环聚合反应,其反应式为

$$BF_3O(C_2H_5)_2 + H_2O \longrightarrow BF_3OH^+ + H^+ + O(C_2H_5)_2$$

$$(4-5)$$

氢阳离子引发三聚甲醛开环聚合反应,形成三聚甲醛阳离子,反应式为

$$(4-6)$$

三聚甲醛阳离子再次引发三聚甲醛开环聚合反应,形成六聚甲醛阳离子,六聚甲醛阳离子进一步引发三聚甲醛开环聚合反应,形成九聚甲醛阳离子,以此逐步反应,完成链增长反应形成聚甲醛大分子,反应式为

$$(4-7)$$

在链增长的过程中,每次开环反应,大分子链节中的氧亚甲基单元将增加 3 个,而且聚甲醛大分子链的一端为羟基,另一端为氧亚甲基阳离子活性中心。随着反应过程中相对分子质量增大,活性中心的运动能力和活性将逐步降低。

聚甲醛大分子链活性中心的氧亚甲基阳离子与溶液聚合中的羟基阴离子反应,完成了链终止反应,形成大分子两个端基均为羟基的半缩醛结构的聚甲醛,反应式为

$$H \text{---} (OCH_2)_{3n} OCH_2OCH_2 \text{---} OCH_2^+ + {}^-OH \longrightarrow H \text{---} (OCH_2)_{3n} OCH_2OCH_2OCH_2 \text{---} OH$$

$$(4-8)$$

采用三氟化硼乙醚络合物作为阳离子催化剂,三聚甲醛为单体,以溶液聚合方法制备聚甲醛的总反应式为

$$n \, OCH_2 \xrightarrow[\text{石油醚}]{BF_3O(C_2H_5)_2} HOH_2C \text{---} (OCH_2)_{n-2} OCH_2OH$$

$$(4-9)$$

由于所制备的聚甲醛端基为热不稳定的半缩醛结构,所以,必须通过处理使其变为稳定

的化学结构。为此，工业上一般采取乙酸酐酯化反应或者三苯基氯甲烷的醚化反应，促使端羟基变成稳定的乙酯基结构或者三苯基甲醚结构。相比而言，酯化结构耐碱性较差，但产率高，也更容易实现。其反应式为

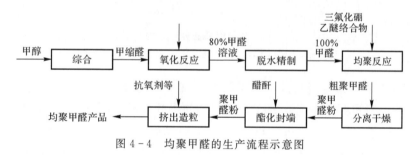

$$(4-10)$$

$$(4-11)$$

图 4-4 为均聚甲醛的生产流程示意图，由甲醇经过缩合转化为甲缩醛，再经过氧化反应制成为 80% 甲醛的水溶液，进一步经过脱水精制成为 100% 的三聚甲醛。然后，引入阳离子型催化剂-三氟化硼乙醚络合物进行均聚得到粗聚甲醛，经过分离干燥得到聚甲醛粉末，引入醋酐进行封端得到聚甲醛粉末，然后加入抗氧剂等进行挤出造粒就可以得到均聚甲醛的颗粒状产品。

图 4-4 均聚甲醛的生产流程示意图

4.2.2 共聚甲醛的合成

共聚甲醛合成与均聚甲醛相似，只不过需要在三聚甲醛聚合中引入另外一种共聚单体，经过多年的研究，发现二氧五环是三聚甲醛最好的共聚单体之一，其优点是共聚能力高，聚合过程中转化率无明显的降低，共聚物相对分子质量高。此外，二氧五环容易精制，与三聚甲醛一样都是液体，能够互溶并进行本体聚合，也容易在石油醚等溶剂中溶解实现溶液聚合。另外，也有采用二氧七环、环氧乙烷等作为三聚甲醛的共聚单体。

将三聚甲醛和 3%～5% 的二氧五环加入含有三氟化硼乙醚络合物的石油醚溶液中，于 65～70 ℃反应 4 h，然后经过后处理就可以得到共聚甲醛，总反应式为

$$HO—CH_2CH_2O—CH_2 \overline{\Big(CH_2O \Big)_x} CH_2OCH_2CH_2O \overline{\Big)_y} CH_2OH$$

$$(4-12)$$

共聚甲醛后处理有如下两种方法：

(1)碱处理。碱处理是使共聚甲醛发生碱解。在 137～147 ℃、4～12 atm(1 atm＝ $1.0×10^5$ Pa)、氨浓度 3％的条件下，将共聚甲醛加热处理 3 h，促进共聚甲醛中大分子两端不稳定部分的半缩醛(—OCH₂OH)分解直至稳定的结构(—OCH₂CH₂OH)，防止后续加工应用过程中热分解产生甲醛，甲醛氧化变为甲酸，引起共聚甲醛的分解。碱处理也可以使用三乙胺。

(2)直接加热法。直接加热处理法就是在氮气的保护下，于 190～210 ℃对共聚甲醛进行熔融处理 30 min，以便促使共聚甲醛中大分子两端不稳定部分的半缩醛(—OCH₂OH)分解直至稳定的结构(—OCH₂CH₂OH)。直接加热处理共聚甲醛可在氮气的保护下进行，若在空气中进行需加入防老剂和双氰胺类的热稳定剂。

后处理后，共聚甲醛的分子结构模型如图 4-5 所示，由于端基被 CH₃O— 和 —OCH₂CH₂OH 封闭，所以热稳定性将明显提高。

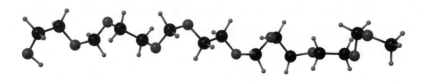

图 4-5 共聚甲醛的分子结构模型

(黑色圆球为碳原子，红色圆球为氧原子，灰色圆球为氢原子)

目前，共聚甲醛可以通过反应挤出进行本体聚合，典型的反应挤出生产工艺流程如图 4-6所示。将 37％甲醛水溶液浓缩后变为 57％的甲醛水溶液，通过硫酸环化为三聚甲醛，三聚甲醛萃取后变为 99.9％纯度的精制三聚甲醛，然后与二氧五环、三氟化硼乙醚络合物混合后通过流体泵加入反应挤出机中，在挤出机中完成开环共聚反应得到粗聚甲醛，通过三乙胺碱洗处理掉不稳定的半缩醛端基，然后粉碎、离心、干燥得到聚甲醛粉末，再加入抗氧剂进行挤出造粒就可以得到共聚甲醛粒料产品。

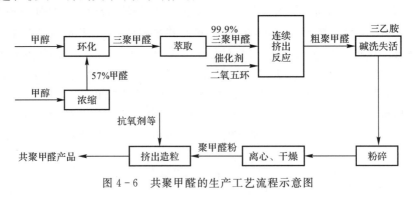

图 4-6 共聚甲醛的生产工艺流程示意图

4.2.3 聚甲醛合成技术的进展

聚甲醛是以—CH₂O—单元为基本链节的大分子，无论均聚甲醛还是共聚甲醛，聚合阶段结束时的大分子的端基,是由反应体系中链转移剂的相应反应生成的,而实际存在的链转移剂可能是杂质,往往是水。此时生成的端基是不稳定的—OCH₂OH—羟基亚甲氧基(半缩醛)。在未进行稳定化之前,此端基不稳定,易分解脱下—CH₂O—单元,生成新的相同的端基结构,直至分解完毕。因此,虽然得到聚合物并不难,但从发现聚甲醛的基本结构,到制得可作材料使用的稳定聚合物,用了一个世纪的时间。

稳定化思路为:①把端基的羟基甲基醚结构变成稳定结构,使分解不能开始;②除使端基成为稳定结构以外,在主链中分布一些包含至少一个碳-碳键的环节。除了使分解难以从端基开始外,还造成链式分解即便开始,仍能再次停止下来的条件。

如果在使用三聚甲醛作为单体的共聚合过程中,作为相对分子质量调节剂的链转移剂,比如甲缩醛和丁缩醛,和活性大分子的端部作用,此时端部生成的就是甲氧基或丁氧基。与羟甲基醚结构相比,它们是相当稳定的。

在均聚技术的发展中也出现了在聚合阶段就引入稳定端基的方案。端基由作为链转移剂的醋酐提供,所得的稳定端基的结构和由酯化建立起来的端基相同。

商业化的均聚树脂的相对分子质量分布较窄,而共聚树脂则相对较宽,部分原因是所有共聚商品均采用连续本体聚合过程,而均聚树脂全是以溶液过程制备。对于作为结构材料使用的聚甲醛,刚性和韧性都很重要,而相对分子质量分布适度地宽些,反而有利于韧性的提高。因此至少就该树脂品种的典型用途而言,分布略宽些并非坏事。两类树脂中共聚占优势的局面存在了几十年,并且至今没有任何迹象表明会有大的改变。

均聚甲醛的大分子不含共聚单元而含有乙酯端基,由此造成的不规整性,远较共聚物小,所以具有较高的结晶度和刚性。在商业竞争中,这是均聚树脂的主要卖点。其实,其中差距的意义并不很大,至少不足以使大多数最终用户和加工者感到加工性能的缺陷得到了足够的补偿。以拉伸屈服强度为例,均聚和共聚的数值分别是 69 MPa 和 61 MPa。相应的模量分别为 3 100 MPa 和 2 830 MPa。屈服伸长率分别为 11%～25% 和 7%～9%。在选择材料时,这样的差距对绝大多数应用而言意义有限。

第二代均聚树脂,从所用助剂在化学结构上(从而在功能上)的情况来看,本来也不至于带来出乎意料的飞跃。但由于同时采用了新兴的纳米技术,即使用分散粒度(包括原始状态下以及熔体中的实际颗粒大小)为纳米数量级的稳定化助剂,使得助剂的作用得到相当的强化,从而使均聚树脂加工性能上的弱点基本上被屏蔽起来。在气味和加工窗口的宽度方面有了相当的改善。

增韧聚甲醛和 DELRIN P 型树脂的出现,给均聚甲醛的用量带来一定的增幅,但未能给均聚树脂市场占有率带来重大改观,实际市场占有率从未超过 30%。

对于从原料到树脂转化能耗和费用很高的聚甲醛而言,在未来的若干年内,降低这部分转化费用,很可能成为今后聚甲醛发展的一个主要方向。杜邦公司的专利谈到,从甲醛水溶液中获得相对分子质量达到工程塑料水平的均聚树脂的技术,已经有了初步的突破。在第二代杜邦均聚树脂基本解决了加工性能问题的情况下,可以说不借助于开发中的甲醇脱氢技术就实现聚甲醛转化费用大幅度降低的可能性已经存在。这可能成为均聚甲醛发展成主流的新突破口。

三聚甲醛路线迄今为止的长足进步,使之一直是生产聚甲醛的主导技术,在扩大单线规模的进程中,继续改善着产品的经济性。目前树脂的最低成本水平估计在 900 美元/t。进一步大幅度降低从原料到树脂的转化费用有 3 种可能的前景。

第一种前景是以更好的甲醛精制技术,加上适于甲醛共聚过程的、规模经济性较好的聚合技术,以及端基稳定化技术,结合成为一个经济性优于目前任一技术的完整路线。这可能会是最好的共聚甲醛技术。实际上这种组合所需技术的所有 3 个部分都已经有了。这是第一种可能性。

第二种前景是甲醇脱氢路线的实用化。从碳化学发展的角度看,纯粹的甲醇脱氢法可能会是一个好方法。甲醇催化脱氢合成无水甲醛是比甲缩醛氧化技术更为彻底的解决方案。以三聚甲醛或甲醛路线制备聚甲醛,如果能从无水或低水的甲醛出发,费用都会大大降低。因此该合成法很有前途。如果 CO_2 加压下催化加氢制无水甲醛的设想能获得成功,那么还能对减少大气的温室效应有所贡献。

第三种前景是 20 世纪 60 年代杜邦有专利中谈到的在水或醇溶液中,聚合物二醇和单体中间存在着平衡,通过补入单体使平衡缓慢移动,到相对分子质量足够大时,链增长将在结晶表面进行,已经制得数均相对分子质量 5 万以上的均聚物,相对分子质量分布和相对分子质量水平都已进入工程塑料的区间。而反应缓慢需要大型反应器的问题,似乎不是一种绝对的障碍。单体不必处于精制状态,就使转换能显著降低。这是一个诱人的前景。至此共有了 3 种可能性。

大幅度降低从原料到树脂的转化费用,就能以通用塑料的成本,制得具有工程塑料性能的聚甲醛。

4.3 聚甲醛的结构与性能

4.3.1 聚甲醛的结构

(1)大分子链。POM 是一种没有侧链的高密度、高结晶度的线性聚合物,由于 C-O 键的键长(0.143 nm)比 C-C(0.154 nm)键的短,C-O 键能(360 J/mol)比 C-C 键能(347 J/mol)高,因此在链轴方向的填充密度大。

(2)分子间。POM 分子键中 C 和 O 原子不是平面曲折构型而是螺旋形构型排列,所以分子链间距离小、分子链排列紧密,与 PE 相比,均聚 POM 的密度为 1.425~1.430 g/cm³,共聚甲醛的密度则稍有降低,为 1.41 g/cm³,但仍比 PE 的密度 0.92~0.96 g/cm³ 高得多。

(3)结晶性。POM 分子链柔顺性大,没有侧基,链的结构规整性高,T_g 为 -55 ℃,T_m 为 160 ℃,因而结晶能力十分强,结晶度非常高。完全不结晶 POM 只有在 -100 ℃ 才能得到,快速淬火至 -80 ℃ 的 POM 升温至 25 ℃ 时,结晶度已到 65%。一般均聚 POM 结晶度在 75%~85%,共聚 POM 结晶度也高达 70%~75%。图 4-7 为几种不同牌号 POM 的结晶曲线。由图 4-7(a)可以看出,POM 结晶放热峰窄、尖,说明结晶十分容易,相对分子质量越低,结晶越容易。图 4-7(b)说明结晶速率很快,相对分子质量越低,结晶越快。大约在 15 s 时,FX15X 和 M25 的结晶度高达 90% 以上;30 s 以后,FX15X、M25 和 M90 的结晶度为 100%。

高密度和高结晶是聚甲醛具有优异物理和力学性能的主要原因,如硬度大、模量高、自润滑、尺寸稳定性好、耐疲劳性突出、不易被化学介质腐蚀等。

尽管分子链中有 C—O 键有一定的极性,但由于高密度和高结晶度束缚了偶极矩的运动,从而使其仍具有良好的电绝缘性能和介电性能。

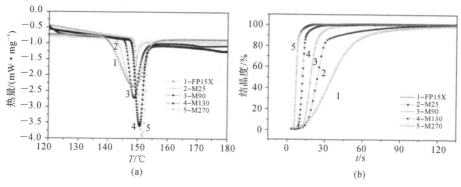

图 4-7　不同牌号 POM 的结晶曲线

(a)等速降温结晶曲线；　(b)结晶度-时间曲线

聚甲醛端基中含有半缩醛结构,使其热稳定性变差,当加热至 100 ℃左右时,就可以从端基的半缩醛结构开始解聚,因此,端基稳定化处理十分重要。此外,当加热至 170 ℃(熔融温度 160 ℃)时,可以从分子链中任何一处发生自动氧化反应而放出甲醛。甲醛在高温下又会被氧化成甲酸,甲酸对聚甲醛的降解反应有自动加速催化作用。共聚甲醛中含有 C—C 键可以阻止分子链的氧化降解,因而共聚甲醛热稳定性要比均聚甲醛高得多。

4.3.2　聚甲醛的性能

聚甲醛是一种没有侧链的高密度、高结晶度线型聚合物,表面光滑且有光泽和滑腻感,硬而致密,不透明,具有良好的综合性能、突出的耐疲劳性和耐蠕变性、良好的电性能等。

4.3.2.1　力学性能

聚甲醛的力学性能数据见表 4-3。由表可见,均聚甲醛的强度和模量要比共聚甲醛高出大约 10% 的水平,断裂延伸率要比共聚甲醛低。

聚甲醛与其他 4 种通用工程塑料(PA66、PC、PET、PPO)的主要性能对比见表 4-3。无论是均聚甲醛还是共聚甲醛,其最大优势是密度大、硬度高、摩擦因数低。而拉伸和弯曲强度与其他 4 种工程塑料接近,缺口抗冲击强度与 PA66 和 PET 接近且远低于 PC 和 PPO,热变形温度高于 PA66 和 PET 且远低于 PC 和 PPO,成型收缩率与 PA66 接近且远高于 PC、PET 和 PPO,吸水率远小于 PA66。

表 4-3　均聚 POM 和共聚 POM 的力学性能比较

性能	均聚 POM	共聚 POM
拉伸强度/MPa	70	60
伸长率/%	40	60

续表

性能		均聚 POM	共聚 POM
拉伸模量/MPa		2.9～3.6	2.88
弯曲强度/MPa		99	92
弯曲模量/GPa		2.88	2.64
压缩强度(屈服)/MPa	1%形变	36.5	31.6
	10%形变	126.6	112.5
压缩模量/GPa		4.71	3.16
剪切强度/MPa		67	54
抗冲击强度/(kJ·m⁻²)	无缺口	108	95
	有缺口	7.6	6.5

表 4-4 聚甲醛与其他通用工程塑料的性能对比

性能	均聚 POM	共聚 POM	PA66	PC	PET	PPO
密度/(g·cm⁻³)	1.42	1.41	1.15	1.2	1.3	1.1
1.86 MPa 热变形温度/℃	102	95	70	125	66	170
熔融温度/℃	178	167	252	220	250	268
拉伸强度/MPa	70	60	75	63	65	76
断裂伸长率/%	40	60	30	100	240	60
弯曲强度/MPa	99	92	120	90	90	115
缺口抗冲击强度/(kJ·m⁻²)	7.5	6.5	6	85	4	20
洛氏硬度	M94	M80	M118	M77	M50	R119
摩擦因数	0.14	0.14	0.5	0.4	0.4	0.21
吸水率/%	0.6	0.5	3.5	0.2	0.2	0.03
成型收缩率/%	1.8～2.1	1.8～2.2	1.5～2.2	0.5～0.8	0.4～0.8	0.3～0.8
氧指数/%	15	15	25	26	23	28

由于聚甲醛是一种高结晶性的聚合物,具有较高的弹性模量、很高的硬度与刚度,可以在 $-40～100$ ℃长期使用,而且耐多次重复冲击,强度变化很小,不但能在反复的冲击负荷下保持较高的抗冲击强度,同时强度值较少受温度和温度变化的影响。

聚甲醛—C—O—键能大,分子的内聚能高,结晶度和密度高,所以聚甲醛具有优异的耐磨性,它的摩擦因数小,磨耗量低,极限 PV 值高。未结晶部分集结在球晶的表面,而非结晶部分的玻璃化温度为 -50 ℃,极为柔软,且具有润滑作用,从而减少了摩擦和磨耗。聚甲醛不但能长时间工作于要求低摩擦和耐磨耗的环境,其自润滑特性更为无油环境或容易发生早期断油的工作环境下摩擦副材料的选择提供了独特的价值。它不仅可以代替传统金属材料,而且作为一种新型的摩擦副材料应用于各个领域。

聚甲醛是热塑性材料中耐疲劳性最为优越的品种,其抗疲劳性主要取决于温度和负荷改变的频率,特别适合受外力反复作用的齿轮类制品和持续振动下的部件。其耐疲劳性对比见表4-5。需要注意的是,聚甲醛的疲劳强度随温度的升高而降低,而且对缺口敏感,有缺口时的疲劳强度几乎比无缺口时小 1/2。

表 4-5   POM 与其他塑料经 $1×10^7$ 次弯曲后的疲劳强度比较

塑料种类	疲劳强度/MPa	塑料种类	疲劳强度/MPa
共聚甲醛(M90)	25	PPO	8.5～14
共聚甲醛(M25)	27	PP	11～22
20%玻璃纤维增强共聚甲醛	35	PMMA	18～32
均聚甲醛	30	AS	1.5～23
PA6	12～19	增强 AS	35
PA66	23～25	ABS	11～15
HPVC	13～17	PS(HIPS)	10
PC	7～10	HDPE	11

蠕变是塑料的普遍现象,蠕变小是聚甲醛的又一特点,抗蠕变性超过 ABS、氯化聚醚等塑料。在较宽的温度范围内,聚甲醛能在负荷下长时间保持尺寸稳定和力学强度,其强度大致能够维持在有色金属的强度水平上。抗蠕变和抗疲劳性都比较好,这是聚甲醛十分宝贵的特点,在同档次工程塑料中没有能替代者。同时,其回弹性和弹性模量也都比较好。这使它可作为各种结构的弹簧类部件的材料使用。

4.3.2.2 热性能

聚甲醛玻璃化转变温度 T_g 为 -50 ℃,熔融温度 T_m 为 160 ℃,热分解温度 T_d 为 235～240 ℃,属于热敏性聚合物,整体耐热性并不具有优势。在 1.86 MPa 应力下均聚甲醛的热变形温度为 102 ℃,共聚甲醛为 95 ℃。但由于分子结构方面的差异,共聚甲醛反而有较高的连续使用温度。一般而言,聚甲醛的长期使用温度是 100 ℃左右。均聚甲醛在 82 ℃可连续使用 1 年,在 121 ℃可连续使用 3 个月。而共聚甲醛可在 114 ℃连续使用 2 000 h 或在 138 ℃时连续使用 1 000 h,短时间可使用的温度可达 160 ℃。聚甲醛可以长期在一定的高温环境下使用,且力学性能变化不大。按美国相关规范,它的长期耐热温度为 85～105 ℃。

尽管聚甲醛加工过程中的热稳定性差,但只要将其应用于 80 ℃～120 ℃的环境中,其长期热稳定性和力学性能变化并不大,成为高温空气和高温水环境下工作部件选材时常被考虑的品种。

聚甲醛在热加工过程或者高温环境中使用会存在明显的热降解过程,在 100 ℃高温热氧环境中,聚甲醛从端基的半缩醛中热分解出一个甲醛分子,端基依然变为半缩醛结构。依此类推,逐渐解聚,使得聚甲醛从大分子链上不断消去甲醛变成低分子,如图 4-8 所示。这一过程的原因是甲醛分子在高温有氧环境中会被氧化成为甲酸,甲酸是强酸,其氢离子会对聚甲醛的解聚过程起到催化剂的作用,如图 4-9 所示。

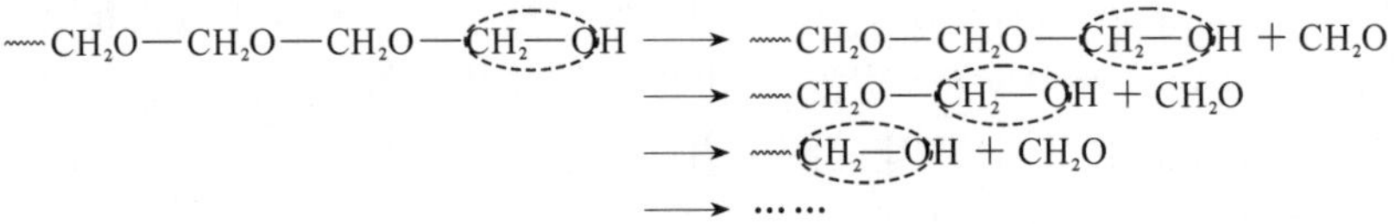

图 4-8　POM 降解过程示意图

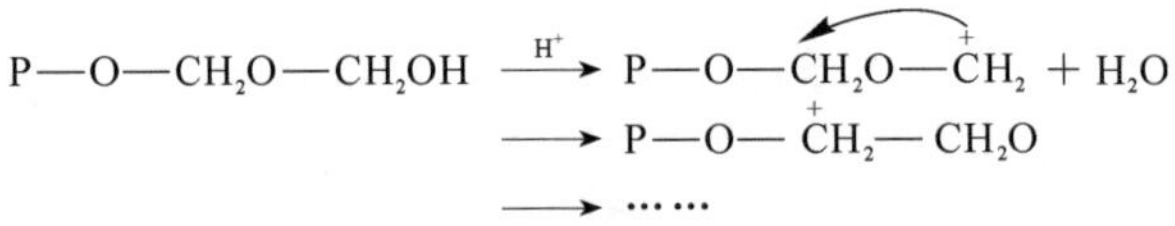

图 4-9　POM 降解机理示意图

由此机理可以看出,经过封端处理的均聚甲醛将能有效阻止聚甲醛从端基开始的降解,而共聚甲醛将能够阻止甲醛持续从大分子链上的降解。

虽然经过封端处理的均聚甲醛以及共聚甲醛的热稳定提高,但是当温度达到 170 ℃ 以上且处于熔融状态时,聚甲醛在空气中会发生自动氧化分解反应。聚甲醛的分解会在大分子链的任意处产生甲醛,分解产生的甲醛会在高温下氧化为甲酸,甲酸会对降解反应起到催化作用加剧这一过程。在注射、挤出等熔融加工中,一旦出现分解就会放出大量的刺激性甲醛气体且难以控制的情况。然而,在氮气中此反应速率很慢,在真空中此反应不存在,直至 270 ℃ 以上才能分解。这说明聚甲醛的降解要在温度和氧的存在下才能持续进行。

为了进一步提高聚甲醛的加工热稳定性以及使用过程中的热稳定性,一般也会在聚甲醛挤出造粒过程中加入热稳定剂(N-苯基-β-萘胺)、抗氧剂[2,2′-亚甲基-双(4-甲基-6-叔丁基苯酚)]、甲醛吸收剂(双氰胺)以及紫外线吸收剂[2,4,6-三(2′,4′-三羟基苯酚)-1,3,5-三嗪]等助剂。常用的这些助剂分子结构式如图 4-10 所示。

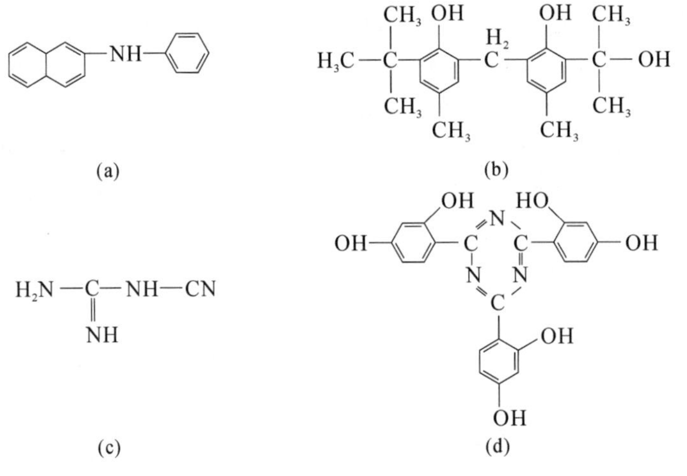

图 4-10　聚甲醛中常用的助剂

(a) N-苯基-β-萘胺;　(b) 2,2′-亚甲基-双(4-甲基-6-叔丁基苯酚);

(c) 双氰胺;　(d) 2,4,6-三(2′,4′-三羟基苯酚)-1,3,5-三嗪

4.3.2.3 耐化学药品性能

聚甲醛是弱极性结晶型聚合物,内聚能密度高,溶解度参数大,在室温下具有好的耐溶剂性,特别是耐非极性溶剂腐蚀的能力很强。在较高温度下对一般的有机溶剂也表现出相当好的耐蚀性,表现为尺寸和力学性能不受有机溶剂影响;均聚甲醛只能耐弱碱,而共聚甲醛可耐强碱及碱性洗涤剂。它们都不耐强酸和强氧化剂,也不耐酚类、有机卤化物及强极性有机溶剂。在聚甲醛熔点以下或附近,也几乎找不到溶剂将其溶解,仅有个别物质(如全氟丙酮)能够将其溶解形成极稀的溶液,所以在所有工程塑料中聚甲醛耐有机溶剂和耐油性十分突出。醇类溶剂能在聚甲醛熔点以上将其溶解形成溶液。总之,聚甲醛在熔点以下的高温条件下有相当好的耐化学介质性,且尺寸和力学性能变化不大。

由于共聚甲醛不含有均聚树脂那样的酯基端基,所以共聚甲醛能耐强碱,而均聚甲醛只能耐弱酸。

聚甲醛与多种颜料有较好的相溶性,易于着色,但由于有些颜料具有酸性,所以对于聚甲醛用的颜料,需要慎重选择,其色母料的制作要求,也远比一般树脂苛刻。

工程塑料对水的吸收能力常能导致制品的尺寸变动,而聚甲醛由于水的吸收产生的尺寸变动是极小的,吸水率比尼龙和 ABS 要低得多,在潮湿的环境中仍能保持尺寸和形状的稳定性,可长时间在热水中使用,短时在水中使用的温度可以达到 121 ℃。

4.3.2.4 电气性能

聚甲醛极性很低,且密度和结晶度很高,吸水率低,因此绝缘性能很好,介电常数、介电损耗和体积电阻率受湿度和频率的影响不大。此外,聚甲醛还具有很好的耐电弧性,在电弧作用下,只是制件表面的甲醛被逸出,并不会影响制件内部的绝缘性能。聚甲醛的电性能数据见表 4-6。

表 4-6 聚甲醛的电性能

		均聚甲醛	共聚甲醛
介电常数	50 Hz	3.7	3.8
	1×10^3 Hz	3.7	3.8
	1×10^6 Hz	3.7	3.7
介质损耗因数	50 Hz	0.003	0.005
	1×10^3 Hz	0.004	0.004
	1×10^6 Hz	0.004	0.004
体积电阻率/($\Omega \cdot$ cm)		1.3×10^{14}	8.0×10^{11}
表面电阻率/Ω		3.0×10^{13}	3.0×10^{13}
介电强度/(kV $\cdot$ mm^{-1})		18	17
耐电弧性/s		129	240

4.3.2.5　老化性能

POM 的耐热性不是很高,经大气老化后性能一般都要下降,长期在日光下暴晒会使分子链降解,表面粉化,变脆变色。如聚甲醛窗帘挂钩自润滑性和耐磨性很好,运动阻力也很小,但长期使用过程中受阳光照射会逐渐脆化断裂。聚甲醛耐射线辐照性也不好,经 X 射线高速电子流等高能射线照射后会出现分子链断裂,力学性下降。

4.4　聚甲醛的改性

聚甲醛性能的主要不足之处:热稳定和热氧稳定性不高,不耐酸,熔体冷却速率快,成型收缩率大,缺口韧性低。为此,已经开展的聚甲醛主要改性方向:①提高聚甲醛的热稳定性;②提高聚甲醛熔体流动性,降低熔体冷却速率,以便制备薄壁长流程制件;③基于聚甲醛良好耐磨性和较低的摩擦因数,进一步通过改性技术提高聚甲醛耐磨性,制备更高 PV 值的耐磨聚甲醛;④提高聚甲醛强度和刚度,制备强度和刚度更高的聚甲醛;⑤改善聚甲醛界面性能,提高电镀层的附着力;⑥提高聚甲醛缺口抗冲击强度;⑦提高聚甲醛阻燃性。

然而,由于聚甲醛分子主链为碳氧链,不带侧基,没有功能基团,结晶度高,与其他聚合物相溶性很差,其改性十分困难。与 PA、PC、PET 等相比,其改性品种较少,特别是合金比较少见。95%以上的聚甲醛是以纯树脂形式提供。

1980 年以前,聚甲醛主要改进技术是通过助剂配混改进其热稳定性,主要成果是通过热稳定剂、抗氧剂、甲醛吸收剂以及紫外线吸收剂的优化组合提高聚甲醛的热稳定性,并对其热氧分解及其抑制机理的研究。

1980 年以后,聚甲醛的发展中的标志性成果为:随着掺混工艺和增韧技术的发展,出现了 POM/TPU(超韧聚甲醛)、聚甲醛/有机硅(超润滑聚甲醛)等少数合金;采用反应性稳定剂使聚甲醛的耐热性和耐候性有进一步提高;反应偶联技术使得玻璃纤维、无机填料与聚甲醛的界面强度增加;电镀技术使得聚甲醛的装饰性大大改善;抗静电和导电品种使得聚甲醛用于电子电器传动零件,防止电磁干扰;超拉伸技术使得聚甲醛的拉伸模量可以达到 60 GPa 以上。

为提高聚甲醛的力学性能、刚性和热变形温度,并降低成本,而把无机物,如玻璃纤维、碳纤维、玻璃微珠、云母、滑石粉、碳酸钙、钛酸钾等,加到聚甲醛树脂中,此类方法便是增强填充改性。而将聚甲醛树脂与其他树脂按适当的配比在一定温度和剪切应力下进行共混,得到聚甲醛共混合金,这就是共混改性。此外,在 POM 树脂中加机油或硅油,可制含油聚甲醛,用来制造自润滑轴套,它与金属对磨时迁移到轴套表面上的油膜能起润滑作用。在 POM 树脂中加入 PTEE、机油、硅油或有机硅浓缩料、芳纶添加剂等,可提高 POM 的耐磨损性。加入紫外线吸收剂、稳定剂等助剂,可防止紫外线诱导聚甲醛老化、褪色。加入特殊的抗静电剂,可使聚甲醛具有抗静电性,能减少其在电子领域应用时因灰尘、碎屑积聚及静电荷产生的干扰。下面列举已经取得的 3 种改性聚甲醛的成果。

4.4.1　纤维增强聚甲醛

采用 20%～30%的玻璃纤维对聚甲醛进行增强后,其拉伸强度提高 10%～20%,拉伸模量提高 1～2 倍,马丁耐热温度提高 0.5～1 倍,线膨胀系数下降 1/3,收缩率下降 1/6～1/7;但耐磨性下降,磨耗量增加 3 倍,脆性增加,抗冲击强度下降,伸长率下降,而使用碳纤增强后,耐磨性则会提高。图 4-11 为 3 种纤维(短玻璃纤维 SGF、长玻璃纤维 LGF、碳纤维 CF)增强的聚甲醛拉伸强度[见图 4-11(a)]、弯曲强度[见图 4-11(b)]、弯曲模量[见图4-11(c)]和缺口抗冲击强度[见图 4-11(d)]随纤维含量的变化曲线。

由图 4-11 可见,在 0～40％的纤维含量(质量分数)范围内,随着纤维含量的增大,增强聚甲醛的拉伸强度、弯曲强度、弯曲模量均呈现出近线性规律的增大,而且相同纤维含量下,碳纤维比长玻璃纤维和短玻璃纤维的数值要明显高,长玻璃纤维对拉伸强度的提高比短玻璃纤维更明显一些。碳纤维比长玻璃纤维和短玻璃纤维对缺口抗冲击强度的提升更明显,长玻璃纤维只有含量超过 35％时缺口抗冲击强度才会显著提高,而短玻璃纤维对缺口抗冲击强度提高并不显著。

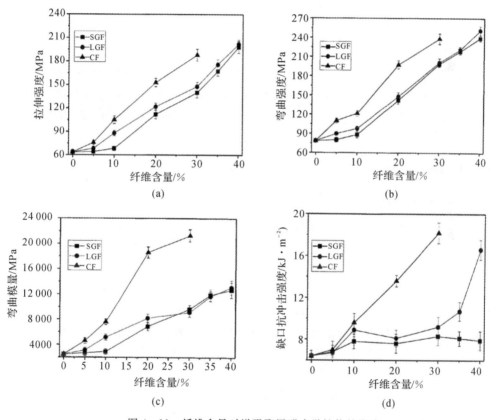

图 4-11　纤维含量对增强聚甲醛力学性能的影响

聚甲醛分子极性低、结晶度高,对无机纤维相溶性差,通过引入分子结晶干扰剂、减少聚甲醛球晶尺寸、降低结晶度、增加无定形区含量,可以解决高含量纤维增强聚甲醛复合材料难以加工、大量纤维难以在聚甲醛基体中均匀分散的难题,从而有利于共混法制备高含量纤维(一般指 30％以上)增强聚甲醛复合材料。图 4-12 为玻璃纤维增强聚甲醛的偏光显微镜照片,可以看出,加入结晶干扰剂可以明显提高纤维在聚甲醛基体中的分散程度和含量。

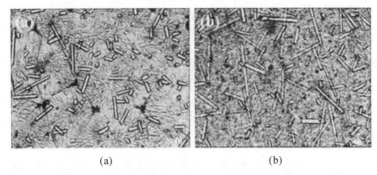

(a)   (b)

图 4-12 玻璃纤维增强 POM 的偏光显微照片

(a)未加结晶干扰剂； (b)加入结晶干扰剂

4.4.2 含油聚甲醛

利用聚甲醛良好的自润滑特性,将共聚甲醛、载体(如 PTFE 粉、BaSO₄、PE、活性炭、细木粉与机油、压缩机油、硅油等)混合后在双螺杆挤出机中进行共混造粒就可以制备出含油聚甲醛,这种含油聚甲醛具有自润滑、耐磨、耐疲劳、高刚性等特点,其摩擦因数由共聚甲醛的 0.4 降低为 0.1 以下。在工作中,内部的油分子会逐渐迁移到表面形成油膜,从而实现对运动表面的自润滑。

4.4.3 聚甲醛合金

4.4.3.1 POM/TPU 合金

为了提高聚甲醛的韧性尤其是低温韧性,杜邦公司通过机械共混和接枝技术制备出了 POM/TPU 体系,当 TPU 含量达 30% 时,缺口抗冲击强度发生突变增大,由大约 6 kJ/m² 猛增到 25 kJ/m²,提高至以前的 4.2 倍,而断裂延伸率由 50% 提高至 230%,增加至以前的 4.6 倍。当 TPU 含量达 40% 时,缺口抗冲击强度由大约 6 kJ/m² 猛增到 60 kJ/m²,是以前的 10 倍,而断裂延伸率由 50% 提高至 600%,增加了 11 倍,如图 4-13 所示。另外,随着 TPU 含量增加,POM 拉伸断口也将由平直的脆性断裂变为有屈服、细颈和纤维化的韧性断裂,如图 4-14 所示。SEM 显示,TPU 含量低于 30% 时,POM/TPU 体系为脆性断口,当 TPU 含量超过 30% 时,POM/TPU 体系为韧性断口,如图 4-15 所示。POM/TPU 体系是目前所有聚甲醛增韧改性中最成功也最有效的工业化体系。

4.4.3.2 POM/NBR 合金

在 POM 合金化研究中,丁腈橡胶(NBR)、甲基丙烯酸甲酯-丁二烯-苯乙烯三元接枝共聚物(MBS)等也可对 POM 产生良好的合金化增韧效果。图 4-16 示出不同 NBR 添加量对 POM/NBR 合金抗冲击强度的影响。由图 4-16 可见,POM/NBR 合金的抗冲击强度主要受 NBR 中丙烯腈含量的影响,丙烯腈含量越大,合金的抗冲击强度越高。这可从 NBR 的溶解度参数的变化得到解释,随丙烯腈含量的增加,NBR 的溶解度参数逐渐接近于 POM 的溶解度参数 11.1,丙烯腈含量的增加意味着 NBR 与 POM 的相溶性变好,所以带来合金抗冲击强度的提高。如 NBR 中丁二烯/丙烯腈含量比（B/AN）为 75/25～70/30 时,其溶解度参数为 9.25～9.90,B/AN 为 60/40 时,其溶解度参数为 10.3。

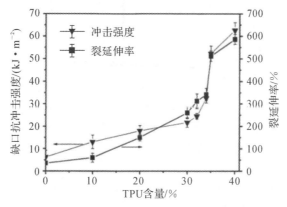

图 4-13　TPU 含量对 POM/TPU 体系缺口抗冲击强度和断裂延伸率的影响

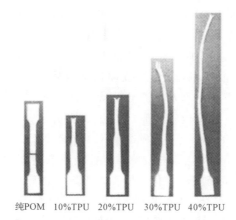

纯POM　10%TPU　20%TPU　30%TPU　40%TPU

图 4-14　不同 TPU 含量对 POM/TPU 体系拉伸破坏试样的影响照片

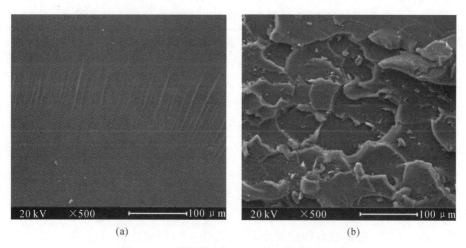

图 4-15　增韧前、后 POM 断口的 SEM 照片

(a)增韧前 POM 断面 SEM；　(b)30％TPU 增韧后 POM 断面 SEM

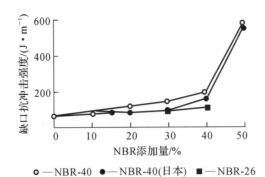

图 4-16 NBR 添加量对 POM/NBR 缺口抗冲击强度的影响

4.4.3.3 POM/MBS 合金

甲基丙烯酸甲酯-丁二烯-苯乙烯三元接枝共聚物(MBS)添加量对 POM 力学性能的影响见表 4-7。由表 4-7 可知,POM/MBS 的缺口抗冲击强度随 MBS 添加量的增加而大幅度提高,特别是在 MBS 含量达到 30%以上时,缺口抗冲击强度增大到 2 倍以上。这是因为,当 MBS 的添加量较少时,基体的 POM 部分首先形成连续相,而 MBS 则以直径几微米的孤立团块分散在 POM 连续相中。随着 MBS 添加量的增加,POM 与 MBS 形成互穿网络,且 POM 网络的筋条逐渐变细,合金的抗冲击强度也随之提高。互穿网络的生成与 MBS 有较大的表面张力且熔融后不发生流动的特性有关,这种特性使 MBS 易产生凝聚相结构,当添加量较少时,MBS 凝聚成较大孤立团块,并在剪切应力作用下逐渐分散成较小团块的过程中,使 POM 形成有较少空孔的筋条状网络。随 MBS 添加量的增加,凝聚在一起的 MBS 部分将在应力的作用下,逐渐被拉伸成树枝状细条,在由枝状的相互接合过渡到网状的同时,基体 POM 也发生相应的变化,最后与 MBS 形成互穿网络结构。这种互穿网络结构并没有达到分子级别的混合,只是相态结构的混熔,有利于吸收和耗散较多的冲击能,因而使 POM/MBS 合金的抗冲击强度得到较大的提高。然而,MBS 增韧 POM 的同时,也带来了其拉伸强度和弯曲强度的显著下降,表明该合金的刚性大幅度降低。

表 4-7 MBS 含量对 POM/MBS 合金力学性能的影响

MBS 含量/%	拉伸强度/MPa	断裂延伸率/%	弯曲强度//MPa	缺口抗冲击强度/(J·m⁻¹)
0	50.6	50	96.4	55
10	46.3	54	55.1	74
20	38.2	122	45.9	90
30	32.8	174	32.7	125
40	28.7	178	25.7	130

4.4.3.3 POM/PTFE 合金

聚四氟乙烯(PTFE)的摩擦因数很小,具有独特的自润滑特性,但存在易磨损和抗冷流性差的缺点。POM/PTFE 共混物合金兼具二者优点,作为自润滑材料和减摩抗磨材料具有十分重要的应用价值。利用 PTFE 的摩擦磨损特性,在 POM 树脂中加入 PTFE 而研制的耐磨自润滑 POM,降低了摩擦因数,提高了耐磨损性。

添加 $5\% \sim 20\%$ PTEF 的 POM/PTFE 共混物,不仅具有十分优异的耐摩擦磨损性能,而且能够保持较好的韧性和抗蠕变外观。利用 AES 和 XPS 分别对 POM/PTFE 与钢的摩擦磨损界面与磨痕进行分析发现:①摩擦磨损界面 O 原子与 F 原子之比为 1:4,可见 PTFE 有向界面富集的效应;②POM 和 PTFE 同时向界面转移,发现 Fe 的 $2P_{1/2}$ 和 $2P_{3/2}$ 结合能峰,系生成 Fe_2O_3。POM/PTFE 共混物之所以耐磨性高、摩擦因数低,主要原因是 POM 和 PTFE 皆向对偶转移,形成了富集 PTFE 的转移膜,随后的摩擦对偶面则是 POM/PTFE 与 POM/PTFE 相互之间的摩擦与磨损。表 4-8 为 PTFE 含量对 POM/PTFE 合金性能的影响。

表 4-8 PTFE 含量对 POM/PTFE 合金性能的影响

性能	纯 POM	100/5	100/10	100/15
摩擦因数	0.33	0.24	0.18	0.16
磨损量/mm^3	2.90	0.50	0.42	0.38
磨痕宽度/mm	4.98	2.90	2.73	2.64
拉伸强度/MPa	57.9	40.2	37.7	29.5
缺口抗冲击强度/$(kJ \cdot m^{-2})$	10.3	14.9	12.81	11.6
熔体流动指数/$[g \cdot (10\ min)^{-1}]$	7.11	2.17	0.86	0.44

由表 4-8 可见,加入 10 份的 PTFE 即可使 POM 摩擦因数从 0.35 降至 0.12,降低了大约 65%,这是由 PTFE 有着极低的摩擦因数所致。继续增加 PTFE 掺混量,虽仍有降低摩擦因数的作用,但已不明显。考察比磨耗量的试验数据还发现了 POM/PTFE 共混物降低磨耗量的特征,只有在试验时间超过 2 h 以后才有明显表现。其原理据认为是 PTFE 分子间作用力很弱以及分子链的形状是螺旋形的,分子之间很易滑动,因此 POM/PTFE 共混物试样进行摩擦试验时,PTFE 可以随着摩擦运动而逐步转移到对磨材料(45 钢)上并形成一层很薄的润滑层(又称转移膜),起到很好的润滑作用,使比磨耗量降低,而这种润滑层的形成和稳定是需要一定的对磨时间的。

4.4.3.4 POM/PO 合金

由于 POM 的非极性、高结晶性以及球晶尺寸大,其缺口敏感性大,制品易造成残留内应力。因此对 POM 进行增韧增容改性,或利用成核技术对 POM 进行成核改性,以降低 POM 的缺口敏感性,对于扩大 POM 的应用领域十分必要。采用超高相对分子质量聚乙烯(UHMWPE)、高密度聚乙烯(HDPE)、三元乙丙橡胶等改性 POM,对于改善 POM 的缺口冲击敏感性十分有效,但必须解决两者之间的相溶性问题以及相态结构控制。

以 N-[4-(2,3-环氧丙基)-3,5-二甲基苄基]丙烯酰胺为接枝单体,过氧化物为引发剂,用双螺杆挤出机进行 LDPE 的接枝。由于接枝单体中的酰胺基及环氧基改善了 PE 和 POM 之间的相溶性,PE 的分散相界面有较好的黏结强度,所以对 POM 添加 $5\% \sim 10\%$ 的接枝 PE 就可使抗冲击强度提高 7～8 倍。

利用动态硫化技术,制成了以 PP-g-AA 为增容剂的 POM/EPDM。该合金的制作分为两个步骤:首先按照 POM/EPDM 为 80/20、PP-g-AA 为 0.2%、4%、8% 的比例,将 EPDM、PP-g-AA 及 0.1% 的过氧化二异丙苯(DCP)在 65 ℃下用双辊压延机混炼 10 min 后成片切粒,然后与 POM 混合后经单螺杆挤出机共混挤出造粒,并用注塑机制成测试试样。图 4-17 示出了 PP-g-AA 的添加量对 POM/EPDM 合金缺口抗冲击强度、拉伸屈服强度及热变形温度的影响。

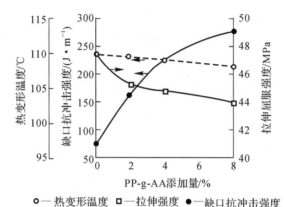

图 4-17　PP-g-AA 的添加量对 POM/EPDM 合金性能的影响

在直接添加 EPDM 时,由于 EPDM 和 POM 亲和力差,相溶性差,随 EPDM 添加量的增加,体系的抗冲击强度及拉伸屈服强度均呈下降趋势。由图 4-17 可知,在 POM/EPDM 合金中添加一定量的 PP-g-AA 后,由于该增容剂本身是一种弹性体,所以合金的拉伸屈服强度及热变形温度随其添加量增加有一定程度的下降,而合金的缺口抗冲击强度则非常明显地提高,当 PP-g-AA 的添加量为 8% 时,POM/EPDM(80/20)体系的抗冲击强度比纯 POM 提高 3.6 倍以上。这是因为,一方面 PP-g-AA 分子上的聚丙烯酸部分与 POM 的醚键发生氢键作用,另一方面其分子上的聚丙烯部分与 EPDM 中的丙烯链段形成共晶。因此 PP-g-AA 不仅提高了界面的黏结强度,而且也使两相产生了部分互穿的共结晶结构,这些都有利于提高 POM/EPDM 合金的抗冲击强度。

4.5　聚甲醛的成型加工

4.5.1　聚甲醛的成型工艺性能

在由差热扫描量热计(DSC)得到的热效应-温度曲线上,可以看到共聚甲醛的熔解峰与分解峰相距接近 100 ℃,所以共聚甲醛具有较宽的加工温度区间。而均聚树脂的熔解峰与分解峰两者距离约 70 ℃,所以加工温度区间比较窄,但第二代聚甲醛树脂上市已经使稳定性问题基本解决。对于长流道和薄壁制品,均聚和共聚树脂都有十分好用的牌号,整体来说聚甲醛加工流动性很好,成型制品表面光泽好,属于容易加工的大品种。

聚甲醛加工时应该注意以下工艺性问题:

(1)流变性。聚甲醛熔体为假塑性流体,分子链柔顺性很好,剪切速率对流动性的影响远高于温度的影响。

(2)结晶性。聚甲醛结晶度高达 75%～80%,从黏流态到玻璃态存在显著的体积收缩,容易形成缩孔。因此,必须进行注射保压,浇口尺寸要尽量大,保压时间尽量长。

(3)热稳定性。聚甲醛属于热敏性塑料,在保证流动性前提下,熔体温度尽量低,熔体受热时间尽量短。

(4)吸湿性。聚甲醛吸湿性小,一般为 0.2%～0.25%,对干燥没有严格要求。

(5)收缩率。聚甲醛制品收缩率为 1.5%～3.5%,模具设计时要进行补偿。

(6)脱模性。聚甲醛摩擦因数小,熔体凝固速率快,表面硬度高,自润滑,内应力很小,十分容易脱模。

4.5.2 聚甲醛的主要加工成型方法

聚甲醛的主要加工方法有注射、挤出、吹塑、纺丝、喷涂、电镀等。加工中的难题为薄壁长流程制件和吹塑。下面仅介绍注射成型和挤出成型。

4.5.2.1 注射成型

聚甲醛通常采用螺杆式注塑机,制品的注塑量不应超过成型机最大注射量的 75%。可用标准型单头、全螺纹螺杆。长径比为 18 左右。压缩比为(2～3):1,计量段螺杆长度 4～5D(D 为螺杆直径),应尽量减少机筒内部产生的过量摩擦热。螺杆转速一般控制为 50～60 r/min,并尽量减小背压,背压一般在 0.6 MPa 左右。喷嘴孔径不可太小,以免物料与模具接触时发生冷却、固化,堵塞通道。宜选用流动阻力小、剪切作用较小的直通式喷嘴。推荐在喷嘴上装 100～150 W 的电热圈,以便于控制喷嘴温度。模具内要尽量避免死角,以免物料过热分解。模具的主流道要短而粗,其直径比喷嘴大 1 nm 左右。其锥度可取 3°～5°。分流道以圆形为好。但为便于加工模具,可采用梯形分流道。其标准尺寸为:上底长度等于下底长度的 3/4,深度等于下底长度的 2/3;分流道的分支和拐角要尽量少;要平衡地或对称地分布;拐角处要设分流道冷料穴;聚甲醛制品的模具常用标准式和针尖式浇口。

注射成型的工艺条件如下:

(1)注塑温度。共聚甲醛熔点在 165 ℃左右,均聚甲醛熔点在 175 ℃左右,因此注塑机料筒温度必须高于此温度才能保证聚甲醛的熔融;但温度过高又会导致物料变色分解,所以共聚甲醛料筒温度一般控制为 170～190 ℃,均聚甲醛料筒温度一般控制为 180～200 ℃。采用柱塞式注塑机时温度比采用螺杆式注塑机要稍高些。在保证聚甲醛处于熔融状态前提下,料筒温度尽可能低。

(2)注塑压力。注塑压力可在 40～130 MPa 的范围内进行选择。一般来说:采用柱塞式注塑机或加工薄壁制品时,注塑压力要高些;采用螺杆式注塑机或加工厚壁制品时,注塑压力要低些。在物料的熔体流动速率小、浇口流道尺寸小、模具温度低、流程阻力大的情况下,注塑压力应选得大些。

(3)注塑速度。为了避免熔体过早冷却产生制品缺陷,一般采取快速注射的方法(40～

$80\ cm^3/s$ 成型薄壁制品,选用慢速注射($20\sim40\ cm^3/s$)成型厚壁制品。

(4)模具温度。为了避免聚甲醛在模具内冷却过快造成的充不满模具问题,一般模具温度不低于 75 ℃,对于大面积厚壁制品,可高达 120 ℃。模具温度应尽量均匀,以免制品翘曲。聚甲醛高温下脱模不困难,不必延长冷却时间。

(5)成型周期。注塑时,一般薄壁制品用高压,而厚壁制品不用高压,高压时间不超过 5 s。由于聚甲醛分子链柔顺性好,所以聚甲醛制品中由于高压造成的取向内应力等问题并不严重。

(6)成型收缩率。制品厚度在 2 mm 以下时,成型收缩率随制品厚度的增加而变小,而超过 2 mm 时,则随制品厚度的增大而变大。

(7)成品退火。一般在 130 ℃ 的烘箱中退火 $4\sim8$ h,然后缓慢冷却至室温。

4.5.2.2　挤出成型

聚甲醛能在常用的挤压设备中挤压成型为棒材、管材、片材及电线的绝缘层。单螺杆及双螺杆挤出机均可适用。其设备及口模不应当存任何死角,否则材料可能在这些死角中积聚起来而引起热分解。对于单螺杆挤出设备,为了完全塑化,其螺杆的长径比必须达到 15:1,甚至 25:1,螺杆长径比为 $3:1\sim4:1$。挤出成型最好选用相对分子质量较大的 POM 牌号,根据螺杆速度及挤出制品的形状大小而选用的加工温度为 $180\sim200$ ℃。表 4-9 列出了聚甲醛挤出成型为管材、板材和电线包覆层的工艺条件。

表 4-9　聚甲醛典型制品的挤出成型工艺参数

工艺参数	管材	板材	电线包覆层
螺杆长径比	20	20	20
口模温度/℃	205	205	205
口模入口压力/MPa	$7.5\sim15$	$3.5\sim10$	$10\sim55$
口模内熔体温度/℃	$200\sim210$	$200\sim210$	$200\sim210$
料筒温度/℃	205		205
冷却水温度/℃	21		21
冷却水离口模距离/cm	$2\sim8$		$10\sim20$
冷却时间/s	3		1
牵引比	$4\sim8$		$2\sim4$

4.5.2.3　中空吹塑成型

采用中空吹塑成型可制备 POM 中空容器。由于 POM 熔体冷却速率快,要求吹塑机的温度、压力、速度等控制装置要更加精密、准确。挤出机螺杆的长径比应该达到 $16\sim20$,熔体温度应达到 $170\sim220$ ℃,以保证熔体能够充分熔融且熔体强度较高。吹胀比要根据吹塑制品的厚度确定,一般为 $2\sim3.5$。对于模具材料的选择,要根据制品的质量、形状、数量来决定。在吹塑成型工艺中,模温一般以 $93\sim127$ ℃ 为宜,如低于此温度就不能制得表面有光泽的制品,还可能得不到所需要的吹胀比。模温过高,有可能吹破型坯,并增加成型周期。吹塑空气压力的大小要根据制品壁厚而定,通常压力为 0.35~1.12 MPa。表 4-10 示出了聚甲醛吹塑成型典型的工艺条件。

表 4-10 聚甲醛典型中空制品的吹塑成型工艺参数

工艺参数	450 g 圆桶	110 旅行袋	85 g 喷雾器
螺杆长径比	20	13.5	20
螺杆压缩比	3.5	3.5	3.5
物料温度/℃	193	174	193~221
料筒前段温度/℃	182	170	196~221
料筒中段温度/℃	185	168	193~204
料筒后端温度/℃	177	166	188~193
螺杆转速/(r·min^{-1})	23	30	45~72
吹塑模具温度/℃	124~127	119	119~127
合模压力/MPa	1.05~1.36	1.05~1.36	1.05~1.36
空气压力/kPa	112	32	32~70
成型周期/s	11	10~15	15

4.5.3 聚甲醛加工领域的新进展

4.5.3.1 聚甲醛熔融纺丝

聚甲醛熔融纺丝难度极大,主要是因为熔体结晶速度快、断丝率高,导致聚甲醛难以成纤,所以聚甲醛熔融纺丝法中必须降低结晶度。而溶液纺丝法中溶剂含量高、纺丝效率低、工艺复杂,静电纺丝法中溶剂六氟异丙醇毒性大。因此,POM 的纺丝仍然以熔融纺丝为主,图 4-18 为聚甲醛熔融纺丝的工艺流程示意图,主要通过螺杆挤出机得到 POM 熔体,熔体经过计量泵后进入纺丝组件,加压后从喷丝板孔中喷出至纺丝甬道成为初级纤维,再经过底部吹入的冷风机将热量带走。初级纤维离开纺丝甬道后通过喷油嘴给油,以避免初级纤维粘连并有利于后续拉伸取向。初级纤维再经过导辊牵引、不同速率的拉伸取向和结晶重排成为最终所要求的 POM 纤维。目前 POM 纤维的拉伸强度为 1.25~1.7 GPa,拉伸模量可达 16~35 GPa。

聚甲醛纤维耐磨,尺寸稳定好,耐溶剂和海水腐蚀,耐酸不耐碱,主要是用于绳索、土工布、帘子布、水泥基增强材料、毛刷、滤布、渔网等。

目前,起重设备负载大,承载安全系数要求高。作为承载的绳索必须具有较高的抗拉强度、抗疲劳强度、抗冲击韧性和耐腐蚀性。但是钢丝绳刚性较大,不易弯曲,如果配用的滑轮直径过小,那么钢丝绳易受损坏且影响安全使用。相比而言:聚甲醛纤维绳具有质量轻、强度高、耐腐蚀和耐磨的特性,用在超大吨位移动式起重机上优势明显;同时破断拉力大,相比同等直径的钢绳破断拉力可以提高数倍,运输安装比钢丝绳更加方便。

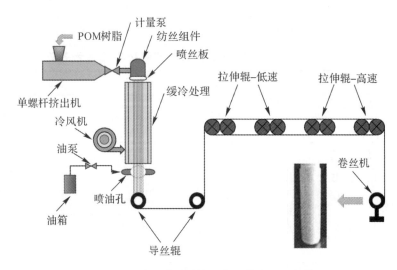

图 4-18　聚甲醛熔融纺丝的工艺流程示意图

　　土工布又称土工织物,广泛用于水利、电力、矿井、公路和铁路等土工工程。它是由合成纤维通过针刺或编织而成的透水性土工合成材料,分为有纺土工布和无纺长丝土工布。使用聚甲醛纤维织成的土工布具有强度高、耐腐蚀及抗微生物性好的优点,能较好地满足土工布隔离、过滤、排水、加筋和防护等功能要求。聚甲醛纤维还可以和玻璃纤维复合成刚韧平衡的新型土工布,具有较好的加筋、隔离和防护功能。

　　帘布也叫帘子布,是轮胎里面所衬的布,作用是保护橡胶,抵抗张力。帘布主要用于轮胎的骨架材料中,要求具有强度高、热稳定性能好、耐疲劳及耐冲击性能优的特点,还要求与橡胶黏着性好,伸长率低,耐老化和易加工等。常用的帘布有锦纶帘布、聚酯帘布、芳纶帘布和钢丝帘布等。近年来,聚甲醛纤维研究人员根据制品结构和帘布层的功能要求,将聚甲醛纤维织成帘布,不仅扩大了聚甲醛纤维的应用领域,而且丰富了帘布的种类和功能。

　　聚甲醛短纤维可以作为水泥混凝土的增强材料,有效改善混凝土和砂浆的微观抗拉性能,提升建筑物的抗裂纹、抗脱落和抗渗透性,提高建筑物抵抗低寒、高温和盐碱腐蚀等恶劣环境能力。有关实验表明,掺入聚甲醛纤维的混凝土有效提高了砂浆的塑性抗开裂能力、混凝土的劈裂抗拉强度和耐久性能。与聚丙烯 PP 纤维相比,当 POM 纤维和 PP 纤维的掺量相同时,掺入 POM 纤维的混凝土具有更为优异的塑性抗开裂能力、抗压强度、劈裂抗拉强度和抗氯离子渗透性能等。聚甲醛纤维具有较高的强度和模量,耐碱性、拉伸回复性和耐磨性优良,同时聚甲醛纤维分子结构中含有一定量的醚键,与无机材料具有良好的相溶性,因此聚甲醛纤维是理想的混凝土增强材料。根据单丝拔出实验的结果,聚甲醛纤维的拔出力远大于聚丙烯纤维的拔出力,这说明聚甲醛纤维与混凝土的界面黏结性更好。

　　毛刷广泛应用于各行各业涂装、除尘、撒粉、清扫等方面,由于聚甲醛纤维具有耐磨、耐碱、耐溶剂和耐候性好等优点,非常适合制作毛刷类工具。

　　聚甲醛纤维因为具有吸湿率低、耐候性好以及绝缘性佳等优点,所以还非常适合做滤布、渔网等产品。

4.5.3.2 聚甲醛吹塑薄膜

聚甲醛挤出吹塑薄膜难度也很大,与熔融纺丝遇到的问题一样,就是熔体冷却速率过快,熔体黏度增加太快,结晶度高,使得熔体从机头环形口模缝隙出来后难以被吹胀形成稳定的筒膜,断膜现象非常严重。因此必须通过对聚甲醛进行改性制备吹塑薄膜专用料,才能实现聚甲醛的吹塑成型薄膜,目前通过共聚甲醛合成中引入第三组分实现部分交联以便提高熔体强度,制备出的挤出吹塑级的共聚甲醛树脂,其熔融指数大约为 1.0 g/(10 min)。

聚甲醛吹塑成型薄膜的工艺流程与一般塑料薄膜吹膜工艺相似,如图 4-19 所示。聚甲醛薄膜产品如图 4-20 所示。由此可见,POM 薄膜由于结晶呈现出半透明状态,结晶度高达 60%,其薄膜纵向拉伸强度约 82 MPa、断裂延伸率约 143%,横向拉伸强度约 45 MPa、断裂延伸率约 10%,

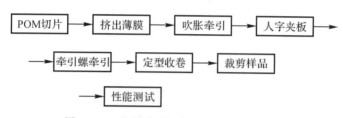

图 4-19 聚甲醛吹塑薄膜工艺流程示意图

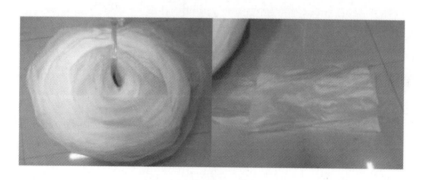

图 4-20 聚甲醛薄膜产品

4.6 聚甲醛的应用

聚甲醛具有很高的硬度与刚性、较高的模量,可以在 -40~100 ℃ 的温度范围内长期使用。同时,聚甲醛耐疲劳性和耐磨性优异,可长时间在要求低摩擦和耐磨耗的环境中工作,特别适合于受外力反复作用的齿轮类制品和受持续振动外力的部件。此外,聚甲醛还具有优异的抗蠕变性,在较宽的温度范围内将力学强度维持在有色金属强度的水平。聚甲醛还具有良好的耐溶剂性、尺寸稳定性、电绝缘性等。

基于以上优异的综合性能优势,聚甲醛在国民经济许多行业均有广泛的应用,主要应用领域包括汽车工业、电子电器、机械工业、精密仪器、日用品等行业。

在汽车工业中,聚甲醛主要用于汽车零部件的制造,包括把手、摇把、带扣、镜架轴、曲柄、门窗玻璃升降器、底盘球头碗、汽油泵、汽化器、输油管、动力阀、万向节轴承、马达齿轮等。

在电子电器工业中,聚甲醛制造的零部件主要有按键、按钮、开关、齿轮、凸轮、卷轴、继电器、洗衣机滑轮、盒式磁带的轴和轮、家用电器零部件等。

在机械工业中,聚甲醛制造的零部件主要有齿轮、齿条、叶轮、凸轮、滚轮、链条、轴承轴瓦、滑轨、衬套、管接头、导轨、阀门、管道及喷管等。

在日用品行业中,聚甲醛制造的零部件主要有拉链、带扣、热水泵、热水阀门、淋浴喷头、梳子、水龙头等。

聚甲醛的应用还在进一步开发中。

第5章 热塑性聚酯

5.1 概 述

5.1.1 热塑性聚酯简介

聚酯是指聚合物分子主链上含有酯基(—COO—)的聚合物,可以分为热塑性聚酯和热固性聚酯。

热塑性聚酯是由饱和的二元羧酸与饱和的二元醇缩聚得到的线型聚合物,而热固性聚酯是由不饱和二元羧酸(或酸酐)与饱和二元醇或者饱和二元羧酸(或酸酐)与不饱和二元醇缩聚得到的聚合物,其中的不饱和键可以通过苯乙烯、酸酐或者过氧化物交联固化。热固性聚酯不在工程塑料的范围内,所以本书不讨论。

热塑性聚酯可以分为以下四大类:

第一类,脂肪族聚酯。大分子主链除了酯基外,其余基团均为脂肪链,如聚乳酸(PLA)、聚丁二酸丁二醇酯(PBS)、聚 β-羟基丁酸酯(PHB)、聚 ε-己内酯(PCL)等,如图5-1所示。这类聚酯的最大特点是具有生物降解性,其单体也可以由生物质原料进行合成,目前发展速度很快,对于解决塑料白色污染具有十分重要的现实意义。

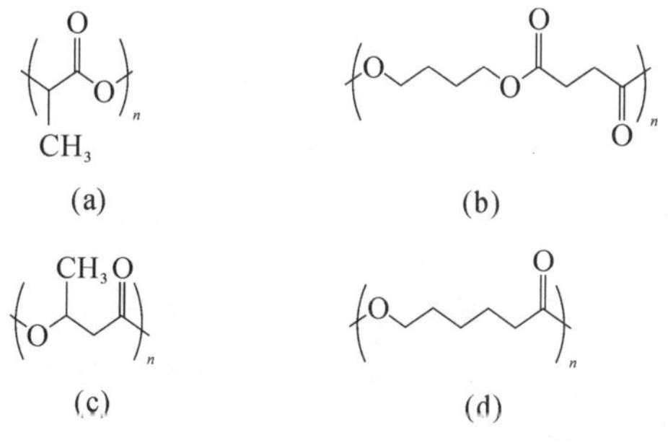

图 5-1 脂肪族聚酯的分子结构式

(a)PLA; (b)PBS; (c)PHB; (d)PCL

第二类,脂环族聚酯。合成聚酯的二元酸和二元醇均为脂环族单体,已经商业化的脂环族聚酯如聚 1,4 -环己烷二甲酸-1',4'-环己烷二醇酯(PCCD),如图5-2所示。这种聚酯具有高透光率、低雾度、低应力,是优异的光学透明材料。但由于脂环族单体数量少、活性低,因此这类聚酯的数量有限,应用也并不广泛。

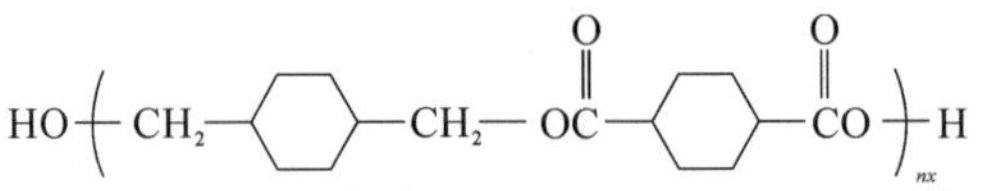

图 5-2 脂环族的分子结构式(PCCD)

第三类,半芳香族聚酯。由芳香族二元酸与脂肪族二元醇合成的聚酯,如聚对苯二甲酸乙二醇酯(PET)、聚对苯二甲酸丁二醇酯(PBT)、聚对苯二甲酸丙二醇酯(PTT)、聚萘二甲酸乙二醇酯(PEN)、聚萘二甲酸丁二醇酯(PBN)等,如图 5-3 所示。

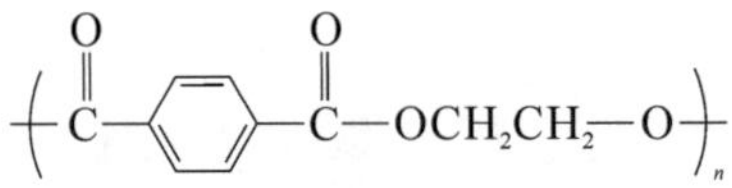

PET

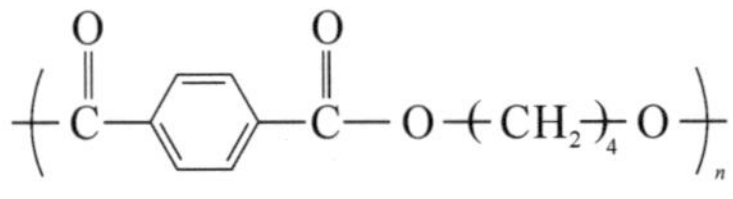

PBT

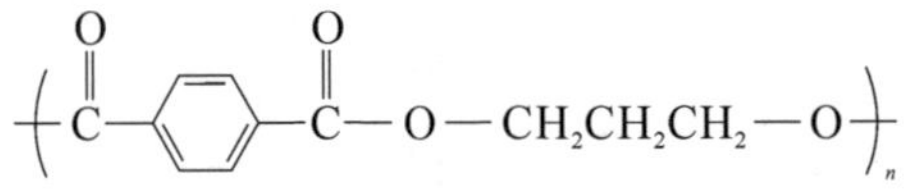

PTT

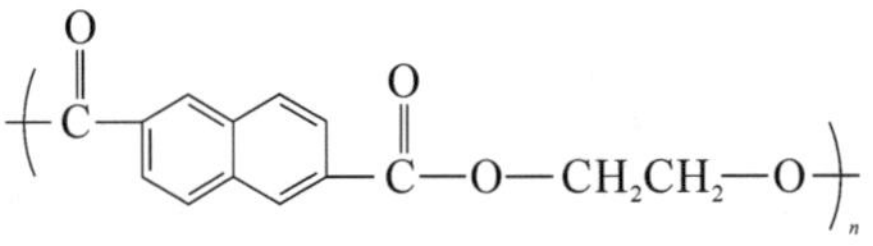

PEN

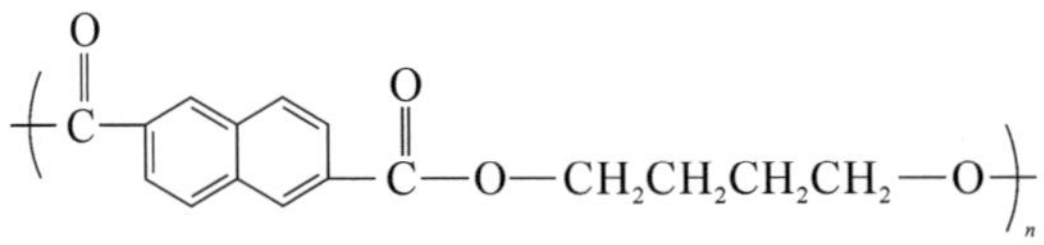

PBN

图 5-3 已经商业化的半芳香族聚酯的分子结构

第四类,全芳香族聚酯。由全芳香族二元酸和二元醇合成的聚酯,如聚对苯二甲酸双酚A 酯(PAR),如图 5-4 所示。这类聚酯具有十分高的耐热性和力学性能,属于特种工程塑料,将在本书第 10 章中进行介绍。

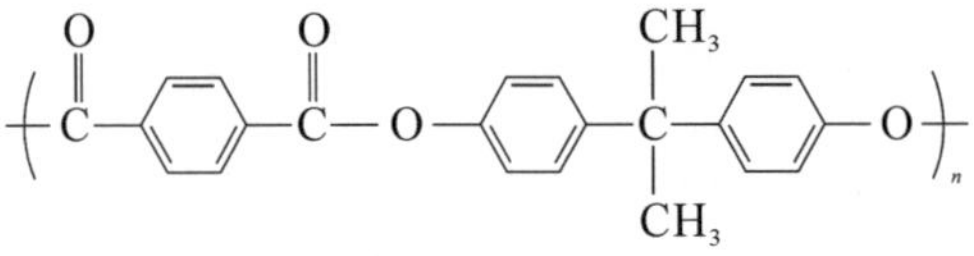

图 5-4 全芳香族聚酯的分子结构(PAR)

　　工程塑料领域所说的热塑性聚酯一般指的是半芳香族聚酯,简称聚酯,也是五大通用工程塑料之一,因此本章也以此为主要内容。热塑性聚酯发展速度快,虽然品种牌号多,但大规模工业化生产的是 PBT 和 PET。PBT 和 PET 的主要特点是:力学性能、耐疲劳性和尺寸稳定性优良;电器绝缘性能好;耐有机溶剂性好,无应力开裂之忧;耐老化性优异,可户外长期使用;生产能耗是五大通用工程塑料中最低的;易加工成型。

5.1.2　热塑性聚酯发展历程

5.1.2.1　PBT 的发展

　　PBT 最早由德国科学家 P. Schlack 于 1942 年研制而成,之后美国 Celanese 公司进行工业化开发,于 1970 年以 30％玻璃纤维增强塑料投放市场,商品名为 X - 917,后改名为 CELANEX。1971 年,Eastman 公司推出了玻璃纤维增强的和非增强的产品,商品名 Tenite (简称 PTMT);同年,GE 公司也开发出同类产品,有非增强、增强和自熄性 3 个品种。不久,西欧和日本也争相研制投产。

　　PBT 是通用工程塑料中工业化最晚而发展速度最快的一个品种。它之所以成为工程塑料的后起之秀,首先,它具有优良的综合性能,以及良好的成型加工性和优异的性能/价格比。其次,PBT 的生产技术与 PET 基本相同,生产工艺成熟,投产便利,投资费用也较低。因此,PBT 工程塑料虽然到 20 世纪 70 年代才工业化生产,但很快热销市场,其年消费增长率曾高达 25％～30％。

5.1.2.2　PET 的发展

　　1946 年,英国发表了第一个制备 PET 的专利;1949 年,英国 ICI 公司完成中间试验。但美国杜邦公司购买专利后,于 1953 年建立了生产装置,在世界上最先实现了工业化生产。初期 PET 几乎都用于制造合成纤维(我国俗称涤纶、的确良),1971 年后其纤维产量超过尼龙纤维,并一直保持较高的增长率。除了纤维,它也广泛用于制造薄膜、容器和绝缘材料等。但 PET 树脂由于纯玻璃化转变温度较高、结晶速度慢、模塑周期长、成型收缩率大、尺寸稳定性差、结晶化的成型物呈脆性、耐热性低等原因,多年来未能作为工程塑料使用。

　　直到 1966 年,日本帝人公司发现了用玻璃纤维增强的 PET 材料(商品名 FR - PET)可以作为工程塑料使用,同年荷兰 AKZO 公司、德国 Hoechst 公司、美国 LNP 公司也有同类商品市售,从而使 PET 进入工程塑料的行列,简称第一代 PET 工程塑料。但第一代 PET 塑料作为注塑制品,成型时要求高模温,成型周期长,成型加工性能不够理想,作为工程塑料曾一度发展缓慢。但 PET 以它的价格低廉(在工程塑料中价格最低)、性能优越(热塑性通用工程塑料中唯一能代替热固性塑料的品种),在市场竞争的推动下,经过不懈努力,20 世纪 80 年代以来有了突破性的进展,相继研制出成核剂和结晶促进剂,使 PET 进入从第二代到第三代的产品,PET 塑料已有了与 PBT 相近的成型加工性。而通过共混改性技术开发的第四代超韧 PET 的问世,克服了其抗冲击强度低的缺点,加快了 PET 的发展步伐。目前,第四代 PET 与 PBT 一起作为热塑性聚酯,成为五大通用工程塑料之一。

　　目前,世界已多达 50 家厂商生产 PBT 和 PET 工程塑料,主要分布在美国和日本以及欧洲,韩国和我国台湾省的 PBT 亦发展很快。全球市场需求量约为 100 万 t/年。PET 作为工程塑料使用,比 PBT 耐热性高、性能好、价格低,尤其是在提高其结晶速度和改善加工性能的技术难关突破后,树脂合成已有大型化的现代装置生产,并很快形成工业化的生产能力,使其树脂价格仅为 PBT 的 2/3～3/4,受到人们的普遍欢迎。国外有 20 多家厂商生产PET,品种达 40 多个,总生产能力处于高速发展期。

5.1.2.3 我国 PBT 和 PET 的发展

我国于 20 世纪 70 年代开始 PBT 树脂合成的研究。1982 年,上海涤纶厂率先建成小型生产装置,试产玻璃纤维增强及阻燃 PBT 的产品。1984 年,北京市化工研究院通过科研、生产、市场一体化的技术路线开发建成 400 t/年级间歇酯交换法生产装置,1988 年扩大到 2 500 t/年。1989 年,北京泛威工程塑料有限公司(北京市化工研究院下属合资企业),将其扩大到 6 000 t/年,产品开始出口。晨光化工研究院于 1980 年开始 PBT 连续化法的工艺研究,并于 1984 年通过 80 t/年的(连续聚合)技术鉴定,并于 1997 年和泸州碱厂联合开发1 000 t/年生产装置。南通合成材料厂将国内的连续化法技术与国外先进设备及工程经验结为一体,于 1992 年建成 5 000 t/年连续酯交换法生产装置,现已投入试生产,可生产特性黏数 1～1.3 dL/g 的高黏树脂。巴陵公司岳阳石化总厂涤纶厂有 3 000 t/年装置,其树脂主要用于生产工程塑料,实际生产能力为 1 000 t/年。仪征化纤公司工程塑料厂的 PBT 装置采用目前先进的 PTA 连续聚合工艺路线,且引进全套的德国吉玛公司的工艺技术和设备以及瑞士布斯公司的混炼设备,装置生产能力可达到 2 万 t/年,其中 1 万 t/年做 PET 工程塑料。

2005 年以前,国内 PBT 发展比较缓慢,产能与国外相比差距很大;2012 年,产能已扩大到 30 万 t/年;2013 年,进一步扩大到 60 万 t;2015 年已经达到 90 万 t/年。2019 年,国内PBT 年产能已经增至 124 万 t/年,扩建和新建的产能还有 40 万 t/年。2019 年,我国和世界其他国家公司 PBT 主要生产企业及其年产能见表 5-1。

表 5-1 2019 年我国和世界其他国家公司 PBT 主要生产企业及其年产能

序号	企业名称	年产能/万 t
1	新疆蓝山屯河化工股份有限公司	20
2	营口康辉石化有限公司	20
3	江苏长春化工有限公司	18
4	无锡市兴盛新材料科技有限公司	18
5	河南开祥化工有限公司	10
6	中国石化仪征化纤股份有限公司	8
7	中国化工南通星辰合成材料有限公司	6
8	江阴和时利新材料股份有限公司	6
9	福建石油化工集团有限责任公司 (福建湄洲湾氯碱工业有限公司)	6
10	山东潍焦集团有限公司	6

续表

序号	企业名称	年产能/万 t
11	江阴三房巷基团江阴济化新材料有限公司	3
12	江苏鑫博高分子材料股份有限公司	3
	国内合计	124
1	德国巴斯夫	10
2	美国杜邦/德国拜尔	10
3	德国拜尔	8
4	美国泰科纳	7
5	帝斯曼/泰科纳	8
6	帝斯曼	3
7	沙伯基础创新塑料	12
8	沙特国际石化	7
9	东丽巴斯夫马来西亚工程	6.5
10	日本三菱	7
11	日本宝理工程塑料	4.5
12	日本帝人工程塑料	3.7
	国外合计	86.7

数据来源:张强,雷濡豪.聚对苯二甲酸丁二醇酯生产工艺、应用及市场.当代化工研究,2020(17):5-7.

　　PET 树脂国内在 20 世纪 60 年代就已有生产,于 70 年代晨光化工研究院和上海涤纶厂、上海塑料研究所就已开发出第一代玻璃纤维增强 PET 工程塑料,但限于当时 PET 树脂均为纤维级的,加之成核剂的开发研究不够,致使产品特性黏度低、性能差,质量不稳定。进入 80 年代以后,我国逐步从国外引进万吨至几十万吨级先进的 PET 树脂合成装置,产品质量和产量都有了长足的进展。随后金山石化公司、燕山石化公司、仪征化纤公司、中山大学、东华大学、中国科学院化学研究所、北京市化工研究院等均开展了此项的科研、工业开发工作,并取得了突破性的进展,生产出的产品性能可达到国外同类产品的水平。据统计,1997年我国生产 PET 树脂产量只有 174 万 t/年,而到 2022 年,我国 PET 产能已经达到 6 000万 t/年,成为全球最大的 PET 生产国家。

　　PET 主要作为纤维使用,占其用量的大约 55%,薄膜用量大约占比 25%,包装容器占比 13%,片材和薄膜占比 3%,作为工程塑料占比仅为 3%,所以生产 PET 工程塑料级的树脂来源充足。由于合成 PET 的装备以及制备各种混配改性 PET 塑料的装置与 PBT 基本相同,所以开发 PET 工程塑料也就比较容易实现。近年来,通过超临界流体技术开发的连续挤出 PET 结构泡沫作为芯材逐渐应用于风电叶片就是很好的例证。

5.2　热裂性聚酯的合成

合成 PBT 和 PET 树脂的原料为对苯二甲酸(TPA)或对苯二甲酸二甲酯(DMT)、乙二醇(EG)和 1,4-丁二醇(BG)，这 4 种原料主要是以石脑油为原料制得的，其制备过程如图 5-5 所示。将石脑油中提炼的间二甲苯异构化、甲苯歧化成为对二甲苯，对二甲苯氧化为对苯二甲酸，对苯二甲酸酯化就成为对苯二甲酸二甲酯。乙二醇可以通过乙烯氧化为环氧乙烷，再进行水合反应就成为乙二醇。丁二醇则是由乙炔经过氧化成丁二烯二醇，再经过加强反应就制备成了丁二醇。

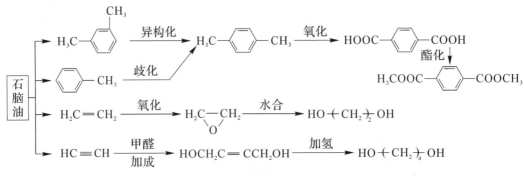

图 5-5　合成聚酯用四种原料的制备技术路线

5.2.1　PET 的合成

PET 树脂的合成有酯交换法和直接酯化法两种技术路线。

酯交换法采用对苯二甲酸二甲酯(DMT)与乙二醇(EG)反应脱出甲醇制得对苯二甲酸双羟乙酯(BHET)，然后再由 BHET 进一步缩聚反应得到 PET。直接酯化法则直接采用对苯二甲酸(TPA)与乙二醇(EG)反应脱出水制得对苯二甲酸双羟乙酯(BHET)，然后再由 BHET 进一步缩聚反应得到 PET。PET 制备反应可用图 5-6 表示。

$$H_3COOC-\bigcirc-COOCH_3 + 2HO(CH_2)_2OH \xrightarrow{-2CH_3OH}$$

$$HOOC-\bigcirc-COOH + 2HO(CH_2)_2OH \xrightarrow{-2H_2O}$$

$$HO(CH_2)_2OOC-\bigcirc-COO(CH_2)_2OH \text{ (BHET)}$$

$$\xrightarrow{-HOCH_2CH_2OH}$$

$$H-O(CH_2)_2O(\overset{O}{\overset{\|}{C}}-\bigcirc-\overset{O}{\overset{\|}{C}}-O(CH_2)_2O)_nH$$

图 5-6　PET 的制备反应

这两种方法制取中间产物对苯二甲酸双羟乙酯(BHET)的工艺是不同的，而在缩聚阶段工艺是相同的。PET 树脂生产的早期基本上采用酯交换法制备的。20 世纪 70 年代以后，由于解决了制取高纯 TPA 的方法，直接酯化法得到了飞快的发展。现今工业化生产 PET 树脂的主流方法就是采用连续直接酯化缩聚工艺，如图 5-7 所示。

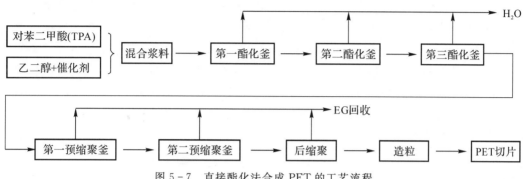

图 5-7　直接酯化法合成 PET 的工艺流程

酯化段是 TPA 与 EG 在压力不小于 0.1 MPa、温度为 263～269 ℃下完成酯化反应的阶段。TPA 先与溶解了催化剂（如三氧化二锑，醋酸锑，乙二醇锑，锰、锌、钙的醋酸盐）的 EG 分别以准确的配料比加入混合槽配成浆料，送入第一酯化釜，经过部分酯化，再送到第二酯化釜和第三酯化釜进行更完全的酯化。最后一段酯化釜流出的酯化液中 TPA 和 EG 的反应形成 BHET 的酯化率可达到 96.5%～97%。

预缩聚段是在 27.5～5 kPa 的高真空条件下，将酯化段送来的中间体 BHET 转化为低分子聚酯缩聚物，温度为 273～278 ℃，停留时间 0.7～1.25 h。预缩聚反应的段数一般采用两段，最多不超过 3 段，各段均有搅拌和加热装置，热源使用蒸汽。

后缩聚段是预缩聚段流出的较低相对分子质量缩聚物继续进行熔融缩聚的阶段。在此阶段工艺条件比较严格，温度需要升到 280～285 ℃，压力需要降至 0.3 kPa 以下，停留时间约为 3.5～4.0 h。经过熔融缩聚后的高分子缩聚物，其特性黏数通常根据产品要求而定。如果生产特性黏数为 0.42～0.72 dL/g 的中黏度聚酯，只需要通过一段后缩聚即实现。如果需要生产高黏度聚酯，还必须再经过第二段后缩聚，才能保证特性黏数达到 0.9～1.0 dL/g。最终的缩聚转化率可达到 99.0%～99.9%。

后缩聚时，反应物的黏度已较高，传热和传质效果差，反应速度越来越慢，而这时的工艺又要求具有高的、不断更新的物料蒸发表面，以保证物料中残留的乙二醇能够迅速地从黏稠的物料中蒸发出去，否则会因反应时间过长而产生热降解，使产品质量恶化。此外，乙二醇的不断除去才能保证产物相对分子质量的增高。

解决后缩聚的技术困难及满足生产高黏度 PET 需要的最新进展是采用固相聚合技术。

众所周知，聚酯的链增长反应是可逆反应。反应温度越高，逆反应速度也越快，而后缩聚又需较高温度。此外，相对分子质量越高，熔体黏度亦增高，阻碍了小分子扩散，限制了正反应速度，熔体反应速率在后缩聚过程中极慢，大大延长了反应时间。因此第二段后缩聚采用熔体缩聚工艺被证明是一种理论上、工业实施上与经济上都不合理的方法。1970 年以后，各大公司采用固相聚合的技术相继展开对中黏度 PET 进一步生产高黏度树脂的研究。

固相缩聚：首先需将 BHET 制成低聚体粉末或切片，再在真空或惰性气体中反应。反应温度通常比其熔点低 10～20 ℃,因此反应物色泽好,端羧基少。这种方法的最大特点是不受熔体黏度的限制,能制造特性黏数达 1.0 dL/g 以上的高黏度 PET。但这种方法比熔融缩聚制备出的树脂相对分子质量分布更宽,目前仅在制造高黏度 PET 时使用。由于固相聚合工艺简单,反应条件温和,投资低,近年来取得了迅速的发展。从 1979 年美国 H- Bepex 公司发表连续固相聚合的专利以来,仅该公司已销售了 120 条连续固相缩聚生产线及技术,总生产能力达 225 万 t/年。意大利 M&C 集团宣布它的新固相聚合工艺,将 PET 与化学试剂 CSI 迅速混合挤出,造粒后 PET 的相对分子质量在固态下增长,通过低相对分子质量 PET 生产高相对分子质量 PET（特性黏数 1.2 dL/g）,明显地提高了 PET 的性能。

聚合反应过程中还存在如图 5-8 所示的副反应。

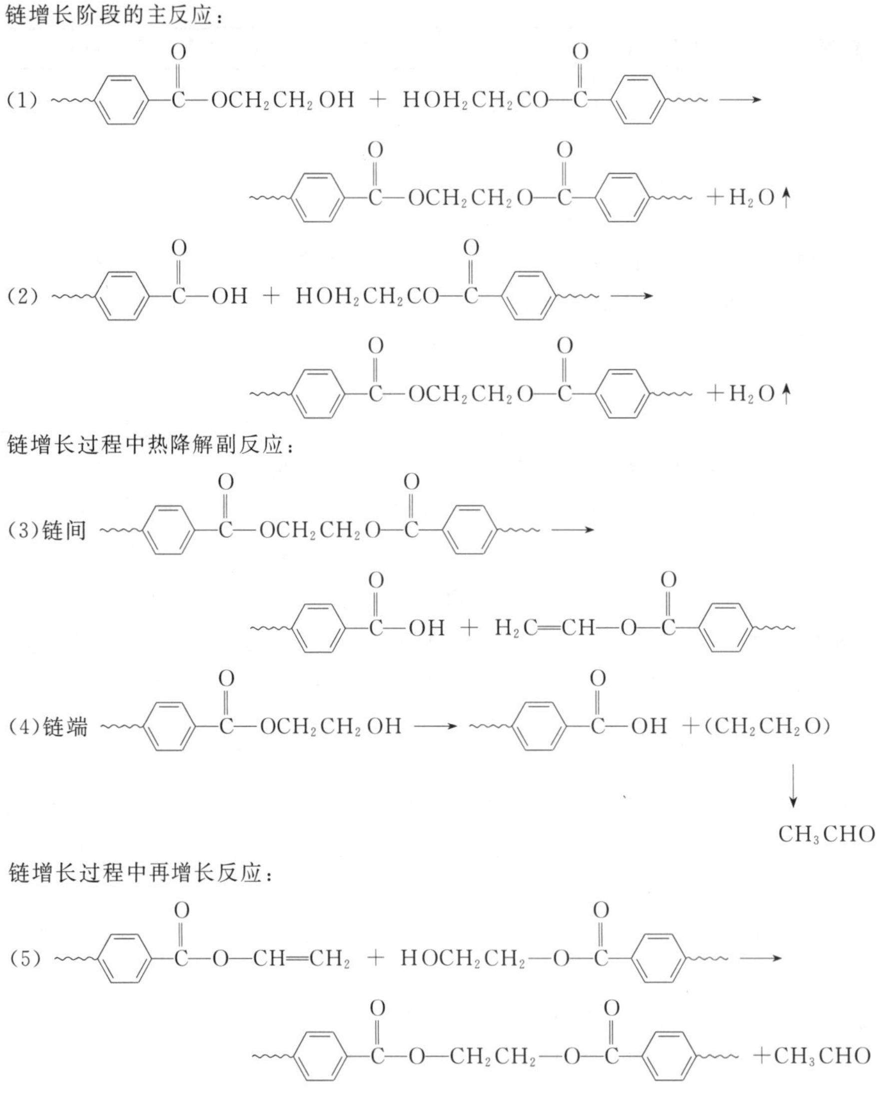

链增长阶段的主反应:

(1) ～～⟨苯环⟩—C(=O)—OCH$_2$CH$_2$OH + HOH$_2$CH$_2$CO—C(=O)—⟨苯环⟩～～ →

～～⟨苯环⟩—C(=O)—OCH$_2$CH$_2$O—C(=O)—⟨苯环⟩～～ + H$_2$O↑

(2) ～～⟨苯环⟩—C(=O)—OH + HOH$_2$CH$_2$CO—C(=O)—⟨苯环⟩～～ →

～～⟨苯环⟩—C(=O)—OCH$_2$CH$_2$O—C(=O)—⟨苯环⟩～～ + H$_2$O↑

链增长过程中热降解副反应:

(3)链间 ～～⟨苯环⟩—C(=O)—OCH$_2$CH$_2$O—C(=O)—⟨苯环⟩～～ →

～～⟨苯环⟩—C(=O)—OH + H$_2$C=CH—O—C(=O)—⟨苯环⟩～～

(4)链端 ～～⟨苯环⟩—C(=O)—OCH$_2$CH$_2$OH → ～～⟨苯环⟩—C(=O)—OH + (CH$_2$CH$_2$O)

↓

CH$_3$CHO

链增长过程中再增长反应:

(5) ～～⟨苯环⟩—C(=O)—O—CH=CH$_2$ + HOCH$_2$CH$_2$—O—C(=O)—⟨苯环⟩～～ →

～～⟨苯环⟩—C(=O)—O—CH$_2$CH$_2$—O—C(=O)—⟨苯环⟩～～ + CH$_3$CHO

图 5-8 PET 合成过程可能出现的反应

由于对苯二甲酸酯类的聚酯,是一类刚性聚合物,所以在一般的温度下,具有抗热氧降解的特性,但在其缩聚合反应中,在 270～300 ℃的温度条件下,仍会有热氧化反应的产生,导致聚合物热降解。黏度下降形成相对分子质量的降低,端羧基的增加,最终使其产品质量下降和物理性能劣化。

一般缩聚合反应注意以下几点:

(1)反应中端羧基的生成会随反应时间的增长而增加,所以必须严格控制好反应时间,以避免聚合物在反应中停留时间过长。

(2)反应中会随着温度的升高,热降解反应速度加快,端羧基也会增加,所以必须严格控制好温度,避免温度升高。

(3)催化剂的选择:在酯交换反应中常用锌、钴、锰等的乙酸盐作为催化剂,而缩聚反应中常用三氧化二锑作为催化剂,钛酸酯类化合物均可在两反应中应用。但金属离子会使羧基极化,进而成为端羧基及乙烯基酯,以至进一步水解成甲醛,所以选择合适的、适量的催化剂很重要。

(4)稳定剂的选择:在低于 100 ℃时反应会发生酯基水解,所以对稳定剂的需求除一般的高分子材料所需有的共性外,必须有抗水解和耐高温的要求。目前所用的稳定剂仍以有机亚磷酸酯类与受阻酚的协同稳定剂为主,另有环氧树脂类与受阻酚类的协同稳定剂等。

5.2.2　PBT 的合成

PBT 树脂的合成与 PET 树脂的合成相似,按原料路线分为从对苯二甲酸二甲酯(DMT)与丁二醇(BG)出发的酯交换法,以及从对苯二甲酸(TPA)与丁二醇(BG)出发的直接酯化法两种方法,这两条生产路线的过程基本相似,都要先合成出对苯二甲酸双羟丁二酯(BHBT)两种方法合成 PBT 的反应如图 5-9 所示。

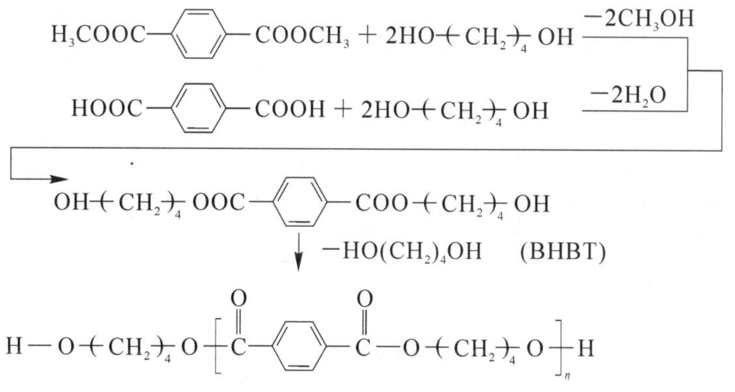

图 5-9　PBT 的制备反应

上述直接酯化法和酯交换法的反应过程均为可逆平衡反应,需一定的反应活化才能维持,由于反应为放热反应,造成 PBT 树脂生产中 BG 在酯交换的主反应进行时,发生高温条件下的环化脱水,生成四氢呋喃(THF),反应式为

$$HO(CH_2)_4OH \longrightarrow \begin{array}{c} HC_2-CH_2 \\ HC_2 \quad CH_2 \\ O \end{array} +H_2O$$

$$(5-1)$$

PBT 树脂与 PET 树脂的生产工艺过程的主要不同之处,即主要原料虽然都用二元醇,但丁二醇(BG)在高温下不稳定,易生成大量的四氢呋喃。而 PET 生产所用原料二元醇单体的乙二醇(EG)却化学性质稳定,在酯化反应过程中,除主反应外只有副反应二甘醇(DEG)的生成及水和 EG 的分离过程,而无副产品 THF 的产生。

由于酯交换法和直接酯化法所用原料二元酸或二酯(即 TPA、DMT)的形态各异,形成反应过程中亦有不同之处。

其一,TPA 在常温下不熔化,待超过 300 ℃时产生升华,且微溶于热的醇类中,在与 BG 的直接酯化反应过程中(150~230 ℃)仍为固态,只能进行非均相反应。而 DMT 的熔点为 104 ℃,可溶于热的醇类中,在与 BG 的酯交换反应过程(150~230 ℃)中为液态均相反应。

其二,TPA 的直接酯化反应,生成的低分子副产品为水,DMT 的酯交换反应,生成的低分子物副产品为甲醇。两反应缩聚过程中所得的馏出液组分均为 BG 和 THF 的三相混合物。

其三,由于 TPA 在直接酯化反应过程中酸度较高,这样氢离子对生成 THF 的副反应就会有催化作用,使得酯化反应过程中 THF 的排出液含量达到 15%~50%。而 DMT 的酯交换反应过程中却可使回收液中的 THF 含量降至 2%。

PBT 树脂生产制备工艺流程如图 5-10 所示。将 DMT 和 BG 配比按 1∶(1.1~1.2) 与催化剂的混合物送入酯交换釜中,在常压和催化剂(如钛酸四丁酯、钛酸四异丙酯等)作用下,在一定温度下进行酯交换反应,生成对苯二甲酸双羟丁二酯(BHBT)。该反应为吸热反应,但温度不宜过高,否则会发生副反应生成 THF 和水,使原料单耗增高,生成的甲醇予以回收。酯化结束后进入缩聚釜中进行抽真空缩合聚合得到 PBT,同时放出副产物 BG 并进行回收。待缩聚物黏度达到所需值的时候,可将物料由酯化釜排出到出料口模中,成条后通过水冷、切粒、干燥、包装得到 PBT 树脂。

图 5-10 PBT 树脂的生产制备工艺流程

PBT 合成中的注意事项如下:

(1)合成 PBT 时,虽然适当增加 BG 与 DMT(或 TPA)的原料物质的量之比有利于平衡向反应方向移动,但比例过大就会增加 BG 分解生成四氢呋喃的副反应,同时还要蒸出大量过剩的 BG,增大后处理工作量,物质的量之比过小,反应速度慢,而且由于部分 BG 消耗于副反应而使酯交换或酯化反应不能充分完成,得不到高相对分子质量的树脂。因此,适当降低原料的物质的量之比、加快反应速度成为技术关键。目前,BG 与 DMT 的物质的量之比为(1.2～1.8)：1,而 BG 与 TPA 的物质的量之比为(1.5～3.0)：1。在 TPA 酯化反应中由于体系的酸度等因素,BG 的副反应损耗大,故 BG/TPA 体系中的物料物质的量之比高于 BG/DMT。

(2)制备 PET 很有效的乙酸锌-三氧化二锑催化体系,用于 PBT 合成中存在反应时间长、活性低等问题,导致较多四氢呋喃(THF)的形成。PBT 合成的催化剂基本上都是钛酸酯类,如钛酸四丁酯、钛酸四异丙酯等,它们溶于反应混合物,且活性高、用量少,BG 的副反应少。

(3)酯交换温度高于 200 ℃,虽然反应速度加快,但 BG 高温分解生成 THF 的副反应增加,蒸出的丁醇中有 20% 的 BG 转化为 THF,同时生成低聚物的端羟基也容易羧基化,影响下一步缩聚反应的进行。若酯交换温度过低,反应速度缓慢,反应时间延长,同样增加 BG 副反应消耗,在生产上也是不可取的。

(4)酯交换反应时间长,有利于酯化率提高,但 BG 生成 THF 副反应也随时间延长而增加。PBT 酯交换转化率不需像 PET 聚合那样必须达到 95% 以上才能进入缩聚阶段,只需达到 80% 以上即可,反应物料在较低酯交换率时转入缩聚阶段,这样可缩短反应时间,而又不影响最终产品的质量,BG 的副反应消耗自然就显著下降。

(5)进行缩聚反应必须采用高真空,才能从具有很高熔融黏度的反应体系中不断地除去低分子副产物,加快链增长反应速度,缩短高温反应时间,减少端羟基的羧基化,缩聚反应体系的余压越低,可获得更高相对分子质量和高质量的树脂。

在通常的熔融聚合过程中,随着聚合反应的进行,聚合物黏度增大使搅拌和出料操作很困难。从聚合物性质和经济方面考虑,延长熔融聚合时间来提高聚合物的黏度不是一种经济有效的手段。为得到高黏度的 PBT,一般是在熔融聚合后,使 PBT 成为微粒,然后在 180～ 220 ℃、小于 133.3 Pa 压力下进行固相聚合,这样可得到黏度大于 1.2 dL/g 的 PBT 树脂。

图 5-11 介绍了一种已在工业生产中应用的 PBT 固相缩聚工艺。低黏度 PBT 树脂切片首先被送入固相缩聚反应器上部的干燥区进行干燥、预结晶,然后通过特制控制阀按一定数量落入反应器下部固相缩聚区。N_2 从反应器底部进入,一方面将切片加热至要求温度同时也将反应副产物(如 BG、H_2O、醛类等)带走,反应器为柱塞流式,物料停留时间和最终产品黏度由物料在反应器中的料位控制。料位的控制通过反应器底部特殊结构出料阀系统来实现。

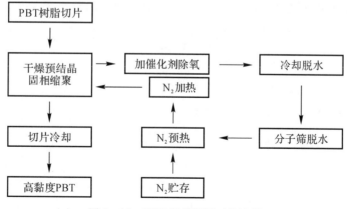

图 5-11　PBT 固相缩聚工艺流程

5.2.3 PET 和 PBT 工程塑料的制备

聚合得到的 PET 和 PBT 树脂品种少,性能总有不足,为了适应市场多方位的要求,满足用户不同用途,一般这两种树脂都通过加入纤维、助剂、改性剂、其他聚合物等进行混配,制成改性工程塑料,用于加工各种工程材料。这种混配现主要是采用同向旋转双螺杆挤出机连续操作,也可选用有优良混炼功能的单螺杆挤出机或双阶挤出机等。PET 或 PBT 工程塑料的制备工艺如图 5 - 12 所示。

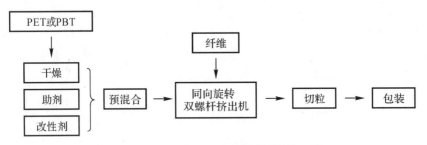

图 5 - 12　PET 或 PBT 工程塑料的制备工艺

5.3　热塑性聚酯的结构与性能

PET 和 PBT 分子主链由每个重复单元为刚性苯环和柔性脂肪链连接起来的线性饱和聚酯分子组成,其中苯环为刚性基团,提供力学性能和耐热性,脂肪链为柔性基团,提供耐化学介质性,苯环与酯基处于共轭状态,提供分子间的作用力和一定的刚性。分子的高度几何规整性以及没有侧基和刚柔并济的特点使 PET 和 PBT 能结晶,具有熔点高、密度大等特点,且具有较高的力学性能、突出的耐化学试剂性和耐热性以及优良的电绝缘性能。由于 PBT 在分子链节结构上比 PET 多两个亚甲基,所以它们在物理性质上有很明显的差异。

5.3.1 物理性能

PET 和 PBT 树脂及改性产品在空气中的饱和吸水率均小于 0.1%,与玻璃纤维增强尼龙 0.65%(未饱和)的吸水率相比仍然非常小。在室温的水中放置 100 h 的吸水率是 0.22%,放置 150 h 吸水率是 0.28%,这比玻璃纤维增强尼龙的吸水率 4.8%(饱和)小得多。因此,因吸湿引起的尺寸变化可以忽略(见表 5 - 2)。

表 5 - 2　PET 和 PBT 的物理性能

性　　能	PBT	30GFPBT	PET	30GFPET
密度/(g·cm⁻³)	1.31	1.53	1.37	1.61
吸水率(24 h/23 ℃)/%	0.08	0.06	0.08	0.05
吸水率(23 ℃/平衡)/%	0.34	0.26	0.60	0.45
成型收缩率/%	2.0	0.6	2.0	0.2

5.3.2 力学性能

纯 PET 和 PBT 树脂的力学性能在未增强时仅属于中等偏低水平,由于 PET 的分子链节中亚甲基比 PBT 少两个,因此 PET 具有比 PBT 相对高的力学性能。作为工程塑料使用的 PBT 和 PET 大多要采用纤维增强,特别是 20%～40% 短玻璃纤维增强,玻璃纤维增强 PET 和 PBT 的力学性能增幅变化十分显著,其拉伸强度、弯曲强度、缺口抗冲击强度提高 2 倍多,弯曲模量提高近 3 倍,而且还具有成本低、加工性良好等特点。表 5-3 为增强前、后 PBT 和 PET 主要力学性能数据。图 5-13 为 30% 玻璃纤维增强 PET 和 PBT 与其他工程塑料的拉伸模量的相对值对比。由此可见,与通用工程塑料相比,玻璃纤维增强后的 PET 以及 PBT 具有显著的力学性能优势。

表 5-3 增强前、后 PBT 和 PET 的主要力学性能

性能	PBT	30%GFPBT	PET	30%GFPET
拉伸强度/MPa	53～55	132～137	63	142
拉伸模量/GPa	2.6	2.5～4	3.0	3.8
伸长率/%	300～360	9.8	50～300	10
压缩强度/MPa	88	118～127		
弯曲强度/MPa	85～96	186～196	83～115	205
弯曲模量/GPa	2.35～2.45	8.8	2.45～3.0	8.9
缺口抗冲击强度/(J·m^{-1})	49～59	78～98	42～53	74
洛氏硬度(M)	75	91	106	85～90

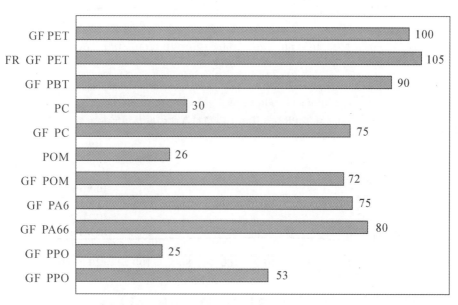

图 5-13 30% 玻璃纤维增强 PET 和 PBT 与其他工程塑料的拉伸模量的相对值

随着温度的上升,增强 PET 和 PBT 的力学性能也都呈现下降趋势,但与其他几种工程塑料相比,增强 PET 的强度保持率却能够维持在较高的水平,显示出较高的高温力学性能保持率,高温力学性能甚至达到某些热固性塑料的力学性能,如图 5-14 和图 5-15 所示。此外,增强 PET 和 PBT 的抗蠕变性能优异,增强 PET 在负荷 30 MPa 以下时,几乎不随受力时间增加而发生蠕变,如图 5-16 所示。其耐疲劳性优于 GFPA 和 GFPC,如图 5-17 所示。

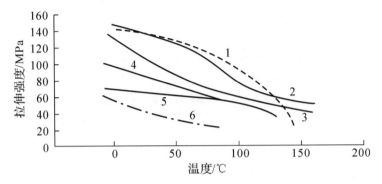

1—GFPC; 2—FRPET; 3—FRPA6; 4—酚醛增压板(纸基); 5—PC; 6—ABS

图 5-14 增强 PET 与其他工程塑料拉伸强度与温度的关系

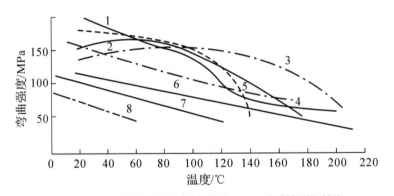

1—FRPET; 2—酚醛增压板(玻璃纤维基); 3—酚醛层压板(纸基);
4—FRPA6; 5—FRPC; 6—DAP; 7—PC; 8—ABS

图 5-15 增强 PET 与其他工程塑料弯曲强度与温度的关系

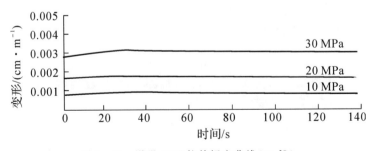

图 5-16 增强 PET 拉伸蠕变曲线(30 ℃)

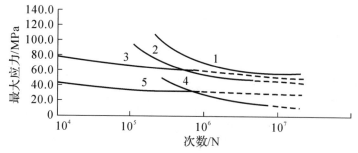

1—FRPET； 2—FRPC； 3—FRPA6(干态)； 4—PC； 5—FRPA6(大气中吸水后)

图 5-17 几种工程塑料的耐疲劳曲线

PBT 本身摩擦因数很小,仅大于氟塑料且与共聚 POM 接近,其磨耗量比 PC 和 POM 小得多,相对磨耗量对比如图 5-18 所示。

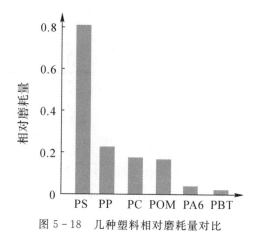

图 5-18 几种塑料相对磨耗量对比

5.3.3 热性能

PET 和 PBT 的热性能见表 5-4,与其他工程塑料相比,PBT 和 PET 纯树脂的热变形温度并不高,并且在负荷稍大(1.82 MPa)的情况下,热变形温度就迅速下降。但在用玻璃纤维增强以后,热变形温度便会有明显的改进。例如,当玻璃纤维含量为 5％时,在 1.82 MPa 负荷下的热变形温度从未增强的 60 ℃提高到 100~170 ℃,已达到 30％玻璃纤维增强的聚甲醛、聚碳酸酯和改性聚苯醚的热变形温度水平。而当玻璃纤维含量为 30％时,PBT 的热变形温度(HDT)达 203~212 ℃,PET 更高达 235~242 ℃,几乎是热塑性工程塑料中热变形温度最高的(见表 5-5)。

表 5-4 PBT 和 PET 的热性能参数

性　能	PBT	30％GFPBT	PET	30％GFPET
T_g/℃	20	20	75	75
T_m/℃	225	225	255	255

续表

性 能	PBT	30%GFPBT	PET	30%GFPET
HDT(1.82 MPa)/℃	55	210	85	240
UL 温度指数/℃	140	140	>140	>140
氧指数/%	21	18	21	20
燃烧等级	HB	HB	HB	HB

表 5-5　几种工程塑料的耐热性对比

性 能	PA	MPPO	PC	共聚 POM	PBT	PET
纯树脂 HDT(1.82 MPa)/℃	60~70	88~120	130~140	110~120	58~60	80
30% GFHDT(1.82 MPa)/℃	190~250	138~160	145~150	160~162	203~215	240
UL 长期使用温度/℃	80~120	107~121	120~130	100~104	120~140	>140

5.3.4　电性能

PET 和 PBT 的分子链中没有聚酰胺那样的强极性基团,分子结构对称并有几何规整性,使它们具有十分优良的电性能。两种树脂的体积电阻率可达 $1×10^{16}$ Ω·m,介电强度大于 20 kV/mm,常作为电工绝缘胶带、电容器介质材料、电子电器零件等。

5.3.5　化学性能

PET 和 PBT 的耐化学性能是通用工程塑料中最好的,比 PPO、PSF、PC、PA、POM 均要高,除强酸、强碱外,其他试剂对其影响均不大,特别是各种油品对其影响很小,是优异的耐化学介质品级的工程塑料。

5.3.6　热老化性能

PET 和 PBT 的内应力小,耐应力开裂性优良,但经过 GF 增强后产品可能出现翘曲变形。PET 经过室外老化和人工加速老化后力学性能和电性能的变化都不大,显示出极好的长期耐候性。PBT 耐室外光老化性要优于 PA 和 POM。由于聚酯分子链中有酯键,因此耐热水和蒸汽性能较差。

5.3.7　阻燃性能

PET 和 PBT 本身易阻燃,只要在其中加入百分之几的阻燃剂就可以达到 UL94 V0级,其本身与阻燃剂亲和性能好,容易实现阻燃,而且表面光泽性很好,对电工绝缘产品极为有利,如开关面板等、插线板等。

5.4　热塑性聚酯的改性及其新品种

PET 和 PBT 树脂虽然具有优良的综合性能,作为工程塑料使用时大都要经过改性才能充分发挥其特性。聚酯的改性:一是采用化学改性方法,即通过共聚、接枝、嵌段、交联等化学手段,赋予它更好的性能或新的功能;二是采用物理改性方法,即通过采用无机填料填充或增强,与其他树脂共混或加入各种助剂等方法来提高和改进性能,或赋予其新功能等。化学改性在树脂生产厂进行较为有利,而物理改性方法简便、易行,成本低,开发周期短,对开发多样化品种极为有利。

5.4.1　聚酯的改性

5.4.1.1　PBT 的改性

1)PBT 的合金化改性

PBT 树脂与其他树脂的相溶性良好,因此比较容易制备 PBT 合金,目前已经开发出许多 PBT 的合金(见表 5-6)。

表 5-6　已经开发成功的 PBT 合金

合金名称	性能特征	主要用途
PBT/ABS	低温抗冲击强度高,尺寸稳定性好,成型工艺性好,综合性能高,成本低	①汽车内装件; ②家电外壳、盖及管件; ③电子电器和仪器仪表零部件
PBT/聚烯烃	抗冲击强度高,刚性强,耐磨、耐翘曲性好	汽车部件
PBT/PET	强度高,刚性好,热变形温度高,尺寸稳定,耐湿,耐溶剂,电性能优异,表面光泽度好,价格低	①汽车方向盘连接件,反光镜等; ②电气接插件、开关; ③家电零部件; ④机械设备外壳及配件; ⑤工业齿轮等
PBT/PET/ASA	低翘曲,易于流动,表面外观好,吸湿性低	汽车接插件,反光镜外壳
PBT/弹性体	低温抗冲击强度高,热变形温度高,耐化学介质性好,流动性高,表面光泽性好	汽车保险杠
PBT/SMA	耐老化、耐化学性优良	汽车底部盖、内部装饰等部件
PBT/PPO/弹性体	耐热性、抗冲击强度高,尺寸精度高,可联机涂装	①汽车包装部件; ②电子电器和仪器仪表零部件
PBT/PC	低温抗冲击强度高,流动性好,表面光泽性好	汽车前、后保险杠

续表

合金名称	性能特征	主要用途
PBT/EPDM	抗冲击强度高,耐磨、减震、吸声,刚性大,抗应力开裂性良好	汽车减震套管、散热管支撑系统、驱动和传动杆、电动活塞、车门把手、减震轴承
PBT/ASA	低翘曲,尺寸稳定性好,外观好,耐漏电痕迹性好,密度小	电子继电器,开关

(1)PBT/PC合金。PBT/PC合金开发较早,GE公司将PBT/PC与PET/PC合金作为一大类,注册商标Xenoy,有4个系列。其中1000系列专为汽车用部件设计,2000系列是PET/PC合金,3000系列是PBT/PC合金,6000系列是玻璃纤维增强合金。PC的玻璃化转变温度高达145 ℃,而PBT不到30 ℃,通过聚碳酸酯的共混改性,可明显提高PBT的热变形温度,但PBT的耐化学介质和耐磨耗性将会有所下降。PBT与PC有部分相溶性,两者共混时非晶部分有部分是不相溶的,特别在两组分比例相近时。由于这两种聚合物都是酯结构,当它们熔融混合时容易发生酯交换,形成无规共聚物,这时失去两者各自的优良性能,并有可能发生分解和变色。此外,仅用这两种聚合物二元共混时,PBT抗冲击强度的改进效果不明显,一般需加入弹性体,如丁二烯类接枝共聚物、丙烯酸酯类或丙烯酸类橡胶等。

(2)PBT/PET合金。PBT/PET合金也是开发较早的品种之一,大部分都是以玻璃纤维增强形式出售和使用,GE公司的Valox800系列就是玻璃纤维增强PBT/PET合金。PBT与PET的化学结构相似,熔融温度也较接近,在共混时,共混体在非晶相状态显示出单一的玻璃化转变温度,可见两者的相溶性是良好的。但熔融混炼时,停留时间长会发生酯交换反应,开始时形成嵌段共聚物,时间长了形成无规共聚物,就失去两种聚合物各自的优点,因此混炼时,需采取措施防止发生酯交换。由于PET的玻璃化转变温度要比PBT高50 ℃左右,因此两者共混时,合金的热变形温度和高温下的弹性模量均有相应的提高。

(3)PBT/ABS合金。与PBT/PET和PBT/PC合金不同,PBT/ABS合金是典型的不相溶体系,需要使用相溶剂。该合金充分利用了PBT的结晶性和ABS的非结晶性特征,合金材料具有优良的成型工艺性、尺寸稳定性和耐药品性,玻璃纤维增强品级热变形温度(1.82 MPa)最高可达200 ℃。共混物对涂料有良好的附着性,因而可用于制备通信和光学仪器、设备壳体、键盘及汽车外装件等。

(4)PBT/聚烯烃合金。PBT和聚烯烃的溶解度参数相差较大,两者共混时,通常形成两相分离体系,PBT与聚烯烃共混时可提高其抗冲击强度,要达到理想效果也常加入橡胶类弹性体。为了使橡胶弹性体共混时形成微粒状均一分散,在相界面上有较好黏着性十分必要。为此,在PBT与聚烯烃共混制备合金时,通常加入相溶剂,例如聚乙酸乙烯酯或甲基丙烯酸缩水甘油酯与乙烯的共聚物,不饱和羧酸如丙烯酸接枝的乙烯或丙烯聚合物。

(5)PBT/弹性体合金。弹性体与PBT共混时对抗冲击强度的改进效果显著。用于改性PBT的弹性体有丁基橡胶、丁腈橡胶、乙丙橡胶或三元乙丙橡胶、聚异丁烯、烯丙基化丙烯酸类橡胶、丙烯酸缩水甘油酯橡胶、乙烯基硅烷改性橡胶、热塑性弹性体(如聚酯弹性体)

等。添加橡胶共混时,抗冲击强度提高,但会引起力学性能降低,耐热性下降,特别在橡胶添加量较多时。为此,常采用三元或多元共混,例如聚碳酸酯和丙烯酸类橡胶组合改性 PBT,丁腈橡胶、嵌段共聚物与其他工程塑料组合改性 PBT 等。

(6)PBT 与其他聚合物的合金。PBT 与 PA 共混时两相不相溶,但将 PBT 与 PA6 以固相聚合方式进行共混,让两种聚合物相互发生反应,得到的共混物力学性能特别是抗冲击强度优良。聚氨酯具有橡胶相似的弹性和韧性,PBT 与聚氨酯或聚己内酯组成的合金,有突出耐冲击效果。在 PBT 与聚氨酯共混体中进一步加入 PC,对提高 PBT 的缺口抗冲击强度更为有利。例如,PBT、聚氨酯、聚碳酸酯三者的共混比例为 50∶25∶25 时,共混合金的缺口抗冲击强度可高达 850～1 400 J/m,而未改性前 PBT 的缺口抗冲击强度仅为 44～50 J/m。将聚丁二醇嵌入 PBT 得到的聚醚酯嵌段共聚物或聚酯弹性体可作为高功能弹性体与 PBT 共混制备合金。这类弹性体组分中有 PBT 链段或相似聚酯结构,与 PBT 亲和性好,改性效果显著,对增强 PBT 改性也确认有效。特别在解决低翘曲加入填料时,一般抗冲击强度会大幅度降低,采用这类弹性体为冲击改性剂可以发挥很好的效果。

2)PBT 的低翘曲改性

玻璃纤维增强 PBT 制品的翘曲变形大,难以满足计算机 CD - ROM 或 VTR 的底板、插接件等电子电器部件的尺寸精度要求。通常采用矿物填充、矿物与玻璃纤维复合填充增强改性,从而达到实现低翘曲改性的目的。然而,加入矿物填料后,PBT 的拉伸和弯曲强度降低 30%～50%,而抗冲击强度只有原来的 1/3 左右,为此,进一步采用 PBT 与 PET、苯乙烯类聚合物、聚碳酸酯、PMMA 等聚合物共混可以提高拉伸、弯曲和抗冲击强度。

3)PBT 的耐湿热、耐水解改性

PBT 是有酯键的聚合物,酯键在高温、湿热环境中容易发生水解,性能下降,所以 PBT 制品不宜在 80 ℃以上热水或湿热(90% RH)场合长时间使用。为此,采用加入特殊的添加剂将端羧基含量减少,使 PBT 的耐湿热性提高。

4)PBT 的阻燃改性

虽然 PBT 树脂的阻燃性属 UL94 HB 级,但阻燃 PBT 很容易制备,常用的阻燃剂有溴化合物、磷化物、氯化物、Sb_2O_3 等。目前,市场上销售的阻燃等级 PBT 大多是采用添加十溴联苯醚,虽然阻燃性能达到 UL94 V0 级,但燃烧时会产生烟雾,有滴落,耐电弧性差,冲击韧性不高,在高温条件下使用时阻燃剂易从制品表面析出(起霜现象),既影响电气特性,又损害产品的外观,为此,开展了采用低聚物和高聚合物型阻燃剂开发阻燃 PBT 的研究工作。如采用核-壳冲击改性剂(如 EXL - 3330 丙烯酸和 EXL - 3647MBS)高分子聚合物型阻燃剂、增效剂 Sb_2O_3 和防滴剂可制得具有高抗冲击强度、燃烧不滴落、制品在高温条件下使用时表面不起霜、阻燃性达到 UL94 V0 级的阻燃 PBT 产品。此外,还开展了磷系无卤阻燃PBT 的研究。

除以上介绍的 PBT 改性之外,还有控制腐蚀性气体释放量、减少对金属端子污染的研究,抗静电 PBT 的研究,耐冷热循环(－40～130 ℃)研究,高表面光泽 PBT 研究,低噪音PBT 研究等。

5.4.1.2　PET 的改性

玻璃纤维增强 PET 的综合性能好,价格低,应用范围不断扩大,市场前景好。对 PET

树脂的改性重点是针对它的两大缺点:注塑需高模温,模塑周期长;抗冲击强度低。1978年,美国杜邦公司首先研制出解决增强 PET 的低温快速结晶技术,并推出了 Rynite 系列产品,接着该公司又将开发增韧尼龙的技术扩展,研制出了高韧性 Rynite SST,打开增强 PET 工程塑料的应用市场。随后,日本东洋纺织公司等厂家竞相开发出新一代增强 PET 工程塑料投入市场。PET 工程塑料的开发过程划分为 4 个阶段(见表 5-7)。

表 5-7 PET 工程塑料的发展历程

时间	1966—1978 年	1979—1985 年	1986—1987 年	1988—1997 年
阶段划分	第一代	第二代	第三代	第四代
进展要点	模具温度 130 ℃ 以上:PET+玻璃纤维;PET 注塑的技术开发	模具温度 90 ℃ 以上:结晶成核剂的研制开发;PET+玻璃纤维+结晶成核剂;易成型的 PET 工程塑料研制成功	模具温度 70 ℃ 以上:结晶促进剂的研制开发;与 PBT 具有同等成型加工性能的 PET 工程塑料研制成功	进一步提高抗冲击强度、伸长率;并相应地进行增韧研究,解决脆性问题,生产出高抗冲、阻燃 PET 工程塑料
代表厂家及其牌号	日本帝人公司首先将玻璃纤维增强 PET 工业化生产,其牌号为 FR-PET;荷兰 AKZO 公司的 Amife;德国 Hoechst 公司的 Hoetadur kxp4O22 等牌号	1979 年东洋纺织公司将增强后加有成核剂的 PET 工业化;1980 年杜邦公司将 Rynite 工业化;1981 年后,三菱人造丝、三菱化成、旭化成、可乐丽等公司产品相继上市	东洋纺织公司研制了与 PBT 具有同等成型性的 PET 工程塑料系列产品,即成核剂和结晶促进剂同时使用 EMK-K 系列产品	杜邦公司开发出超韧 PET Rynite SST

1)PET 结晶性与成型加工性的改进

第一代增强 PET 工程塑料注塑时的模温高达 130～150 ℃,因而成型周期长,制品易发生凹陷等现象。早期曾采用与 PET 有较好相溶性的增塑剂,如磷酸酯类、脂肪族的聚酯与聚醚和环氧化合物等,使 PET 的刚性分子链易活动。但这种方法会使材料的性能下降较多,效果不显著,实用价值不大。

为了改善 PET 的加工性能,经研究发现,采用适合的结晶成核剂是一种有效的方法。PET 的结晶成核剂有很多,大体可分为无机物和有机物两大类。各成核剂所起的效果及机理有较大差异。有的降低晶核表面自由能,起异相成核的作用,有的(如非碱金属氢氧化物)是通过脱水使邻近分子过冷成核(见表 5-8)。

表 5-8 PET 常用结晶成核剂

种类	实例
单质粉末	炭黑、石墨、锌粉、铝粉
金属氧化物	ZnO、MgO、Al_2O_3

续表

种类	实例
黏土类	滑石粉、黏土、叶蜡石
无机盐类	碳酸盐（Na_2CO_3、$MgCO_3$ 等）、硅酸盐（$CaSiO_3$、$MgSO_3$ 等）、硫酸盐（$CaSO_3$）、磷酸盐（Ca_2PO_4）
有机酸盐类	一元羧酸的 Na、Li、Ba、Mg、Ca 盐，安息香酸的 Na、K、Ca 盐，芳香族羟基磺酸金属盐，有机磷化合物的 Mg、Zn 盐
高分子物质	离子键聚合物、聚酯低聚物的碱金属盐类、全芳香族聚酯的微粉末、PTFE 粉末及高熔点 PET

　　在有机类成核剂中，金属羧酸盐的成核效果较好，尤其是羧酸钠盐和羧酸钾盐作用更为明显，但有些金属羧酸盐有副效应。此外，据报道，赤磷、CaF_2、金属氧化物、金属、$CaCO_3$、磷酸钙盐、滑石粉等均可作为成核剂。添加成核剂以后 PET 的结晶能力大幅提高，结晶峰温度向高温偏移了 $30\sim40$ ℃。半结晶时间缩短至原来的 $1/3\sim1/2$，半结晶峰宽度变窄至原来的 $1/4\sim1/3$。如图 5 - 19 所示，在所选择的成核剂苯甲酸钠、硬脂酸镁、滑石粉、$BaSO_4$、ZnO 中，苯甲酸钠和硬脂酸镁对 PET 的结晶影响效果更好。

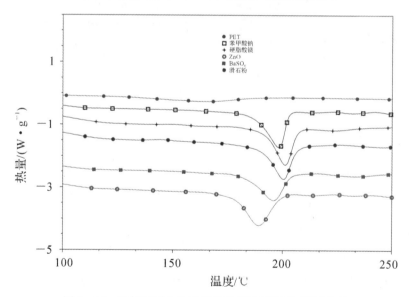

图 5 - 19　添加不同小分子成核剂前后 PET 的 DSC 曲线

　　随后的研究发现，在 PET 成核剂体系中添加适当的促进剂，对 PET 的结晶具有协同作用，可进一步加速结晶过程，同时还可起增韧、增塑、改进脱模性、增加制品表面光泽等作用。表 5 - 9 列出了 PET 的主要结晶促进剂。

表 5 – 9　PET 常用结晶成核促进剂

种类	实例
低分子化合物	酮类(二苯甲酮)、卤代烃类(四氯乙烷)、酯类(聚戊二醇二苯甲酸酯、三苯基磷酸酯、邻苯二甲酸酯、酰胺酯、亚胺酯)、酰胺(N 置换芳香酰胺、N 置换三烯烃磺胺)等
高分子化合物	聚酯(聚己内酯及其封端化合物)、聚醚类(聚乙二醇、聚丙二醇及其封端化合物)、聚烯烃(脂环式羧酸改性聚烯烃)、聚酰胺(尼龙 66)等

　　离子聚合物(Ionomer)是一类金属离子含量在 15% 以下的聚合物,它既能作成核剂,又能起增韧作用。由杜邦公司开发的商品 Surlyn(乙烯/甲基丙烯酸共聚物的羧酸钠盐)对 PET 具有良好的结晶成核作用。据报道,在 PET 中加入 1 份 Surlyn 1605 后,PET 的 T_{mc} (熔融结晶温度)由 182 ℃上升到 204.5 ℃,模温可降低到 65 ℃,此外,离子聚合物类的成核剂尚有 Dylaik232、Elvax 等。图 5 – 20 为采用苯甲酸钠、Surlyn、FH2(25% 苯甲酸钠＋75%Surlyn＋25%醚)3 种成核剂对 PET 结晶行为的影响,可见采用上述 3 种成核剂后的 PET 结晶行为已经能与 PBT 相媲美。另外,它对 PET 有一定的增韧作用(见图5 – 21)。

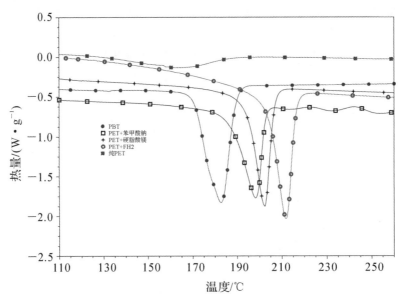

图 5 – 20　添加小分子成核剂、大分子成核剂以及其复合成核剂前后 PET 的 DSC 曲线

　　采用这些技术开发出的第三代增强 PET,在模温 70 ℃以上就能形成均一、微细的结晶,已与增强 PBT 的模温接近。增强 PET 的性能见表 5 – 9。

　　从表 5 – 10 中的典型性能相比可知,增强 PET 的加工模温已经与增强 PBT 相当,而力学性能与耐热性均优于增强 PBT,而且增强 PET 的价格比增强 PBT 便宜 20%～50%,具有十分显著的优势。

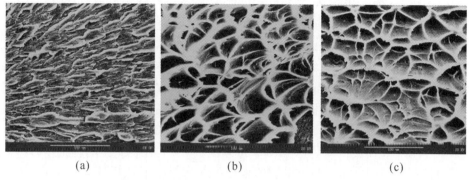

图 5 - 21　PET 添加不同成核剂样品断口的 SEM
(a) PET＋苯甲酸钠；　(b) PET＋Surlyn；　(c) PET＋FH2

表 5 - 10　增强 PET 的性能对比

性能	30％GFPET	EMC - 330	EMC - 330K	EMC - 630	30％GFPBT
拉伸强度/MPa	150	147	150	132	130
断裂伸长率/％	2.1	2.2	2.1	2.2	2.5
弯曲强度/MPa	220	190	196	210	183
弯曲弹性模量/MPa	10 000	9 700	9 100		8 000
悬臂梁缺口抗冲击强度/(J·m^{-1})	90	70	98	72	85
热变形温度(0.45 MPa)/℃	250	245	245	225	215
热变形温度(1.86 MPa)/℃	225	220	220	210	190
成型时模具温度/℃	≥130	90～100	≥70	≥60	70

注:EMC 是日本东洋纺的增强 PET 牌号。

2)增强 PET 的增韧改性

PET 的缺点是耐冲击性差,这是由 PET 大分子链的刚性引起的。在制取增韧级 PET 时,大多采用和弹性体共混,或与聚合物共混,也可加入专门的添加剂。用于改进 PET 韧性的聚合物主要有各种弹性体和改性弹性体、马来酸酐(MAH)、丙烯酸乙酯(EA)或甲基丙烯酸缩水甘油酯(GMA)接枝改性的聚烯烃、乙丙橡胶(EPR)及苯乙烯-丁二烯(SB)嵌段共聚物等。不饱和烯烃共聚物,如(甲基)丙烯酸酯共聚物和乙烯-(甲基)丙烯酸酯共聚物等,也可采用上述聚合物与 PET 进行三元或多元共混。

20 世纪 80 年代初,美国杜邦公司利用该公司的超韧性尼龙和超韧聚甲醛的技术,成功地开发了超韧性玻璃纤维增强 PET 塑料——Rynite SST。该塑料的伸长率为 6.6％,是当时已工业化增强工程塑料中最高的(一般热塑性增强塑料的伸长率只有 3％左右)。用30％玻璃纤维增强的牌号是 Rynite SST - 35 超韧性 PET,其特点是特殊的耐冲击韧性,高耐热性,尺寸稳定,成型加工性良好,成型周期短,并具有 PET 的其他优点。

3)PET 的合金

PET 与其他聚合物共混,往往可以改变 PET 的结晶特性以及起到增韧的效果。

（1）PET/PC 合金。PET/PC 合金与 PBT/PC 合金的特性相近，它有良好的耐候性和阻燃性，主要用于汽车前格栅、通风孔及镜壳。

（2）PET/PBT 合金。PET 和 PBT 的相溶性极好，熔融共混可制得性能很好的 PET/PBT 共混合金体系。这种共混体系的成型收缩率低，尺寸稳定性好，能阻燃，耐热性好，电绝缘性能高，易加工，而且韧性和结晶速度也能得到控制。该种共混合金主要用作电子电器材料，可用来制造电视机和收录机的各种零部件，电子电器中各种用途的开关接插件，照相机、录像机、光学仪器的零部件及壳体，汽车方向盘，机械设备及仪器的壳体及零配件等。

（3）PET/聚烯烃合金。与 PBT 的情况相似，PET 与 PE 在化学结构上有明显的差异，不具有相溶性，只有对 PE 进行极性基团的接枝改性才能用于与 PET 的共混，最常用的办法是 PE 接枝马来酸酐，将 LDPE－g－MAH 引入 PET 以后可以提高 PET 的结晶速率、抗冲击强度、耐热性，还可以 PE 接枝甲基丙烯酸缩水甘油酯、PE 接枝乙烯基硅氧烷等。

（4）PET/LCP 合金。在 PET 中加入 LCP，可使 PET 的结晶速率和结晶度增加，这种影响随 LCP 含量增大更为显著，从而改善 PET 的成型加工性。由于 LCP 易于流动，可对 PET 熔体起到润滑的作用而导致共混物熔体黏度下降，这对加工薄壁制件和缩短成型周期很有利。LCP 成型过程中，大分子链依树脂流动方向取向呈刚性棒状大分子，似许多微纤维，从而起到一定的自增强作用。

此外，还有 PET/PPS、PET/PA66、PET/PSU 等合金。

5.4.2 聚酯新品种

PBT 和 PET 树脂虽然具有优良的综合性能，但若单独使用总有不足之处，大都要经过改性特别是玻璃纤维增强才能充分发挥其特性，拓宽其应用范围，而新型聚酯的发展将克服 PET 和 PBT 的许多不足，满足更多新的市场要求。

如前所述，热塑性聚酯是由不同的二元酸和二元醇缩聚制得的高聚物。由脂肪族二元酸和脂肪族二元醇合成的聚酯，熔点低，柔性好，一般作为聚酯弹性体、热熔胶及生物降解塑料等。用作工程塑料的热塑性聚酯通常是由芳香族二元酸和各种二元醇合成制得。人们研究了 PET 树脂的一系列同系物的性能与分子结构的关系，发现对苯二甲酸与直链二元醇构成的线型聚酯的熔点和玻璃化转变温度随二元醇碳数的增多而下降，结晶度和结晶化速率也不同。此外用萘二甲酸替换对苯二甲酸，用脂环族二元醇代替直链二元醇，可以制得有特殊性能的聚酯。已经商品化的几种热塑性聚酯的结构与密度、玻璃化转变温度和熔点见表 5－11。

表 5－11　几种热塑性聚酯的结构与密度、玻璃化转变温度和熔点对比

名称	结构式	密度 / g·cm^{-3}	T_g / ℃	T_m / ℃
聚对苯二甲酸乙二醇酯（PET）	$\begin{array}{c} O \quad\quad O \\ \Vert \quad\quad \Vert \\ -\!\!\left[C-\!\!\!\bigcirc\!\!\!-C-O-(CH_2)_2-O\right]_n- \end{array}$	1.34～1.40	70	256

续表

名称	结构式	密度 g·cm^{-3}	T_g ℃	T_m ℃
聚对苯二甲酸 丁二醇酯(PBT)	$\left[\begin{array}{c}O\\\parallel\\C\end{array}-\bigcirc-\begin{array}{c}O\\\parallel\\C\end{array}-O-(CH_2)_4-O\right]_n$	1.31~1.34	22	221
聚对苯二甲酸 丙二醇酯(PTT)	$\left[\begin{array}{c}O\\\parallel\\C\end{array}-\bigcirc-\begin{array}{c}O\\\parallel\\C\end{array}-O-(CH_2)_3-O\right]_n$	1.35	35	227
聚对苯二甲酸-1,4- 环己烷二甲酯(PCT)	$\left(\begin{array}{c}O\\\parallel\\C\end{array}-\bigcirc-\begin{array}{c}O\\\parallel\\C\end{array}-O-CH_2-\bigcirc-CH_2-O\right)_n$	1.23	82	290
聚萘二甲酸 乙二醇酯(PEN)	$\left[\begin{array}{c}O\\\parallel\\C\end{array}-\bigcirc\bigcirc-\begin{array}{c}O\\\parallel\\C\end{array}-O-(CH_2)_2-O\right]_n$	1.33	118	265
聚萘二甲酸 丁二醇酯(PBN)	$\left[\begin{array}{c}O\\\parallel\\C\end{array}-\bigcirc\bigcirc-\begin{array}{c}O\\\parallel\\C\end{array}-O-(CH_2)_4-O\right]_n$	1.31	76	245

5.4.2.1　聚对苯二甲酸-1,4-环己烷二甲酯(PCT)

聚对苯二甲酸-1,4-环己烷二甲酯,英文名称 poly-1,4-cyclohexylene dimethylene terephthalate,简称 PCT。

PCT 树脂由美国 Eastman Kodak 公司于 20 世纪 80 年代初工业化,最初用作地毯纤维和薄膜。80 年代中期,美国 GE 公司为寻求一种适于电子工业表面贴装技术(SMT)的耐热工程塑料,开发了其在工程塑料方面的应用。随之,Eastman 公司也推出了相应产品。日本东丽公司、日本 GE 公司采用美国 Eastman 公司和 GE 公司的技术生产同类产品。迄今,这两个国家生产的 PCT 工程塑料有近 20 多个品种牌号。

用环己烷二甲醇代替乙二醇得到的 PCT 树脂熔点为 287 ℃,长期使用温度达 171 ℃,比 PET 耐热性好,低结晶,防发雾,是具有高的强度和良好光学性能的透明聚合物,可用挤出和注塑成型加工,注塑时有优良的热稳定性和加工性,成膜收缩率仅 0.2%。

现出售的 PCT 工程塑料分纯 PCT 树脂、PCT 共聚酯及 PCT 合金三大系列产品。纯 PCT 树脂即以对苯二甲酸(或对苯二甲酸二甲酯)与 1,4-环己烷二甲醇(CHDM)缩聚而成的产物。共聚酯即以对苯二甲酸(或对苯二甲酸二甲酯)和 1,4-环己烷二甲醇为主,加入第三单体,或加入其他二元酸(或二元醇)共聚而得的产物。加入其他二元醇如乙二醇(EG),称醇改性 PCT 共聚酯(PCTG),加入其他二元酸如间苯二甲酸,称酸改性 PCT 共聚酯(PCTA),合金则是 PCT 与其他树脂如聚碳酸酯(PC)共混制得的材料(PCT/PC)。

从 PCT、PCTG、PCTA 出发,可以生产不同牌号的非阻燃增强、单阻燃、单增强和阻燃增强 4 个品级的工程塑料,经注塑、挤出、模压等成型工艺,制得各种制品。PCT 不同系列产品性能见表 5 - 12。

表 5 - 12　PCT 不同系列品种性能

项目	30%GF 增强 PCT	PCTG	PCTG 抗紫外线	30%GF 增强 PCTG	30%GF PCTG 阻燃增强	PCT 合金
密度/(g·cm^{-3})	1.61	1.23	1.24	1.45	1.56	1.45
吸水率/%	0.06	0.13	0.15	0.09	0.11	0.09
拉伸强度/MPa	145	45	51.3	107	115	107
弯曲强度/MPa	200	66		162	172	162
缺口冲击/(J·m^{-1})	70			130	140	130
无缺口冲击/(J·m^{-1})	520	冲不断	冲不断	760	790	760
洛氏硬度(R)	>115	102	99	>115	114	>115
热变形温度(0.45 MPa)/℃	>260	71	68			84
热变形温度(1.82 MPa)/℃	250	66	63			80
线膨胀系数/(10^{-3}℃$^{-1}$)	2.0	6.7	6.1	1.8	1.5	1.8
阻燃性	V0	HB	HB	HB	V0	HB
体积电阻率/(Ω·cm)	10^{15}	10^{16}		10^{13}	5×10^{15}	10^{15}
介电强度/(kV·m^{-1})	15	15		19	19	19
介电常数(1 MHz)	3.7	3.0		3.6	3.4	3.6
收缩率/%	0.2～0.7	0.2～0.5		0.1～0.2	0.1～0.4	0.1～0.2
流动性/cm		47	41			

　　与 PBT 和 PET 类似,PCT 切片必须添加各种助剂、填充剂,经过挤出造粒,才能用注塑、挤出、模压等成型方法加工成制品。加工助剂主要是各类稳定剂,如双酚 A 缩水甘油醚加成物、亚磷酸酯,以及防老化剂、抗氧剂等,填充剂有阻燃剂、抗冲击改性剂、结晶改性剂、玻璃纤维、云母、碳酸钙、滑石粉等。

　　Eastman 公司开发的玻璃纤维填充 PCT,称为 Ektar PCTG。其中:CG011 为 15% 玻璃纤维增强 PCT,适合于需要高温场合的应用(160 ℃);CG0041 为 40% 玻璃纤维增强 PCT,高温下抗蠕变能力显著;CG053 和 CG054 分别为 27.5% 玻璃纤维和 40% 矿物填充 PCT,应用在要求低翘曲的部件,如开关、传感器等;CG921 为 20% 玻璃纤维增强阻燃级,用于难填充部件及需要韧性好的部件。PCT 与聚苯硫醚相比,韧性好,耐开裂性好,成型加工周期短 50%,成本降低 15%,基本上可消除孔及边缘的溢料。

　　晨光化工研究院、北京市化工研究院、北京化工大学等科研院校,对 PCT 进行不同程度的开发。北京市化工研究院针对防射线的问题,以及了工业开发和试生产,进行扩试装置的建设。

PCT 类工程塑料结晶速率比 PBT 要慢,比 PET 要快,加工前要进行干燥,熔体温度需要控制在 $285\sim305$ ℃才具有良好的流动性。其模温通常也比较高,为 $90\sim125$ ℃。

PCT 树脂在 20 世纪 80 年代开发初期主要用作地毯纤维和薄膜材料,电子电器表面装贴技术(SMT)以及汽车工业促进了 PCT 作为工程塑料的使用。PCT 可以作为接线柱、开关、继电器、线圈轴、灯光反射座以及压力传感器的壳体等。PCTG 可作为光学零件、医疗器械、家庭日用品、体育用品的零部件使用,PCTA 则可以用于食品炊具、微波炉托盘等。

5.4.2.2　聚萘二甲酸乙二醇酯(PEN)

聚萘二甲酸乙二醇酯,英文名称 Polyethylene naphthalate,简称 PEN。

PEN 是 2,6 -萘二甲酸(NDA)或 2,6 -萘二甲酸二甲酯(DMN)与乙二醇的缩聚产物,所以 PEN 的合成与 PET 的合成大同小异。用典型的缩聚反应条件,采用熔融缩聚或熔融缩聚加上固相缩聚的工艺方法,通过酯化(或酯交换)、预缩聚、缩聚等步骤,可以获得符合特定相对分子质量要求的 PEN 树脂。PEN 既可用间歇法合成,也可用连续法合成,两种方法均已实现工业化生产。

PEN 综合性能好,便于加工,用途广泛,不但具有 PET 的特性,而且几乎所有性能都优于 PET,是一种综合性能优良的通用工程塑料,具有很高的阻隔性和耐热性,在包装领域是 PC 和玻璃的竞争对手,但价格较贵。PEN 的主要性能见表 5 - 13。

表 5 - 13　PEN 与 PET 树脂的基本性能对比

性能	试验方法 (ASTM)	单位	PEN	PET
密度	D792	$g \cdot cm^{-3}$	1.33	1.34
熔点	DSC	℃	265	252
玻璃化转变温度	DSC	℃	118	70
热变形温度	D648	℃	100	70
拉伸强度	D638	MPa	74	55
断裂伸长率	D638	%	≥250	≥250
弯曲强度	D790	MPa	93	88
弯曲弹性模量	D790	MPa	2300	2200
悬臂梁抗冲击强度	D256	$J \cdot m^{-1}$	30—35	30—45
表面硬度(R)	D785		M90	M80
吸水率	D570	%	0.2	0.3
气体透过系数(对 CO_2)		$cm^3 \cdot cm(m^2 \cdot s \cdot Pa)^{-1}$	3.7	13
气体透过系数(对 O_2)		$cm^3 \cdot cm(m^2 \cdot s \cdot Pa)^{-1}$	0.8	2.1
对 UV 阻挡性	UV 吸收光谱	阻挡纳米级波长以下光	380	310
有机物吸附性	正辛烷中浸 14 d	$mg \cdot g^{-1}$	200	1 200

PEN 的性能有以下特点。

(1)PEN 熔点高(265 ℃),长期使用温度大于 155 ℃,且耐热性好,它的玻璃化转变温度为 118 ℃,而 PET 只有 70 ℃。

(2)机械力学性能优良,PEN 的模量高,强度大。拉伸强度比 PET 高 35%,弯曲模量高 5%,PEN 的力学性能稳定,即使高温、高湿条件下,其模量、强度、蠕变、寿命等的变化也很小。

(3)PEN 收缩率小(小于 PET、PA 等),即使湿、热条件下制品尺寸仍相对稳定,如在 130 ℃潮湿空气中保持 500 h,PEN 的伸长率只下降 10%,180 ℃干燥空气中 10 h 后仍能保持 50%的伸长率,有韧性。

(4)PEN 最引人注目的特性之一就在于其高于其他热塑性树脂的阻气性。同样厚度的 PEN 膜的气密性远高于通用塑料,也高于 PA、PC、PPS、PET、PCT 等工程塑料。实验表明,PEN 具有与 PVDC 相当的阻气能力,对 O_2、CO_2、H_2O 的阻隔能力为 PET 的 3～5 倍,而且 PEN 的阻气性不受环境湿度的影响。

(5)PEN 具有良好的化学稳定性,表现在:PEN 水解速度慢,为耐水解的聚酯;PEN 对有机溶剂和其他化学介质稳定,对有机物的吸附性小,溶剂抽出量低;PEN 析出低聚物的倾向小,加工温度下分解放出低级醛少;PEN 能阻隔紫外线,耐 γ 射线辐射;PEN 制品透明性好,光泽度高,光稳定性好。PEN 还具有良好的电气绝缘性,无毒、无味。

PEN 合成时还可以同时加入其他二元酸或二元醇(如苯二甲酸、丁二醇等)共聚,从而得到改性的 PEN 共聚酯,如与对苯二甲酸的共聚物既降低了树脂成本,又保持了 PEN 特性,很有实用价值。现出售的 PEN 树脂主要有以下 4 种:

(1)PEN 100%均聚物。

(2)PEN 92%(物质的量分数)、PET 8%(物质的量分数)共聚物。

(3)PET 92%(物质的量分数)、PEN 8%(物质的量分数)共聚物。

(4)PEN 与 PET 的共混物。

PEN 的广泛实用性使各公司对 PEN 的兴趣与日俱增,20 世纪 90 年代以来,阿莫克化学公司率先建立了 PEN 单体生产厂,推出了 PEN 纤维、薄膜、成型件等众多产品。壳牌化学公司于 1994 年开始相继推出了近 10 个牌号的 HIPERTUF PEN 树脂,伊斯曼化学公司采用连续法生产 PEN 树脂,万吨级 PEN 树脂厂已于 1997 年 3 月正式投产,其目标是成为世界上最大的 PEN 均聚物、共聚物供应商。帝人公司早在 1989 年就研制了高功能 PEN 膜(商品名 TEONEX),建立了千吨级生产线,1996 年扩建后,1997 年产量已达万吨。1990 年,ICI 公司也建立了 PEN 双向拉伸膜(KALADEX)生产装置,1996 年扩大了生产规模。

PEN 商品化受到限制的原因是原料来源问题与价格问题,Mobil 公司和 Kobe Steel 公司联合开发了一种旨在降低 PEN 价格的新工艺。新工艺联合 Mobil 公司的沸石催化剂技术和 Kobe 公司的新的净化技术。实验表明,新工艺可显著降低 PEN 的成本。

PEN 及其共聚物或共混物的主要加工成型方法是中空吹塑以及熔融挤出成薄片再经纵向与横向拉伸取向制得双向拉伸 BOPEN 薄膜。

在 PEN 用途中,BOPEN 薄膜用量接近 50%,包装领域用量 35%,其他用途占 15%。BOPEN 薄膜主要作为电气绝缘材料使用,如用于电动机、变压器、绝缘线圈、电容器、柔性印刷线路板,头戴式受话机的振动膜、膜开关,录像带、录音设备、计算机、电影和录音机,以及录音带、绝缘带等。包装领域主要作为中空容器使用,如碳酸饮料瓶、矿泉水瓶、啤酒瓶、牛奶瓶、果汁饮料瓶、热封食品容器、医疗和化妆品包装等。

5.4.2.3　聚对苯二甲酸丙二酯(PTT)

聚对苯二甲酸丙二醇酯,英文名称 Polytrimethylene terephthalate,简称 PTT。

PTT 是 Shell Chemical 公司于 1996 年推出的一种新型热塑性聚酯,其主要原料是丙二醇(PDO)与对苯二甲酸。20 世纪 90 年代,德国 Degussa 公司也开发了丙烯醛路线生产 1,3 -丙二醇(PDO),美国壳牌公司又开发了环氧乙烷(EO)路线生产 PDO,促使 PDO 生产成本下降,这才使 PTT 得以工业化生产。

Shell 化学公司认为 PTT 作为一种新型工程塑料,具有与 PET 相近的高性能,与 PET 相似的优良成型加工性,为了赢得市场,力争将价格降到与 PET 接近。此外,PTT 还有耐化学试剂性、尼龙的回弹性,以及耐紫外线、低静电、低吸水率(吸水性 0.15%)等优点,并便于回收。

Shell 化学公司的 PTT 有纯树脂和玻璃纤维增强两大类,PTT 树脂和 30% 玻璃纤维增强 PTT 与其他几种工程塑料的玻璃纤维增强品级的主要性能对比列于表 5 - 14 中。

表 5 - 14　PTT 和几种通用工程塑料玻璃纤维增强品级的性能

性能	PTT		PET	PBT	PA66	PC	PA6
	树脂	30% 玻璃纤维	30% 玻璃纤维	30% 玻璃纤维	33% 玻璃纤维 (干)	30% 玻璃纤维	30% 玻璃纤维(干)
密度/(g·cm^{-3})	1.35	1.55	1.56	1.53	1.39	1.43	1.36
拉伸强度/MPa	67.6	159	159	115	172	131	160
弯曲弹性模量/MPa	2 760	10 350	8 970	7 600	9 000	7 590	9 000
热变形温度 (1.82 MPa)/℃	59	216	224	207	252	146	194
抗冲击强度/(J·m^{-1})	48	107	101	85	107	107	112~181
成型收缩率/%	2	0.2	0.2	0.2	0.2	0.25	0.2

从表 5 - 14 中可以看到,增强 PTT 的热变形温度比增强 PBT、PC 和 PA6 都高,抗冲击强度在这几种增强塑料中也是较高的,而它的弯曲弹性模量高达 10 350 MPa,是增强通用工程塑料中最高的,比增强 PBT 高出约 50%。

PTT 树脂还可用于制造地毯、人造短纤类的纤维、单丝、薄膜、无纺布等,玻璃纤维增强 PTT 可在汽车、电子、仪表等部门与增强尼龙 6 和尼龙 66 相竞争,特别是可以应用于要求尺寸稳定性高的场合。

5.4.2.4　聚萘二甲酸丁二酯(PBN)

聚萘二甲酸丁二酯(PBN)是 2,6 -萘二甲酸和 1,4 -丁二醇的缩聚物,英文名称 Polybutylene naphthalate,简称 PBN。

PBN 的耐热性比 PBT 高 20 ℃,结晶速度比 PBT 快,因而容易加工,成型周期可以缩短。PBN 的主链有萘环结构,使它具有类似液晶特性,显示优良的流动性。用 PBN 制备薄壁制件要比用 PBT 制备的制件的强度高,特别适合制作小型、薄壁制品。PBN 耐水解性比 PBT 和 PET 好,对气体和有机溶剂(包括汽油等)的阻隔性优。PBN 还具有自润滑性,动摩擦因数小,因而有优良的耐磨耗性,耐磨耗性要比 PBT 和 POM 都好。

PBN 开发的早期主要用于制备双向拉伸薄膜。随着移动电话和个人电子计算机的小型化、高集成化,电子部件要进行表面装饰,与进行表面贴装技术(SMT)相适应。早先采用的塑料材料大都是特种工程塑料,如聚苯硫醚、尼龙 46、LCP 等,价格昂贵。PBN 引入萘环结构代替苯环,与丁二醇缩聚后的产物 PBN 的熔点提高到 245 ℃,并能多次回收再利用使用,很快被用于 SMT 技术。用作工程塑料的 PBN 有纯树脂和玻璃纤维增强树脂两大类,它们均有阻燃级,主要性能列于表 5 - 15 中。

表 5 - 15　PBN 的主要性能

性能	单位	试验方法(ASTM)	PBN 树脂		30％玻璃纤维增强 PBN	
			不阻燃级	阻燃级	不阻燃级	阻燃级
密度	g·cm^{-3}	D792	1.31	1.40	1.53	1.63
吸水率(23 龙水中/24 h)	％	D570	0.10	0.10	0.08	0.07
拉伸强度	MPa	D638	65	67	155	155
断裂伸长率	％	D638	87	30	6.0	5.0
弯曲强度	MPa	D790	81	91	219	218
弯曲弹性模量	MPa	D790	1 920	2 240	7 670	9 080
缺口抗冲击强度	J·m^{-1}	D256	34	30	81	75
无缺口抗冲击强度	J·m^{-1}	D256	不断	750	830	750
表面硬度		D780	M102	M100	M106	M106
热变形温度(1.82 MPa)	℃	D648	76	77	217	213
燃烧性		UL94	HB	V - 0	HB	V - 0
体积电阻率	Ω·cm	D257	>10^{16}	>10^{16}	>10^{16}	>10^{16}
介电强度	kV·mm^{-1}	D149	42.2	49.6	72.9	66.1
介电常数(1 kHz)		D150	3.57	3.69	4.10	4.15
介电损耗(1 kHz)		D150	3.9×10^{-3}	3.6×10^{-3}	4.0×10^{-3}	3.5×10^{-3}
耐电弧性	s	D495	84	36	108	72

5.5　热塑性聚酯的成型加工

5.5.1　热塑性聚酯的成型加工特性

PBT 和 PET 这两种树脂都是高结晶性聚合物,有明显的熔点。温度到达熔点前,树脂不熔化,但温度一旦超过熔点,树脂就熔融而发生流动,熔体黏度迅速下降。温度超过 300 ℃即分解变色,发生热降解。因此,这两种热塑性聚酯树脂成型加工时的温度控制很重要。图 5－22 是增强 PBT 的差热分析(DSC)曲线。图 5－22 表明,PBT 树脂发生熔融的温度范围为 213～223 ℃,低于此范围的树脂不熔化、不流动,PET 树脂工业产品的熔程为 256～265 ℃。因此,这两种树脂的加工温度分别在它们的熔程以上至 290 ℃之间,即 PBT 树脂一般在 230～270 ℃,PET 树脂在 270～290 ℃,加工温度范围相对较窄。

典型品级 PBT 的熔体黏度与温度的关系如图 5－23 和图 5－24 所示,30％玻璃纤维增强 PBT 在其成型温度下的熔体黏度与标准注塑级的聚甲醛相当,属于低黏度范畴,在玻璃纤维增强塑料中是流动性良好的一种材料,但黏度对温度的依赖性比聚甲醛大,而与聚酰胺相近。PET 在不同温度下表观熔体黏度与剪切速率的关系如图 5－25 所示,可以看出 PBT 和 PET 树脂在熔融状态下的流变特性为非牛顿型。其表观熔体黏度与剪切速率有关,可调节压力以增大剪切应力或剪切速率,达到降低熔体黏度。

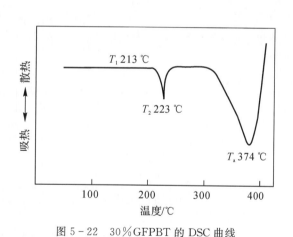

图 5－22　30％GFPBT 的 DSC 曲线

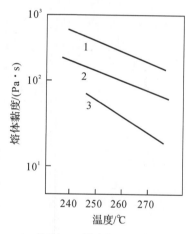

1—普通级(30％玻璃纤维)2 MPa；

2—普通级(30％玻璃纤维)10 MPa；

3—高流动级(为增强)2 MPa

图 5－23　PBT 的熔体黏度与温度的关系

成型加工方法不同,要求树脂的相对分子质量也有所不同。成型聚酯瓶所用的 PET,相对分子质量一般在 $(2.6～3)×10^4$,特性黏数在 0.73～0.90 dL/g 的范围内。两步法双轴拉伸成型,可选用低黏度的 PET。如采用注塑成型法,则选用中黏度 PET,而一步法直接吹塑成型则选用高黏度 PET。制备增强 PBT 和 PET 工程塑料需选用较高黏度的树脂,增强

PBT 和增强 PET 与其他增强塑料相比具有良好的成型流动性,因此可以制得较薄的制品。

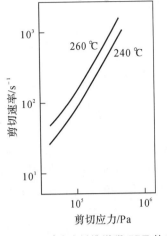

图 5 - 24　30%玻璃纤维增强 PBT 的剪切
速率与剪应力的关系

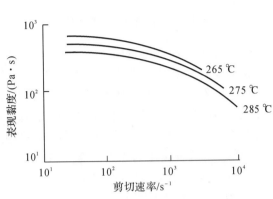

图 5 - 25　PET 在不同温度下表观黏度
与剪切速率的关系

5.5.2　PBT 的成型加工

5.5.2.1　注塑成型

目前,PBT 的成型加工大多数采用注塑法(见表 5 - 16)。由于 PBT 的玻璃化转变温度处于室温附近,它的结晶化就能充分快速地进行,注塑时模温可以较低,成型周期也可以缩短,而且被加热的物料在模腔内的流动性也非常好。

表 5 - 16　PBT 树脂典型注塑工艺条件

项目	数值	项目	数值
粒料干燥条件	130 ℃/3～4 h,或 120 ℃/4～5 h	注射压力/MPa	60～100
料筒后部温度/℃	210～230	注射时间/s	10
料筒中部温度/℃	220～250	冷却时间/s	15
料筒前部温度/℃	220～250	总周期时间/s	30
模具温度/℃	30～80		

1)设备

PBT 的注塑可采用柱塞式或螺杆式注塑机,其中又以单螺杆式注塑机为最好。但对于小型 PBT 制品,柱塞式注塑机一般也可满足要求。采用单螺杆式注塑机时,一般采用三段式螺杆,以确保 PBT 物料的熔融塑化。螺杆的有效长度为 16～20D(D 为螺杆直径)。为了避免塑化时 PBT 熔融物料溢出喷嘴,应采用自锁喷嘴和带止逆环的螺杆头,以便有效地达到缓冲长时间加压带来的熔体流延问题,料筒和止逆环之间的间隙应不大于 0.6 mm。

2）模具

由于 PBT 的结晶速度快，成型周期短，为了能够通过物料塑化时的背压来抵消冷却时出现的体积收缩，在设计模具时，应避免将浇口、分流道尺寸计算得太小。喷嘴孔一般要扩展成大于 1°的锥形，以防止脱模时拉断喷嘴浇道。模具采用自隔热浇口分流道对 PBT 的注塑是适宜的，但分流道截面直径不能小于 1.5 mm。

3）成型工艺

增强 PBT 典型制品的注塑工艺条件见表 5-17。

表 5-17　增强 PBT 典型制品的注塑工艺条件

工艺条件	线圈绕线管	回扫变压器	汽车零件	照相机零件	外壳
一次成型数量/个	4	1	2	4	1
制品总质量/g	30	40	40	10	300
料筒前部温度/℃	180	180	200	235	215
料筒中部温度/℃	210	210	230		235
料筒后部温度/℃	235	230	250	250	255
喷嘴温度/℃	230	235	240	255	240
一次注射压力/MPa	80	95	140	170	100
二次注射压力/MPa	40		80	40	70
螺杆转速/(r·min⁻¹)	70	60	100	200	50
模具温度/℃	50	65	60	70	55
注射时间/s	8	3	10	10	30
冷却时间/s	15	20	30	10	40

料筒温度：PBT 的熔融温度为 220～225 ℃，最适宜的料筒温度为 230～270 ℃，此温度范围内能有良好的成型加工性能。温度低于 230 ℃，物料不能充分熔融，缺乏流动性；高于 270 ℃，则容易使物料发生热老化现象，从而使制品的韧性下降，但色泽不会发生明显变化。在注塑阻燃级 PBT 制品时，料筒温度应比通常低 10～20 ℃。

模具温度：PBT 的结晶化在 30 ℃时即能充分进行，因此 PBT 在注塑时的模具温度一般均可控制得较低，未增强 PBT 模温在 60 ℃左右，增强 PBT 模温在 80 ℃左右。在上述模具温度下，能得到表面光泽度很高的制品，而且也有利于脱模。

PBT 在注塑过程中，如果成型尺寸精密的制品，模具温度的波动幅度不应大于 4 ℃，否则，不仅影响充模注射，而且还会影响制品的尺寸稳定性。

5.5.2.2　PBT 的二次加工

PBT 可进行涂装、黏结、超声波熔接、攻丝及其他机械加工等多种二次加工。

PBT 制品的外观光滑，耐热性好，适宜进行高温烘烤涂装，采用的涂料有丙烯酸酯、聚氨酯、醇酸树脂等系列。其在 120～170 ℃范围内烘烤，可形成密实而有光泽的涂膜。

PBT 的黏结,可采用环氧树脂、丁腈橡胶、聚氨酯系列的黏结剂(以环氧树脂为最好)。采用超声波熔接,其黏结效果比使用黏结剂更为优异。另外,PBT 还可进行车、削、铣、刨及钻孔等机械加工,也具有优良的二次加工性。

5.5.3　PET 的成型加工

5.5.3.1　注塑成型

(1)加工 PET 可用螺杆式或柱塞式注塑机进行,对于长纤维增强的 PET,因粒料中纤维呈束状分布,与树脂混合不够好,只能用螺杆式注塑机成型。最好选用顶部带有止逆环的突变形螺杆,其表面硬度大而且耐磨损,长径比 $L/D=(15\sim20):1$,压缩比约为 3:1。长径比 L/D 太大,物料在料筒内停留时间过长,过度受热,易引起降解,影响制品性能。压缩比太小,剪切生热小,易塑化不良,制品性能差。反之,会使玻璃纤维较多地断裂,力学性能下降。加工玻璃纤维增强 PET 时,料筒内壁磨损较厉害,料筒要用耐磨材料制造或者衬以耐磨材料。

喷嘴以短为好,内壁要磨光,孔径要尽可能大一些,以液压自锁式喷嘴为好。喷嘴要有保温和控制温度的措施,来保证喷嘴不会冻结、堵塞。但喷嘴温度也不可太高,否则会造成流延。

开始成型之前,用低压聚乙烯或 PET 的回头料把料筒清理干净,然后投入新料进行生产。如因设备故障、改换模具等需中断生产不超过 1 h 时,可先切断电源,让料筒温度保持在 $240\sim250$ ℃,排出料筒中的物料,并将螺杆停于机筒最前端;如超过 1 h 或更换其他物料,则应用低压聚乙烯将 PET 顶出。若停留过久是,物料已经发黑,必须拆机清洗。

(2)设计模具时,玻璃纤维增强 PET 的收缩率根据塑料在型腔中的流动情况一般可在 $0.4\%\sim0.8\%$ 之间选取。设计模具的流道,要尽可能减小熔融塑料的压力降,避免采用较高的熔融温度。流道以粗而短为最好;表面积和横截面积之比要小,以圆形流道为好。一般可采用普通流道,要求主流道的锥度大于 5°,以便于清除冷料和便于脱模。

熔融态的 PET 为假塑性流体,而且流动性好,所以可选用点浇口或潜伏式浇口,这两种浇口由于断面小,剪切作用大,有利于降低 PET 的表观黏度,便于成型。但浇口若太小,则压力降增大,所以浇口以偏大为好。尤其是玻璃纤维增强的 PET,注塑的浇口不应小于 1 mm。浇口的数量也应多一些,可采用多点浇口,以防由于玻璃纤维取向而使制品产生翘曲变形。在避免喷射的前提下,浇口要开设在制品最厚处,可避免流动阻力大和冷却过快,保证其能充满模腔。此外,浇口开设方位最好能正对着型腔壁或粗大的型芯,以提高制品质量,避免产生表面缺陷。

制品的熔接缝处应开设排气槽,以提高熔接缝强度,避免熔接缝表面轮廓不清、制品产生气孔等问题的产生。小型制品可直接利用分型面或一些导柱间隙排气。同时还在模具中开设冷料穴,避免因冷料进入模腔而影响制品质量。此外,模具表面硬度要大,必须磨光,高温成型时,要求模具采用耐热钢材,模具的顶出杆、导柱、滑块等都要淬火处理。

(3)PET 对缺口很敏感,成型时尖角处容易出现应力集中,降低承受载荷的能力,在受力或冲击时易发生破裂,所以制品外形应尽量设计得平滑而有规则,尽量避免尖角。因此,应在平面与平面交接处接上圆角,并在可能范围内放大圆角半径,一般取 $0.7\sim0.87$ mm。

厚度变化较大的区域应有过渡区。一般在制品中应尽量避免凹陷出现,特别是玻璃纤维增强后,更不允许设计凹陷。

设计制品壁厚时,首先应考虑塑料在成型条件下要容易充满模腔,其次是制品壁的强度和刚度必须满足使用要求。在此前提下,壁以薄一些为佳。若壁太厚,浪费原料,延长成型周期,并使制品容易出现缩孔、翘曲等现象;壁太薄也不行,一般应大于 2 mm。比较大的平面处,应设置加强筋,以防弯曲变形。壁厚应力求均匀,以防冷却和收缩不均匀而产生内应力。为便于脱模,制品的脱模斜度应大于 1°。嵌件应选用与 PET 热膨胀系数接近的金属材料制成,而且要避免有锐利的棱角,最好经预热后再放入模具。

(4)PET 加工温度范围窄,温度会给制品的性能以很大的影响。因此,料筒温度的选择是控制产品质量的重要因素。所选料筒温度,应有利于物料的充分塑化,最好能在进入喷嘴前,熔料各部分温度尽量趋于一致,而且分解物最少,流动性最好。玻璃纤维增强 PET 的注塑料筒温度一般控制在 270~290 ℃,但不得超过 300 ℃。喷嘴温度控制在 240~250 ℃。

模具温度根据制品厚度的不同分别选用低模温和高模温。成型厚度小于 2 mm 的薄壁制品时,可采用低的模温(50~70 ℃)。得到的制品外观一般,适宜于常温下使用。如果要在高温条件下使用,或对尺寸精度要求比较高,还需要进行后处理。而当厚度大于 2 mm 时,需要采用 140 ℃的高模温,适宜于外观、硬度、耐腐蚀要求高的制品。中模温(70~120 ℃)一般避免使用。

加工玻璃纤维增强 PET 时,螺杆转速低最好小于 100 r/min,以免损伤玻璃纤维而降低制品性能,还要防止因摩擦生热而使熔体温度过高。

注射压力一般为 40~100 MPa,通常随玻璃纤维含量的增大,或随制品厚度的增大而增加,但不能超过 100 MPa,否则将发生脱模困难,且损坏模具。

一般情况下,背压只需注射压力的 10%~20%,但对玻璃纤维增强 PET,背压不可大于 0.3 MPa,否则玻璃纤维断裂过多。

增强 PET 在注塑时,料筒温度应严格控制在 300 ℃以下,当温度高于 304 ℃时,将会引起树脂的热分解。此外,为了避免树脂的热分解,停留时间应尽可能短一些。

由于增强 PET 在其熔点以上的温度下具有良好的流动性,因此可在较低的注射压力下成型,一般为其他增强塑料注射压力的 1/2~2/3。

模具温度的准确控制是保证增强 PET 制品质量的重要因素。表面光泽度要求高的外装零件制品:成型时的模具温度为 120~150 ℃;当模具温度在 50~65 ℃时,可制得翘曲变形极小的制品。

不同玻璃纤维含量 PET 的典型注射成型工艺参数见表 5-18。

表 5-18　玻璃纤维增强 PET 的注塑工艺

注塑工艺参数	玻璃纤维(GF)含量		
	15%	30%	45%
料筒后部温度/℃	249~271	278~294	278~294
料筒中部温度/℃	260~277	289~300	289~300

续表

注塑工艺参数		玻璃纤维(GF)含量		
		15%	30%	45%
料筒前部温度/℃		271~288	289~300	289~300
物料熔融温度/℃		280~300	289~300	289~300
喷嘴温度/℃		282~299	289~300	289~300
模具温度/℃		56~78	93~121	56~78
背压/MPa		<0.34	<0.34	<0.34
螺杆转速/(r·min^{-1})		40~80	慢~中	40~80
干燥时间		153 ℃/3~4 h	127~138 ℃/4~5 h	153 ℃/3~4 h
物料投放料体积占比/%		40~80	30~80	40~80
注射压力/MPa	一次压力	60~80	70~101	80~110
	二次压力		35~69	40~70

5.5.3.2　PET 片材成型

PET 片材是热塑性片材中力学性能和韧性最好的片材之一,其透光率可达 90% 以上,广泛应用于电影片基、电气绝缘材料,以及食品、药品、油脂、茶叶等包装领域,并可能用作彩色立体照相的相纸。成型 PET 片材主要包括原料预处理、熔融挤出、片材成型及牵引收卷 4 个阶段。

预结晶和干燥是 PET 片材能否顺利挤出的关键,必须严格控制。粒料经 150~160 ℃ 逆向流动的热空气加热,在预结晶器中预结晶,使 PET 树脂的结晶度达到 15% 左右,然后进入立式干燥器。树脂在沸腾状态下干燥,热风吹入温度为 150~160 ℃,树脂含湿量要求小于 0.005%。

PET 树脂在挤出过程中挤出机各段的温度为:加料段 210 ℃,塑化段 280 ℃,计量段 300 ℃。PET 树脂的整个熔融挤出过程即加热、塑化及定量、定压、定温下从机头挤出的过程。一般采用屏障型螺杆,以防止原料在挤出过程中发生波动。

从扁平口模挤出 PET 树脂的温度为 285~300 ℃,经过短短的几秒由三辊冷却压光机压光,并骤然降到 60 ℃ 左右,迅速转变为玻璃态,使原料从无定形态迅速变为具有低结晶度的准结晶结构。由于结晶 PET 大分子链段密集排列、间隙缩小,增强了分子间的作用,因此对聚合物的性能发生影响,使 PET 片材的刚性、强度、尺寸稳定性、气密性及电性能都得到改善。RET 片材经过双向拉伸后成为 BOPET 膜,具有优异的力学性能和透明性。

适合挤出片材的 PET 树脂的特性黏数为 0.62~0.66 dL/g。

5.5.3.3　PET 的挤出吹塑成型

高熔体黏度(HMV)PET 树脂可适于挤出吹塑成型,如杜邦公司的 Selar PET、伊士曼公司的 PET 13339,称为挤出吹塑级 PET。

HMV PET 必须干燥后才能进行挤出吹塑。通常用流动速率为 0.06 CMM/(kg·h)（其中 CMM 表示 m³/min），露点低于−30 ℃的 170 ℃左右的空气对 HMV PET 干燥 4～6 h,使其含湿量低于 0.005%,干燥后要避免与湿气接触,因为 HMV PET 非常容易吸湿,相对湿度为 50%、温度为 22 ℃的空气中放置不到 10 min,含湿量即超过 0.005%。

挤出机螺杆的长径比可取 25∶1 或 28∶1,以使 HMV PET 充分塑化。如果要求高产量,例如采用转盘式吹塑机械,那么推荐使用长径比为 30∶1 的挤出机。机筒温度可从进料段的 288 ℃逐渐降至计量段的 270 ℃。HMV PET 的黏度较高,要采用低阻力机头,以避免出现过人的机头压力或过高的熔体温度。型坯机头模口可为收敛式或发散式结构,收敛角或发散角取 15°～22°,机头应适当加热,其温度一般取 260 ℃,以把离开模口的熔体温度控制在 280 ℃以内。机头应避免出现冷区,冷区将使 HMV PET 结晶。HMV PET 没有腐蚀性,吹塑模具可以采用铝或钢制成,嵌块要用铜锻合金制成。模腔应抛光,以保证瓶子的光泽度与透明度。

HMV PET 挤吹的循环时间一般为 8～12 s,其中大部分时间花在模具的冷却上。模具的冷却分 3 段进行:颈部与底部段约取 10%,使之强制冷却;模体段取 40%,以保证瓶子的外观性能,各冷却段之间要隔热。模具还必须有足够的排气能力设计,以保证制品和模腔接触良好。

5.6　热塑性聚酯的应用

5.6.1　PBT 的应用

相对于 PA、PC、POM 等通用工程塑料,PBT 虽然发展的历史还不长,但由于性能优良,目前已经获得了较为广泛的应用。它主要是用来制作电子电器、汽车、机械设备以及精密仪器的零部件,以取代铜、锌、铝及铁铸件等金属材料,酚醛树脂、醇酸树脂及聚邻苯二甲酸二烯丙酯(DAP)等热固性塑料,以及其他一些热塑性工程塑料。PBT 中 43.7%用于电子电器工业,36.1%用于汽车工业,10.7%用于代替其他一些热塑性工程塑料,10%代替金属压铸材料。

5.6.1.1　电子电器

PBT 制作电子电器零部件,主要是利用了它优良的耐热性、阻燃性、电气绝缘性、成型加工性,加入 10%～30%玻璃纤维增强的 PBT,耐热性可达 160～180 ℃,长期使用温度为 135 ℃,用作电子电器零部件,具有优良的耐焊锡性以及高温下的尺寸稳定性。

阻燃性是电子电器零部件的一个重要指标,增强 PBT 在加入阻燃剂后,阻燃性均能达到 UL94 V0 级的标准。近年来,出现的非析出型阻燃 PBT,为其在电子电器工业上的应用开拓了新的领域。

PBT 的体积电阻率高,吸湿性小,从而可消除由于吸湿而使电性能下降的弊病。PET 离子性杂质含量极小,用作电器零件的外壳材料,对内部元件不会带来不良影响,且 PBT 的介电强度高,因此可用于高电压零部件上。此外,PBT 优良的成型加工性又为其制备结构复杂的电子电器零部件提供了良好的条件。

(1)连接器、开关零件。用于电器连接器和开关零件的塑料,虽然已有 DAP、增强聚碳酸酯和尼龙等多种塑料,但在集成电路(IC)插座、印刷电路基板、角形连接器等方面目前多采用 PBT。上述零部件大多是用锡焊加以焊接,材料需有较高的耐热性和尺寸稳定性;零部件在焊好以后,焊剂需要洗净,材料又需有良好的耐化学介质性。PBT 能够很好地满足上述要求。况且,PBT 成型周期要比热固性塑料短得多,这也是用 PBT 取代 DAP 等热固性塑料的重要原因之一。另外,用 20%~30%玻璃纤维增强 PBT 制成的多种接线柱,耐热性可达 180 ℃。

(2)家用电器。PBT 工程塑料用于彩电和黑白电视机的各种变压器骨架、接插件、管座,收录机和音响骨架、录像机压带臂等。用于冰箱的温控开关、接线盒,电熨斗外壳,在邮电行业中用于程控交换机部件和光纤包覆。在机械和仪表行业中用于中小电机,用作机床电机保护开关的上盖凸轮、低压电柜的接线座、煤气表的模盒摇臂,还用作节能灯壳、灯座以及开关面板、插线板等。

5.6.1.2 汽车

(1)外装零件。采用 PBT 制造的汽车外装零件,主要有后转角格栅、发动机放热孔罩等。在用 PBT 制造后转角格栅时,应很好地解决涂料的密着性和成型时的翘曲现象。发动机放热孔罩要求能耐热 150 ℃,目前一般采用玻璃纤维增强 PBT 制造。

(2)内装零部件。采用 PBT 制造的汽车内装零部件,主要有内镜撑条、刮水器支架和控制系统阀。内镜撑条以前大多采用锌压铸件,是用螺钉直接固定在车身上的,主要要求有良好的刚性。选用增强 PBT 能满足这一要求,还可减轻质量,并且不会因车身的振动和吸湿而使其性能有所下降。一般采用增强 PBT 内镜撑案代替锌压铸件,成本可降低 38%,质量可减轻 70%。

刮水器支架以往多采用不锈钢压制件和锌压铸件,和内镜撑条一样,采用玻璃纤维增强 PBT 制造,也可达到降低成本和减轻质量的效果。

汽车控制系统阀门包括真空控制阀、制动系统调节阀、混合器控制阀、进口温度控制阀和真空转换阀等。它们在 120~150 ℃范围内使用,必须具有较高的刚性。阀门具有复杂的结构形状和较高的尺寸精度,要求能经受焊接和超声波熔接等二次加工,并且应具有优良的耐燃料油性能。采用增强 PBT 制造汽车控制系统阀门,使用寿命可长达 5 年以上。

(3)汽车电器零件。PBT 还被用于制造汽车各种电器的零件,如汽车点火线圈绕线管和各种电器连接器等。

5.6.1.3 机械设备

在机械设备上,玻璃纤维增强 PBT 主要制作一些零部件使用于有耐热、阻燃要求的部位上,如视频磁带录音机的带式传动轴、电子计算机罩、水银灯罩、电熨斗罩、烘烤机零件以及大量的齿轮、凸轮、按钮等。

近年来,PBT 已被大量用于电子手表的制造。以前,电子手表的安装方式是把半导体集成电路装配在引线框架上,用环氧树脂之类的热固性塑料将晶体振子、补偿电容器、电池、液晶元件等电子零件起密封黏结,但是在封装时,容易形成缝隙及内应力,现改用 PBT 制成复杂形状的外壳,便能很好解决产生缝隙和成型不良的问题。

PBT 还被大量用来制造照相机的零件,如照相机罩壳、镜筒、阻尼调整环、距离调节器、补偿环等。它具有密度小、对冲击能量吸收力大、遮光以及使复杂结构整体化等优点。如用 PBT 制造的照相机罩和镜筒,可以同时满足外装光泽和内装消光加工的要求。另外,PBT 还可作为缓冲材料在连接紧固上发挥作用。

在坦克装甲车辆中,PBT 主要用作电器装配部件如开关、配电盘、接插件、电机转子、线圈架、线圈、保险丝盒、电路保护器、齿轮座、安全带、把手和需要涂装的零部件。添加导电填料的 PBT,可阻挡电磁波对坦克装甲车辆内电子元件的干扰。

5.6.2　PET 的应用

PET 主要用于纤维,少量用于薄膜、包装容易和工程塑料。PET 纤维主要用于纺织工业。PET 薄膜主要用于电气绝缘材料,如电容器、电缆绝缘,印刷电路布线基材,电机槽绝缘等。PET 薄膜的另一个应用领域是片基和基带,如电影胶片、X 光片、录音磁带、录像磁带、电子计算机磁带,还用于食品、药品、油脂、茶叶等包装领域。在军事上其可用于声波屏蔽和导弹的覆盖材料等。PET 薄膜也应用于真空镀铝(也可镀锌、银、铜等)制成金属化薄膜,如金银线、微型电容器薄膜等。

玻璃纤维增强 PET 适用于电子电器和汽车行业,用于各种线圈骨架、变压器、电视机、录音机零部件和外壳、汽车灯座、灯罩、白炽灯座、继电器、硒整流器等。PET 工程塑料目前各应用领域的耗用比例为:电子电器 26%,汽车 22%,机械 19%,用具 10%,消费品 10%,其他 13%。目前 PET 工程塑料的总消耗量还不大,仅占 PET 总量的 1.6%~3%。但由于 PET 工程塑料制造中的一些关键技术问题已经解决,而 PET 价格比 PBT 和聚碳酸酯低,其力学性能优于 PBT,其潜在市场是相当大的,今后 PET 的应用前景较好。

玻璃纤维增强 PET 工程塑料的应用如下:

(1)电子电器。用作微电机集电器、小型直流电机的线圈框架、大型线圈骨架、分流器、电熨斗开关与套罩、开关或配电装置的零件与外壳、继电器部件和外壳、整流器外套、交流电机元件、照明灯插座、电信工程用插头与插座接插件、马达端部罩。

(2)汽车工业。用于发动机用的真空泵壳体、传动系统的推力垫、燃料系统的内燃机燃料油过滤器、电子点火系统的外壳、动力系统发动机的凸轮盖和闸、风扇罩、空气流动传感器外壳、感应线圈元件、底架操作部位的齿条与小齿轮外壳、格栅和仪表板、风挡刮水器马达外壳及托架、气候控制部位的空调器离合器、燃料液面传感器、门把手等。

第6章 聚苯醚

6.1 概　述

人们在研究聚对苯时发现,聚对苯如同聚乙炔,为导电高分子聚合物,热稳定性极高,570 ℃热失重仅为10%。但这种聚合物分子链极刚,不能流动,脆性很大,必须用粉末冶金方法才能烧制成型为塑料制品,或用预聚体法才能制成为复合材料,总体上加工性能很差。

为了改善聚对苯的流动性,人们成功地在苯环主链上引入了柔性基团—O—或—S—,作为对苯基之间的柔性间隔基团。

在苯环主链上引入柔性基团—O—的聚合物称为聚苯醚,这种苯环上没有取代基的聚苯醚产物相对分子质量低,产率不高,应用价值不大。

在苯环主链上引入柔性基团—S—的聚合物称为聚苯硫醚(PPS),其初期也难以合成相对分子质量大的聚合物(一般合成的相对分子质量为 4 000~5 000),但可以通过热交联提高相对分子质量,添加玻璃纤维提高力学性能,这些方法仍保持了 PPS 耐高温、耐腐蚀的优异性能。后来合成技术经过改进也能直接合成线性高相对分子质量的 PPS。PPS 将在本书第 7 章中进行详细介绍。

1957 年,美国 GE 公司的 Allan S. Hay 报道了 PPO 的合成专利:采用 2,6 -二甲基苯酚为单体、铜-氨络合物[二甲胺:氯化亚铜为 4:1(物质的量之比)]为催化剂,通过氧化-偶合反应原理制出了线性高相对分子质量的聚 2,6 -二甲基-1,4 苯醚(2,6 - Dimethy - 1,4 - phenylene oxide 或 2,6 - Dimethyl - 1,4 - phenylene ether),简称 PPO(Polyphenylene oxide)或 PPE(Polyphenylene ether),它使得 PPO 得以快速发展。

现有商业化的聚苯醚就是这种聚 2,6 -二甲基 1,4 -苯醚,其化学结构式如图 6 - 1 所示。

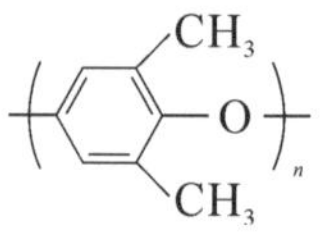

图 6 - 1　聚 2,6 -二甲基 1,4 -苯醚(PPO)的分子式

目前,市场上的聚苯醚商品主要为苯乙烯改性的聚苯醚(Modified Polyphenelene Oxide),简称 MPPO,或简称 MPPE(Modified Polyphenylene Ether)。这种改性聚苯醚保持了 PPO 的诸多优异性能,同时大幅度改善了其加工性。其各用途占比:电子电器约

72％,汽车工业约 11％,机械工业约 8％,特种纤维约 3％,其他领域约 6％。

继 1957 年 Allan S. Hay 发明 PPO 的合成技术以后,美国 GE 公司于 1964 年在美国纽约州的 Selkirk 建立了世界上第一家生产聚苯醚的工厂,以注册商标为 PPO 的商品投入市场。聚苯醚具有优良的力学性能及特性,但熔融流动性差,加工困难。为了改善其加工流动性能,GE 公司于 1966 年将聚苯醚与聚苯乙烯共混改性获得成功,注册为商标名 Noryl 的商品并投入市场,从此美国 GE 公司的改性聚苯醚便加快了发展速度,直至现在该公司的此类产品在世界仍居主导地位,其生产能力占全世界的 80％ 以上。

改性聚苯醚(MPPO)的商品都是用 PPO 与高抗冲聚苯乙烯(HIPS)共混制成,改性聚苯醚保留了聚苯醚耐热、耐水、低蠕变等优点,还具有成型加工性优良,成型收缩率小,尺寸稳定性高,吸水率低,电性能及耐热性优异,耐水解,耐酸碱,密度低,易使用非卤素阻燃剂达到 UL94 V0 级标准等综合优点。使得改性聚苯醚广泛应用于办公设备、家用电器、电子工业及汽车工业。由于有以上多项优点,改性聚苯醚在 20 世纪 80 年代得到迅速发展,成为五大通用工程塑料中用量排第五的品种。

在 MPPO 投放市场的十几年中,GE 公司几乎垄断了世界市场,直到 1979 年日本旭化成公司以自己的独特改性技术,即苯乙烯接枝法生产 MPPO 获得成功,注册商标名为 Xyron 以后,才打破了 GE 公司独家垄断的格局。1983 年,美国 GE 公司的有关聚苯醚原始专利权期满以后,德国巴斯夫(BASF)公司及赫尔斯(Hills)公司均将其改性聚苯醚产品投入市场,前者的商品名为 Luranyl,后者的商品名为 Vestorant。日本三菱公司及住友化学工业公司等也都开始生产改性聚苯醚。现世界上生产改性聚苯醚的还有荷兰 GE 公司、日本 GE 公司以及美国的 Borg – Wamer 公司(现已并入美国 GE 公司)。

MPPO 在 20 世纪 80 年代发展最快,在 20 世纪 90 年代上半期仍保持较快的发展速度,到 20 世纪 90 年代下半期,几乎无增长。1986 年,美国 GE 公司推出聚苯醚与聚酰胺共混改性产品,商品名为 Noryl GTX,改善了聚苯醚的耐有机溶剂性及耐油性,同时也改善了聚酰胺的耐潮湿性,成功用于汽车工业,现占改性聚苯醚市场的 10％。MPPO 的弱点是耐光性差,长时期在阳光及荧光灯下使用有变色问题,因此与阻燃 ABS 及阻燃 PC/ABS 合金在制造箱体领域竞争激烈,但 MPPO 的阻燃不用含卤素阻燃剂,对环境无污染。美国 GE 公司已开发出耐光性较好的产品,不断增强在市场上的竞争力。

我国自 20 世纪 60 年代初,在上海、天津等地曾有多个单位开展 2,6 -二甲酚合成及制取聚苯醚的研究工作,上海合成树脂研究所于 20 世纪 60 年代后期完成实验室研究工作并进行扩大试验,70 年代初在上海远东塑料厂建立百吨级装置试产,80 年代通过中试技术鉴定。上海市合成树脂研究所做了有关聚苯醚的基础性研究工作,发表了多篇论文,在聚合反应机理、铜含量对 MPPO 热老化性能的影响及中控分析方法等方面做了较系统的研究。在单体 2,6 -二甲酚的研究工作中采用复合型催化剂,同时对铁系催化剂也做了探讨;研究成功了间歇法聚合技术,并研制及生产了通用 MPPO 阻燃级、耐热级、玻璃纤维增强级等多种型号产品。

北京市化工研究院较系统地开展了有关聚苯醚的科研工作,1985 年完成 50 t/年中试,在催化剂的制备、2,6 -二甲酚单体合成、聚合工艺、改性技术等方面取得研究成果后,又进行了百吨级 PPO 的扩大试验,为千吨级工业性技术开发工程提供了必要的技术参数,经过原化工部第六设计院的协作设计,建成生产能力 2 300 t/年 2,6 -二甲酚工业生产装置、连续聚合法 2 000 t/年 PPO 工业生产装置及 4 000 t/年 MPPO 的工业生产装置,并已生产多种牌号产品。其中生产的开发牌 MPPO M106 及 M109G20(含玻璃纤维 20%)获得美国 UL 94 V0 级阻燃认证(厚度 1.57 mm),并在电子电器工业获得了广泛应用,为推动我国 PPO 和 MPPO 的发展做出了突出的贡献。

2013 年,从事 MPPO 的生产研究主要有上海太平洋化工集团公司合成树脂研究所、北京化工研究院、福建多菱工程塑料有限公司等。广东东莞生益覆铜板公司和陕西国营 704 厂等对热固性工程塑料聚苯醚树脂进行了实验室阶段的研究工作。2013 年以后,经过重组后国内聚苯醚树脂产量获得很大提升。中国是改性聚苯醚产品消费大国,2019 年需求量为 14.39 万 t,同比增长了 11.7%,但聚苯醚原料制造能力不强,2019 年聚苯醚原料有效产能否是 3 万 t,国内企业 PPO 的市场份额仅为 18.5%。五大通用工程塑料中,我国 PPO 及 MPPO 与发达国家技术水平和产业化差距最大,尤其是 PPO 树脂的产业化能力。表 6-1 为 2022 年国内聚苯醚树脂生产企业及其产能。

表 6-1 2022 年国内聚苯醚树脂生产企业及其产能

序号	生产企业	成立时间	注册资金/万元	年产能/万 t
1	南通星辰合成材料有限公司	2000 年	80 000	3.0
2	南通星辰合成材料芮城分公司			2.0
3	邯郸市峰峰鑫宝新材料科技公司	2013 年	30 000	1.0
4	大连中沐化工有限公司	2018 年	3 333	0.9
5	盘锦三力中科新材料有限公司	2018 年	45 000	0.03
6	鑫宝唐山新材料科技有限公司	2020 年	4 286	4.0
	合计			10.93

数据来源:艾邦高分子网站。

在聚苯醚类产品中,大约 30% 的产品为聚苯醚(PPO),70% 的产品为改性聚苯醚(MPPO),表 6-2 为 2004 年世界范围内 PPO 及 MPPO 的产地及产量分布。

表 6-2 2004 年 PPO 及 MPPO 的产地及产量分布 单位:t/年

区域	公司	产地	PPO	MPPO
北美	GE 塑料	美国	100	170
欧洲	GE 塑料	荷兰		26
	BASF	德国		6
	Hüls	德国	35	97
亚洲	旭化成	日本	15	35
	住友	日本		73
	三菱工程塑料	日本		10
	住友化学	日本		5
	PXS	新加坡	30	48
	GE	韩国		7
	日超工程塑料	中国		12
	合计		180	489

6.2 聚苯醚的合成

6.2.1 单体 2,6-二甲酚的合成

聚苯醚树脂的单体 2,6-二甲酚是一种熔点为 42.5～44.5 ℃ 的白色晶体,该单体可以从煤焦油、油页岩中分离得到;也可以间二甲苯为原料,经氯化或磺化,再碱解得到;还可以苯酚和甲醇等基本化工原料合成制得,其中以苯酚和甲醇在催化剂作用卜进行甲基化反应的技术路线最成熟,经济效益好,为当前国内外普遍采用。其反应式为

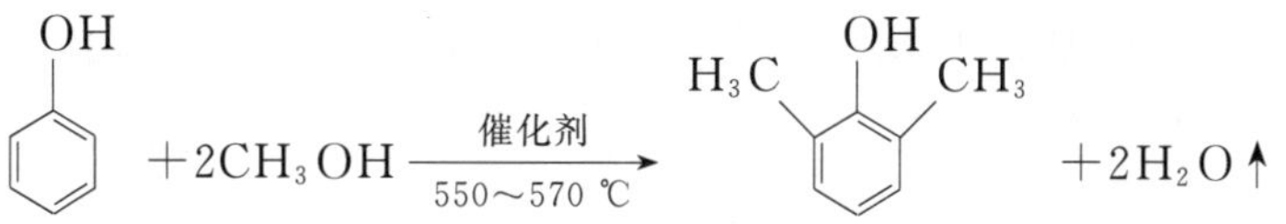

$$\text{(苯酚)} + 2CH_3OH \xrightarrow[550\sim570\ ℃]{\text{催化剂}} \text{(2,6-二甲酚)} + 2H_2O\uparrow$$

(6-1)

由于反应温度很高,催化剂表面易结炭,使用寿命短,并影响产品质量和成本。选择高效催化剂或对现有催化剂体系进行改进,以降低反应温度,提高催化剂的活性、选择性和寿命是这一生产路线的关键。

所用催化剂多以氧化镁为主体并添加其他金属氧化物。北京市化工研究院及上海市合成树脂研究所也都以氧化镁为催化剂主体,研究开发了合成 2,6-二甲酚的技术。美国 GE 公司发表了多篇有关该种催化剂的技术,大都为了提高催化剂的活性及对 2,6-二甲酚的选择性,例如 Gregory L. Warner 所发明的专利,将碳酸镁在含少量氧气的氮气条件中,在 350～440 ℃ 温度下灼烧制成氧化镁,进一步经过过热水蒸气处理后对 2,6-二甲酚的选择率可达到 92%。

6.2.2 2,6-二甲酚的聚合

聚苯醚的合成是在铜-胺络合物(一般以氯化亚铜和仲胺制得)的催化作用下,向含 2,6-二甲基苯酚的有机溶液中通入氧气,使 2,6-二甲基苯酚进行氧化-偶合反应而制得,反应通式为

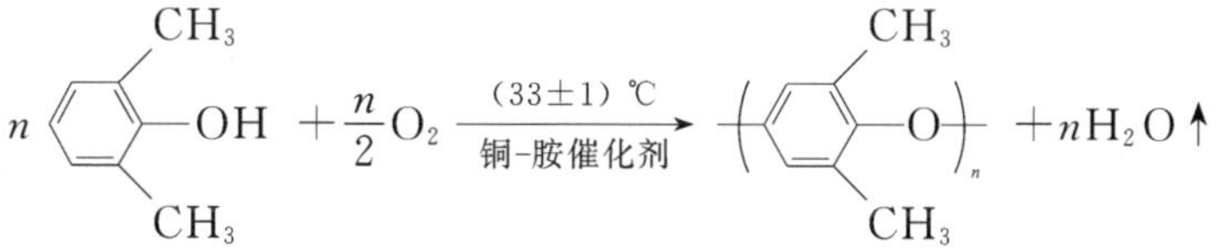

$$n\ \text{(2,6-二甲酚)} + \frac{n}{2}O_2 \xrightarrow[\text{铜-胺催化剂}]{(33\pm1)\ ℃} \left(\cdots O\right)_n + nH_2O\uparrow$$

(6-2)

聚合反应机理十分复杂,学说众多,A.S. Hay 的实验说明氧不是直接与 2,6-二甲苯酚起反应的,而是通过铜-胺催化剂与之起作用。受到催化剂作用,2,6 二甲酚经氧化产生含氧自由基的化合物[1],经偶合成为环已二烯酮化合物(Cyclohexadienone)[2],再经酮醇化(Enolization)重组形成二聚体[3],反应式为

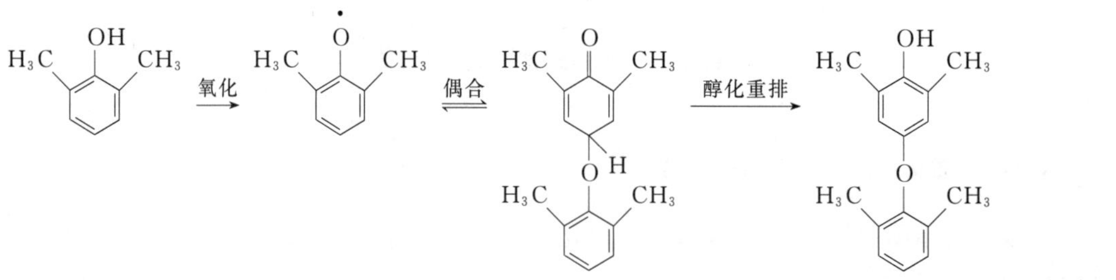

$$(6-3)$$

氧化作用使二聚体[3]再产生二聚体自由基[4],并能与其他已存在的自由基偶合,若两个二聚体自由基偶合就形成了醌醚中间体[5],再经酮醇化就形成三聚体自由基[6]和二甲苯氧自由基[1],反应式为

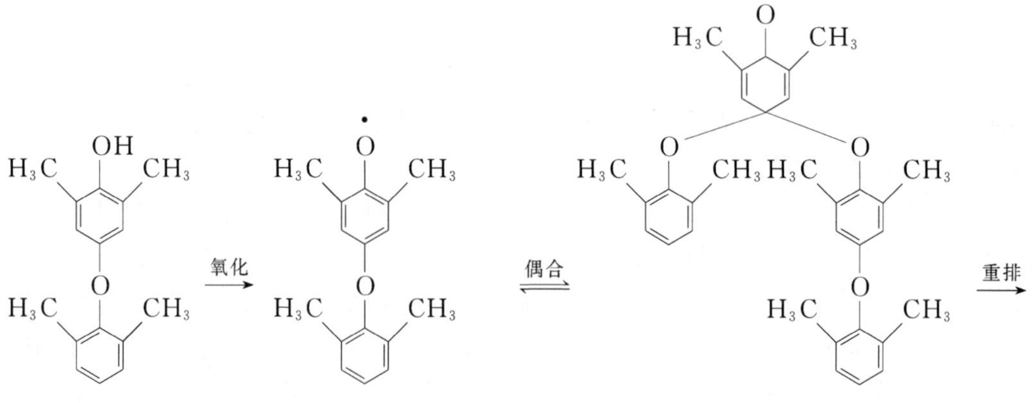

$$(6-4)$$

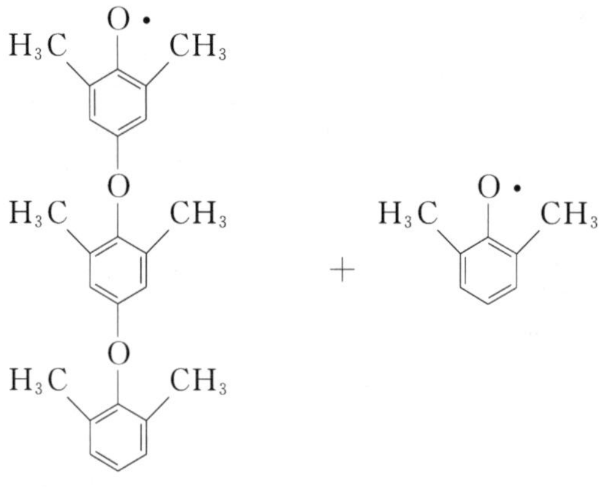

三聚体自由基[6]与2,6-二甲基苯氧自由基[1]偶合、酮醇化形成四聚体[7]。如此反应下去便可以产生更高相对分子质量的低聚物。然而,聚合反应不仅是一个单元加一个单

元地进行,氧化可以发生在单体上,也可以发生在多聚体上,偶合可以发生在多聚体与单体上,也可发生在多聚体之间。因此在这里的氧化-偶合反应从机理上应归类于逐步聚合反应(Step polymerization),若从聚合产物的化学组成来说属于自缩聚反应。整个反应机理为

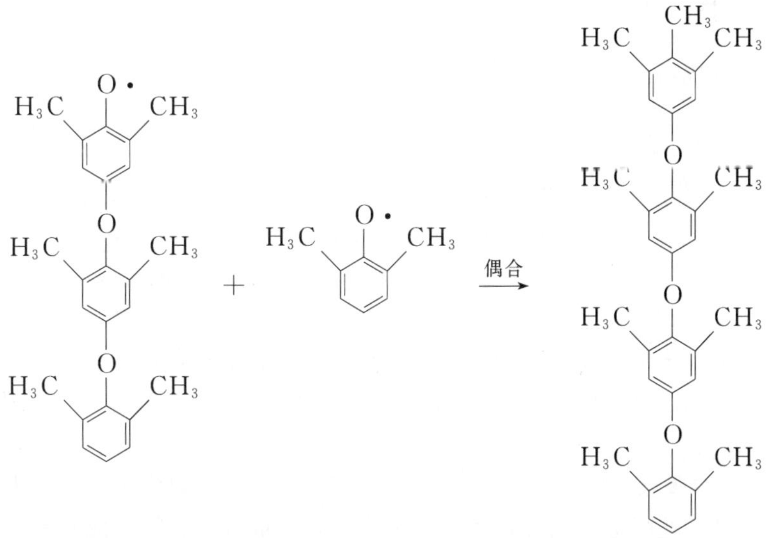

$$(6-5)$$

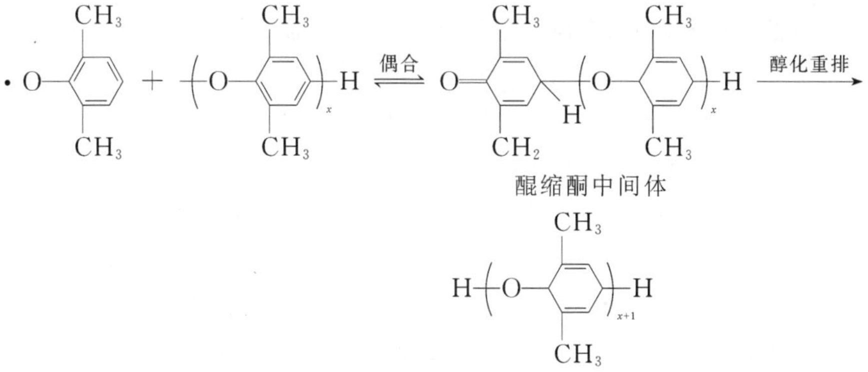

$$(6-6)$$

聚苯醚的合成按其反应介质的不同,有以下两类聚合方法。

(1)均相溶液聚合法。该法是以聚合物的溶剂(吡啶、苯、甲苯或氯苯等)为反应介质,在铜-胺络合物催化下,通氧使单体偶合聚合。在达到一定要求的黏度时,将反应液注入甲醇或丙醇中,使溶液中的 PPO 树脂沉析。再经过滤、淋洗、干燥,即可得到聚苯醚树脂原粉。

这条工艺路线生产的产品质量好,且产率高。但反应中生成的水与溶剂不相混溶,而且形成的水相会钝化催化剂,所以需加脱水剂或使用耐水解的催化剂。

(2)沉析聚合法。该法是以溶剂(吡啶、苯、甲苯或氯苯等)与沉析剂(甲醇、乙醇、丙酮、异丙醇等)的混合液为反应介质,在铜-胺络合物催化下,通氧使单体偶合聚合。反应生成的PPO 直接从反应介质中沉淀出来,即边聚合边沉淀。后续再经过滤、淋洗、干燥,就可得到

聚苯醚树脂原粉。

MPPO 的制备:将特性黏度为 0.5~0.55 的 PPO 树脂 70 份与 HIPS 30 份,以及稳定剂(如亚磷酸二苯乙酯、六甲基磷酰胺等)2 份、阻燃剂 6~9 份、玻璃纤维 20%~30%加入双螺杆挤出机共混挤出即可制备得到。

6.2.3 聚合技术

6.2.3.1 聚合工艺

现行的聚合工艺有间歇法和连续法,早期开始生产的装置用间歇法,20 世纪 80 年代中期以后的技术多为连续法。连续法设备投资和生产成本较间歇法低,产品质量均匀,生产过程中传热效率较好,容易消除反应所产生的热量,由副反应生成的二苯酮较间歇法的少,因此颜色也较浅。由于在聚合工艺过程中用甲苯作为溶剂,氧气作为参与反应的原料之一,而甲苯的闪点为 4.4 ℃,其蒸气与空气混合能形成爆炸性混合物,爆炸极限为体积分数 1.27%~7.0%,因此一定要有可靠的安全措施。从安全方面考虑,连续法也比用搅拌釜式的间歇法更具有优势。

2,6-二甲酚的氧化-偶合聚合反应是在络合物作载氧中间体的条件下进行的,因此严格控制单体的纯度、选择适宜的催化体系是提高树脂质量、产率、降低成本的重要因素。

1)单体的遴选及纯度要求

A. S. Hay 及其合作者于 1959 年发表了 2,6-二取代苯酚经以铜-胺络合物为催化剂氧化-偶合合成高相对分子质量聚苯醚的专利,此化学反应也可产生副产物二苯酮类化合物,反应式为

$$n \, \text{R} \!\!-\!\!\text{OH} + \frac{n}{2}O_2 \xrightarrow{\text{铜-胺}} \frac{n}{2} O\!=\!\!\!\text{R}\!\!=\!\!\!\text{R}\!\!=\!\!O + nH_2O\uparrow$$

(6-7)

1962 年,A. S. Hay 又发表了一篇 2,6 位不同取代基苯酚的催化氧化偶合化学反应对产物产率、相对分子质量和黏度的影响论文,结果见表 6-3。由表可见,采用 2,6-二甲基苯酚得到的聚合物产率最高,相对分子质量较大,特性黏数最高。

表 6-3 经氧化产生高聚物的 2,6-取代基苯酚

R_1	R_2	溶剂[①]	产率/%[②]	相对分子质量[③]	$[\eta]/(\text{dL} \cdot \text{g}^{-1})$[④]
甲基	甲基	A	85	31 000	0.72
甲基	乙基	B	82	25 400	0.40
甲基	异丙基	A	62	15 350	0.24
乙基	乙基	B	81	32 000	0.53
甲基	氯	A	83	71 000	0.47

续表

R₁	R₂	溶剂①	产率/%②	相对分子质量③	[η]/(dL·g⁻¹)④
甲基	溴	A	18		0.03
甲基	甲氧基	A	60	13 100	0.27
甲基	苯基	A	60		
苯基	苯基	B	46		0.05

注:①溶剂中 A 为吡啶,B 为 22%吡啶+78%硝基苯。
②沉析出的高聚物。
③渗透压法,在氯仿中于 25 ℃测试结果。
④在氯仿中于 25 ℃测试的黏度结果。

Hay 的论文还列出有些相对分子质量大的 2,6-取代基苯酚,例如:带有异丙基、叔丁基、甲氧基的 2,6-取代基苯酚,经过氧化偶合反应主要产生二苯酮;带有烯丙基取代基的苯酚只产生低相对分子质量油状物;带有两个氯和两个硝基取代基的则不起反应。

由 Hay 的论文可以看出用 2,6-二甲基苯酚作为聚合物单体是最适宜的,商业产品也大都是用 2,6-二甲酚作为单体的。德国 BASF 公司专利提出 2,3,6-三甲酚也可以作为单体使用。

对于 2,6-二取代苯酚单体纯度的要求很高,BASF 公司在以上同一专利中提出邻位单甲酚及对位单甲酚的含量应各低于 0.1%,最好是邻位单甲酚低于 0.05%,对位单甲酚含量低于 0.01%,更好的是间位单苯酚及多取代基酚低于 0.02%。邻位只有 1 个取代基容易产生支链及颜色深的产品。北京市化工研究院的实践认为:间位和对位二甲基苯酚对聚合速度不利,必须控制在最低含量。反应系统必须除水,对水分应严加控制。

2)催化剂

氧化偶合法合成聚苯醚所用的催化剂主要为铜化合物与各种胺所形成的络合物,同时含有溴离子或氯离子。也有一些用锰化合物及钴化合物作为催化剂的专利报道。制造催化剂所用的铜化合物可用氯化亚铜、氯化铜、溴化亚铜、溴化铜、氧化亚铜、氢氧化铜等,其中用铜的溴化物比用铜的氯化物制备的催化剂活性高。铜的卤化物可以在制备催化剂时用氧化亚铜(CuO)与氢溴酸、溴或盐酸临时配制,所用的胺可以是伯胺、仲胺、叔胺,以碱性强的为好,一般用二仲胺,即 $RHN—R'—NHR$,其中 R 为 $C_3 \sim C_8$ 的叔碳烷基,R' 为 $—CH_2CH_2—$ 或 $—CH_2CH_2CH_2—$,由于经济的考虑一般为 $—CH_2CH_2—$。

采用不同的铜化合物制备叔胺-碱式铜盐络合物的反应(其中的 A 代表叔胺或者仲胺)为

$$2(A)+CuCl+H_2O \longrightarrow H_2O \overset{(A)}{:} \ddot{C}u : Cl+\frac{1}{4}O_2 \uparrow$$
$$(A)$$

(6-8)

$$2(A)+Cu(OH)_2+HCl \xrightarrow{-H_2O} HO:\overset{(A)}{\underset{(A)}{\ddot{C}u}}:Cl$$

$$(6-9)$$

$$2(A)+CuCl_2+KOH \xrightarrow{-KCl} HO:\overset{(A)}{\underset{(A)}{\ddot{C}u}}:Cl$$

$$(6-10)$$

$$2(A)+\frac{1}{2}CuCl_2+\frac{1}{2}Cu(OH)_2 \longrightarrow HO:\overset{(A)}{\underset{(A)}{\ddot{C}u}}:Cl$$

$$(6-11)$$

铜-胺络合物催化剂与苯酚衍生物的反应过程为

$$\left.\begin{array}{l} HO:\overset{(A)}{\underset{(A)}{\ddot{C}u}}:Cl+\varPhi OH \longrightarrow \varPhi O:\overset{(A)}{\underset{(A)}{\ddot{C}u}}:Cl+H_2O \\[4mm] \varPhi O:\overset{(A)}{\underset{(A)}{\ddot{C}u}}:Cl+H_2O \longrightarrow (\varPhi O)_b+H_2O:\overset{(A)}{\underset{(A)}{\ddot{C}u}}:Cl \end{array}\right\}$$

$$(6-12)$$

以上反应式中(A)为叔胺或仲胺,$\varPhi OH$ 为苯酚衍生物,b 为 2 以上的数字。从反应式可以看出,催化剂能够不断地循环,苯酚衍生物的低聚物也不断地产生。再继续氧化-偶合反应,逐步缩聚,直至产生高相对分子质量的聚合物。

催化剂的配制:用作氧化偶合反应的铜-胺-卤素催化剂,以预先配制的活性为高,并且使用寿命长,尤其是连续聚合更需要预先配制,以便使各组分能够充分互相作用形成效力高的催化剂。在氮气氛围中配制,在溶剂甲苯中可以混入 15%～25% 的 2,6-二甲酚,配制时在带有搅拌及夹套的反应釜内混合,温度为 20～40 ℃或室温(即 25 ℃),搅拌 15～30 min,使其均匀,先将胺化合物加入,然后加入铜及卤素化合物,以便形成能够溶解的铜胺络合物。

为了抑制副反应产生二苯酮,反应温度不宜过高,一般在 30～50 ℃进行,提高铜-胺络合物对 2,6-二甲基苯酚的比例,也可以抑制副反应,Hay 提出在加料时不要一次将苯酚加入,而是将苯酚陆续加入正在通氧气的铜-胺络合物溶液中,用以提高铜-胺络合物对 2,6-二甲基苯酚的比例,得到的产品颜色较浅,也就是减少了副产物二苯酮的形成。

6.2.3.3 后处理

2,6-二甲酚经过在甲苯溶液中氧化偶合聚合达到要求的黏度以后,可以用盐酸水溶液使铜-胺络合物催化剂失去活性,聚合反应即停止。将所得反应液用盐酸水溶液进行萃取,以便铜、胺等分离出来,如图 6-2 所示。所用盐酸的浓度为 10%～30%,反应液与盐酸水溶液的比例为 50:1～15:1,两种液体逆向流入多层带有穿孔或其他形式塔板的萃取塔,盐酸水溶液由 3 至 2 自上而下流动,反应液由 1 至 2 自下而上流动,铜、胺等被酸溶液萃取出来由塔下部 4 流出,用氢氧化钠调节 pH 至 9.5~10.5,胺即分层出来,铜成为氧化铜沉淀下来,用倾析方法将二者分离。经过萃取脱除铜和胺的反应液,即含有聚苯醚的甲苯溶液由萃取塔 2 的上部流出,送入另一个装置用甲醇沉淀出聚苯醚。经过萃取后所得到的聚苯醚含铜量为 15 mg/kg 左右。

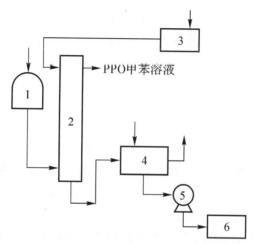

PPO甲苯溶液

1—反应液储罐;　2—萃取塔;　3—酸水溶液储罐;　4—倾析罐;　5—过滤器;　6—储罐

图 6-2　PPO 的后处理流程示意图

6.3　聚苯醚的结构与性能

6.3.1　聚苯醚的结构

PPO 主链中含有大量的酚基芳香环,并且两个甲基封闭了酚基上两个邻位的活性位点,空间位阻效应很大,造成分子链本身运动十分困难,聚合物具有很高的刚性。

PPO 中醚键—O—与苯环处于 p-π 共轭,使—O—提供的柔性受带两个甲基苯环的影响而大大降低,分子链依然以刚性为主,因此 PPO 具有较高的热稳定性和耐化学介质性。

PPO 中大分子链的刚性大,分子间作用力(排斥力)强,使 PPO 在受力时的形变减小,尺寸稳定,并阻碍了大分子的结晶和取向,难以结晶,在外力作用产生取向后,不易松弛,制品中残余应力难以自行消除,易产生内应力开裂,但比 PC 的内应力开裂现象小。

PPO 中无任何可水解基团,使其具有突出的耐水性,即使在沸水中煮 7 200 h,其拉伸、冲击性能也无明显的下降,分了链无极性,因而电绝缘性突出。

PPO 中端基为酚羟基,受热时易从端基处氧化,如其 T_g 为 210 ℃,长期使用温度仅为 120 ℃,可采用异氰酸酯封端处理或者加入磷酸酯类抗氧剂提高其热稳定性。

PPO 与 PS、HIPS 能够完全相溶,两者熔融后显示出单一的 T_g,使其熔融共混制备 MPPO 比较容易实现。MPPO 中 T_g 随 PS 或者 HIPS 组分呈线性下降比例关系:随 PS 或 HIPS 用量增加,流动性增加,熔体黏度下降,应力开裂性大大下降,但耐热性也线性下降。

6.3.2 聚苯醚及改性聚苯醚的性能

6.3.2.1 物理性能

聚苯醚(PPO)纯树脂为白色无毒的粉末,密度仅为 $1.06\sim1.07$ g/cm^3,与聚苯乙烯相近,溶解度参数大约为 18.4 (J/cm^3)$^{1/2}$,属无定型聚合物。MPPO 的密度小,无定形状态密度(室温)为 1.06 g/cm^3,熔融状态密度为 0.958 g/cm^3,是工程塑料中最轻的塑料,且无毒,经美国食品及药物管理局(FDA)及国家卫生基金会(NSF)认可,可用于制造医疗及食品用器材。

与其他塑料相比,PPO 具有很低的线膨胀系数(5.2×10^{-5}℃$^{-1}$),玻璃纤维增强后线膨胀系数更低(2.5×10^{-5}℃$^{-1}$),与金属铝(2.4×10^{-5}℃$^{-1}$)、镁(2.7×10^{-5}℃$^{-1}$)和锌(2.8×10^{-5}℃$^{-1}$)接近,因此常用于代替这些金属作为结构件使用。

PPO 及 MPPO 为非结晶性热塑性塑料,与聚甲醛、聚酰胺等结晶性热塑性塑料相比,其成型收缩率要小得多,几乎不发生由结晶取向引起的应变、翘曲,以及由成型后的再结晶所引起的尺寸变化。

PPO 与 MPPO 的耐水性优异,是工程塑料中吸水率最低的品种(见表 6-4)。耐沸水和水蒸气的能力十分突出(见表 6-5),即使在沸水中 7 200 h,其拉伸屈服强度不仅没有降低反而略有升高,伸长率和缺口抗冲击强度下降也不多。

表 6-4 几种聚苯醚的吸水率 单位:%

试验条件	PPO	MPPO	20%GFMPPO	30%GFMPPO
23 ℃/24 h	0.03	0.07	0.06	0.06
50% RH	0.03	0.07	0.03	0.03
长期浸水	0.10	0.14	0.14	0.12

表 6-5 MPPO 在 100 ℃沸水中老化后的力学性能

水中老化时间/h	0	240	720	2 160	4 320	7 200
拉伸屈服强度/MPa	63	65.5	65	69	67.5	70.5
伸长率/%	60	45	42	42	48	42
缺口抗冲击强度/(J·m^{-1})	180	160	150	150	160	150

6.3.2.2 力学性能

PPO 和 MPPO 均属强而韧的聚合物,具有很高的强度和模量、突出的耐蠕变性。PPO 的拉伸、弯曲强度高于 PC 和 POM,模量高于 PC 与 POM 接近,硬度和 POM 接近,抗蠕变性优于 POM 和 PC,略低于 PSU;MPPO 的力学性能略低于 PPO,与 PC 较为接近,基本上保持了 PPO 的优点(电性能、力学性能、耐水性能等)(见表 6-6)。

表 6 - 6　**PPO 和 MPPO 的基本力学性能**

性能	环境温度/℃	PPO	MPPO
拉伸强度/MPa	23	81.5	67.5
	93	56.2	45.7
拉伸模量/GPa	23	2.74	2.49
	93	2.53	1.61
断裂伸长率/%	23	20~40	20~30
	93	30~70	30~40
弯曲强度/MPa	−18	133.6	112.4
	23	116.0	95.0
	93	86.5	51.0
弯曲模量/GPa	−18	2.70	2.67
	23	2.63	2.53
	93	5.53	1.82
缺口抗冲击强度/(J·m^{-1})	−40	53.4	74.8
	23	64.1	96.1
	93	90.8	224.3
压缩强度(10%形变)/MPa	室温	116.0	115.3
蠕变量(14 MPa/300 h)/%	室温	0.5	0.75
洛氏硬度		M78、R119	M78、R119
摩擦因数		0.18~0.23	0.24~0.30

6.3.2.3　热性能

PPO 的脆化温度 T_b 为 −170 ℃,玻璃化转变温度 T_g 为 210 ℃,初始分解温度 T_d 为 350 ℃,熔融流动温度 T_f 为 260 ℃,热变形温度为 190 ℃,长期使用温度 T_l 为 120 ℃,短期使用温度 T_s 为 205 ℃。当有氧存在时,从 121 ℃到 438 ℃左右可逐渐交联转变为热固性塑料;其耐热性可达到热固性酚醛和聚酯的水平,且优于 PC、PA 和 ABS 等工程塑料。

MPPO 的耐热性低于 PPO,与 PC 接近,其 HDT 和 T_g 与 HIPS 含量有关,当 HIPS 含量由 0 升至 100%时,HDT 由 190 ℃降低至 70 ℃,而 T_g 由 210 ℃降低全 100 ℃,基本上呈现出线性变化的趋势。

6.3.2.4　电性能

PPO 与 MPPO 分子中无极性,也不吸水,玻璃化转变温度高,因此在宽广的温度范围(−150~200 ℃)和频率范围内(10~10^6 Hz)均保持了优异的电性能,是工程塑料中电性能最好的品种(见表 6 - 7)。它们可广泛应用于电子电器,尤其是耐高压的部件,如彩电中行输出变压器。

表 6 - 7　PPO 与 MPPO 的电性能

性能	试验条件	PPO	MPPO
表面电阻率/Ω	23 ℃/50％RH	1.0×10^{17}	5.0×10^{17}
	23 ℃/干燥	8.4×10^{17}	1.0×10^{17}
体积电阻率/(Ω·cm)	23 ℃/50％RH	7.9×10^{17}	
	55 ℃/干燥	9.4×10^{16}	
	121 ℃/干燥	9.6×10^{15}	
	183 ℃/干燥	4.2×10^{15}	
介电常数	23 ℃/60 Hz	2.58	2.64
	23 ℃/10^6 Hz	5.58	2.64
介电损耗因数	23 ℃/60 Hz	0.000 4	0.000 4
	23 ℃/10^6 Hz	0.000 6	0.000 9
	60 ℃/60 Hz		0.000 6
	60 ℃/10^6 Hz		0.000 6
	100 ℃/60 Hz		0.000 8
	100 ℃/10^6 Hz		0.000 5
介电强度/(kV·mm^{-1})		16.0～19.7	21.6

6.3.2.5　化学性能

PPO 与 MPPO 均具有优异的耐水性和耐化学介质性,对于以水为介质的化学药品(酸、碱、盐、洗涤剂等)无论是室温还是高温都能抵抗。

在受力情况下,矿物油、酮类、酯类会使 PPO 和 MPPO 产生应力开裂现象,卤代烃使其溶胀,其他试剂作用甚小。

6.3.2.6　阻燃性能

PPO 的氧指数为 29％,属于自熄性材料,HIPS 氧指数为 17％为易燃烧材料,MPPO 属 HB 级阻燃,MPPO 阻燃无须添加卤素阻燃剂,一般含磷阻燃剂就可使其达到 UL94 V0 级,如双酚 A-双(磷酸二苯酯)、间苯二酚-双(磷酸二苯酯)、磷酸三苯酯等,实现 MPPO 的无卤阻燃比较容易。

6.3.2.7　耐光性能

PPO 耐光性差,长时间在阳光或荧光灯下使用会变黄,其原因是紫外线能使芳香醚链结合变化所致。通常采用甲氧基取代的 2-苯基苯并呋喃与受阻胺类防紫外线剂配合使用,可以显著改善 PPO 以及 MPPO 的耐光老化性能。

6.3.3 聚苯醚的改性

PPO 最成功的改性就是采用聚苯乙烯共混改性,两者之间具有完全的相溶性。一定比例的高抗冲击聚苯乙烯与聚苯醚熔融共混,制得改性聚苯酸,在保持聚苯醚原有的综合性能基础上,大大改善了成型加工流动性能,使聚苯醚类产品得以推广应用,成为第五大通用工程塑料。目前约 90% 的聚苯醚是以改性后的 MPPO 应用的,被誉为最成功的工程塑料改性品种之一。聚苯醚问世的近几十年来,树脂改性的科研开发工作一直很活跃,改性的新品种、新工艺以及新型相溶剂等助剂层出不穷。北京市化工研究院、上海合成树脂研究所、中国科学院长春应用化学研究所以及一些高等学校,在这方面做了大量工作,并取得成效。现将国内外主要改性品种介绍如下。

6.3.3.1 聚苯醚/高抗冲击聚苯乙烯/弹性体三元合金

MPPO 的分子链刚性强,对缺口抗冲击强度敏感,加入 HIPS 后的缺口抗冲击强度有所提高,但一般不超过 15 kJ/m²,如图 6-3 所示。进一步提高体系的抗冲击强度,改善综合性能,则需加弹性体作增韧改性剂,这也是 MPPO 进一步向高性能化发展的重要方向。

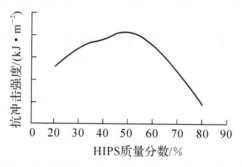

图 6-3　HIPS 含量对 PPO 抗冲击强度的影响

当前,MPPO 的增韧改性剂大多使用 SBS、EPDM、SEBS(将 SBS 的聚丁二烯嵌段部分进行催化加氢处理)等嵌段弹性体。其中以 SEBS 效果为好,不但改善了 MPPO 的抗冲击性能,也提高了耐老化性能。

采用熔融共混技术,将 PPO、HIPS、弹性体按一定比例在双螺杆挤出机中熔融混合,形成具有优异性能的 PPO/HIPS/弹性体三元合金,其拉伸强度为 64 MPa,弯曲强度为 115 MPa,抗冲击强度为 26 kJ/m²,热变形温度为 135 ℃。

6.3.3.2 聚苯醚与聚酰胺合金

聚苯醚树脂的耐热性、力学性能、电性能、尺寸稳定性及耐水性等方面都很优异,与高抗冲击聚苯乙烯共混以后改善了加工性能,广泛开拓了应用领域,然而 MPPO 耐有机溶剂及耐油性差,限制了部分用途。另外,聚酰胺类树脂的力学性能、耐有机溶剂及耐油性、耐磨性等性能优良,但尺寸稳定性、吸湿性、高荷重下耐热变形性等方面较差,为此将以上两种树脂共混制成合金可以弥补各自的缺点,使 MPPO 的耐有机溶剂及耐油性能提高,同时改善了 PA 的易吸湿等性能。

由于 PPO 与 PA 互相之间无相溶性,共混以后互相分离,必须加入大于 10% 的相溶剂才能够共混制成合金。目前一般用马来酸酐(MAH)作为相溶剂,MAH 降低两种树脂之间的表面张力,使聚苯醚分散于 PA 之中。从化学反应上来看,在共混过程中,相溶剂的作用是由两个嵌段聚合反应达成的,如图 6-4 所示。

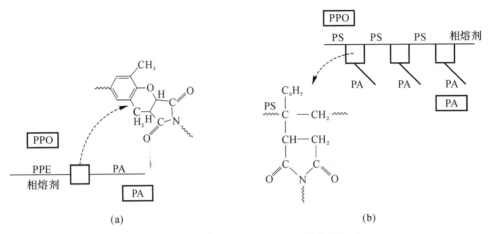

图 6-4　MAH 在 PPO 与 PA 之间的作用机理

图 6-4(a)是由马来酸酐的不饱和键与酚羟基反应将聚苯醚封端,而羧酸酐与 PA 的端胺基可以反应,这样就提高了 PPO 与 PA 之间的相溶性。图 6-4(b)是马来酸酐的不饱和键与聚苯乙烯接枝共聚,而羧酸酐与 PA 的端胺基可以反应,也提高了 PPO 与 PA 之间的相溶性。图 6-4(a)中的封端及图 6-4(b)中的接枝共聚都是通过自由基反应的,加入少量过氧化物引发剂有利于制备相溶剂。

制备 PPO/PA 合金时,PA 一般用 PA66 或 PA6,PPO 与 PA 的比例一般为 1∶1 左右,可根据对性能的要求适当调整,同时加入适当的添加剂,有的规格品种还加玻璃纤维,于 220～300 ℃用双螺杆挤出机共混造粒,制造 PPO/PA 合金的熔融共混工艺流程如图 6-5 所示。因 PA 是极性高分子材料,而 PPO 是非极性材料,二者缺乏相溶性,为此采用 PPO 熔融接枝马来酸酐的方法,制得带有酸酐官能团的接枝聚苯醚,即 PPO - g - MAH,然后将 PPO - g - MAH 和 PA 熔融共混,就制备出了 PPO/PA 合金。

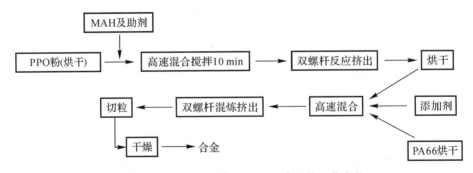

图 6-5　熔融共混制备 PPO/PA 合金的工艺流程

制备合金时,相溶剂要适量才有好的效果,由电子显微镜可以说明,如图 6-6 所示。图

6-6 中:图(a)为未加相溶剂,树脂互不相溶;图(b)为添加 8％相溶剂,树脂有相溶倾向;图(c)为添加 15％相溶剂,树脂相溶良好,聚苯醚均匀地分散在 PA 之中。相溶剂也不能加得过多,过多则使合金的耐热性降低。

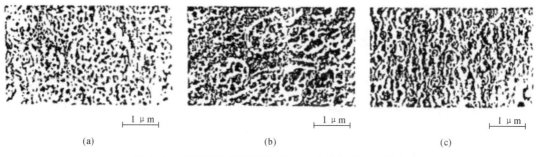

图 6-6 相溶剂含量对 PPO/PA 合金的相态结构影响

马来酸酐容易吸收水分成为马来酸,有腐蚀性,低毒,能刺激皮肤及黏膜,眼对其敏感,能破坏眼角膜引起视力障碍,应注意防护粉尘及气体。如不慎接触,应及时用大量水冲洗。

由于马来酸酐有一定的毒性,许多人在研究使用其他化合物作相溶剂,并发表了许多专利。例如,日本三菱化成用巯基羧酸系列化合物(如巯基丁二酸等)作为相溶剂。

GE 公司的专利曾提示丁二酸、柠檬酸、马来酸酐、富马酸及其衍生物都可以作为相溶剂使用,也可以将聚苯醚加上官能团使其能与 PA 相溶,例如用偏苯二酸酐酰氯与聚苯醚反应使之官能团化。

聚苯醚与 PA 合金的组分包括一般相溶剂和含有聚苯乙烯的改性物或是为了提高抗冲击强度加入含有聚苯乙烯的弹性体,同时加入磷酸酯系列阻燃剂等添加剂。

由于这种合金的性能优越,用途广泛,各有关公司开发出多种制造方法,并不断改进。例如将苯乙烯与马来酸酐共聚物(含有马来酸酐 10％)的 50 质量份与尼龙 6 的 50 质量份相混合,用双螺杆挤出机混炼,将制得的颗粒 40 质量份,聚苯醚 40 质量份,及含有苯乙烯的共聚物弹性体小于 20 质量份以及添加剂等组分相混合,再用双螺杆挤出机于 220～280 ℃混炼造粒,即得到合金。

为了提高聚苯醚与 PA 合金的抗冲击强度,旭化成工业公司推出用部分氢化 SBS(系指丁二烯嵌段的双键约 90％氢化,苯乙烯嵌段的苯环几乎不氢化的 SBS)及改性氢化 SBS(系指部分氢化的 SBS 与马来酸酐反应的改性物)作为弹性体制造合金的技术。

用部分氢化 SBS、改性氢化 SBS、马来酸酐改性聚苯醚(系指 PPO/100 质量份,2-叔丁基过氧化苯甲酰 1 质量份,马来酸酐 5 质量份混合改性物)与 PA 以不同配比得到抗冲击强度很高的合金,其组成及性能见表 6-8。

表 6-8　耐冲击 PPO 的组成与性能

PA/％	氢化 SBS/％	部分氢化 SBS/％	PPO-MAH/％	缺口抗冲击强度/(kJ·m⁻¹)		弯曲模量/MPa
				23 ℃	−20 ℃	
60	25		15	1.1	0.67	1 680

续表

PA/%	氢化 SBS/%	部分氢化 SBS/%	PPO‑MAH/%	缺口抗冲击强度/(kJ·m⁻¹)		弯曲模量/MPa
				23 ℃	−20 ℃	
60	15	10	15	1.11	0.48	1 660
60	5	20	15	1.13	0.40	1 630
50	25		25	0.70	0.52	1 510
	65	15	20	0.56	0.35	2 000

注:缺口抗冲击强度在干燥条件下按照 ASTM D256 测试,样品为 3.2 mm 厚带缺口。

GE 公司开发的技术是用部分氢化 SBS 三嵌段聚合物与部分氢化苯乙烯‑1,3‑丁二烯二嵌段共聚物的混合物,制造高抗冲击强度 PPO/PA 合金,所用两种嵌段共聚物的用量相等或二嵌段物多于三嵌段物。

玻璃纤维的增强效果会随合金中 PPO 与 PA 含量而异,同时也要受到作为基材的合金形态结构的影响,如果结晶性组分是连续相(即 PA 为连续相),其玻璃纤维增强效果也会显示结晶性聚合物的增强特征,即强度和耐热性略高而韧性较低(见表 6‑9)。

表 6‑9　不同体系合金的玻璃纤维增强效果

材料与性能	A 体系(PPO 连续相)				B 体系(PA 连续相)				
	对比	6‑1	6‑2	6‑3	对比	6‑4	6‑5	6‑6	6‑7
PPO/PA	100	100	100	100	100	100	100	100	100
玻璃纤维含量/%		11.4	14.6	18.0		11.95	16	20.34	25.44
拉伸强度/MPa	49.0	95.6	106.3	114.8	53.9	103.8	126.0	132.1	152.4
弯曲强度/MPa	78.4	164	171.6	185.2	100	178.9	183.5	185.9	228.2
缺口抗冲击强度/(kJ·m⁻²)	13.7	12.8	15.6	15.1	19.6	6.6	8.0	7	11.4
热变形温度(1.86 MPa)/℃	120	170	174	171	130	170.3	178	231	244.7

阻燃增强型合金,其阻燃效果明显低于纯阻燃合金,主要是玻璃纤维在基体中起到蜡芯作用,使材料更易燃烧。表 6‑10 为不同玻璃纤维含量的阻燃增强 PPO/PA 合金性能。由表 6‑10 可知,将玻璃纤维含量控制在 15% 以内,阻燃性能就可达 UL94 V0 一级。

表 6‑10　阻燃增强 PPO/PA 合金性能

性能	10‑1	10‑2	10‑3	10‑4	10‑5
PPO/PA	100	100	100	100	100
玻璃纤维含量/%	15	18.76	21.87	20.26	20.34
阻燃性	V0	V1	(HB)	V1	V1
离火熄灭时间/s	35	100	340	125	

续表

性　能	10 - 1	10 - 2	10 - 3	10 - 4	10 - 5
拉伸强度/MPa	62.9	115.3	78.1		132.1
弯曲强度/MPa	95.4	141.9			185.9
缺口抗冲击强度/(kJ·m⁻²)	6.9	6.4			7
热变形温度/℃	187	204	199		231

6.3.3.3　聚苯醚与聚烯烃合金

GE 公司于 1989 年推出聚苯醚与聚烯烃合金,主要是与聚乙烯的合金,商品名为 Noryl Xtra。制造这种合金所用的相溶剂为部分氢化聚 1,3 -丁二烯与聚苯乙烯嵌段共聚体,部分氢化是指 1,3 -丁二烯的 90% 双键被选择性氢化。聚苯醚与聚烯烃的组分比例为 1:1 左右,根据产品所需要的性能可以适当调整。100 质量份的聚苯醚与聚烯烃混合物需用相溶剂 10 质量份。

聚苯醚与 HDPE 的合金(40/60)的热变形温度为 93.3 ℃(0.46 MPa),HDPE 的热变形温度(0.46 MPa)仅为 75~80 ℃。显著提高单独 HDPE 的热变形温度,同时改善了聚苯醚的加工性能,所得合金尺寸稳定性和表面光泽性好,可制成 UL94 V0 级阻燃规格产品,GE 公司的产品牌号为 Noryl Xtra。由于聚苯醚有自熄性,燃烧时发烟量很低,这种合金可作为电气绝缘材料,适用于飞机、轮船及公共场所的建筑物等。

6.3.3.4　聚苯醚与聚苯硫醚合金

日本 GE 塑料公司采用新的相溶化技术,开发的玻璃纤维增强 PPO/PPS 合金,热变形温度高达 270 ℃以上,可满足电子电器零件表面安装技术等二次加工的要求,同时改善了 PPO 的耐清洗及耐溶剂性,开拓了新的应用领域。

大日本油墨化学工业公司开发出的聚苯醚与聚苯硫醚合金,商品牌号为 DIC PPS SE 系列产品,改善了聚苯硫醚的成型工艺性,尤其大幅度减少了注塑制品的飞边及翘曲变形等,提高了耐焊性,主要用于电子工业。

6.3.3.5　聚苯醚与 ABS 合金

PPO 与 ABS 皆为非结晶型树脂,可以采用掺混法进行合金化。该合金能显著提高 PPO 的抗冲击强度,改善应力开裂,同时保持 PPO 其他综合性能。

该合金改性剂 ABS 价格比 PPO 低廉,市场资源充沛,由于两相互熔,合金化工艺也较简单,是一种通用型 PPO 合金,适用于汽车制件及办公用品。

6.4　聚苯醚的成型加工

6.4.1　聚苯醚的成型工艺性

在熔融状态下 PPO 以及 MPPO 流变性能接近于牛顿流体,即在剪切速度增加时,熔体黏度并不会下降,这种黏度大、流动性差的 PPO 必须采用 315 ℃以上的高温进行加工,致使加工困难或能耗过大。但随温度升高,PPO偏离牛顿流体程度增大。纯PPO加工流动性差,可加入适量的增塑剂(如环氧辛酯、磷酸三苯酯)提高其加工流动性。有氧存在下,PPO在高于105℃时会逐渐交联,延长在空气中暴露时间,会慢慢地呈现热固性塑料的性能。

PPO及MPPO分子链刚性大,玻璃化转变温度高,熔融冷却过程中不易结晶和取向,强迫取向后又不易松弛,所以制品内应力相对较高,成型后可在180℃油浴中4h热处理以消除内应力。

PPO及MPPO吸水率很低,微量水分在高温下对其化学结构不会产生影响,但可能会使制品表面出现银丝、气泡等缺陷,可在加工前于130℃/(3~4)h干燥。

PPO收缩率很低而且恒定,仅为0.6%~0.8%,MPPO收缩率为0.2%~0.7%,能够达到精密成型的目标,很少发生脱模困难。

PPO及MPPO的废料可反复利用,重复3次其力学性能无明显变化。

6.4.2 聚苯醚的成型加工方法

聚苯醚和改性聚苯醚可通过注塑,挤出等工艺加工成各种制品。

6.4.2.1 注塑

柱塞式或螺杆式注塑机都能加工聚苯醚。一般采用螺杆式注塑机,要求螺杆长径比大于15:1,压缩比为1.7~4.0(一般采用2.5~3.5),螺杆为渐变型或突变型均可。注塑聚苯醚制品,机筒温度按制品的不同特点及大小设计在280~330℃之间,当一次注塑量为料筒容量的20%~50%时,机筒温度可高达330℃也不会降解,但不应超过330℃,否则性能会降低。机筒温度不应低于280℃,否则容易产生较高的模内应力。使用110~150℃的模温能使应力降至最小,有利于提高光洁度和充满薄壁部分。但模具温度不应超过150℃,否则容易起泡并延长操作周期。聚苯醚的熔体不可长期保留在高温下,如果在机筒内停留2h以上就会变色,此时整个机筒就应该清洗。

改性聚苯醚注塑条件与聚苯醚相似,螺杆长径比为20:1,压缩比为2~3,加工前物料应在107~116℃干燥2~4h。

6.4.2.2 挤出

聚苯醚和改性聚苯醚能在挤出机上加工成管、片、棒、块等。采用排气式、长径比大的挤出机更好,螺杆宜采用等距不等深的渐变式螺杆,计量段有适当的深度,螺杆长径比为24:1,压缩比为2.5~3.5。挤出口模应有较长的口模平直部分,挤出牵引时应考虑其物料凝结温度较高的特点。

6.4.2.3 模压成型

用含聚苯醚8%~10%的苯溶液浸渍的玻璃布,可按热固性塑料的层压工艺进行压制。玻璃布含胶量控制为35%±5%,烘干温度为70~110℃。

模压工艺:模温升至250℃时保温5 min,压力为6 MPa,连续升温至300℃,保温1 h,然后自然冷却至180℃。通冷却水冷至室温,脱模。

6.4.2.4 薄膜成型

将聚苯醚与马来酸酐反应,然后用流延法成型即可制成薄膜。聚苯醚与马来酸酐或其他带不饱和键的羧酸,如丙烯酸、富马酸、衣康酸等,在过氧化物引发剂存在下,经反应所生成的产物具有内增塑作用,成膜性好,制成的薄膜外形平滑,所加入的不饱和有机酸或酸酐量很少,对聚苯醚的原有性能无多大影响,介电常数为 2.5~2.6。

将聚苯醚 100 质量份与马来酸酐 1.5 质量份,与过氧化物引发剂 1.0 质量份混合后,用双螺杆挤出机进行挤出反应,将得到的产品颗粒用二氯甲烷溶解,用流延设备制膜。

6.4.2.5　二次加工

聚苯醚能用标准的刀具和设备进行机械加工,一般不用润滑剂或冷却介质,如果需要,用水即可。能用旋转焊、超声焊、热焊、溶解(溶剂为氯仿、二氯乙烯等)、黏结等方法相互连接起来;能在聚苯醚表面印刷、上漆、真空镀金属和电镀等。

6.5　聚苯醚和改性聚苯醚的应用

6.5.1　聚苯醚的应用

聚苯醚具有优异的耐高低温性、良好的力学性能,耐疲劳、低吸水,尺寸稳定性好,有较高的抗蠕变性能,而且使用温度范围宽广,长期使用温度范围为 -127~121 ℃,无载荷情况下间歇工作可达 204 ℃。聚苯醚还具有突出的耐水和耐蒸汽性能,能经受蒸汽消毒。因此,聚苯醚最宜应用于潮湿而有载荷还需要具备优良电绝缘性、力学性能和尺寸稳定性的场合。

(1)在机电工业中可用于在较高温度下工作的齿轮、轴承、凸轮、运输机械零件、泵叶轮、鼓风机叶片、水泵零件、化工用管道、阀门以及市政上水工程零件,还可代替不锈钢用来制造各种化工设备及零部件。

(2)由于聚苯醚抗蠕变及松弛性好、强度高,还适合于制作螺钉、紧固件及连接件。

(3)聚苯醚电绝缘性能好,可作为电机绕线芯子、转子、机壳等以及电子设备零件和高频印刷电路板。电器级的聚苯醚用于超高频上,可用聚苯醚制作电视机调谐片、微波绝缘、线圈芯、变压器屏蔽套、线圈架、管座、控制轴、电视偏转系统元件等。

(4)聚苯醚因能进行蒸汽消毒,可以代替不锈钢用于外科手术器械。

(5)聚苯醚薄膜是近年国外开发的产品,因其耐热性高和力学性能好,并具有优异的电性能,在机电、电子电器、航空航天等工业领域有广阔的应用前景。

6.5.2　改性聚苯醚的应用

聚苯醚制品容易发生应力开裂,疲劳强度较低,而且熔体流动性差,成型加工困难,价格较高,所以多使用改性聚苯醚(MPPO)。

MPPO 黏度明显降低,改善了加工性,而且改性聚苯醚的价格比聚苯醚低,有利于推广应用。MPPO 保留了聚苯醚的大部分优点,例如低蠕变、尺寸稳定性优良、电绝缘性良好、低吸水、能自熄,力学性能良好(比聚苯醚有所下降,如屈服强度略低于聚苯醚,但较 PC 和 PA 都略高一些),其有效使用温度为 -40~120 ℃。MPPO 硬而韧,硬度比 PA、POM、PC高。其在常态或潮湿条件下,尺寸稳定性好,同时介电性能优良,在很宽的频率、温度、湿度范围内介电常数和介电损耗角正切值低而且稳定。在负荷的条件(1.81 MPa)下具有 80~

170 ℃的宽热变形温度范围。其耐蒸汽性与聚苯醚相差不大,可以经受反复的蒸汽消毒。

由于改性聚苯醚具有优良的综合性能和良好的成型加工性能,所以在电子电器、家用电器、输送机器、汽车、仪器仪表、办公机器、纺织等工业部门得到广泛的应用。

(1)MPPO密度小,容易加工,热变形温度在90~175 ℃,尺寸稳定性好,适用于制造办公设备、家用电器、计算机等箱体、底盘及精密部件。

(2)MPPO的介电常数及介质损耗角正切值在五大通用工程塑料中最低,即绝缘性最好,并且耐热性好,适用于电气工业;宜于制作用在潮湿而有载荷条件下的电绝缘部件,如线圈骨架、管座、控制轴、变压器屏蔽套、继电器盒、绝缘支柱等。

(3)MPPO的耐水及耐热水性好,适用于制造水表、水泵。纺织厂用的纱管需耐蒸煮,用MPPO制的纱管使用寿命长。

(4)MPPO的介电常数及介质损耗角正切为工程塑料中不受温度及频率影响者,并且耐热性及尺寸稳定性好,适用于电子工业。

(5)采用MPPO代替ABS或PC作为锂离子电池用有机电解液的包装材料。

(6)MPPO在汽车工业有广泛用途,如仪表盘、防护杠等,PPO与PA合金,尤其是高耐冲击性能的规格品种用于外装部件。

(7)在化工方面改性聚苯醚可用来制造耐腐蚀设备,其耐水解性尤其好,还耐酸、碱,但溶于芳香烃和氯代烃。

(8)用于医疗器械,可在热水贮槽和排风机混合填料阀中代替不锈钢和其他金属。

6.6　聚苯醚的发展

在传统的聚苯醚共混、增强、合金化改性基础上,近年来围绕聚苯醚的大分子结构进行了一系列的改性研究,PPO的基本单元结构以及可发生的反应如图6-7所示,主要有端羟基反应、侧甲基取代反应、苯环的取代反应以及苯环的有机金属化反应等,这些反应改变了PPO的化学结构,从而显著改善了PPO的相关性能。

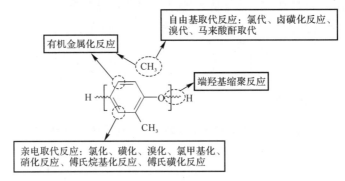

图6-7　PPO的基本单元结构以及可发生的反应

6.6.1　PPO的端羟基反应

PPO的端羟基可以与磺酸酯、磺酰氯、酰氯、酸酐、氯代烃等反应,从而将不稳定的端羟基封闭,并引入磺酸酯基、砜基、酯基、酸酐、烃基等,从而提高 PPO 极性、热稳定性、与其他材料的相溶性等,如图 6-8 所示。

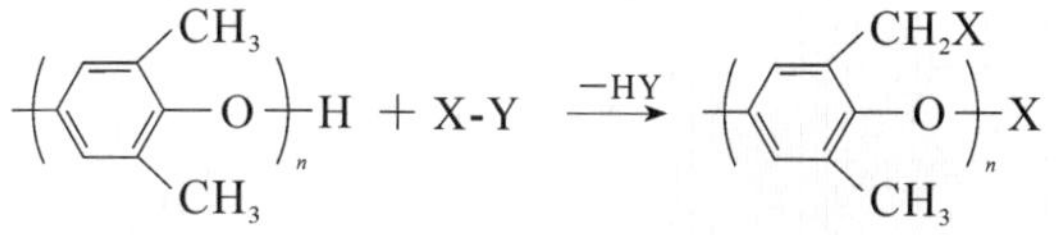

X-Y = R—O—SO$_2$—O—R, R—SO$_2$—halogen, R—CO—halogen, R—CO—O—CO—R,

R=alkyl,cycolalkyl,aryl,arylalky

图 6-8 PPO 的端羟基封端反应

PPO 与偏苯三酸酐酰氯的反应如图 6-9 所示,不仅可以提高端羟基的热稳定性,而且引入的端酸酐基有利于提高与其他聚合物如 PA 的相溶性。

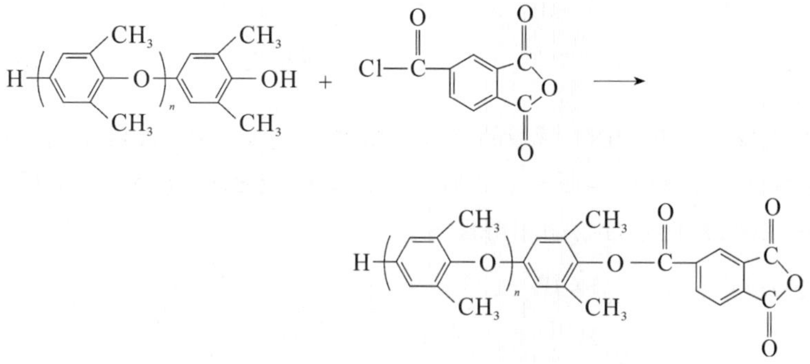

图 6-9 PPO 与偏苯三酸酐酰氯反应

PPO 与 2-氯-4,6-二环氧甘油-1,3,5-三嗪的反应如图 6-10 所示,其不仅在 PPO 分子链上引入了耐热基团三嗪环,而且引入了环氧基,大幅度提高了 PPO 热稳定性以及与其他无机材料、聚合物材料的反应增容能力。

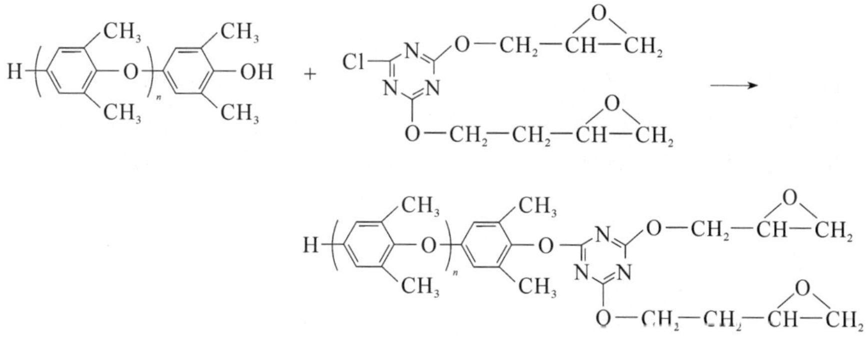

图 6-10 PPO 与 2-氯-4,6-二环氧甘油-1,3,5-三嗪的反应

6.6.2 PPO 的主链修饰反应

(1)苯环亲电取代反应。PPO 分子中具有芳香环结构,π 电子云均匀分布在芳香环平

面上下,是富电子基团,容易与缺电子基团发生亲电取代反应。PPO 的芳香环可发生卤化反应、氯甲基化反应、磺化反应、硝化反应及 Friedel - Crafts 烷基化反应,如图 6 - 11 所示。

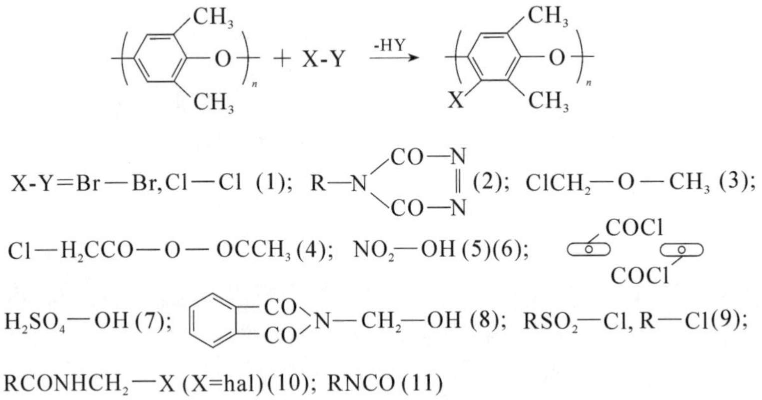

$X-Y=Br—Br,Cl—Cl$ (1); $R—N{\overset{CO—N}{\underset{CO—N}{\|}}}$ (2); $ClCH_2—O—CH_3$ (3);

$Cl—H_2CCO—O—OCCH_3$ (4); $NO_2—OH$ (5)(6); $\quad\overset{COCl}{\underset{COCl}{}}$

$H_2SO_4—OH$ (7); $\overset{CO}{\underset{CO}{}}N—CH_2—OH$ (8); $RSO_2—Cl, R—Cl$ (9);

$RCONHCH_2—X(X=hal)$ (10); $RNCO$ (11)

图 6 - 11　PPO 苯环上的亲电取代反应

(2)甲基取代反应。在 PPO 甲基的诸多自由基取代反应中,最常见的是卤化、氯磺化、与马来酸酐基团的结合反应,如图 6 - 12 所示。这些反应带来的极性侧基提高了分子的极性,增加其溶解性、与其他聚合物的相溶性等。

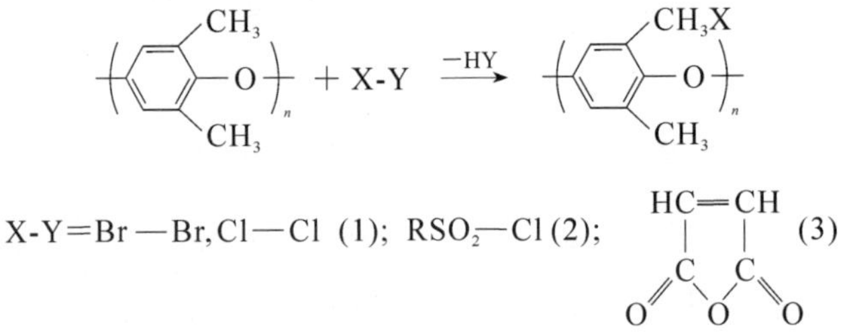

$X-Y=Br—Br,Cl—Cl$ (1); $RSO_2—Cl$ (2); $\overset{HC=CH}{\underset{O\ O\ O}{C\ \ \ C}}$ (3)

图 6 - 12　PPO 甲基的取代反应

(3)与有机金属化合物的反应。对于 PPO 的直接金属化,如图 6 - 13 所示,可以使用碱金属的反应性有机金属化合物(如丁基锂、钠和钾)在己烷、苯或甲苯中进行。丁基锂中的锂阳离子比金属钠或钾更具反应活性,可以与 PPO 苯环任意一侧的甲基反应。分子上的金属可以与醛、酮、砜、有机金属卤化物、过渡金属、二氧化碳和乙烯基单体反应。

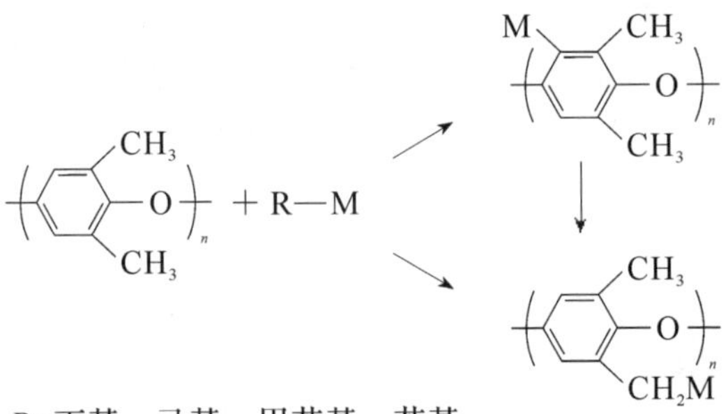

R=丁基、己基、甲苯基、苯基
M=烷基金属;Li、Na、K等

图 6 - 13　PPO 与有机金属化合物的反应

（4）烯丙基化反应。在丁基锂的催化作用下，可以将溴代丙基引入 PPO 的苯环上，如图 6-14 所示，从而使得 PPO 具有可交联反应的能力，大幅度提高其耐热性和力学性能。

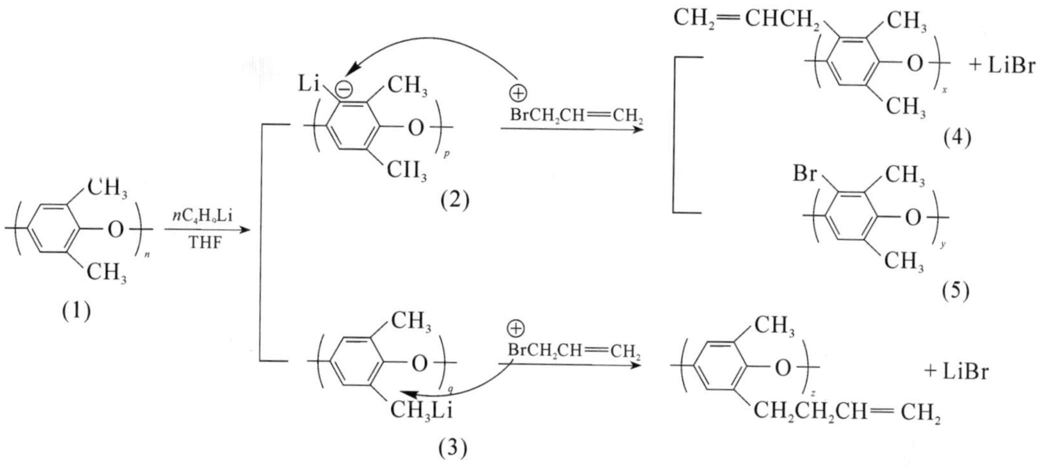

图 6-14　PPO 烯丙基化的反应

6.6.3　超支化 PPO

超支化聚合物（Hyperbranched Polymer, HBP）作为树枝状聚合物（继线性、支化和交联聚合物之后的新兴聚合物体系结构）的一种，是一种高度支化的具有三维树枝状大分子结构的聚合物，一般包括线形单元、支化单元和末端单元 3 个部分，分子内无链缠结。由于这些结构单元随着聚合物骨架随机分布，HBP 与线性聚合物相比具有许多优点，包括大量末端官能团、较低的溶液黏度或熔体黏度以及较好的溶解性。

从合成源头开始，制备一系列超支化的 PPO（HBPPO），是一种基于大分子设计的理念制备新型 PPO 的方法，其制备原理如图 6-15～图 6-17 所示。

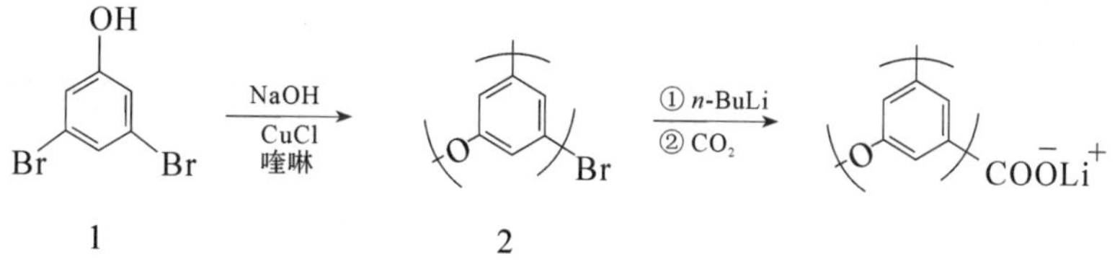

图 6-15　利用 Ullmann 反应合成 HBPPO 的反应原理

氟封端超支化聚苯醚 FHPPO 的合成反应如图 6-18 所示，主要用作环氧树脂的改性剂，降低 EP 的吸水率、介电常数和介电损耗。

环氧化超支化聚苯醚 EHPPO 的合成如图 6-19 所示，主要用作环氧树脂的改性剂，增加自由体积，增韧作用；用于 CE 树脂改性，降低 CE 固化温度，降低 CE 的介电常数和介电损耗。

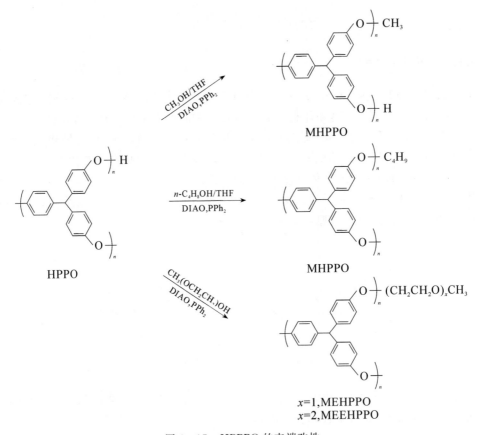

图 6 - 16 一步法缩合制备 HBPPO 的反应历程

图 6 - 17 HBPPO 的末端改性

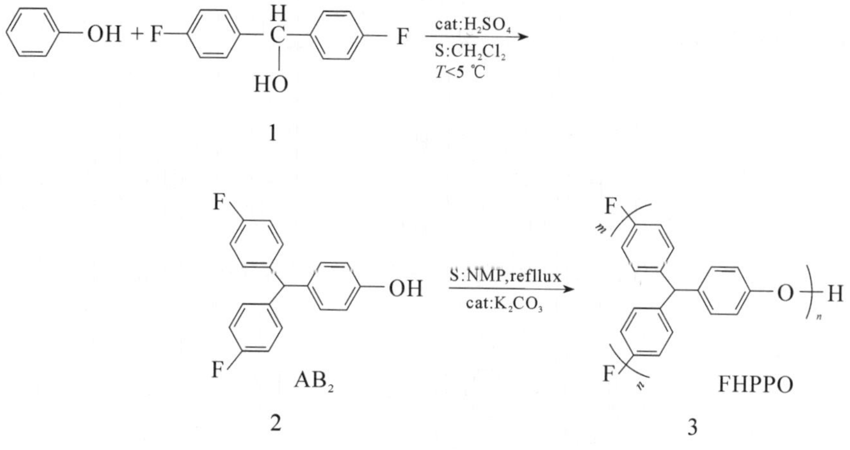

图 6-18　FHPPO 的合成反应

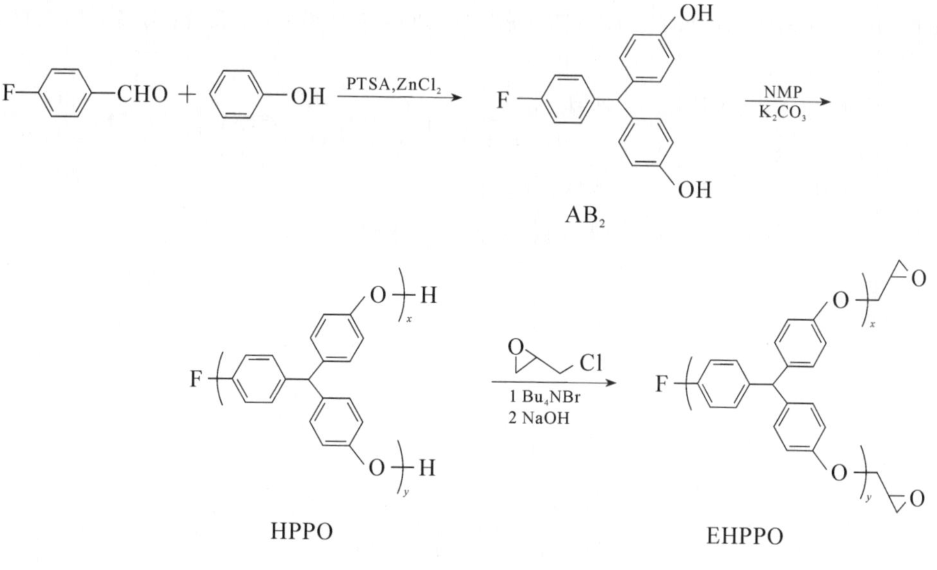

图 6-19　EHPPO 的合成反应

6.6.4　低相对分子质量双羟基 PPO

利用 2,6-二甲基苯酚对位氢或者 PPO 端羟基对位氢在催化剂的作用下具有一定反应能力的特点,可以通过对双酚类化合物、对二酮类化合物、甲醛等与 2,6-二甲基苯酚单体(DMP)或者 PPO 低聚物反应,从而制备一些低相对分子质量的端基为双羟基的 PPO,这些低相对分子质量双羟基的 PPO 可以进一步用于其他材料的低介电性、耐水改性,如图6-20~图 6-22 所示。

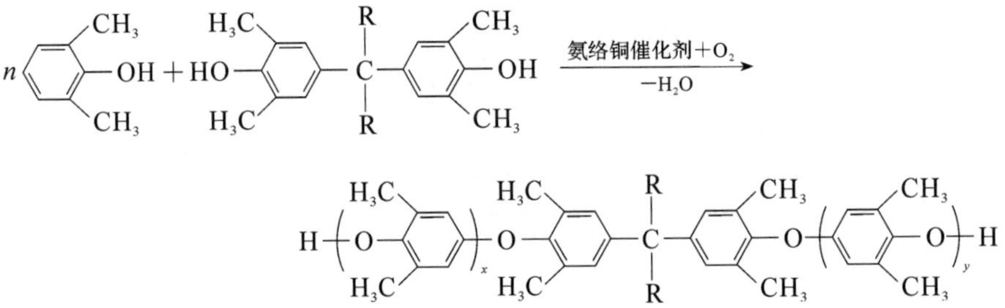

图 6 - 20 　DMP - TMDPA 制备低相对分子质量双羟基 PPO 的反应

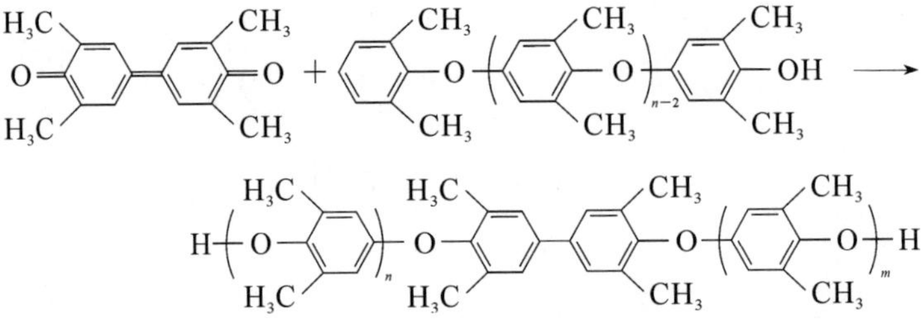

图 6 - 21 　3,3,5,5 -四甲基联二苯醌(TMDPQ)与 PPO 制备低相对分子质量双羟基 PPO 的反应

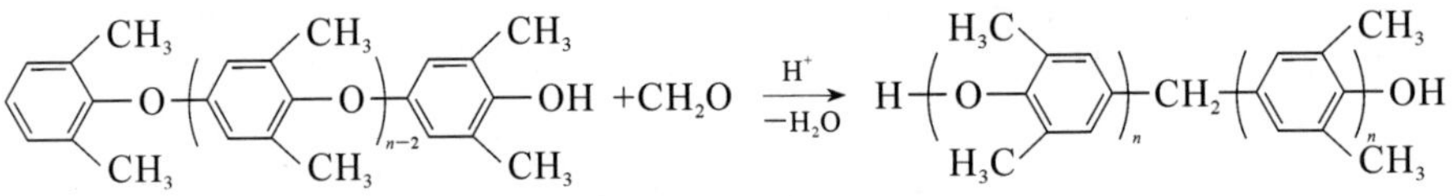

图 6 - 22 　PPO 与甲醛制备低相对分子质量双羟基 PPO 的反应

第7章 聚苯硫醚

7.1 概 述

7.1.1 聚苯硫醚简介

聚苯硫醚(Polyphenylene Sulfide,PPS)又称为聚亚苯基硫醚,它是主链上苯环对位上与硫原子交替相连的线性大分子结构的聚合物,其结构式如图 7-1 所示。

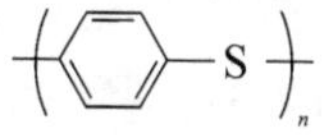

$$\left[\!\!\left\langle\!\!\left\langle \bigcirc \right\rangle\!\!\right\rangle\!\!-\!\!S\right]_n$$

图 7-1 聚苯硫醚的结构式

聚苯硫醚是继尼龙、聚碳酸酯、聚甲醛、热塑性聚酯和聚苯醚之后的第六大工程塑料,也是第一大特种工程塑料,主要应用于汽车、电子电器、机械、石油化工、制药业、轻工业、国防军工、航空航天等领域。其性能优势在于:

(1)耐高温的特种工程塑料,$T_g=85\ ℃$,$T_m=280\ ℃$,$T_d=520\ ℃$。长期使用温度为 $180\ ℃$,热变形温度为 $260\ ℃$,$200\ ℃$ 时力学性能保持率 50% 以上,可按热塑性塑料进行涂覆、挤出、注射、模压、二次加工等成为制品。

(2)优异的耐化学介质性,$175\ ℃$ 以下找不到任何溶剂,$175\ ℃$ 以上溶于氯化萘,耐腐蚀性接近 PTFE,为仅次于 PTFE 的耐腐蚀塑料。

(3)优异的耐磨材料,用玻璃纤维/碳纤维增强后力学性能极为突出。

(4)与其他材料(金属、玻璃、陶瓷)之间有良好的黏结能力,与填料、增强材料之间有很好的复合性,具有突出的流动性。

(5)本身无毒,不燃,具有极高的阻燃性(可达 UL94 V0 级水平)。

7.1.2 聚苯硫醚的发展历程

PPS 树脂的发展应从 19 世纪末开始。1888 年,PPS 树脂作为有机合成反应的副产物第一次为人们所发现;1897 年,法国人 Genvresse 首先报道采用苯与硫在 AlCl$_3$ 催化下利用 Friedel-Crafts 反应,在实验室中合成了一种无定形、不溶性的树脂,其化学分子式为 C$_6$H$_4$S,这就是最初的 PPS。之后数十年中,许多学者又采用不同的方法合成了一些难定义但组成类似 PPS 的树脂。例如:1909 年,Deuss 将苯硫酚与 AlCl₃ 作用得到一种 PPS;1910 年,Hilditch 利用苯硫酚在浓 H₂SO₄ 中的自聚反应,也制成了一种奶油色不溶性粉状 PPS,类似 Deuss 制得的产品;1928 年,Glass 和 Reid 也在 350 ℃ 下用苯与硫反应制得一种树脂状的 PPS 产品,其产率为 50%;1935 年,Ellis 用苯和二氯化硫或硫反应,AlCl₃ 作催化剂,合成出了一种低相对分子质量的 PPS 树脂。但由于这些反应都存在支化和交联问题,同时,树脂的相对分子质量和产率都不高,因此无实际利用价值。1948 年,A. D. Macallum 采用对二氯苯和硫黄以及碳酸钠在熔融状态下反应合成 PPS 树脂,但因反应放热量大,聚合过程控制困难,产物的重现性差,且树脂结构中具有多硫结构,造成性能不稳定而未能走向实用化。1959 年,Dow 化学公司的 R. W. Lenz 等人采用对卤代苯硫酚的金属盐在 N₂ 及吡啶存在下进行自缩聚,成功制得了重复性良好的标准线型 PPS 树脂,但原料毒性大,价格昂贵,反应易产生副产物——环状 PPS 低聚物,工艺过程中的难点太多,因而也在工业化过程中受挫。

直到 1967 年,美国菲利浦石油公司(Phillips Petroleum Company)的 J. T. Edmonds 和 H. W. Hill 报道了溶液聚合物制备 PPS 的专利,即采用对二氯苯和 Na₂S 在极性有机溶剂 N-甲基吡咯烷酮(NMP)中直接缩聚制出线性 PPS,并申请了专利保护。1971 年,美国菲利浦石油公司实现了 PPS 的工业化生产,商品名 Ryton PPS。但其相对分子质量只有 5 000 左右,需要热氧交联降低流动性才能挤出成型,缺点是脆性大、抗冲击强度低。

1985 年,菲利浦公司的专利保护期满后,PPS 迎来了一个大发展期。一系列以美国、日本为主的公司建立了 PPS 树脂生产装置,开始了 PPS 树脂的生产。日本和德国先后有 6 家公司建立了 PPS 树脂生产装置。1988 年,PPS 装置总生产量达 2.85 万 t/年,尤其以日本吴羽化学公司(改名为保理公司)推出的第二代线性高相对分子质量 PPS 最为引人注目,商品名为 Fortron PPS,该生产技术工艺先进、产品质量好、性能优良且稳定,并改善了低相对分子质量 PPS 的抗冲击强度低和脆性大的缺点,可作为纤维和薄膜,使得 Fortron PPS 和 Ryton PPS 两大品牌直至今日依然为世界 PPS 领域的主流产品。1995 年,世界范围内生产 PPS 的产能达到 4.5 万 t/年。

我国的 PPS 研究和生产始于 20 世纪 70 年代初期,研究单位先后有华东化工学院、天津合成材料研究所、四川大学、广州市化工研究所等。华东化工学院、天津合成材料研究所在技术上分别采用釜内脱水或釜外脱水的方法制备无水硫化钠作硫源,再与对二氯苯在六甲基磷酰三胺(HMPA)或 NMP 中进行缩聚反应制备 PPS 树脂,并在 1974 年后相继进行了 PPS 树脂的中试放大工作。产品被制成涂层应用于四川化工厂等单位的大型化肥生产装置中,取得了极好的防腐蚀效果。但以上这些 PPS 合成装置由于溶剂消耗量大以及工艺技术、生产成本、产品质量等多种因素而先后停止了生产。四川大学则在此基础上开始了探索具有我国特色的硫黄溶液法合成 PPS 技术。

20 世纪 80 年代中期至 90 年代中期,四川大学进一步发展了自己开发的硫黄溶液法技术,在四川自贡市化学试剂厂建立了 9 t/年 PPS 树脂合成扩试装置,其 PPS 研究也被连续列入"七五""八五"和"九五"期间的国家 863 高技术发展计划之中。在此基础上,四川大学同原化工部第八设计院和自贡市化学试剂厂共同承担了国家计委(现国家发展改革委)的重大新产品开发项目,在自贡市化学试剂厂建立了国内首套百吨级(150 t/年)PPS 工业化试验装置,并成功通过了四川省科委、化工厅组织的 72 h 生产考核和国家计委的鉴定、验收,成为当时国产 PPS 树脂最主要的供货单位。自此开始,国外的 PPS 产品也开始大规模进入中国市场。

进入 21 世纪后,四川自贡华拓实业发展股份有限公司和自贡鸿鹤特种工程塑料有限责任公司均在原四川特种工程塑料厂合成 PPS 技术的基础上分别建立了 85 t/年和 70 t/年的 PPS 树脂合成装置,并相继通过了四川省组织的 72 h 生产考核。以此为资本,四川华拓实业发展股份有限公司联手四川大学等单位正式接手国家计委的高技术产业化示范工程,于 2002 年底在四川德阳建成了十吨级的 PPS 产业化装置并试车成功,于 2003 年以四川得阳科技股份有限公司的名义开始了 PPS 树脂的正式生产和复合材料的销售,成为几乎是唯一的国产 PPS 树脂生产与供应商,目前其总的生产能力高达 30 000 t/年,但尚未完全达产。此外,原四川特种工程塑料厂在被自贡鸿鹤化工集团兼并后成立了自贡鸿鹤特种工程塑料有限责任公司,继续进行 PPS 的研发,在又经历与中昊晨光的合并后,在自贡富顺建立了昊华西南化工有限责任公司晨鹤特种工程塑料分公司,进行 PPS 的产业化工作,并于 2010 年 10 月建成了 PPS 树脂 2 000 t/年的生产装置。

近年来,国内从事 PPS 复合材料生产开发的单位较多,但国内的复合粒料生产厂仍然大多以通用品种——玻璃纤维增强料及无机物填充改性品种为主,一些高性能或特殊品种的 PPS 复合改性料与合金目前仅有少数单位有部分产品销售。

PPS 树脂生产商中,美国有 2 家公司,日本有 5 家公司,中国有 10 多家公司。其中,大日本油墨化学公司在 2001 年 2 月兼并东燃株式会社之后成为日本最大的 PPS 树脂生产商,而德国 Byler 却因为各种原因退出了 PPS 树脂的生产。目前,美国、日本和中国成为 PPS 的三大生产国。表 7-1 为 2021 年全球 PPS 树脂主要生产厂商及其产能。

表 7-1　2021 年全球 PPS 树脂主要生产能力

国家	生产厂家	产品类型	商标	年产能/万 t
美国	雪佛隆-飞利浦化学 (Chevron-Phillps Chemical, CPChem)	交联型,线性	Ryton©	2
	塞纳尼斯(Celanese)	交联型,线性	Fortron©	1.7
日本	东丽工业公司 (Toray Industrles)	交联型,线性	Torellna©	3.06
	昊羽化学工业公司 (Kureha Chemical Industry, KCI)	交联型,线性	Fortron©	3.27
	东曹公司 (Tosch Corporation)	交联型,线性	Susteel©	0.5
	大日本油墨化学工业公司 (Dainippon Ink. & Chemicals, DIC)	交联型,线性	DIC©	4.6
比利时	索尔维 (SOLVAY)	交联型,线性	Ryton©	2

续表

国家	生产厂家	产品类型	商标	年产能/万 t
韩国	INITZ	交联型,线性	ECOTRAN©	1.2
中国	昊华西南化工有限公司 (晨鹤特种工程塑料分公司)	交联型,线性		2.0
	浙江新和成		Xytron™	1.5
	重庆聚狮			1
	中科兴业			1
	铜陵瑞嘉			1
	中泰化学			1
	馨讯科技			1
	滨化滨阳燃化			1
	珠海长先新材			0.5
	敦煌西域特种新材			0.4
	广安玖源化工			0.3
	新疆聚芳高科			0.3
	海西弘景化工有限公司			0.2
	成都乐天塑料			0.1
	霍家工业			1(在建)
	山东明化			3(在建)

数据来源:艾邦高分子网站。

目前,PPS牌号200多种,是近年来发展最快的工程塑料之一,年增长速率高达15%～20%。消费产品型号仍以通用品种(即40%玻璃纤维增强料及玻璃纤维与矿物的填充料)为主,消费领域主要以电子电器、精密机械为主,同时,在汽车、摩托以及石油、化工等领域的消费也在稳步增长(见表7-2)。可见,我国依然是PPS产能和需求最大的国家。

表7-2 2012—2015 年世界各国 PPS 需求情况 　　　　　　单位:万 t

国家和地区	2012 年	2013 年	2014 年	2015 年	年增长率/%
中国	5.97	7.09	9.25	10.3	20.3
美国	0.95	1.01	1.21	1.26	9.9
欧洲	0.82	1.28.	1.39	1.5	4.3
日本	1.19	1.12	1.17	1.22	4.1
其他国家和地区	0.11	0.12	0.17	0.12	4.1
合计	9.04	9.34	13.19	14.4	16.2

7.2　聚苯硫醚的合成

目前,PPS 的合成方法主要有硫化钠法、硫黄溶液法、氧化聚合法、对卤代苯硫酚缩聚法、非晶质 PPS 合成法和硫化氢法等,如图 7-2 所示。

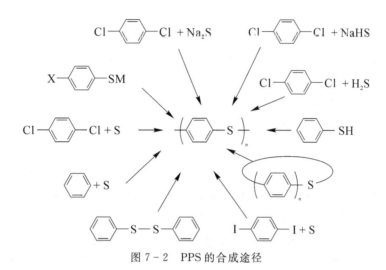

图 7-2　PPS 的合成途径

7.2.1　熔融聚合(Macallum 熔融缩聚法,1948 年)

对二氯苯、硫和碱金属盐(如碳酸钠)于 275~360 ℃熔融缩聚制得 PPS。该反应属于熔融本体聚合,反应放热大,反应过程很难控制,产物一般呈块状,粉碎后进行清洗处理,由于含有不定的多硫结构,因此重复性较差,产物的相对分子质量较低,工业上已不用此法。其反应式为

$$\text{Cl}\!-\!\!\langle\bigcirc\rangle\!\!-\!\text{Cl} + \text{S} \xrightarrow[\text{熔融}]{\text{Na}_2\text{CO}_3} \left(\!\langle\bigcirc\rangle\!-\!\text{S}\right)_n$$

$$(7-1)$$

7.2.2　本体聚合(Lenz 熔融后自缩聚法,1959 年)

对卤化苯硫酚盐在 N_2 保护下自缩聚制得 PPS。该反应也属于熔融本体缩聚,可制备出重复性好、线性结构 PPS。但缺点是原料毒性大、价格昂贵、易出现环状低聚物、控制困难,工业化也不采用。其反应式为

$$n\,\text{X}\!-\!\!\langle\bigcirc\rangle\!\!-\!\text{SM} \xrightarrow[200\sim250\,℃]{\text{N}_2} \left(\!\langle\bigcirc\rangle\!-\!\text{S}\right)_n + (n-1)\text{MX}$$

X＝Br,Cl
M＝Na,Cu,Li,K

$$(7-2)$$

7.2.3 溶液缩聚(硫化纳化,菲利普法,1967 年)

对二氯苯与 Na_2S 在极性溶剂[如 N-甲基吡咯烷酮(NMP)、六甲基磷酰三胺(HPTA)中],于 190~220 ℃、1~70 atm 下进行溶液聚合。该反应是菲利浦专利技术,也是工业化最主要方法。其反应式为

$$n\ Cl-\hspace{-4pt}\langle\ \rangle\hspace{-4pt}-Cl + nNa_2S \xrightarrow[\text{T,P}]{\text{极性溶剂}} \left(\hspace{-4pt}\langle\ \rangle\hspace{-4pt}-S\right)_n + 2nNaCl$$

$$(7-3)$$

硫化钠法的优点是原料资源丰富、生产重复性好、产品质量稳定、产率高。该反应对温度和反应时间都有严格规定,否则很难合成出高相对分子质量的 PPS。硫化钠法聚合过程最重要的是原料的精制、原料的配比、溶剂的纯化和后处理等问题。

该方法合成 PPS 的聚合度较低,为了使 PPS 聚合度大幅度的提高,通常加入高活性反应单体扩链使得 PPS 的聚合度得到提高,反应单体通常为 1,2,4-三氯苯,该单体会造成分子链支化。

常用的极性溶剂主要有 N-甲基吡咯烷酮(NMP)、六甲基磷酰三胺(HMPA)、N,N-二甲基甲酰胺(DMF)、吡啶、N-甲基己内酰胺等,目前工业生产中一般采用 NMP 为溶剂。通过加入一定量的混合助剂可明显提高 PPS 树脂的相对分子质量。

常用的催化剂一般是碱金属盐类、羧酸盐类。该法的关键在于硫化钠的含水量的控制、对二氯苯与硫化钠的单体配比、助剂和催化剂的选择用量以及产品的纯化后处理。

采用硫化钠溶液法合成聚苯硫醚的技术路线如图 7-3 所示。将硫化钠、氢氧化钠、催化剂分解加入含有溶剂 NMP 的装置中,于 200 ℃进行溶解和脱水,然后进入缩聚釜,再加入对二氯苯,补加溶剂 NMP,然后于 220 ℃进行溶液缩聚反应 4 h,得到聚苯硫醚的低聚物,进一步升高温度至 260 ℃反应 2 h 以便提高相对分子质量,得到的高相对分子质量聚苯硫醚经过除溶剂、洗涤、干燥后得到聚苯硫醚树脂原粉。

溶液聚合法所得聚苯硫醚树脂原粉相对分子质量低,需经空气中热氧处理提高相对分子质量,再经过挤出造粒,就能制成聚苯硫醚工程塑料粒料。

经过研究发现,一般溶液法合成出的聚苯硫醚树脂原粉的相对分子质量仅为 4 000~5 000,结晶度高达 75%,硬而脆,熔点高达 285 ℃,在 343 ℃、5 kg 负荷、2 mm 喷嘴条件下测得的熔融指数高达 3 000~4 000 g/(10 min),该树脂原粉在 175 ℃以下不溶于任何溶剂,除应用防腐涂料外,难应用于塑料。但热氧处理会使其分子链结构支化或交联,大幅度提高聚苯硫醚的相对分子质量,这种经过热氧处理得到的聚苯硫醚被称为第一代聚苯硫醚。

通过热处理可以提高聚苯硫醚的相对分子质量,降低熔融指数,研究表明:

(1)在 $T < T_m$(285 ℃)的热空气中对 PPS 原粉处理,红外光谱分析证明聚苯硫醚分子链中出现了 1,2,4-三取代苯和二苯醚的结构,引起了聚苯硫醚分子链的支化或链的增长。可能存在的反应式是苯环中的—H 与端基中的—SH 发生反应脱出 H_2S 使得分子链增长或者支化,形成了 1,2,4-三取代苯的结构,反应式为

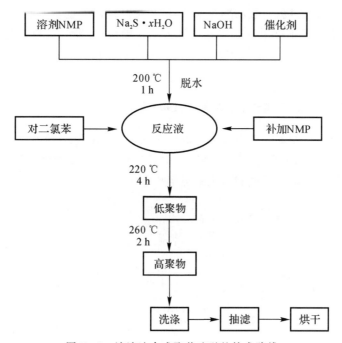

$$\xrightarrow[\triangle]{-H_2S}$$

(7-4)

式(7-4)的产物结构也可能是分子链间苯环被氧连接形成了二苯醚结构,如图 7-4 所示。

```
┌────────┐ ┌──────────┐ ┌──────┐ ┌────────┐
│ 溶剂NMP │ │ Na₂S·xH₂O │ │ NaOH │ │ 催化剂 │
└────────┘ └──────────┘ └──────┘ └────────┘
```

$Na_2S \cdot xH_2O$

200 ℃　1 h　脱水

对二氯苯 ────→ 反应液 ←──── 补加NMP

220 ℃　4 h

低聚物

260 ℃　2 h

高聚物

洗涤 ──→ 抽滤 ──→ 烘干

图 7-3　溶液法合成聚苯硫醚的技术路线

图 7-4　二苯醚结构

研究还证明在 $T < 150$ ℃,没有 1,2,4-三取代苯和二苯醚的结构出现。若形成的 —O—键处于分子链的端部,为链增长。若—O—键位于分子链的中部则为链的支化。因此热处理的合适温度为 150~285 ℃,但形成支化或链增长的速度较慢。

(2)当在空气中处理温度高于 350 ℃(但应小于 $T_d = 522$ ℃),或处理时间延长时,还会在形成支化的基础上发现交联现象,形成不熔、不溶的(MI=0)的交联结构。

(3)若在 N_2 保护下于 $T = 390$ ℃下处理,红外光谱表明,3 种结构(1,2,4-三取代苯、二苯醚、交联结构)均不明显,因此说明链增长、支化、交联与 O_2 存在有关。

（4）在 285~350 ℃热空气中之间热处理（300 ℃最佳），此时分子链的增长、支化速度比 T_m 以下（285 ℃以下）要快，因此在 300 ℃下热氧处理效果最好。

溶液聚合法制备聚苯硫醚存在的不足是：含有较多的无机盐，少量单体、溶剂、部分低聚物（包括线型和环状齐聚物）等，大分子形成后因包埋、链缠结等原因夹杂的杂质很难去掉，影响产品性能。合成方法不同，其产物所含杂质的种类和数量各有些差异。

针对不同体系采取不同的措施纯化，目前一般采用溶剂洗涤法除去杂质，用丙酮-水，NMP-乙二醇等混合溶剂可以明显提高洗净度，可使 Na^+ 含量降至 10^{-5} 以下。低聚物的去除可用二氯甲烷、二氯乙烷、乙酸乙酯等抽洗，适当提高洗涤温度也有利于纯化。

菲利浦公司投入巨资，在 Na_2S 工艺中加入第三助剂，吴羽公司也在其新装置中对合成路线进行了改造，制出了第二代 PPS 树脂。第二代 PPS 树脂特点是大分子链为线性结构、相对分子质量高、杂质含量少，树脂为韧性。

7.2.4 硫黄溶液法（硫黄法，四川大学，1995 年）

我国四川大学等首创了硫黄溶液法合成聚苯硫醚，如图 7-5 所示。S 在碱性条件下会转化为 S^{2-}，因此所选用的还原剂应具有很强的还原性，同时又对聚合反应没有影响；通常选用的还原剂为低价金属离子盐和有机酸类等。

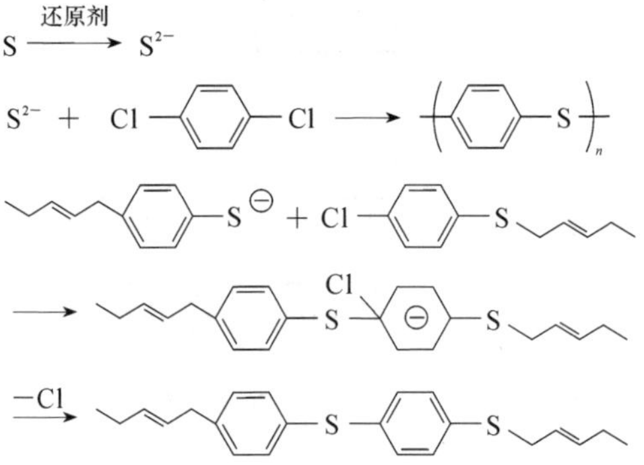

图 7-5 中国四川大学硫黄溶液法合成 PPS 的反应示意图

合成的线性高相对分子质量 PPS 树脂性能和质量与吴羽化学工业公司第二代线性 PPS 树脂 Fortran PPS 相当。①该路线使用的主要原料有硫黄、对二氯苯、工业片碱、盐酸以及其他化学品，与其他合成路线比较采用常压反应，因而投资小；②由于使用硫黄作硫源，它的含量稳定，储存稳定性好，因而容易准确配料；③产品质量稳定，溶剂回收率高，"三废"（废水、废气、废渣）经处理后可以达到国家规定的排放标准。其缺点是工艺难度大，反应副产物较多，不易分离纯化。两种技术路线合成聚苯硫醚的比较见表 7-3。

表 7-3 硫化钠溶液法和硫黄溶液法合成聚苯硫醚的技术路线对比

工艺特点	硫化钠溶液法	硫黄溶液法
原料	含水硫化钠＋对二氯苯	硫黄＋对二氯苯
溶剂	HPTA 或者 NMP	HPTA 或者 NMP

续表

工艺特点	硫化钠溶液法	硫黄溶液法
压力	HPTA(常压)、NMP(加压)	常压
反应温度/℃	230~270	175~250
反应时间/h	3~6	8~10
优点	原料易得,产率高,产品质量好	硫黄作硫源的S含量稳定,容易配料;溶剂容易回收,"三废"较少;省去丁硫化钠脱水工序以及常压聚合,成本较低
缺点	PPS中含有微量Na^+,对耐湿性和绝缘性不利;产品有直链型、半交联型和交联型,对产品成型工艺性不利	硫黄提纯难度大;反应中加入金属、低价金属离子盐、醛类和有机酸等还原剂和助剂,反应的副产物较多

　　硫黄溶液法合成聚苯硫醚的工艺技术路线如图7-6所示。将硫黄、还原剂和其他组分以及溶剂预热混合后脱水,然后加入缩聚釜中;将对二氯苯净化后加热并送入缩聚釜中,升高温度至175~250 ℃进行缩聚反应8~10 h,然后经过过滤和闪蒸排除溶剂,再经过洗涤、离心干燥就可以得到聚苯硫醚的原粉,原粉经过挤出造粒就成为工程塑料颗粒。

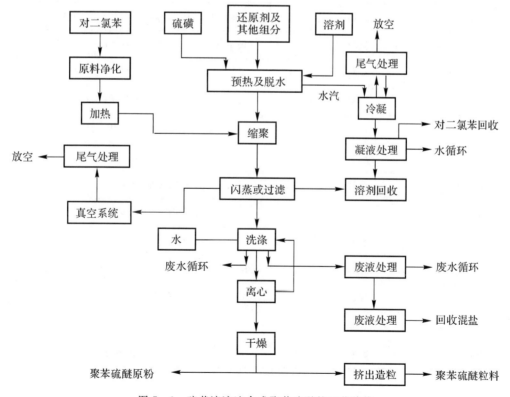

图7-6　硫黄溶液法合成聚苯硫醚的工艺路线

7.2.5 聚苯硫醚的牌号

飞利浦公司 Ryton PPS 牌号见表 7-4,我国两家公司聚苯硫醚的牌号见表 7-5。可见目前作为工程塑料的聚苯硫醚主要是各种纤维增强以及增强与填充改性品种。

表 7-4　飞利浦公司 PPS 的牌号

牌号	形状	备注
V-0	原粉	MI=4 000~6 000 g/(10 min)
P-4	粉料	MI<100 g/(10 min)(热处理过)
R-6	粒料	纯 PPS
R-3	粒料	30%玻璃纤维增强 PPS,韧性级
R-4	粒料	40%玻璃纤维增强 PPS,标准级
R-5	粒料	50%玻璃纤维增强 PPS,高刚性级
RJ-2400H	粒料	玻璃纤维增强,高流动级
RJ-2400M	粒料	玻璃纤维增强,高强度级
RJ-2400MH	粒料	玻璃纤维增强,高强度高流动级
R-7	粒料	玻璃纤维+无机填料改性 PPS,高强度级
R-10 7006A	粒料	玻璃纤维+无机填料改性 PPS,标准级
R-10 5002C	粒料	玻璃纤维+无机填料改性 PPS,标准级
R-10 5004A	粒料	玻璃纤维+无机填料改性 PPS,电器级
RJ-3600	粒料	玻璃纤维+无机填料改性 PPS,低翘曲级
RJ-2315	粒料	耐磨 PPS,低荷重高速
RJ-4300	粒料	耐磨 PPS,低荷重高速
RJ-4315	粒料	耐磨 PPS,高荷重高速
RJ-4001	粒料	耐磨 PPS,精密成型
A-100	粒料	高相对分子质量 PPS,适合成型厚壁,一般级
A-200	粒料	高相对分子质量 PPS,适合成型厚壁,改良耐湿级
R-9-02	粒料	塑封用 PPS,一般级
BR-06C	粒料	塑封用 PPS,IC 塑封

表 7－5 我国两家公司聚苯硫醚牌号

生产商及商标	牌号	用途	备注
四川德阳科技	Ha01、Ha02、Ha03	涂料级	Ha01：100 目过筛 Ha02：200 目过筛 Ha03：300 目过筛
	Hb、Hb1、Hb(L)、Hb(C)	注射级	Hb1 为粒料 Hb(L)为线性树脂 Hb(C)为交联树脂
	Hc、Hc1	纤维级	
	Hd	薄膜级	
	Hck	挤出级	
昊华西南化工有限公司 晨鹤特种工程塑料分公司	PPS10	涂料级	
	PPS20	层压级	
	PPS30	注射级	
	PPS40	纤维级	

7.3 聚苯硫醚的结构与性能

由于 PPS 树脂结构为刚性苯环与柔顺性硫醚键交替连接而成,分子链有很大的刚性和规整性,因此 PPS 为结晶性聚合物,具有诸多优异性能(耐热、阻燃、耐化学药品)。又硫原子上的孤对电子使得 PPS 树脂与 GF、无机填料及金属具有良好的亲和性,这样就易于制成各类增强复合材料及合金。

7.3.1 聚苯硫醚的力学性能

PPS 力学性能在不增强时仅显中等水平,增强后的力学性能有显著提高(见表 7－6)。用 40％碳纤维增强后力学性能更高,弯曲模量 22 GPa,刚性极大。PPS 在高温下的蠕变很小,尺寸稳定性很高,可作为耐高温材料长期使用。PPS/PTFE/MoS$_2$/碳纤维复合,摩擦因数小,硬度、耐磨性提高,可作为高载荷下耐高温耐磨材料使用。PPS 玻璃纤维维料在 100 ℃以下保持率达 80％以上,在 160 ℃保持率高达 60％以上,200 ℃保持率高达 50％以上。表7－7为 40％玻璃纤维增强 PPS 在 232 ℃热态老化结果,一般强度保持率在 50％以上的数值可以用来考核作高使用温度,因此用 40％玻璃纤维增强 PPS 可在 232 ℃下可连续使用5 000 h,即 208 d。

表 7 - 6 聚苯硫醚的力学性能

性能	PPS 本体	40%GFPPS
密度/(g·cm^{-3})	1.3	1.6
拉伸强度/MPa	67	137
断裂伸长率/%	3	3
弯曲强度/MPa	98	204
弯曲模量/GPa	3.9	12
压缩强度/MPa	113	148
抗冲击强度/(kJ·m^{-2})	8~10	25~30
洛氏硬度(R)	117	123
热变形温度/℃	135	260
吸水率/%	<0.02	0.01~0.02

表 7 - 7 40%玻璃纤维增强 PPS 在 232 ℃ 热态老化结果

试验时间/h	弯曲强度		拉伸强度	
	强度值/MPa	保持率/%	强度值/MPa	保持率/%
0	204	100	134	100
700	169	82.8	85	63.4
1 500	134	65.7	85	63.4
3 000	127	62.2	85	63.4
5 000	120	58.8	85	63.4
7 200	92	44.8	78	58.2
9 400	64	31.4	50	37.3

7.3.2 聚苯硫醚的热性能

聚苯硫醚的玻璃化转变温度为 85 ℃,冷结晶温度 140 ℃左右,熔点 287 ℃左右,如图 7-7所示。分解起始温度约 500 ℃,分解速率最高温度 538 ℃,如图 7-8所示。维卡软化温度为 205 ℃,30%玻璃纤维增强后的热变形温度(1.82 MPa)为 218 ℃,40%玻璃纤维增强后的热变形温度(1.82 MPa)为 260 ℃,可在 180~240 ℃有载荷条件下长期使用,还可在 260 ℃无载荷或者轻载荷条件下长期使用,也可在 400 ℃的空气和 500 ℃氮气中短期使用。总体上其耐高温性能优于 PA、PBT、POM、PC 和 PES 等工程塑料。

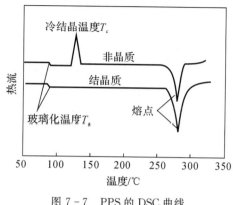

图 7 - 7　PPS 的 DSC 曲线

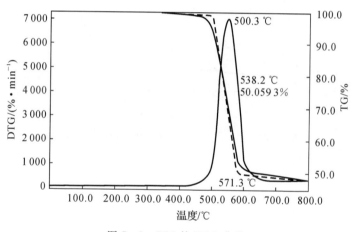

图 7 - 8　PPS 的 TGA 曲线

7.3.3　聚苯硫醚的电性能

虽然 PPS 中含有极性基—S—,但—S—与苯环共轭,且结晶度高使其极性表现不出来,而且 PPS 耐温、不吸水,因此 PPS 的电绝缘性对温度、湿度和频率变化不敏感,耐电弧性优于热固性塑料。

聚苯硫醚具有极为优异的电性能见表 7 - 8。与其他工程塑料相比,其介电常数小,介电损耗低,耐电弧性优异且超过热固性塑料,可以取代热固性塑料用于耐电弧要求高的高压绝缘部件。尤为可贵的是,其在高温、高湿、频率变化等条件下,仍能保持优良的电绝缘性能,如图 7 - 9 和图 7 - 10 所示。如 R - 4 PPS 在 60 ℃ 热水中浸泡 20 多天后,体积电阻率从 1×10^{16} Ω・cm 降至 1×10^{14} Ω・cm,仍然保持着较高的绝缘值。加入导电填料的 PPS 可以用作抗静电和电磁屏蔽领域。

表 7 - 8　PPS 的电性能

性能		26 ℃	100 ℃	147 ℃
体积电阻率/(Ω·cm)		4.5×10^{16}		
介电常数	1×10^3 Hz	3.2	3.1	3.3
	1×10^6 Hz	3.1	3.0	3.1
介电损耗	1×10^3 Hz	0.003 8	0.004 8	0.006 8
	1×10^6 Hz	0.003 8	0.005 9	0.005 7
介电强度/(kV·mm^{-1})		15.0		

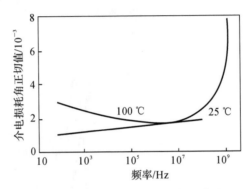

图 7 - 9　PPS 介电损耗与频率的关系

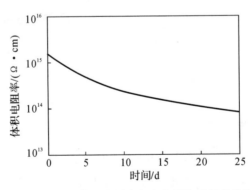

图 7 - 10　PPS 体积电阻率与水中浸泡时间的关系

7.3.4　耐化学介质性能

聚苯醚具有优异的耐化学介质性能,在 175 ℃以下不溶于任何有机溶剂,除了强氧化性酸(浓硫酸、浓硝酸、王水)以外,可经受各类强酸、碱、盐的侵蚀,在高温下经各种化学介质长期浸泡后,仍然可以保持较高的强度(见表 7-9)。因此,聚苯硫醚是仅次于聚四氟乙烯的耐腐蚀塑料品种。聚苯硫醚的加工性能又优于聚四氟乙烯,因而作为耐腐蚀的塑料和涂料在石油化工等领域具有广泛的用途。

此外，聚苯硫醚对于紫外线、射线（Co60、γ、电子射线）也很稳定，即使经过 2 000 h 的照射，也不会出现表面发黏、分解现象，其拉伸强度、弯曲强度变化也很小。

表 7-9　聚苯硫醚在不同化学介质中的拉伸强度保持率

化学介质	拉伸强度保持率/%		化学介质	拉伸强度保持率/%	
（93 ℃或者沸点温度）	24 h	90 d	（93 ℃或者沸点温度）	24 h	90 d
37%盐酸	72	34	四氯化碳	100	48
10%硝酸	91	0	氯仿	81	77
30%硫酸	94	89	乙酸乙酯	100	88
85%磷酸	100	99	丁醚	100	89
30%氢氧化钠	100	89	二氧六环	100	96
5%次氯酸钠	94	97	汽油	100	99
正丁醇	100	100	甲苯	100	70
丁胺	96	46	苯腈	100	79
2-丁酮	100	100	硝基苯	100	63
苯甲醛	97	47	硝基苯	100	92
苯胺	100	86	N-甲基吡咯烷酮	100	92
环己醇	100	100	苯酚	100	92

7.3.5　聚苯硫醚的阻燃性

聚苯硫醚遇火不燃烧，离火后立即自熄，氧指数高达 44% 以上，本身就能达到 UL94 V0级，是一种非常优异的本体阻燃聚合物。聚苯硫醚与其他塑料的氧指数见表 7-10。

表 7-10　聚苯硫醚与其他塑料的氧指数对比

种类	极限氧指数/%	种类	极限氧指数/%
PPS（填充型）	53	PPO	28
PPS（本体）	44	PC	25
PVC	47	PS	18.3
PSF	30	PO	17.4
PA66	28.7	POM	16.2

7.4　聚苯硫醚的成型加工

聚苯硫醚的流动性好，品种又多，总体上呈现出良好的成型加工性能。可以采用的加工方法包括涂覆成型、挤出、注射、模压、流延、黏结等，不同用途的聚苯硫醚熔融指数和相对分子质量差异较大,适用的加工方法也不同(见表 7-11)。

表 7-11 不同熔融指数(340 ℃±5 ℃,2 mm 喷嘴,5 MPa)PPS 适用的成型方法

用途	熔融指数	熔融温度/℃	相对分子质量	适合的加工方法
涂料级	1 700±300	280	$(0.5\sim1.0)\times10^4$	喷涂和沸腾床喷涂
涂料级	1 200±200	280	$(0.5\sim1.0)\times10^4$	喷涂和沸腾床喷涂
涂料级	500±100	280	$(0.5\sim1.0)\times10^4$	沸腾床喷涂
涂料级	175±50	280	$(0.5\sim1.0)\times10^4$	粉末静电喷涂
模压级	200	280	$(2.0\sim3.5)\times10^4$	与玻璃纤维复合热压成型
注射级	150~200	283	$(3.0\sim4.5)\times10^4$	注射成型
纤维级	150~200	283~290	$(5.0\sim6.5)\times10^4$	干法喷丝成型纤维
薄膜级	150~200	>260	$(5.5\sim7)\times10^4$	挤出吹塑成型薄膜
挤出级	10~0.1	302	$(11\sim13)\times10^4$	挤出成型管棒膜片成型

聚苯硫醚在加工中要注意以下几个问题:

(1)结晶性。PPS 为结晶性聚合物,结晶度随成型时的冷却温度及冷却速率而变,最大结晶度可达 65%。而结晶度大小又对其强度、耐热性、耐候性都有较大影响。如随结晶度增大,可导致聚合物及制品热变形温度提高,刚性增加,常温下的拉伸强度则稍有下降。但高温状态下,拉伸强度提高,95 ℃以下的弯曲强度降低,95 ℃以上的弯曲强度增加,抗冲击强度下降,耐蠕变性及尺寸稳定性增加,制品表面光泽增加,表面硬度增大,收缩率增加,线性热膨胀系数降低。因此,在成型时应根据制品的要求,选取适当的成型条件进行加工。也可根据需要和条件在制品成型后,对制品进行退火处理,消除内部残留应力,提高制品强度及尺寸稳定性。但退火处理将导致制品出现再结晶,因而其尺寸也会随结晶而收缩,这是制品设计时需考虑的。

(2)流动性。随 PPS 粒料品种、规格不同,其加工流动性有较大差异,如线性 PPS 较支化交联型有高的流动性;随温度增加,物料流动性增加。但若温度过高或物料停留时间过长,物料将发生部分氧化交联,导致流动性降低。通常,影响流动性的因素主要有 PPS 树脂相对分子质量、树脂类型(支化或线性)、增强填料种类及含量、物料及模具温度、浇口尺寸和注射压力等。

(3)成型收缩。FPS 为结晶性塑料,随结晶度增大,收缩率增加,而结晶度又随模具温度增加而增大,因此,收缩率就随模具温度增加而增加。通常,PPS 的收缩率都较小,但流动的垂直方向收缩率大于流动方向 2~4 倍。此外,产品厚度、形状、注射速度也会对制品收缩率产生影响。通常,产品厚度应均匀,壁厚不超过 7~10 mm,否则,应选用 PPS 厚壁成型品种。

(4)热稳定性。PPS 在高温下会发生部分氧化交联反应,特别是支化交联型树脂,若在机筒内停留时间过长,可导致物料流动性降低,色泽变深,对制品物性造成一定程度影响。此外,由于 PPS 对金属有较强的黏附性,为防止物料在机筒内固化交联,在注射完毕后,应及时清洗机筒及螺杆。

(5)吸水性。PPS的吸水性较低,但加工前,还是应对物料进行预干燥,以防止制品中产生气穴、气孔、银纹等缺陷,干燥条件为 120～150 ℃,烘干 3～5 h。

作为工程塑料使用的聚苯硫醚最常用的成型技术就是注射成型,注射成型时应考虑PPS的加工温度高、物料流动性差异大、玻璃纤维等填料的磨损及磨蚀等特点,应选用带止逆环的单头、等距、渐变型、结晶用耐磨且耐腐蚀螺杆,螺杆长径比为 18～20,压缩比为 2～3。螺杆与料筒之间配套间隙最好控制在 0.05 mm 左右,以防止产生逆流,同时,料筒也应选用耐磨、耐腐蚀材质;为防止喷嘴溢流,可选用封闭自锁式喷嘴,直径以 3～6 mm 为宜,且喷嘴处的加热装置应能单独控制温度,以防止流延和冷凝等现象产生;注塑机应具有较大锁模力及注射力,方可保证制得的 PPS 制品性能优良,内部不存在气孔及缺陷。典型的注射成型工艺参数见表 7-12。

表 7-12　聚苯硫醚注射成型工艺参数

工艺条件	线性 PPS	支化型 PPS
原料干燥温度/℃	140	140
原料干燥时间/h	3	3
料筒 1 区加热温度/℃	290～310	290～310
料筒 2 区加热温度/℃	300	300～310
料筒 3 区加热温度/℃	310	310～320
料筒 4 区加热温度/℃	310	310～320
喷嘴温度/℃	320～320	320～330
模具温度/℃	150	135
注射压力/MPa	40～70	70～120

聚苯硫醚也可以采用模压成型,模压成型适用于成型大型制品。用于模压成型的 PPS 树脂应为低流动性。可先将配好的原料加入模具进行预压成型,压力为 15～20 MPa,然后加热至熔融温度以上,一般为 300～370 ℃,再加 7～40 MPa 的压力进行二次压缩,时间为 3～5 min。随后,以 2 ℃/min 速度缓慢冷却至 230 ℃,再稍快冷至 150 ℃ 即得成品。模压成型中,加热时间和温度以及冷却速度极为重要,加热时间短、温度低、物料内部不易达到平衡,其塑化就差,因而力学性能差;而加热时间长、温度高可引起 PPS 部分交联和分解,也影响制品性能。较为适宜的温度为 360 ℃,时间为 15 min。冷却速度不宜过快,否则会造成制品开裂或出现空隙,冷却速度为 2 ℃/min 或更低为宜。

聚苯硫醚还可以采用层压成型制备连续纤维增强的热塑性复合材料,层压成型法是将悬浮法预浸渍的 PPS 玻璃纤维或者碳纤维预浸带、布、毡等,通过裁剪为所需要的尺寸后分层重叠、热压成型,通常热压温度为 350～370 ℃,热压压力为 35～40 MPa。

此外,还可以像金属一样对 PPS 进行切削、研磨、抛光、钻孔等机械加工。

7.5 聚苯硫醚的应用

PPS 综合性能优异,尤其是热稳定性、化学稳定性、耐腐蚀性和电性能等。作为优良的电绝缘材料、结构材料和防腐蚀材料,其在电子电器、精密机械、军工、航空航天、石油、化工、轻工等许多工业部门领域获得广泛的应用。

(1)电子电器及家用电器。利用 PPS 在 200 ℃的高温下仍具有良好刚性和尺寸稳定性,高温、高频条件下仍具有优良电性能的特点,可制作高温、高频条件下的电器元件。PPS 主要用于制备接插件、插座、继电器、熔断器、变压器、开关、电容器、电阻器、电饭煲、烫发器、微波炉、空调等的零部件及封装材料,PPS 薄膜可用作电工绝缘薄膜、电容器薄膜、磁性记录材料底膜、柔性印刷电路基板等。

(2)机械及精密零件。利用 PPS 的耐热性、耐腐蚀、抗蠕变、优良的尺寸稳定性、良好的加工性和刚性,可代替金属或其他高分子材料制作机械仪器设备的部件,如轴承、齿轮、各种泵外壳、密封环、喷嘴、阀、流量计零件、燃气洗涤设备附件,以及照相机、手表、复印机零件、电脑零件等的精密元件。

(3)汽车。利用 PPS 的耐热、耐油、尺寸稳定性好等特点,制备动力制动装置部件、动力导向系统的旋转式叶片、气阀、进气管和汽油泵,制造引擎盖、控制阀、车灯反射器、交流发电机零件、点火零件、化油器零件、散热器零件、汽化器开关板、汽车底盘以及各种位置传感器的零部件等。

(4)石化及制药。PPS 涂料、塑料以及纤维均可用于耐热防腐设备和零部件,如各类耐腐蚀泵、管、阀、容器、反应釜、过滤器以及耐热、耐压、耐酸的石油钻井部件等。

(5)航空航天、军工及核设施。利用 PPS 的耐热性、阻燃性以及有益的耐辐射性,可用作飞机内装修、线路连接器等飞机零部件,火箭、导弹、装甲车以及常规武器的零部件,在220 ℃下使用的承受高能射线辐射的核设施及测量仪器的零部件。

(6)轻工及其他领域。PPS 可用于造纸设备、纺织设备、不粘锅、包装材料等。体育用品(如鱼竿、网球拍、高尔夫球杆)也可采用 PPS。

7.6 聚苯硫醚的改性

7.6.1 聚苯硫醚的共混改性

聚苯硫醚最重要的改性方法就是合金化、填充改性、纤维增强以及这些改性的组合。

7.6.1.1 合金化改性

针对 PPS 树脂韧性差、耐磨性相对不足,同时为降低加工温度和成本,采用 PPS 树脂与其他树脂共混,制备 PPS 合金。

(1)PPS/PA 共聚。PPS 与 PA6 和 PA66 相溶性都较好,能制得几乎任何比例的合金,提高缺口抗冲击强度,并有效降低加工温度和产品价格。

(2)PPS/PTFE 共聚。由于 PTFE 的高耐腐蚀性、高韧性以及自润滑性,制得的 PPS/

PTFE 合金提高了 PPS 的韧性、耐腐蚀性,降低了摩擦因数及磨损量,常用作耐磨材料。

(3)PPS/PPO 共聚。PPO 具有优良的阻燃性和机械性能,为优良的耐高温材料,但熔体黏度大,加工成型困难,与 PPS 共混后,制得的 PPS/PPO 合金具有优良的物理机械性能、耐热、阻燃、耐腐蚀。

(4)PPS 与其他树脂共聚。PPS/PSF、PPS/PEEK、PPS/BMI、PPS/LCP 等合金都不同程度地改善了 PPS 的性能,提高了抗冲击强度、耐热性或加工性;PPS/PE、PPS/PS 合金降低了 PPS 的成本,提高了抗冲击强度。

7.6.1.2 填充改性

聚苯硫醚可以采用 ZnO 晶须改性,也可以采用陶瓷粉 SiC、SiN、Al_2O_3 改性,还可以采用石墨、纳米二氧化硅、纳米二氧化钛等改性。这些填充改性可以增加聚苯硫醚的刚度,提高结晶度,增强耐磨性,而且聚苯硫醚与无机填料和碳系填料之间也有比较好的界面,使得填充改性效果更加显著。

表 7-13 为成都乐天碳纤维增强的改性聚苯硫醚粒料(黑色)SGPPS-ZW3031。该材料中 PPS 为 65%,短切碳纤维为 30%,PTFE 和 MoS_2 为 5%。四川得阳科技股份有限公司的改性聚苯硫醚牌号为 PPS/F4-HGR313,该材料为耐磨自润滑级,是玻璃纤维增强的改性聚苯硫醚粒料(黑色),其中 PPS 55%,玻璃纤维 30%,PTFE 15%。两种材料均采用双螺杆挤出造粒工艺制造。可见,在纤维增强改性的基础上引入聚四氟乙烯为填料,能够明显提高其力学性能,并且降低磨耗量。

表 7-13 增强填充改性 PPS 的性能

序号	性能	单位	SGPPS-ZW3031	PPS/F4-HG313
1	密度	$g \cdot cm^{-3}$	1.59	1.63
2	拉伸强度	MPa	175	137
3	断裂伸长率	%	0.66	1.15
4	弯曲强度	MPa	260	202
5	弯曲模量	GPa	10.20	9.48
6	热变形温度(1.82 MPa)	℃	260	250
7	摩擦因数		0.41	0.48
8	磨耗量	mg	23.9	6.48
9	成型收缩率	%	长 0.47/宽 0.61	长 0.65/宽 0.85
10	成型方法		注射	注射

7.6.2 聚苯硫醚的结构改性

通过改变聚苯硫醚的主链结构,在苯环上引入其他改性基团或者对其进行化学结构的改变进一步提高聚苯硫醚的性能,这种改性就是聚苯硫醚的结构改性。

(1)在苯环上引入极性基团,提高聚苯硫醚大分子链的极性,有利于增大其与玻璃纤维、无机填料相互作用力,提高聚苯硫醚复合材料的力学性能。通过聚合过程中引入苯环上含有—COOH、NH₂、—OH 的对二氯苯,就可合成侧链含有极性基团的聚苯硫醚,反应式为

$$(m+n)\mathrm{Na_2S} + m\,\mathrm{Cl} - \!\!\!\!\bigcirc\!\!\!\! - \mathrm{Cl} + n\,\mathrm{Cl} - \mathrm{Ar} - \mathrm{Cl} \longrightarrow \left(\!\!\bigcirc\!\!-\mathrm{S}\right)_{\!m}\!\!\left(\mathrm{Ar} - \mathrm{S}\right)_{\!n}$$

$$\mathrm{Ar} = $$

PPS-COOH   PPS-NH₂   PPS-OH

$$(7-5)$$

聚苯硫醚苯环上的—NH₂可以与玻璃纤维上的—OH形成氢键,如图 7-11 所示,从而提高玻璃纤维增强聚苯硫醚复合材料的界面性能,促使复合材料的剪切强度和拉伸强度提高,如图 7-12 所示。

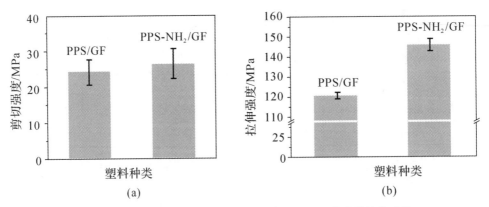

图 7-11   PPS-NH₂ 与玻璃纤维表面形成氢键的示意

图 7-12   PPS/GF 和 PPS-NH₂/GF 与 PPS/GF 的力学性能对比

(a)剪切强度;   (b)拉伸强度

不同于主链改性型聚芳硫醚酮(PPSK)、聚芳硫醚砜(PPSS)、聚芳硫醚酰亚胺(PPSAI),聚芳硫醚腈(PPCS)是在 PPS 的苯环上间位引入了极性很高的腈基基团(—CN),如图 7-13 所示。由于 PPCS 极性基团没有进入分子主链,即没有破坏 PPS 的主链结构,在提高 T_g、T_m 和 T_d 的同时,比 PPSK、PPSS 和 PPSA 能更好地保持 PPS 的优异性能,大大提

高了聚合物的热稳定性,但这种聚合物溶解性差,目前还未发现除浓硫酸以外的溶剂。它的 T_g、T_m 分别为 167 ℃ 和 440～460 ℃,T_d 在 500 ℃ 以上,其热性能较 PPS、PPSS、PPSK 都有很大程度的提高。由于腈基是耐油性基团,因此该聚合物具有优良的耐油性,在汽车、电子器件、精密仪器、光电通信以及航空航天等领域都有广阔的应用前景。

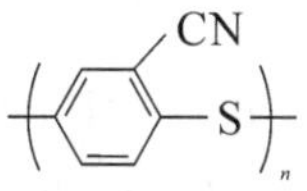

图 7 - 13　聚芳硫醚腈的分子结构

(2)主链上引入极性基团,如砜基(—SO₂)、酮基(—CO)、酰胺基(—CONH₂)、酰亚胺基等,可以显著提高聚苯硫醚的耐热性,目前已经合成出的主链改性聚苯硫醚也称为聚芳硫醚(PAS)。其分子结构和热性能见表 7 - 14。

表 7 - 14　聚芳硫醚的结构与热性能

名称	缩写	结构式	热性能
聚苯硫醚	PPS	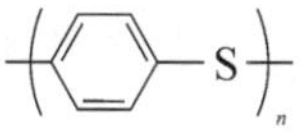	$T_g=90$ ℃ $T_m=285$ ℃
聚芳硫醚砜	PASS 或者 PPSS	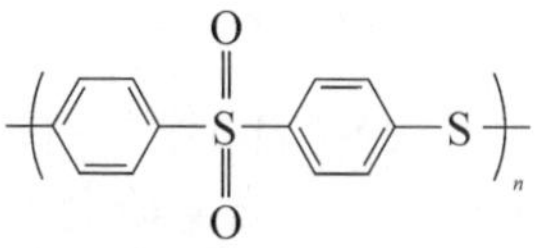	$T_g=220$ ℃
聚芳硫醚酮	PASK 或者 PPSK	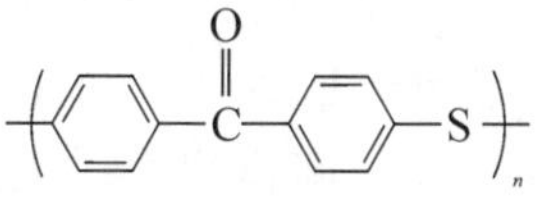	$T_g=155$ ℃ $T_m=360$ ℃
聚芳硫醚酰亚胺	PASSI 或者 PPSSI	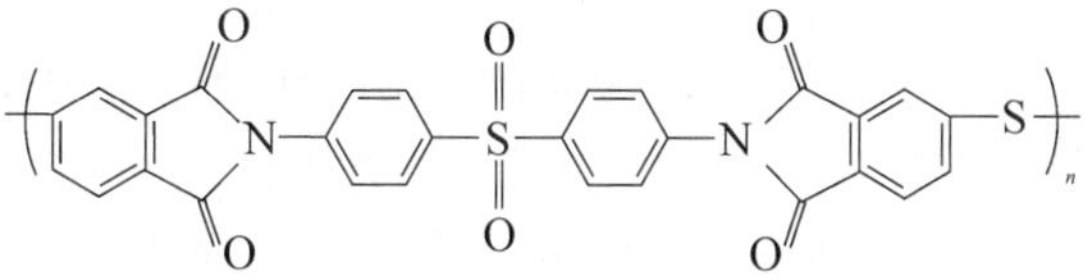	$T_g=250$ ℃
聚芳硫醚酰胺	PASA 或者 PPSA	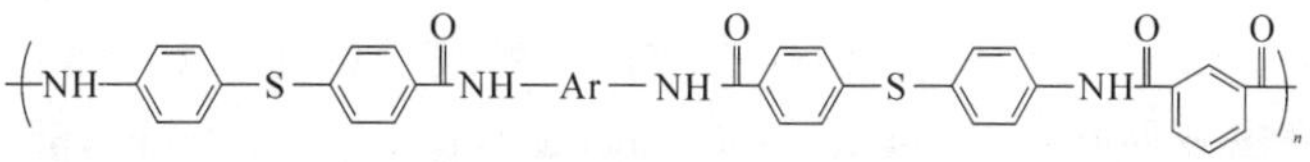	$T_g=250$ ℃

(1)聚芳硫醚砜(PASS)。聚芳硫醚砜是由美国 Phillips Petroleum 公司于 1988 年开发成功的一种新型热塑性无定形耐高温树脂。PASS 具有优良的力学、电学性能以及耐化学介质性、耐辐射、阻燃等性能;由于分子主链结构中具有强极性的砜基(—SO₂—)和芳基结构,使其本体树脂的玻璃化转变温度高达 215～226 ℃,拉伸强度为 93.9 MPa,弯曲强度为 145 MPa,氧指数为 46%,成为可与 PEEK 相媲美的高性能热塑性树脂。

PASS 主要采用与 PPS 合成路线相似的含水硫化钠与 4,4′-二氯二苯砜在溶液中高压合成技术路线。其合成反式为

$$Cl-\text{⟨⟩}-\underset{\underset{O}{\|}}{\overset{\overset{O}{\|}}{S}}-\text{⟨⟩}-Cl +Na_2S \cdot xHO \xrightarrow[180\sim200\,℃]{NMP/H_2O} \text{⟨⟩}-\underset{\underset{O}{\|}}{\overset{\overset{O}{\|}}{S}}-\text{⟨⟩}_n$$

$$(7-6)$$

PASS 复合增强料在高温下有远优于 PPS 的强度保持率,如 60%碳纤维增强 PPS 和 60%碳纤维增强 PASS 两种复合材料在 177 ℃时的强度保持率分别为室温的 40%左右和 70%以上,同时,PASS 的阻燃性能也优于 PPS。因此,PASS 比 PPS 更适合用作耐高温复合材料。PASS 的溶解性优于 PPS,可溶于特定的有机溶剂中,但由于其树脂结构又使其耐腐蚀性优于大多数非晶型树脂,因此具有比 PPS 更独特的性能和更广泛的用途;PASS 还是部分结晶型树脂和非晶型树脂的相溶剂,适合用作制备性能优良的高分子合金。此外,PASS 薄膜还是很好的耐高温、耐腐蚀分离膜。

聚芳硫醚酮(PASK/PPSK)也是一种新型的耐高温、耐腐蚀高分子材料,PPSK 的合成是采用了对二氯苯酮取代对二氯苯与硫化钠在溶液中合成出来的,其合成反应式为

$$nX-\text{⟨⟩}-\underset{\underset{O}{\|}}{\overset{\overset{O}{\|}}{C}}-\text{⟨⟩}-X + nM_2S \xrightarrow[N_2,加压]{溶剂,NaOH} \text{⟨⟩}-\underset{\underset{O}{\|}}{\overset{\overset{O}{\|}}{C}}-\text{⟨⟩}-S_n + 2nMX$$

$$(7-7)$$

式中:X 代表 F、Cl、Br;M_2S 代表 Na_2S、Li_2S 等,也可采用 NaHS;溶剂可用 NMP、DMF、HMPA、N-环己基吡咯烷酮(CHP)以及它们的混合溶剂。反应在加压条件下进行 4~6 h,反应温度为 250~290 ℃,产率大于 90%。

聚芳硫醚酮与 PPS 一样,都为结晶型树脂,但由于分子主链结构中的刚性芳基结构和强极性的酮基(—CO—),因此其分子间作用力增大,热稳定性得到提高。PPSK 的玻璃化转变温度高达 145 ℃,熔点高达 360~380 ℃,耐热性比 PPS 大为增加,其性能接近于(PEEK),但是成本却较 PEEK 低,能进行传统的成型加工。PPSK/PPS 的共混纤维还可以进一步提高 PPS 纤维的拉伸强度、耐热性、阻燃性等。

b. 聚芳硫醚酰亚胺(PASSI/PPSSI)。为进一步提高 PPS 的耐热性,四川大学将刚性的酰亚胺环引入 PPS 的主链结构中,通过先进行酰亚胺化的方法制备一种含完全酰亚胺环的单体,然后再与 Na_2S 进行聚合反应,合成出了集聚芳硫醚砜和聚酰亚胺树脂优点于一身的全新聚芳硫醚酰亚胺树脂(Polyarylene Sulfide Sulfone Imide,PASSI)。

将 4-氯代苯酐和对二氨基苯砜(DDS)分别加入溶剂乙酸乙酯中,在室温下进行反应生成酰胺酸(A)。反应进行 1 h 后升温,加入乙酸酐和少量的三乙胺使第一步反应制得的酰胺酸脱水成环,2 h 后,降温,出料,洗涤,干燥后得到了含有酰亚胺环结构的二氯单体(B)。各步骤的反应式为

$$Cl-\text{⟨⟩}\overset{\overset{CO}{\diagup}}{\underset{\underset{CO}{\diagdown}}{}}O + H_2N-\text{⟨⟩}-SO_2-\text{⟨⟩}-NH_2 \longrightarrow$$

$$Cl-\text{⟨⟩}\overset{\overset{COOH}{\diagup}}{\underset{\underset{CO-NH}{\diagdown}}{}}-\text{⟨⟩}-SO_2-\text{⟨⟩}-\underset{\underset{NH-CO}{}}{\overset{HOOC}{}}-\text{⟨⟩}-Cl$$

$$(7-8)$$

$$Cl-\underset{CO-NH}{\overset{COOH}{\bigcirc}}-\bigcirc-SO_2-\bigcirc-\underset{NH-CO}{\overset{HOOC}{\bigcirc}}-Cl+2(CH_3CO)_2O \xrightarrow[55\,℃]{催化剂}$$

$$Cl-\underset{CO}{\overset{CO}{\bigcirc}}N-\bigcirc-SO_2-\bigcirc-N\underset{CO}{\overset{CO}{\bigcirc}}-Cl+2CH_3COOH$$

$$(7-9)$$

在非质子极性有机溶剂 NMP 中,分别加入单体 Na_2S 和纯化后的酰亚胺单体(B)和催化剂,在 190 ℃反应 6~8 h,得到聚芳硫醚酰亚胺,反应式为

$$n Na_2S + n\ Cl-\underset{CO}{\overset{CO}{\bigcirc}}N-\bigcirc-SO_2-\bigcirc-N\underset{CO}{\overset{CO}{\bigcirc}}-Cl \xrightarrow[催化剂]{NMP}$$

$$\left(\underset{CO}{\overset{CO}{\bigcirc}}N-\bigcirc-SO_2-\bigcirc-N\underset{CO}{\overset{CO}{\bigcirc}}S\right)_n + 2n NaCl$$

$$(7-10)$$

PASSI 树脂的耐热性很好,其玻璃化温度高达 252.4 ℃,起始分解温度为 484.9 ℃,这表明聚合物具有很好的热稳定性。同时,其溶解性实验表明,该聚合物不溶于苯、丙酮、酒精、甲苯、四氯化碳等常见有机溶剂,但在室温下即可溶解于 NMP、DMAc、DMF、HMPA 等极性有机溶剂中。

c. 聚芳硫醚酰胺(PPSA/PPSA)。针对聚苯硫醚存在的溶解性差的问题,自 20 世纪 90 年代开始,四川大学设计了含有芳香酰胺的二氟单体,并将其在溶液中与硫化钠和硫酚类单体进行聚合,得到了聚芳硫醚酰胺。合成技术路线反应式为

$$n H_2N-Ar-N_2H \xrightarrow[Et_3N/THF]{2nF-\bigcirc-\overset{O}{\overset{\|}{C}}Cl} n F-\bigcirc-\underset{N}{\overset{O\ H}{\overset{\|\ |}{C}}}-Ar-\underset{N}{\overset{H\ O}{\overset{|\ \|}{C}}}-\bigcirc-F \xrightarrow{nNa_2S\cdot xHO}$$

$$\left(S-\bigcirc-\underset{N}{\overset{O\ H}{\overset{\|\ |}{C}}}-Ar-\underset{N}{\overset{H\ O}{\overset{|\ \|}{C}}}-\bigcirc\right)_n$$

$$(7-11)$$

$$n F-\bigcirc-\underset{N}{\overset{O\ H}{\overset{\|\ |}{C}}}-Ar-\underset{N}{\overset{H\ O}{\overset{|\ \|}{C}}}-\bigcirc-F \xrightarrow[K_2CO_3/DMF]{2nHS-\bigcirc-NH_2}$$

$$n NH_2-\bigcirc-S-\bigcirc-\overset{O}{\overset{\|}{C}}-NH-Ar-NH-\overset{O}{\overset{\|}{C}}-\bigcirc-S-\bigcirc-NH_2 \xrightarrow{nClCO-\bigcirc-COCl_2}$$

$$\left(NH-\bigcirc-S-\bigcirc-\overset{O}{\overset{\|}{C}}-NH-Ar-NH-\overset{O}{\overset{\|}{C}}-\bigcirc-S-\bigcirc-NH-\overset{O}{\overset{\|}{C}}-\bigcirc-\overset{O}{\overset{\|}{C}}\right)_n$$

$$(7-12)$$

式中:Ar 代表对苯基、间苯基、对苯二砜基、间苯二酚基。

聚芳硫醚酰胺类树脂的耐热性很好,其玻璃化转变温度高达 252.4 ℃,起始分解温度为 484.9 ℃,表明聚合物具有很好的热稳定性。同时其溶解性实验表明,该聚合物不溶于苯、丙酮、酒精、甲苯、四氯化碳等常见有机溶剂,但在室温下即可溶解于 NMP、DMAc、DMF、

HMPA 等极性有机溶剂中,这为制备高性能热塑性树脂基复合材料提供了良好的成型工艺性。

与其他单体共聚,可制备 PPS 无规及嵌段共聚物,如引入 1,2,4-三氯苯,2,5-二氯硝基苯等单体,提高 PPS 的相对分子质量,引入间二氯苯改善 PPS 的刚性,以及制备 PPS-PPSS、PPS-PPSK 等嵌段共聚物。

7.7 聚苯硫醚的发展

7.7.1 聚苯硫醚纤维

聚苯硫醚纤维的开发始于 1973 年,首先由美国 Phillps Fiber 公司实现了 PPS 纤维的工业化生产,1987 年以后,日本东丽、东洋纺、帝人和吴羽等公司也相继实现了自己的 PPS 纤维工业化。

我国早在 20 世纪 80 年代末,就有四川大学、四川省纺织工业研究所、东华大学等单位进行了 PPS 纤维的纺制工作。1993 年四川省纺织工业研究所生产出了单丝纤度 6～7 dtex、强度达 2.8～3.5 cN/dtex 的 PPS 长丝并试织成了 PPS 织物。2004 年,得阳科技股份有限公司的 PPS 纤维级树脂和 PPS 纤维产品正式形成了生产能力,我国的 PPS 纤维才有了商业化的产品,其 PPS 长丝纤维强度达到 3 cN/dtex。2006 年,江苏瑞泰科技有限公司与四川省纺织工业研究所合作建立了 PPS 短纤维生产线,采用进口的 Ryton 和 Fortron PPS 树脂生产 PPS 纤维。2009 年,四川得阳科技股份有限公司与中国纺织科学研究院共同承担的"高性能聚苯硫醚短纤维、长丝工程化成套技术"项目,通过了由中国纺织工业协会主持的成果鉴定验收,目前,该生产线拥有 5 000 t/年聚苯硫醚纤维的生产能力,其性能与国外产品相当。

PPS 纤维耐腐蚀、阻燃且耐高温,开发成功后,起初作为工业滤布,用于湿法过滤领域中化学品的过滤,也作为针刺过滤毡,用于电厂燃煤锅炉烟气除尘和城市垃圾焚烧炉尾气处理。

由于聚苯硫醚树脂(PPS)在 200 ℃以下几乎没有溶剂能够溶解,因此 PPS 纤维采用熔融纺丝方法,然后在高温下进行后拉伸、卷曲和切断制得 PPS 短纤维或者长丝。其制备工艺流程如图 7-14 所示。

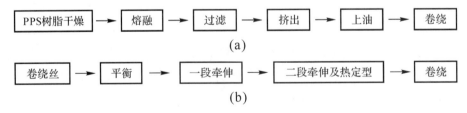

图 7-14 PPS 纤维的制备工艺流程流程示意图

PPS 纤维的原料为纤维级树脂,与注射树脂相比,对树脂的线性程度、相对分子质量及相对分子质量分布、熔融指数和杂质含量等方面提出了更高的要求。一般要求 PPS 树脂为线性结构,链节中对位 PPS 比例占到 90%以上,树脂熔融指数为 80～800 g/(10 min),有机低分子和低聚物含量低于 0.3%,无机杂质(如氯离子、钠离子)含量要低于 40 mg/kg 等。

PPS 纤维的纺丝温度一般在 310~340 ℃,通过多级拉伸提高取向度和结晶度,通过热定型提高结晶度和纤维拉伸强度,通过共混改善纤维的性能。例如:乙烯-四氟乙烯共聚物(ETFE)与 PPS 共混纺丝,改善了 PPS 纤维的耐磨性和耐疲劳性;加入适量的碳酸钙粉末可以有效地提高 PPS 纤维的强度和抗弯曲磨损性能。

PPS 纤维一般为米黄色,添加增白剂后可以变为白色纤维。纤维的密度与结晶度和取向度有关,拉伸前,PPS 纤维的结晶度为 5%,密度接近 l.33 g/cm³,经拉伸后结晶度可增加到 30%,密度可升高到 1.34 g/cm³,进一步对其进行热处理,结晶度将继续增加,当热处理温度从 130 ℃ 增加到 230 ℃ 时,结晶度可从 60% 增加到 80%,而其密度可上升到 1.38 g/cm³。PPS 树脂的吸湿率很低,因而其纤维的回潮率也很低,在相对湿度为 65% 时,吸湿量为 0.2%~0.6%。

PPS 纤维具有突出的化学稳定性,在极其恶劣的条件下仍能保持其原有的性能。在高温下,放置于除强氧化剂(如浓硝酸、浓硫酸和铬酸)以外的酸、碱和盐中一周后仍能保持原有的拉伸强度。同时,它还具有很好的耐有机试剂的性能,除了 93 ℃ 的甲苯对他的强度略有影响外,在四氯化碳、氯仿等有机溶剂中,即使在沸点下浸泡一周后其强度仍不会发生变化,温度为 93 ℃ 的甲酸、醋酸对它的强度也没有影响。由 PPS 纤维制成的无纺布过滤织物在 93 ℃ 的 50% 硫酸中具有良好的耐蚀性,强度保持率无显著影响。

PPS 纤维具有出色的耐高温性,在氮气气氛下于 500 ℃ 以下时基本无失重,空气中,当温度达到 700 ℃ 时将发生完全降解。PPS 纤维的耐热性还表现在高温下的强度保持率,若将其复丝置于 200 ℃ 的高温炉中,54 d 后断裂强度基本保持不变,断裂伸长率将降至初始断裂伸长率的 50%。在 260 ℃ 下经 48 h 后,仍能保持纤维初始强度的 60%,断裂伸长率降至初始的 50%。PPS 纤维和其他纤维使用温度与耐酸碱性对比如图 7-15 所示。

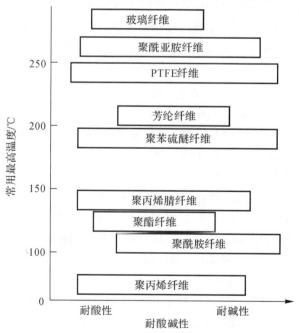

图 7-15　PPS 和其他纤维使用温度与耐酸碱性对比

PPS 纤维还具有良好的阻燃性与安全性,其极限氧指数可达 34%～35%,因而由 PPS 纤维加工成的制品很难燃烧,置于火焰中的 PPS 纤维虽会发生燃烧,但一旦移去火焰,燃烧会立即停止,且燃烧物不脱落,形成残留焦炭,表现出较低的延燃性和烟密度。

PPS 短纤维的纤度为 3.13 dtex,单纤强度为 2.16～3.11 cN/dtex,断裂伸长率为 25%～35%,初始模量为 26.15～35.13 cN/dtex,有良好的弹性回复率。当其伸长分别为 2%、5% 和 10% 时,对应的弹性回复率为 100%、96% 和 86%。PPS 单纤强度和初始模量略高于短纤维,分别是 3.15 cN/dtex 和 39.17～48.16 cN/dtex。

PPS 纤维通常制备成各种织物、针刺毡再进行应用,为了降低成本和改善性能,可以与其他纤维进行交织,也可以采用 PPS 纤维与碳纤维进行交织后再与树脂热压成为复合材料产品。

制品主要用于高温烟道气和特殊热介质的过滤,造纸工业的干燥带以及电缆包胶层和防火织物等,其织布可以制作高级消防服装。

PPS 纤维在过滤领域有突出作用,还可用作除雾材料、造纸机干燥用布、缝纫线、各种防护布、电绝缘材料、耐热衣料等材料,还可制成长纤增强复合材料用于军工、航空航天等特殊领域。经处理后的纤维特别适合用于电化学储能装置的隔离材料、热遮蔽材料、保温衣料。

7.7.2 聚苯硫醚薄膜

PPS 薄膜的研究开始于 1980 年,1987 年日本东丽公司申请了 PPS 双向拉伸膜的基本专利,接着东丽和 Phillips Petroleum 公司共同开发,确立了 PPS 薄膜料聚合及制膜技术并实现工业化生产。

PPS 薄膜级树脂主要是由线型 PPS 组成的,且对位的 PPS 占 90% 以上,为了降低结晶化速率利于加工,还需要引入一定量的间位结构苯硫醚,或制成在主链结构中含有醚、联苯、萘、砜等分子结构单元的聚芳硫醚树脂。其性能指标:聚合度为 100～300、重均相对分子质量为 40 000～70 000、熔点大于 260 ℃;玻璃化温度为 92～95 ℃,$M_w/M_n = 4～8$,熔融黏度为 2 400～5 200 Pa·s,NaCl 含量小于 20 mg/kg;金属(Ni,Cr,Fe)含量小于 30 mg/kg。

膜的制备过程中还可以根据不同用途在树脂中添加着色剂、紫外线吸收剂以及 SO_2、TiO_2、ZnO、Al_2O_3、$CaCO_3$、$BaCO_3$ 等无机惰性粒子,也可以添加不妨碍 PPS 耐热性的其他树脂,如液晶聚合物、PET、PC、PPO、PEEK 等。

PPS 树脂几乎可以用所有的薄膜制造方法加工成膜,如平膜法、管膜法、流延法等。目前 PPS 膜主要的生产方法是采用熔融挤出、流延、双轴拉伸的方法。

PPS 薄膜大多都采用先纵向拉伸、后横向拉伸的逐步拉伸法。纵向拉伸由一系列转速不同的辊群组成,横向拉伸则是采用带后处理室的拉幅机进行。PPS 薄膜平面双轴拉伸的典型工艺参数如下:纵横向拉膜的温度一般为 80～120 ℃,拉伸比为 2～6 倍,热定型温度为 220 ℃至 T_m。PPS 薄膜的典型的生产工艺流程如图 7-16 所示。

PPS 薄膜也可以采用同时进行纵、横双向拉伸的方法制造,例如吴羽化工公司和大日本油墨公司生产的 PPS 薄膜,就采用了双向拉伸机进行纵、横向同时拉伸。

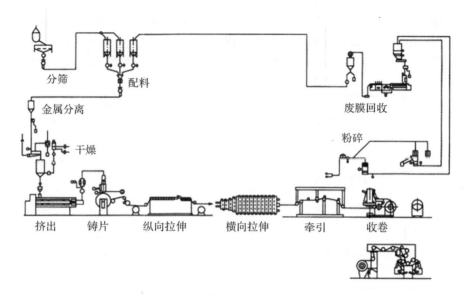

图 7-16　PPS 薄膜的典型的生产工艺流程

PPS 薄膜是一种性能优良的 F 级绝缘膜,与其他塑料薄膜一样可以进行各种后加工处理,包括印刷、涂层、多层复合、电镀、修边、装饰、切割、电晕处理和退火处理。

(1)耐热性。厚度大于 25 μm 的 PPS 薄膜,可以长期工作在 160 ℃下,其力学性能基本不下降,而长期工作在 200 ℃下其介电强度表现优异。PPS 薄膜在不含添加剂的情况下,本身具有自熄灭性。其中 25 μm 以上的 PPS 被确定为 UL94 V0 级材料。图 7-17 所示是PPS 薄膜在强迫老化状态下,拉伸强度、拉伸断裂伸长率和介电强度降低到初始值的 50%时所需要的温度和时间的 Arrhenius 曲线。

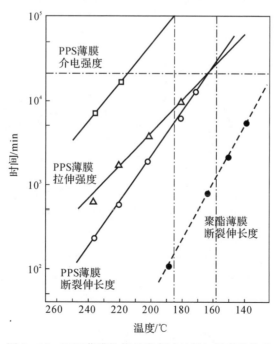

图 7-17　PPS 薄膜性能的半衰减时间与温度的关系

PPS 薄膜具有较好的高温短期耐热性。对于较短的时间,如几秒到几小时,PPS 薄膜能够承受更高的温度。表 7-15 是 PPS 薄膜在 230 ℃和 260 ℃下加热 1 h 前、后的力学性能。可以看到,在这些测试条件下,PPS 薄膜的力学性能没有实质性的降低或恶化。

表 7-15 PPS 薄膜高温短期性能

膜厚/μm	性能	热处理条件		
		无处理	230 ℃/1 h	260 ℃/1 h
12	拉伸强度/MPa	250	220	200
	断裂伸长率/%	67	71	87
	介电强度/(kV·mm⁻¹)	213	213	228
25	拉伸强度/MPa	250	220	170
	断裂伸长率/%	73	68	72
	介电强度/(kV·mm⁻¹)	247	239	264
75	拉伸强度/MPa	250	220	210
	断裂伸长率/%	72	63	79
	介电强度/(kV·mm⁻¹)	165	166	163

(2)电性能。PPS 薄膜的介电性能稳定,受温度和频率的影响很小,如图 7-18 和图 7-19 所示。其介电常数在 3.0 kHz 左右,它在较宽的温度和频率范围内具有超乎寻常的稳定性,而介电损耗在 110 ℃以下保持较低值,如图 7-20 和图 7-21 所示。相对于聚酯薄膜无论是在高温还是在高频下,均保持了很高的优势,为其在绝缘电工材料领域的应用提供了良好的基础。

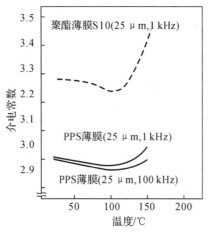

图 7-18 介电常数与温度的关系

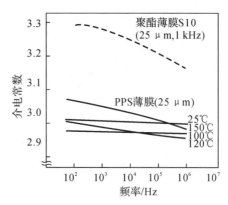

图 7-19 介电常数与频率关系

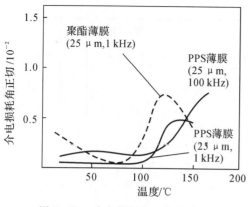

图 7-20　介电损耗与温度的关系

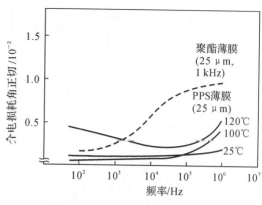

图 7-21　介电损耗与频率的关系

（3）耐化学介质性能。PPS 薄膜对多数化学试剂具有优异的抵抗力。表 7-16 给出了 PPS 膜和聚酯膜在不同化学试剂中的拉伸强度保持率对比，可以看出，除了浓硫酸和硝酸之外，PPS 薄膜几乎在所有溶剂中的拉伸强度都十分稳定。此外，PPS 耐汽油和其他石油燃料，对汽油-酒精混合燃料也具有良好抵抗力，还可以耐氟利昂，为其在制冷行业应用提供了保证。

表 7-16　**PPS 薄膜与聚酯薄膜在不同化学试剂中拉伸强度保持率对比**

试剂	PPS 薄膜（25 μm）		聚酯膜（25 μm）	
	拉伸强度保持率/%	评价	拉伸强度保持率/%	评价
浓硫酸	11	P	0	P
30%硫酸	96	E	92	E
浓盐酸	100	E	85	G
浓硝酸	0	P	0	P
10%硝酸	97	E	92	E
冰醋酸	100	E	90	G
10%氢氧化钠	94	E	47	P
浓氢氧化胺	100	E	0	P
2%碳酸钠	98	E		
45%氯水	94	E		
30%过氧化氢	80	G		
甲醇	98	E		
乙醇	100	E		
丙酮	99	E	94	E
四氯化碳	94	E	91	E

续表

试剂	PPS薄膜(25 μm)		聚酯膜(25 μm)	
	拉伸强度保持率/%	评价	拉伸强度保持率/%	评价
苯	100	E	90	G
甲苯	98	E		
甲基乙烷基酮	90	G		
正己烷	98	E		
二氯甲烷	96	E		

注:测试条件为30 ℃,浸泡10 d;E 为优异;G 为好;P 为差。

(4)耐水解性。在水分存在下,PPS 薄膜在高温下的劣化速度也与在干燥环境下是一样的,而在干燥条件下比 PPS 耐热性高的聚酰亚胺(PI)却在高温水蒸气作用下表现出过早的劣化。图 7-22 所示是将 3 种不同的薄膜放置在 155 ℃的饱和水蒸气中薄膜耐水解性能。可以看出,聚酯膜和聚酰亚胺膜(PI)的力学性能很快恶化,相反 PPS 薄膜伸长率变化很小。

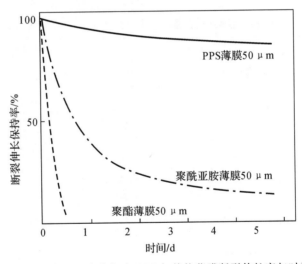

图 7-22　在 155 ℃的饱和水蒸气中 PPS 与其他薄膜断裂伸长率与时间关系对比

(5)抗蠕变性能。PPS 薄膜和聚酯薄膜蠕变性能的比较如图 7-23 所示。由图可见,相较于聚酯薄膜,PPS 薄膜即使经过长时间的应力作用,仍能够保持较高的尺寸稳定性。

(6)其他性能。PPS 薄膜的表面张力为 39×10^{-3} N/m,比 PET [$(43 \sim 45) \times 10^{-3}$ N/m]小,这可能在真空镀膜和多层复合加工中引起一些问题,但经过表面电晕处理后,其表面张力可提高到 58×10^{-3} N/m 以上。PPS 薄膜的表面粗糙度和摩擦因数等参数,与 PET 基本一样,可以进行调整以适应于不同的使用目的。PPS 薄膜对于 γ 射线和中子射线有很高的耐久性,是为数不多的能用在核反应堆和核聚变炉周围的有机薄膜材料。

PPS 薄膜的工业应用　PPS 薄膜在工业上有着广阔的应用前景,它可以用于以下方面。

(1)电子、电器 PPS 膜可应用于燃料电池〔例如甲醛燃料电池、电阻 元件、扁平马达的线圈绝缘)、挠性印刷电路(FPC)薄片键盘基板、SF6 气体变压器的小型化和未来安全性高的大型、大容量变压器〕的制作中。由于 PPS 膜比 PET 膜耐热水解性、耐氟化烃性能更优,用 PPS 膜代替 PET 膜,可提高通用发动机、冷冻机、旋转压缩机等快速转动机器的可靠性,使其实现高效率、小型化。

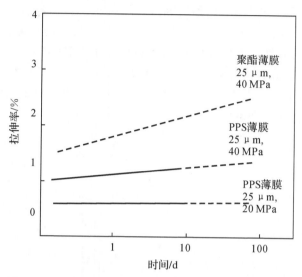

图 7 - 23　PPS 和聚酯薄膜拉伸率与时间的关系曲线对比

　　作为电介薄膜材料,PPS 薄膜最主要的用途是生产薄膜电容器,由于市场对现有电子产品小型化的要求使得以前大量使用的有引线薄膜电容器将过渡到采用表面贴装电容器。这就要求薄膜电容器可以表面贴装,能够承受焊接温度,而这正是 PPS 薄膜贴片电容的优势所在。

　　随着 PPS 薄膜产量的增加、成本的降低、性能的不断发展和完善,PPS 薄膜无疑将成为仅次于 PET 和 PP 的第三种主要的电容器薄膜介质材料。

　　(2)高性能复合材料用 PPS 薄膜与碳纤维布复合,制备高性能的复合材料及飞行器部件是 PPS 薄膜类材料最新和重要的发展方向。荷兰 Fokker 专用产品公司已采用 PPS 长玻璃纤维复合材料取代金属铝制作了空客公司 A340/A380 飞机机翼主缘和 A340 系列机翼的前缘以及 Fokker50 飞机起落架门,该工艺将 PPS 膜片与碳纤维增强织物复合,在 300 ℃的高温及高压条件下制成复合材料,最后再把压制的复合材料制作和焊接成飞行器最终部件的一部分。

　　用连续纤维增强 PPS 复合材料可使机翼重量减轻 20%,同时使加工成型更加容易和快捷,并提高了制件的耐冲击性能、耐极高温性能和耐化学药品(如液压机液体、燃料和抗冻剂)腐蚀性等。此外,PPS 在 240 ℃和低于－40 ℃的温度范围内都有很高的刚性和强度,这也是用作大型客机远距离、长时间飞行的优势。

　　PPS 结构件装配相对简单也是其优势之一,如 A340 的机翼前缘中间部分只用了 2 个PPS 复合材料制件就替代了原来的 5 个部件,A340 因使用了该机翼前缘不但具有耐腐蚀性,而且还成功减轻了机翼的质量,使得客机的耗油量大大减少,从而增大了飞行的距离和可承载旅客数量。

(3)其他用途。因 PPS 具有很好的阻燃性,可用作壁装材料(包括航空内装饰材料)、电线包覆材料、百叶窗等,因其具耐腐蚀性,可以用作气化隔膜和其他的汽车配件,利用其耐热性还可作遮蔽用黏结带、感热复印、打印机零件、音箱震动板、微波炉加热食品包装袋以及耐热食品包装容器等。PPS 膜与 PET、铜箔等其他材料的复合品,经特殊处理可做成导电、不熔膜。最近 PPS 薄膜制成的飞机油箱有效地解决了因飞机上的空调将机舱中的热量传导到飞机的燃料箱中,导致航空燃料蒸发,产生爆炸性气体的安全隐患。其方法是采用双层油箱的设计,外层是金属油箱,内层采用 PPS 薄膜油箱,航空燃料保存在内层油箱里面,随着燃料的消耗,内、外层之间依靠负压充入空气,使得内层紧密接触燃料,使其没有产生爆炸性气体的空间,从而消除了安全隐患。

第8章 聚 砜

8.1 概 述

聚砜类树脂是指分子主链中含有二苯砜基的一类耐高温热塑性高分子化合物,其化学结构式中均含有如图 8-1 所示的二苯砜结构。

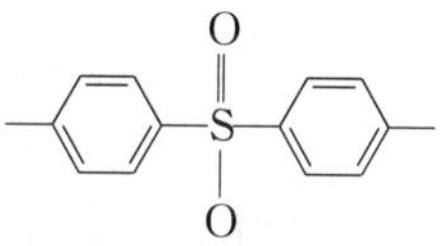

图 8-1 二苯砜结构

聚砜类树脂中砜基两边都连接有苯环,且硫原子处于最高氧化态,形成高度共轭的刚性稳定结构。为了提高聚砜分子链的柔顺性,还需要在分子链中增加一定的柔性基团,如醚键—O—、异丙基—$C(CH_3)_2$—等。根据目前已经成功合成并使用的聚砜产品,可将聚砜分为 3 类:第一类为双酚 A 型聚砜,简称聚砜(Polysulfone,缩写为 PSF 或 PSU),由 4,4′-二氯二苯砜和双酚 A 为原料缩聚而得;第二类为聚芳砜(Polyarylsulfone,PAS),分子结构中含有二苯砜醚基和联苯链节;第三类为聚醚砜(Polyethersulfone,PES),分子结构由醚键和二苯砜基交替连接构成。3 种聚砜中,PSF 占比约 2/3。

聚砜类树脂独特的分子链结构赋予其优良的热稳定性、抗氧化性和高温熔融稳定性。另外,聚砜类树脂具有优良的力学性能,如高强度和高模量、高抗冲击强度、突出的抗蠕变性和尺寸稳定性,以及优良的电绝缘性、透明性、耐腐蚀性及食品卫生性,在特种工程塑料品种中占有重要的地位。这类树脂原材料成本较高,加工困难,一般用于对材料性能要求比较苛刻的领域。2019 年,全球聚砜产量达到 6.2 万 t,主要集中在北美。2019 年,国内聚砜市场需求量达到 6 473 t,增速在 7% 左右,2022 年超过 8 000 t,产量仅为 1 600 t,严重依赖进口,特别是中高端产品国产化需求旺盛。

聚砜类树脂可以作为管材、棒材、板材、片材、薄膜、泡沫和纤维等制品使用,也可作为中空制品使用,在电子电器、航空航天、汽车工业、家用电器、输送管道和医疗食品等领域有着广泛的应用前景。随着聚砜树脂研究的不断深入以及其成本的下降,其应用范围也将越来越广泛。

8.2 聚砜的发展

8.2.1 双砜 A 型聚砜(PSF)的发展历史

PSF 由美国联合碳化物公司(UCC)的 A. G. Farnham 于 1965 年研制成功并实现工业化,当时产能就可以达到 4 500 t/年,商品名为 Udel©,主要牌号有 P-1700 和 P-1710(注塑级)、P-3500 和 P-3510(挤出级)、P-2350(电线电缆包覆级)。1986 年,美国 Amoco Polymers 公司购买了 UCC 的生产设备以原牌号生产销售。此后,Udel© 多次易手,2001 年 Solvay 公司收购了 Amoco Polymers 公司的产权,产能增至 27 100 t/年。

德国巴斯夫(BASF)从 20 世纪 90 年代初开始生产 PSF,其牌号为 Ultrason©S,2004 年的产能为 6 000 t/年。

PSF 的化学结构式如图 8-2 所示。

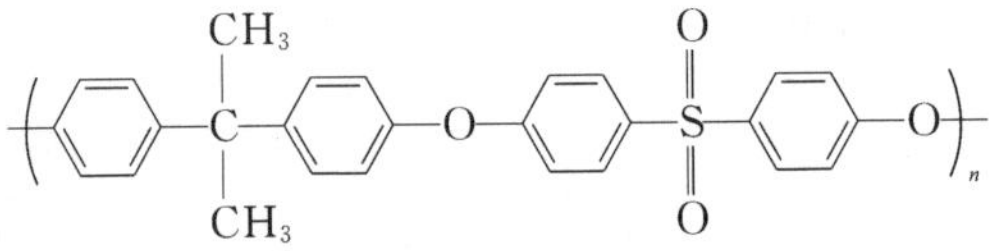

图 8-2 PSF 的化学结构式

我国天津合成材料研究所在 1967 年就进行了聚砜的研制,上海市合成树脂研究所与天山塑料厂合作,于 1969 年就建成了年产 100 t 的生产装置,大连塑料厂(现大连聚砜塑料有限公司)也于 1973 年建成了年产 100 t 的生产装置,该厂目前依然生产 PSF,商品名为舵牌。1980 年,上海曙光化工厂接替天山塑料厂生产 PSF,年产 200 t。目前国内 PSF 主要依赖进口。

8.2.2 聚芳砜(PAS)的发展历史

PAS 由美国 3M 公司于 1967 年开发成功并工业化,商品名为 Astrel,主要牌号为 Astrel-360。1975 年,3M 公司将生产及销售权转让给美国的 Carborunclum 公司。英国 ICI 公司于 1972 年开始生产 PAS。与 PSF 相比,PAS 具有更高的耐热性,但由于溶体流动性差、加工困难而使其应用受到限制。PAS 的化学结构式如图 8-3 所示。

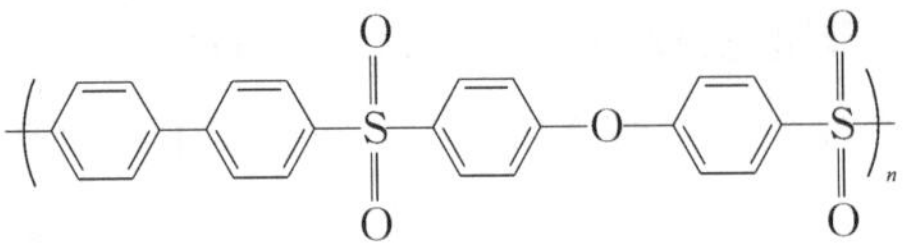

图 8-3 PAS 的化学结构式

我国自 1969 年开始,先后由中国科学院长春应用化学研究所、吉林大学、上海市合成树脂研究所、江苏苏州树脂厂和上海曙光化工厂等单位研制过聚芳砜,吉林大学、上海曙光化工厂、江苏苏州树脂厂有一定的批量生产能力,品种有 PAS-360 和 PAS-340。

8.2.3 聚醚砜(PES)的发展历史

PES 由英国帝国化学工业公司(ICI)于 1972 年开发成功并工业化,商品名称为 Victrex,主要牌号有 200P 和 300P。目前生产 PES 的主要厂家还有美国 Amoco 公司、德国 BASF 公司和日本住友化学工业公司等。PES 兼具了 PAS 高耐热性、高冲击性和 PSF 良好的熔融加工性的优点,应用范围不断扩大。PES 的化学结构式如图 8-4 所示。

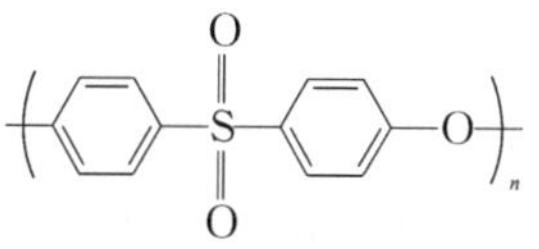

图 8-4 PES 的化学结构式

我国自 1978 年起先后由吉林大学、武汉大学、浙江衢州化工研究所开发成功聚醚砜。吉林辽源市化工一厂、武汉化工原料厂、浙江衢州化工研究所、江苏苏州树脂厂等均对 PES 实现了批量生产。

据艾邦高分子网站披露,目前,三类聚砜工程塑料的生产商主要有比利时 Solvay(3 万 t/年)、德国 BASF(2.4 万 t/年)、日本住友(0.6 万 t/年)、印度加尔迈化学和俄罗斯谢符钦克。国内聚砜生产商主要有广东优巨先进新材料股份有限公司(0.6 万 t/年)、山东浩然特塑股份有限公司(0.3 万 t/年)、长春吉大特塑工程研究有限公司(0.1 万 t/年)、深圳沃特新材料(1 万 t/年)、珠海万通特种工程塑料(0.6 万 t/年)、安徽摩纳珀里(0.6 万 t/年)等。

8.3 聚砜的合成

8.3.1 双酚 A 型聚砜的合成

PSF 采用法纳姆(Farnham)亲核取代反应合成,分成盐反应和溶液缩聚两步进行。首先将双酚 A 和氢氧化钠(或氢氧化钾)在二甲基亚砜等溶剂中进行成盐反应生成双酚 A 钠盐(钾盐),然后再与 4,4'-二氯二苯砜在二甲基亚砜中进行溶液缩聚和脱盐反应得到 PSF,反应式为

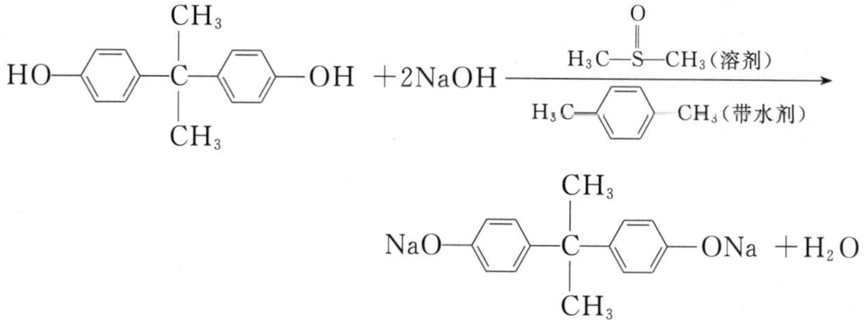

$$(8-1)$$

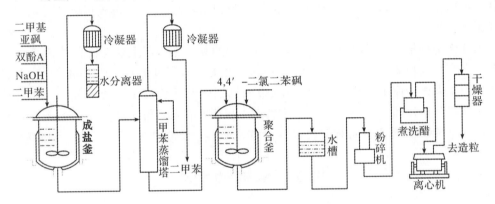

$$(8-2)$$

该反应的机理是:带有砜基的二卤化合物中的砜基具有强的拉电子效应,可以使卤素活化。被活化的卤素容易受到双酚 A 盐的攻击,通过脱盐完成醚化反应从而形成高分子聚合物。其中溶剂二甲基亚砜也起到了重要作用,不仅能够溶解单体而且可以溶解聚合物,同时提高了聚合反应速率。

PSF 的生产工艺流程如图 8-5 所示。

图 8-5　PSF 的生产工艺示意图

先将溶剂二甲基亚砜、单体双酚 A、带水剂二甲苯加入成盐反应釜中,在氮气保护下加入氢氧化钠溶液,用蒸汽加热。当水分离器中有二甲苯和水的混合液流入、釜内温度升至 105 ℃进行回流时,停止氮气通入。加大蒸汽压力,利用二甲苯循环带出水分,最后反应温度维持在 150 ℃,将水除尽。成盐反应结束后蒸出甲苯,降温后将物料转移至聚合釜中。在氮气保护下加入 4,4′-二氯二苯砜,搅拌升温,在 150～160 ℃下进行缩聚,反应 3 h 左右结束聚合,通过测量黏度控制聚合物的相对分子质量,一般 PSF 的聚合度 $n=50～80$,比浓黏度为 0.4～0.6 dL/g。聚合反应结束后用氮气将物料趁热压至水槽中,最后将物料粉碎、水煮、离心分离、干燥、造粒后得到成品。

成盐反应中利用二甲苯与水形成共沸物可将副产物水带出(减压下完成),避免水在缩聚阶段使聚合物降解。4,4′-二氯二苯砜的纯度对聚合物的相对分子质量有重要的影响,苯环上间位取代氯是不活泼的,不能进行亲核取代,异构体 3,4′-二氯二苯砜的存在在聚合时起到链终止剂的作用。一旦相对分子质量达到要求,就应该加入单卤化合物(如氯甲烷)将端基封闭,停止继续聚合反应。缩聚反应的副产物 NaCl 对制品性能,尤其是电性能的影响很大,必须严格洗涤除去。与一步法相比,两步法的优点在于避免产生对设备腐蚀性很强的 HCl 副产物的出现,而且有利于聚合反应速率的提高。除溶液反应外还可用熔融聚合,但这种方法易引起歧化反应,异构体多,产品得率少且分离困难,所以工业生产不采用熔融聚合制备 PSF 树脂。

8.3.2　聚芳砜的合成

PAS 的合成可采用熔融缩聚和溶液缩聚两种方法。

8.3.2.1　熔融缩聚

将单体 4,4′-二苯醚二磺酰氯和联苯在 N$_2$ 保护下先加热至 90 ℃熔融 10 min,然后在无水 FeCl$_3$ 催化下进行 Friedel-Crafts 反应,此时反应急剧产生氯化氢,同时急剧熔融,反应温度也急剧上升,混合物在 180 ℃凝固,然后将反应温度上升至 280 ℃,缩聚反应 40 min,冷却后即得 PAS,反应式为

$$nClSO_2 \text{—} \bigcirc \text{—} O \text{—} \bigcirc \text{—} SO_2Cl + n \bigcirc \bigcirc \xrightarrow[280\,℃,40\,min]{无水\ FeCl_3,N_2}$$

$$\left(S \text{—} \bigcirc \text{—} O \text{—} \bigcirc \text{—} S \text{—} \bigcirc \bigcirc \right)_n + nHCl$$

$$(8-3)$$

8.3.2.2　溶液缩聚

将单体 4,4′-二苯醚二磺酰氯、联苯和 4-联苯单磺酰氯在溶剂硝基苯中加热至 90 ℃溶解后,再加入催化剂无水 FeCl$_3$,并在 130 ℃缩聚反应 24 h,当黏度达到 0.33 dL/g 以上停止反应,加入稀释剂二甲基甲酰胺沉淀出聚合物,在搅拌下加入甲醇以沉淀析出聚合物,最后经回流、洗涤、过滤和 200 ℃以下干燥等工序得到 PAS,反应式为

$$2nClSO_2 \text{—} \bigcirc \text{—} O \text{—} \bigcirc \text{—} SO_2Cl + 2n \bigcirc \bigcirc + n \bigcirc \bigcirc \text{—} SO_2Cl$$

$$\xrightarrow[硝基苯,130\,℃]{无水\ FeCl_3,N_2} \left[\left(S \text{—} \bigcirc \text{—} O \text{—} \bigcirc \text{—} S \text{—} \bigcirc \bigcirc \right)_2 S \text{—} \bigcirc \bigcirc \right]_n$$

$$(8-4)$$

8.3.3　聚醚砜的合成

工业化的 PES 合成路线主要有脱盐法和脱氯化氢法,两种方法均为溶液缩聚。

8.3.3.1　脱盐法

(1)成盐反应:将单体双酚 S(4,4′-二羟基二苯砜)在溶剂环丁砜中加热溶解后,升温至 80 ℃,待物料全部溶解后加入带水溶剂二甲苯、强碱 KOH,并通入 N$_2$ 在 130~150 ℃下进行成盐反应,反应式为

$$HO- \underset{O}{\overset{O}{S}} -OH + 2KOH \xrightarrow[\text{二甲苯},130\sim150\ ℃]{\text{环丁砜},N_2}$$

$$KO- \underset{O}{\overset{O}{S}} -OK + 2H_2O$$

$$(8-5)$$

(2)缩聚反应：加入 4,4'-二氯二苯砜于 220 ℃下进行溶液缩聚，当黏度达到 0.37 dL/g 以上时停止反应，降温，加入稀释剂环丁砜、封端剂三氯甲烷、稳定剂磷酸三苯酯，经沉淀、水洗、干燥、挤出造粒等工序得出成品，反应式为

$$nKO- \underset{O}{\overset{O}{S}} -OK + nCl- \underset{O}{\overset{O}{S}} -Cl \xrightarrow[220\ ℃]{\text{环丁砜}}$$

$$\left(- \underset{O}{\overset{O}{S}} -O \right)_n + 2nKCl$$

$$(8-6)$$

8.3.3.2　脱氯化氢法

脱氯化氢法是将单体 4,4'-双磺酰氯二苯醚溶于硝基苯中，然后在无水 $FeCl_3$ 催化下与二苯醚进行 Friedel-Crafts 反应制备 PES，反应式为

$$nClSO_2- -O- -SO_2Cl + n \bigcirc -O- \bigcirc \xrightarrow[\text{硝基苯},130\ ℃]{\text{无水 } FeCl_3}$$

$$\left(-O- \underset{O}{\overset{O}{S}} \right)_n + 2nHCl$$

$$(8-7)$$

此外，还可将 4-二苯醚单磺酰氯溶于硝基苯中，然后在无水 $FeCl_3$ 催化下进行自缩聚，反应式为

$$nClSO_2- -O- \bigcirc \xrightarrow[\text{硝基苯},130\ ℃]{\text{无水 } FeCl_3} \left(- \underset{O}{\overset{O}{S}} -O \right)_n + nHCl$$

$$(8-8)$$

上述两种方法相比，脱氯化氢法具有单体制备较简单、反应较平稳、成本低、工序少等优点。但由于 Friedel-Crafts 反应存在使苯环对位、邻位和间位上氢被取代的可能性，因此聚合物支化程度较高，加工性较差，而且该法对设备腐蚀很严重。而脱盐法只要严格控制双酚

S 中 2,4 -二羟基苯砜异构体的含量,就可以得到分子链结构规整的全对位产物,使聚合物的流动性和抗冲击强度提高。脱盐法的缺点是工序繁多、产品的提纯较为困难。脱盐反应结束后必须加入氯甲烷封端剂,使活泼的对苯酚钠基团变为较稳定的对苯酚甲氧基团,以避免高聚物在加工中的分解。

中国长春应用与化学所在 20 世纪 80 年代开发出了以对二氯二苯砜和酚酞为原料的聚醚砜 PEK - C,其 T_g 高达 260 ℃,合成反应式为

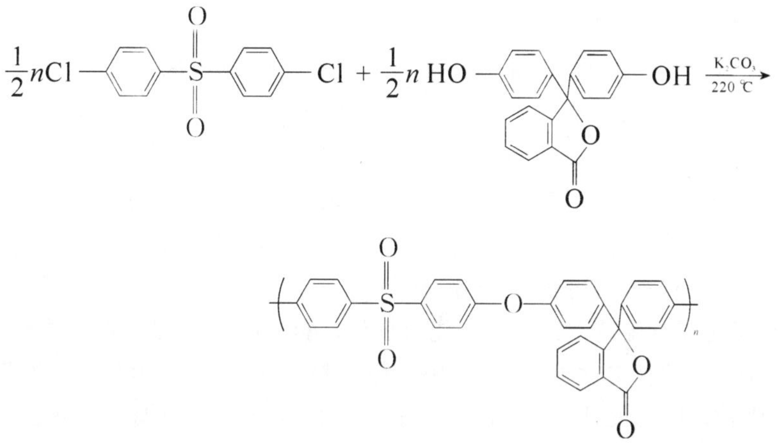

$$(8-9)$$

8.4 聚砜的结构与性能

8.4.1 双砜 A 型聚砜的结构与性能

8.4.1.1 分子主链结构

PSF 的分子主链是由异丙撑基、醚键、砜基和苯撑基连接起来的线性高分子化合物。不同基团的结构特点对性能的影响如下:

(1)异丙撑基为脂肪基,有一定的空间体积,可减小分子间的作用力,能赋予 PSF 韧性和良好的熔融加工性。异丙撑基上的两个无极性的甲基,使 PSF 吸湿性很小,电绝缘性能提高。但它对 PSF 的耐热性有一定的不利影响,与 PAS 和 PES 相比,PSF 的 T_g、热变形温度和最高连续使用温度较低。

(2)醚键较异丙撑基更能增加分子链的柔顺性,醚键两端的苯基可绕其内旋转,它使 PSF 的韧性增加,熔融加工性和在溶剂中的溶解性提高,同时也使 PSF 的耐热性有所降低。

(3)砜基上的氧原子对称、无极性,主链上的硫原子处于最高氧化状态,为 PSF 提供了优良的抗氧化能力。此外,砜基与相邻的两个苯环组成了高度共轭的二苯砜结构,形成了一个十分稳固、刚硬、一体化的坚强体系,使得 PSF 能吸收大量热能和辐射能而不至于使主链断裂,热稳定性高($T_d > 426$ ℃),抗辐射性优,硬度大,力学性能优异。

综合 PSF 链的结构可以看出,二苯砜基对分子链的刚性影响超过了醚键和异丙撑基对分子链的柔性影响,因此 PSF 分子链的刚性仍然相当大。刚性链彼此之间的缠结不易解

除,使得大分子整链的运动困难,因而熔融流动时的温度较高(T_f约为310 ℃),熔体黏度大,371 ℃的熔体黏度为$6×10^4$ Pa·s,熔体流动性对温度敏感而对剪切速率不敏感。刚性链聚合物静强度很高,在受力时形变小,尺寸稳定,抗蠕变能力高,但同时又使大分子链受外力作用后残余应力在制品中难以自行消除,易造成应力开裂。

PSF制品为无定形结构,分子链刚硬、玻璃化转变温度高、熔体冷却速率快是造成PSF难以结晶的主要原因。

8.4.1.2 物理力学性能

PSF为透明或微带琥珀色的非晶态线性高聚物,无气味,透光率90%以上,折光率为1.663,吸水率为0.22%,密度为1.24 g/cm³,成型收缩率为0.7%,难燃,离火后自熄,且冒黄褐色烟,燃烧时熔融而带有橡胶焦味。

PSF树脂的力学性能主要受其主链结构的影响,其主链上的芳环赋予其较高的强度和刚性,同时因为主链上的芳香基团是线型和对位连接的,且主链上含有异丙基,使主链具有一定的柔性,材料具有较好的韧性和熔融加工性。

PSF树脂的力学性能特点是抗蠕变能力很强,明显优于聚甲醛、聚碳酸酯等工程塑料。另外,PSF树脂的尺寸稳定性很高,与通用工程塑料相比在较高的温度下仍能保持良好的力学性能,力学性能随温度升高的下降幅度很小。如20 ℃、21 MPa载荷下经1 000 h后的蠕变量仅为0.1%,当温度升至100 ℃时蠕变量也仅为1.5%,当时间延长1年时蠕变量也仅为2%。PSF的拉伸模量在室温时为2.48 GPa,在100 ℃时为2.46 GPa,在190 ℃时仍可保持1.4 GPa。PSF在室温下的力学性能见表8-1,PSF与一些工程塑料力学性能的比较见表8-2。

PSF力学性能的缺点是抗疲劳性差,疲劳强度和寿命不如POM和PA,相对疲劳强度低于POM和PA,分别是POM的1/4.5和PA的1/3,不适宜应用在承受频繁重复载荷或周期性载荷的环境中。此外,它还易出现内应力开裂现象。

表8-1 室温下PSF的力学性能

性能	数值
拉伸屈服强度/MPa	70.3
拉伸模量/GPa	2.48
屈服伸长率/%	5～6
断裂伸长率/%	50～100
弯曲屈服强度/MPa	106
弯曲弹性模量/GPa	2.69
压缩屈服强度/MPa	96
压缩断裂强度/MPa	276
压缩弹性模量/GPa	2.58
剪切屈服强度/MPa	41.4

续表

性能		数值
剪切断裂强度/MPa		62.1
泊松比(0.5%应变)		0.37
洛氏硬度		M69、R120
悬臂梁抗冲击强度/(J·m⁻¹)	无缺口	>3 200
	6.35 mm 厚,缺口	64
	3.18 mm 厚,缺口	69
摩擦因数	PSF - SF	0.67
	PSF -钢	0.40

表 8 - 2　PSF 与一些工程塑料力学性能的比较

性能		PSF	POM	PC	PA66	ABS
拉伸强度/MPa		71.5	70.6	60.0	60.0	60.0
伸长率/%	屈服	5~6				
	断裂	50~100	15	60~100	300	30
拉伸模量/GPa		2.5	2.7	2.4	1.8	2.1~3.2
抗冲击强度/(kJ·m⁻²)		6.9	7.6	10.8~15.2	10.8	3.8~8.0
洛氏硬度(R)		120	120	118	108	101~118

8.4.1.3　热性能

PSF 树脂的主链结构中含有高度共振的砜基,硫原子处于最高氧化态,砜基与主链中的芳环高度共轭缔合,使 PSF 树脂的热稳定性和抗氧化性非常高。PSF 的 T_g 为 190 ℃,热变形温度为 175 ℃,维卡软化温度为 188 ℃,马丁耐热 156 ℃,长期使用温度为 150 ℃,脆化温度为 −101 ℃,热分解温度为 426 ℃,热导率为 0.26 W/(m·K),线膨胀系数为 $3.1×10^5℃^{-1}$,可在 −100~150 ℃范围内长期使用,可在 400 ℃条件下加工。

PSF 的耐热性优于 POM、PC、PPO 和 PA 等工程塑料。表 8 - 3 为 PSF 与一些工程塑料热性能的比较。

表 8 - 3　PSF 与一些工程塑料热性能的比较

性能	PSF	PC	POM	PPO	PA66
1.82 MPa 热变形温度/℃	175	132	124	190	70
最高连续使用温度/℃	150	120	100	120	

PSF 的热稳定性和耐老化性很好,如在 150 ℃经 2 年的热老化后,拉伸屈服强度和热变

形温度不仅不会降低,反而有所上升,这可能与出现少量交联有关,而抗冲击强度仍可保持55%,如图8-6所示。PSF在空气中直到420℃以上才开始出现热降解,如图8-7所示。PSF在湿热条件下也具有良好的尺寸稳定性,在热水和水蒸气环境中可以放心使用。

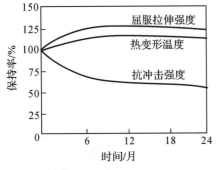
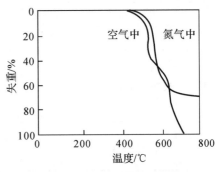

图8-6　PSF的热老化时间对力学性能的影响　　图8-7　PSF的热失重曲线

8.4.1.4　电性能

PSF在 $-100 \sim 190$ ℃、$60 \sim 1 \times 10^6$ Hz及潮湿环境中均具有优良的电绝缘性和介电性,这比PC(135~150℃)、PPO(182℃)和POM(100~120℃)等塑料要好,并且在水中仍能保持良好的介电性能,因此电绝缘性比其他工程塑料更具优越性。室温下PSF的电性能见表8-4。

表8-4　室温下PSF的电性能

性能		数值
表面电阻率/Ω		3×10^{15}
体积电阻率/(Ω·m)		5×10^{14}
介电强度/(kV·mm^{-1})		14.6
介电常数	60 Hz	3.07
	10^3 Hz	3.06
	10^6 Hz	3.03
介电损耗因数	60 Hz	0.000 8
	10^3 Hz	0.001 0
	10^6 Hz	0.003 4
耐电弧时间/s		122

8.4.1.5　化学性能

PSF的化学稳定性较好,除氧化性酸(如浓硫酸、浓硝酸等)和某些极性有机溶剂(如卤代烃、酮类、芳香烃等)外,对其他试剂都表现出较高的稳定性。表8-5为PSF在部分试剂中的质量变化。

表 8 - 5 **PSF 在部分试剂中的质量变化**

药品名称	浸渍 76 h 质量变化/%	浸渍 173 h 质量变化/%
浓硝酸	+3.64	+6.51
50%硝酸	+0.66	+0.84
浓硫酸	−54.6	溶解
50%硫酸	+0.11	+0.10
浓盐酸	+0.75	+0.99
50%盐酸	+0.42	+0.66
冰醋酸	+0.52	+1.04
0.5%氢氧化钠	+0.17	+0.19
合成洗涤剂	+0.73	+0.81
苯	大部分溶解	完全溶解
丙酮	部分溶胀或溶解	溶解
氯化烃	溶解	溶解
煤油	+0.11	+0.16
汽油	+0.22	+0.34
真空泵油	+0.26	+0.26

8.4.1.6 耐辐射性

由于 PSF 分子链中含有大量的苯环和二苯砜基,其可吸收大量辐射能而不致被破坏,因此具有良好的耐辐射性。如经 $0.26×10^5$ C/kg 的射线照射 200 h 后,其外观、刚性和电性能均无变化。射线强度增至 $1.3×10^5$ C/kg 后,虽然外观变红、发脆、易折断,但电性能变化仍很小。

8.4.2 聚芳砜的结构与性能

8.4.2.1 分子主链结构

聚芳砜的分子主链可以看作是由高度共轭的二苯砜醚基和联苯基组成的,其结构特点及对性能的影响如下:

(1)由于硫原子处于最高氧化状态,芳香环又难以氧化,因此 PAS 的耐热氧能力很高。

(2)分子主链含有大量联苯基,而不含脂肪族异丙撑基,因而与 PSF 相比耐热性十分突出。PAS 的 T_g 高达 288 ℃,可在 260 ℃下长期使用,在 310 ℃下短期使用。

(3)分子链中的醚键能提供一定的柔性,可使 PAS 在 −240 ℃的低温下使用。但是,PAS 链的刚性大大超过了 PSF,其熔融加工十分困难,在 371 ℃时熔体黏度高达 $3×10^6$ Pa·s,为 PSF 的 50 倍,这也是 PAS 难以应用的最主要原因。

8.4.2.2 物理力学性能

PAS 是一种带有琥珀色的透明坚硬固体，无气味，密度为 $1.36~g/cm^3$，较 PSF 的密度 $1.24~g/cm^3$ 大，折光率为 1.652，吸水率为 1.4%，收缩率为 0.8%。

PAS 的力学性能高，与聚酰亚胺相当，抗冲击强度甚至超过了聚酰亚胺。它的力学性能受温度影响校小，如从室温至 240 ℃时压缩模量几乎不变，至 260 ℃时压缩模量仍能保持 73%，弯曲模量保持率 63%，在高温下仍能保持很高的韧性，且具有良好的耐磨性。

8.4.2.3 热性能

PAS 的耐热性十分突出，高于 PSF 和 PES。其 T_g 为 288 ℃，热变形温度高达 274 ℃，可在 260 ℃以下长期使用，在 310 ℃下短期使用，在 -240～260 ℃范围内均能保持结构强度，其线膨胀系数为 $2.6×10^{-5}℃^{-1}$，热分解温度高达 460 ℃；可自熄，玻璃纤维增强后马丁耐热温度高达 250 ℃以上，达到热固性塑料的水平。

8.4.2.4 电性能

PAS 可在 -240～260 ℃范围内保持电绝缘性基本不变，适合作 C 级绝缘材料，此外湿度 变化和频率变化对其介电性能的影响也很小。

8.4.2.5 化学性能

PAS 与 PSF 有相似的耐化学介质性，但一些强极性溶剂如二甲基甲酰胺、丁内酯、N-甲基吡咯烷酮、二甲基亚砜等可使其溶胀和溶解。表 8-6 为 PAS 的主要性能。

表 8-6 PAS 的主要性能

性能		数值
相对密度		1.36
吸水率/%		1.8
收缩率/%		0.8
拉伸强度/MPa	23 ℃	91
	260 ℃	30
压缩强度/MPa	23 ℃	126
	260 ℃	52.8
弯曲强度/MPa	23 ℃	121
	260 ℃	62.7
拉伸模量/GPa		2.6
压缩弹性模量/GPa		2.4
弯曲弹性模量/GPa	23 ℃	2.78
	260 ℃	1.77
伸长率/%	23 ℃	13
	260 ℃	7

续表

性能		数值
缺口抗冲击强度/$(J \cdot m^{-1})$		163
洛氏硬度		M110
玻璃化转变温度 T_g/℃		288
热变形温度(1.86 MPa)/℃		274
最高连续工作温度/℃		260
线膨胀系数/℃$^{-1}$		2.68×10^{-5}
介电常数	60 Hz	3.94
	8.5 GHz	3.24
介电损耗因数	60 Hz	0.003
	8.5 GHz	0.001
表面电阻率/Ω		6.2×10^{15}
体积电阻率/$(\Omega \cdot m)$		3.2×10^{14}

8.4.3 聚醚砜的结构与性能

8.4.3.1 分子主链结构

PES 的分子链由醚键和二苯砜基交替连接构成。PES 与 PSF 相比,不含有对耐热性和热氧稳定性有不利影响的异丙撑基,与 PAS 相比,又不含有使分子链过分刚硬的联苯基,而是保留了使聚砜塑料具有高的耐热性、热氧稳定性、力学性能和电绝缘性的二苯砜基,以及能赋予聚砜良好加工性的醚键。因此 PES 兼备了 PSF 和 PAS 的优点,综合性能比 PSF 和 PAS 要好。它的耐热性和热氧稳定性高于 PSF 而低于 PAS,加工性优于 PAS。它的 T_g 为 218~221 ℃,最高连续使用温度为 180 ℃,热分解温度大于 426 ℃,并可用通常的挤出、注射等热塑性塑料的加工方法制备产品,被誉为第一个综合了高耐热性、高抗冲击强度和优良成型工艺性的特种工程塑料。

8.4.3.2 物理力学性能

PES 是一种带有浅琥珀色的透明固体,无气味,折光率为 1.65,密度为 1.37 g/cm³,吸水率为 0.43%,收缩率为 0.6%,制品为无定形聚合物。

PES 也具有较高的力学性能,特别是在高温下也能保持高的力学性能。如室温下拉伸强度达 83 MPa,弯曲强度为 130 MPa,弯曲弹性模量为 2.6 GPa,断裂伸长可达到 80%,缺口抗冲击强度为 87 J/m,在 200 ℃使用 5 年后拉伸强度可保持 50%。其抗蠕变性很好,因而尺寸稳定性突出。PES 的缺口抗冲击强度可达到 87 J/m,具有与 PC 同等的水平,但抗冲击强度受缺口半径的影响较大,随缺口半径减小,抗冲击强度会迅速下降。

8.4.3.3 耐热性

PES 具有优异的耐热性,其 T_g 为 225 ℃,热变形温度高于 203 ℃,最高连续使用温度达

180 ℃，热性能高于 PSF 而低于 PAS。加 30％玻璃纤维增强后为 190 ℃，在 −150 ℃ 低温下制品不会脆裂，线膨胀系数为 $5.5\times10^{-5}℃^{-1}$。此外，PES 具有优异的阻燃性，不仅难燃，而且在强制燃烧时的发烟量很低。

8.4.3.4 电性能

PES 具有优异的电绝缘性能，其表面电阻率为 $3\times10^{6}\ \Omega$，体积电阻率为 $3\times10^{14}\ \Omega\cdot m$，即使在 200 ℃ 高温下体积电阻率仍可达到 $1\times10^{11}\ \Omega\cdot m$，是一种性能稳定的耐热性绝缘材料。PES 还具有优异的介电性能，其介电常数在 20 ℃、$60\sim10^{6}$ Hz 范围内均保持在 3.5 左右，介质损耗因数在 60 Hz、$20\sim150$ ℃ 内保持在 0.001，介电强度为 17 kV/mm。

8.4.3.5 化学性能

PES 的化学稳定性优于 PSF，能耐多种化学介质，如酸、碱、油、润滑脂、脂肪烃和醇等，用苯和甲苯清洗不会出现应力开裂，但不耐极性有机介质（如酮、卤代烃和二甲基亚砜等）。PES 在水中不会发生水解，也不会像 PSF 容易在水中发生应力开裂，但会因微量吸水产生轻微的增塑作用而使力学性能有小的变化。表 8-7 为 PES 的主要性能。

表 8-7　PES 的主要性能

性能		数值
相对密度		1.37
吸水率(24 h)/％		0.43
收缩率/％		0.6
折射率/％		1.65
拉伸强度/MPa	20 ℃	83
	150 ℃	55
	180 ℃	41
伸长率/％		40～80
拉伸模量/GPa		2.4
弯曲强度/MPa		130
弯曲模量/GPa	20 ℃	2.6
	150 ℃	2.5
	180 ℃	2.3
抗冲击强度/$(J\cdot m^{-1})$	缺口	87
	无缺口	不断
洛氏硬度		M88、R120
热变形温度/℃	0.46 MPa	210
	1.86 MPa	203

续表

性能		数值
维卡软化点/℃	0.1 MPa	226
	0.5 MPa	223
线膨胀系数/℃$^{-1}$		5.5×10^{-5}
热导率/[W·(m·K)$^{-1}$]		0.18
比热容/[J·(kg·K)$^{-1}$]		1.1×10^{3}
燃烧性		自熄
介电常数	60 Hz	3.5
	1×10^{6} Hz	3.5
	2.5×10^{9} Hz	3.5
介电损耗因数	60 Hz	1.0×10^{-3}
	1×10^{6} Hz	3.5×10^{-3}
	2.5×10^{9} Hz	4.0×10^{-3}
体积电阻率/(Ω·m)		7×10^{15}
介电强度/(kV·mm^{-1})		16
耐电弧时间/s		70
极限氧指数/%		38

8.5 聚砜的改性

聚砜类树脂由于具有优异的力学性能、热稳定性和尺寸稳定性,耐水解、耐辐射、耐燃等,应用较为广泛。但聚砜类树脂也存在一些性能缺陷,如耐有机溶剂性较差、成型温度高、制品易应力开裂、疲劳强度较低和电镀性能差等。因此,在实际应用时,常用一些物理或化学方法进行改性,提高产品的综合性能和加工性能,以满足应用需求,或者降低其成本。常用的改性方法主要有共聚改性、合金化及玻璃纤维增强和矿物填充改性等。

8.5.1 共聚改性聚砜

共聚改性是对高分子的分子链结构进行调整,能从本质上影响和改变聚合物的性能。因此,许多聚砜生产公司都推出了多种共聚聚砜树脂牌号,其性能也因为共聚组分的不同而各异。例如,BASF 开发的聚砜/聚醚酮嵌段共聚物就具有良好的耐高温和耐化学腐蚀性能。在聚砜中加入 0.5% 溴化聚苯醚,可得到阻燃等级为 UL94 V0 级的透明阻燃产品。对聚砜的分子链结构进行改性是当下工程塑料研究的热点。

8.5.1.1 聚砜酰胺

聚砜酰胺（Polysulfonamide，简称 PSA）纤维（又名芳砜纶）是由我国自主研发的高性能合成纤维，其分子主链中引入了对苯结构和砜基，使酰胺基（—NHOC—）和砜基（—SO₂—）相互连接苯基构成线性大分子。其合成步骤为：在氮气保护下，将等物质的量之比的对位二氨基二苯砜（4,4'-DDS）、间位二氨基二苯砜（3,3'-DDS）加入二甲基乙酰胺溶剂（DMAc）溶剂中，将体系温度冷却到 10 ℃ 左右，加入物质的量较氨基过量 1％～3％ 的对苯二甲酰氯（TPC）进行低温缩聚，得到较高相对分子质量的芳香族聚砜酰胺。其中 4,4'-DDS 与 TPC 的聚合反应式为

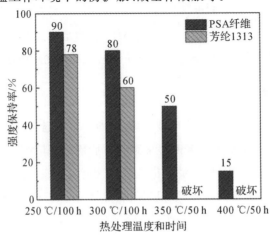

$$(8-10)$$

进一步，配制合适浓度的纺丝液，在含有 $CaCl_2-DMAc-H_2O$ 三元体系的凝固液中通过湿法纺丝成形得到初生纤维，再经水洗、干燥、高温拉伸制得米黄色而富有光泽的聚砜酰胺纤维，也可通过溶液涂覆等方法将其制成薄膜。

PSA 纤维分子主链上存在强吸电子的砜基基团，与苯环的双键形成共轭结构，且硫原子处于最高氧化状态，使聚砜酰胺比芳纶 1313 具有更优异的耐热性、热稳定性和抗热氧化性能。图 8-8 和图 8-9 分别为聚砜酰胺、芳纶 1313 在热空气和高温处理后的强度保持率。PSA 纤维还具有优异的化学稳定性和染色性。除了 MDA、DMSO、NMP 能对其有损伤外，在常温下，PSA 纤维性能在多种化学药品中保持良好状态。PSA 纤维在高温、高压下即可染色，后处理程序少，染色条件温和。因此，PSA 纤维是一种新型纺织材料，可用于制备航天航空领域及高温工作环境下的防护服、战士作战服等。

图 8-8　聚砜酰胺、芳纶 1313 在热空气处理后的强度保持率

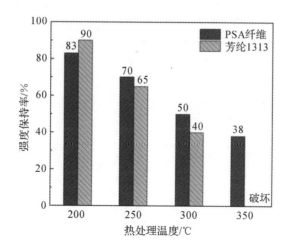

图 8 - 9　聚砜酰胺、芳纶 1313 在高温处理后的强度保持率

8.5.1.2　杂萘联苯聚砜

大连理工大学蹇锡高等研究开发了二氮杂萘酮结构聚芳醚砜(PPES),由自制的二氮杂萘酮联苯酚(DHPZ)和 4,4′-二氯二苯砜(DCS)共聚得到,合成反应为

$$(8-11)$$

DHPZ 单体呈扭曲非共平面结构,将这种结构引入聚合物中:一方面增大了分子链中的空间位阻,妨碍了分子链的运动;另一方面使得分子主链发生了扭曲,因此得到的高相对分子质量聚合物分子链往往易发生缠绕。由于含二氮杂萘酮结构聚芳醚砜出色的综合性能,如耐酸碱性、耐氧化性、耐氯性和力学性能,特别是其突出的耐高温性和可溶解性,其在高性能树脂基复合材料、耐高温型分离膜材料、耐高温绝缘漆和涂料等方面的应用将比同类已商业化的树脂具有更广阔的前景。

8.5.1.3　其他功能化聚砜树脂

将带有其他官能团(如磺化基团、氟代基团、氰基、烯丙基等)的单体作为聚砜树脂的共聚单体可以改变聚砜的主链结构,从而改变材料的宏观性能。这些引入的官能团要求不与单体发生反应,且在聚合过程中能稳定存在。功能化聚砜树脂结构及其改性官能团见表8-8。

表 8-8 功能化聚砜树脂结构及其改性官能团

官能单体	结 构
磺化 Sulfone	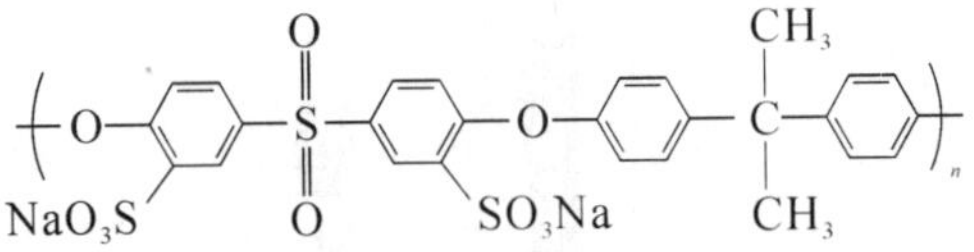
氟代 Fluoro	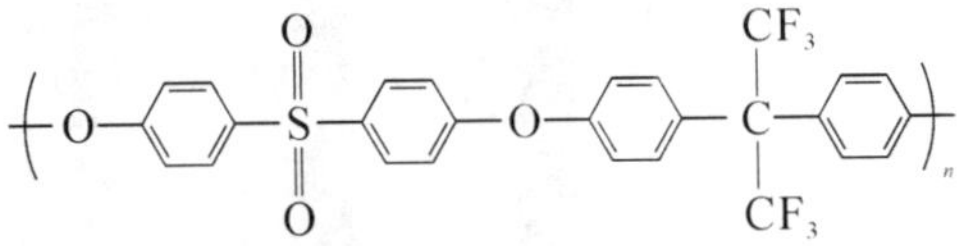
酰胺化 Amine	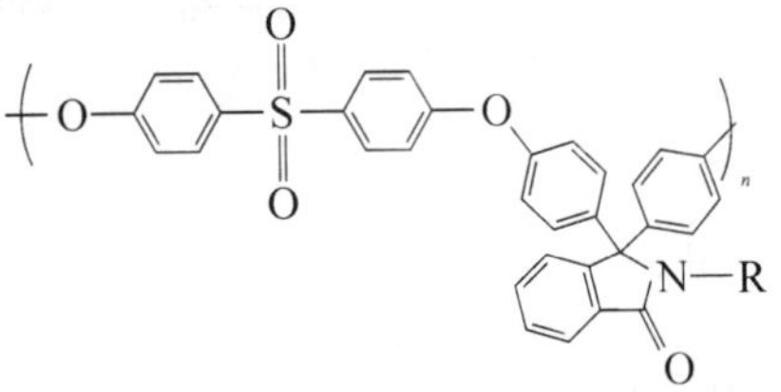
腈基化 Cyano	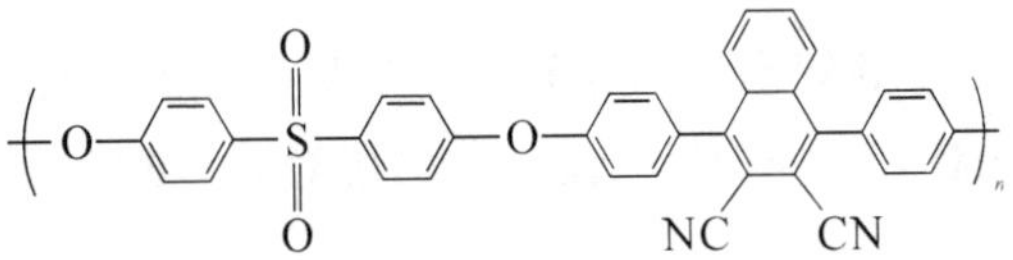
羧酸化 Acid	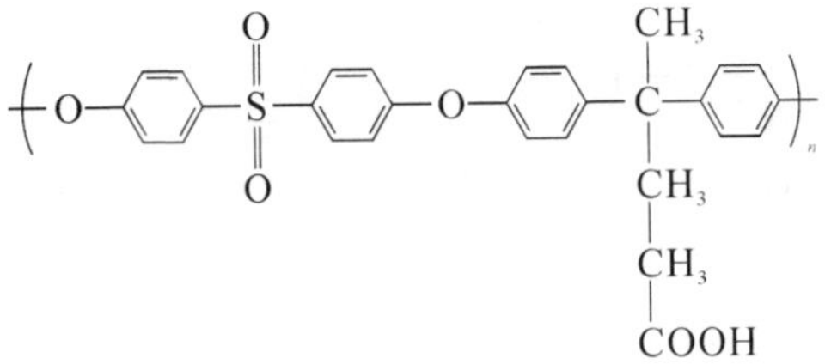
磷化 Phosphorus	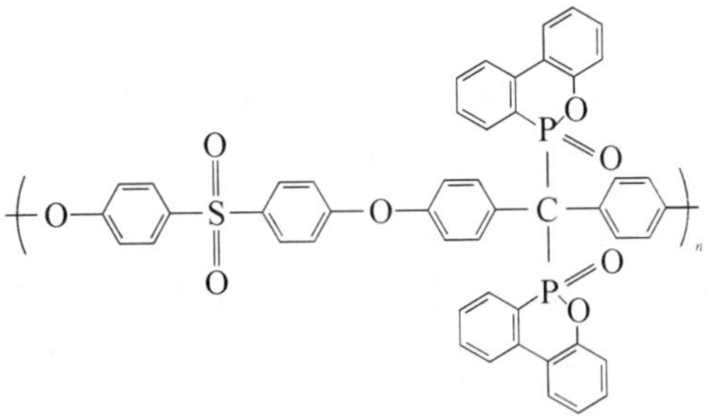
萘二甲酰亚胺化 Naphthalimide	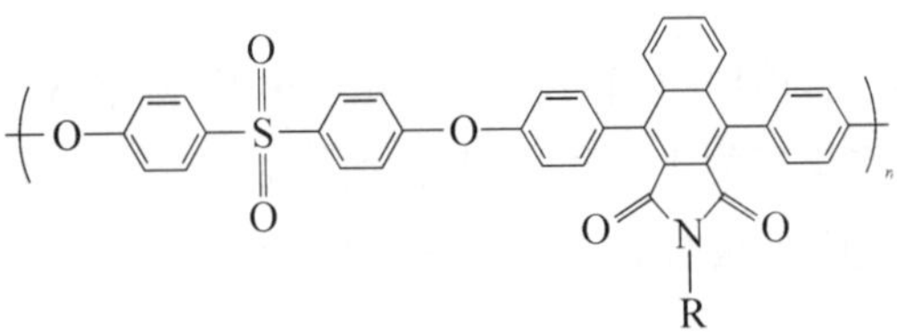

续表

官能单体	结　构
烯丙基化 Allyl	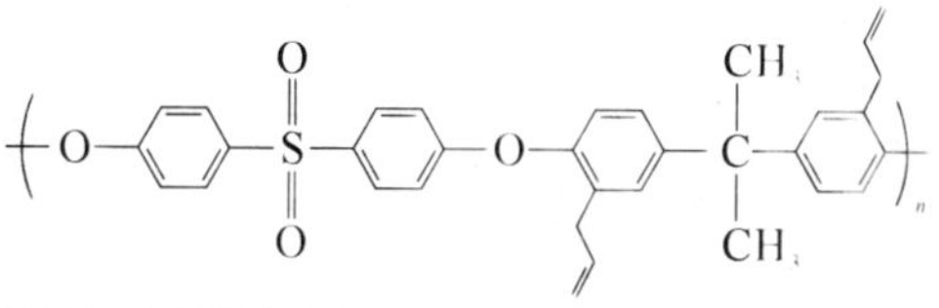
芴基化 Fluorene	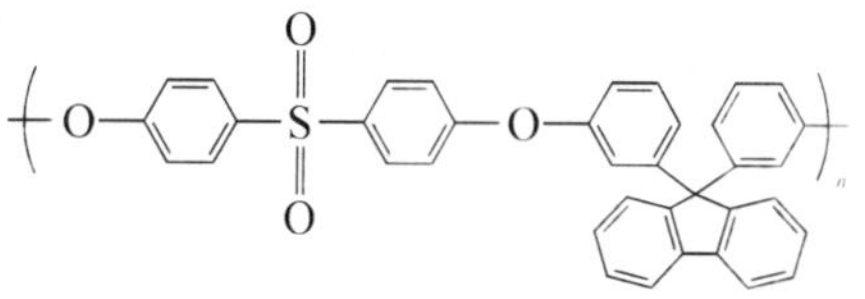
聚乙二醇化 PEG	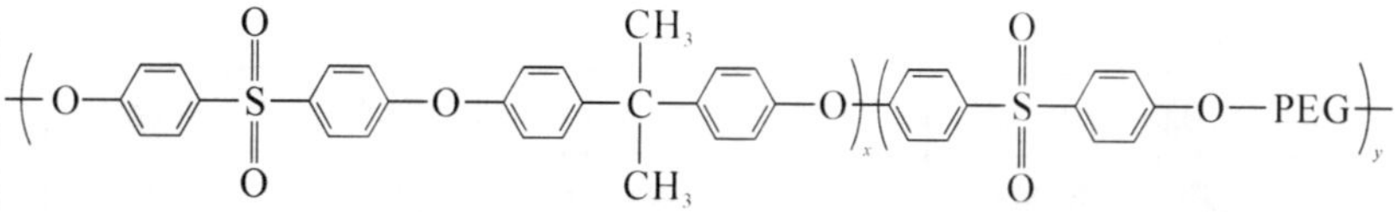

　　将特定官能团引入改性聚砜树脂会赋予其特殊的宏观性能。例如,磺化基团能改善聚砜树脂的溶解性,羧酸基团在改善溶解性的同时,其玻璃化转变温度范围也变宽,含磷芳香基团可以提高聚砜树脂的阻燃性能。聚乙二醇(PEG)链段具有良好的柔性,将其引入后有利于改善聚砜树脂的抗冲击性和溶解性。

8.5.2　聚砜合金

　　聚砜合金以 PSF 合金为主,主要是为了改善 PSF 的耐溶剂性、耐环境性、可加工性、抗冲击性、延伸率和电镀性等而开发的。目前,报道的合金品种主要有 PSF/ABS、PSF/PBT、PSF/PMMA、PSF/PEI、PSF/PTFE、PSF/PEEK、PSF/PI、PSF/PP、PSF/PC、PSF/芳香共聚酯和 PES/PPS 等,已形成生产规模的改性产品有美国 Amoco 公司的 Mindel 系列,包括Mindel A、Mindel B、Mindel M 和 Mindel S。表 8 - 9 为 Mindel 系列聚砜合金产品的主要性能。

表 8 - 9　Mindel 系列聚砜合金产品的主要性能

性能	测试方法	A - 670	B - 340	M - 800	S - 1000	S - 1030
拉伸强度/MPa	D638	51	127	67	67	104
拉伸模量/MPa	D638	2170	9860	4570	2460	7630
弯曲强度/MPa	D790	84	174	101	99	147
弯曲模量/MPa	D790	2220	11070	5270	2680	7420
悬臂梁缺口抗冲击强度/($kJ \cdot m^{-1}$)	D256	38.1	7.1	3.5	8.7	7.1

续表

性能		测试方法	A-670	B-340	M-800	S-1000	S-1030
抗冲击强度/(kJ·m⁻¹)		D1822	193	49		279	72
断裂伸长率/%		D638	75	1.3	2.0	50~100	2.0
热变形温度(1.86 MPa)/℃		D648	149	160	179	149	155
阻燃性		UL 94		V0 0.79 mm	V0 0.81 mm	V0 3.38 mm	
连续使用温度/℃		UL 7468		160	155		
线膨胀系数/(10⁻⁵℃⁻¹)		D 696	6.5	4.0	3.4	5.7	3.82
介电强度/(kV·mm⁻¹)		D149	17	20	17.7	20.0	18.6
介电常数	60 Hz	D 150	3.31	3.9	3.8	3.12	3.64
	10³ Hz	D 150	3.28	3.9	3.8	3.1	3.65
	10⁶ Hz	D 150	3.25	3.9	3.8	3.5	3.72
介电损耗角正切值	60 Hz	D 150	0.005 2	0.002	0.003	0.002 7	0.001 8
	10³ Hz	D 150	0.005 5	0.003	0.003	0.007	0.005 6
	10⁶ Hz	D 150	0.013 0	0.010	0.003	0.007	0.005 6
密度/(g·cm⁻³)		D 792	1.13	1.66	1.61	1.23	
成型收缩率/(mm·mm⁻¹)		D 955	0.006 6	MD 0.001 5	MD 0.005	0.006 6	0.240
吸水率(24 h)/%		D 570	0.25	0.07	0.46	0.2	
FDA 认可			认可			认可	
干燥温度/℃			121 max	135~163	135	135	135
干燥时间/h			3~4	3~4	3.5	3.0	3.0
模温/℃			71~121	65~100	121~163	90~140	90~140
树脂温度/℃			260~315	271~315	357~413	315~345	315~345
模压/MPa			0.35~2.46	0.35	0.35	0.35	0.35

注:FDA 为美国食品药品监督管理局。

Mindel A 为 PSF/ABS 系列合金,由 Amoco 公司首先开发成功并已商品化的聚砜系合金之一。该合金除具有优良的耐冲击韧性、耐热水性、尺寸稳定性之外,还具有可电镀性,即可以采用 ABS 树脂的电镀工艺进行电镀。PSF/ABS 合金已通过美国食品药品监督管理局(FDA)的批准,可制备耐 100 ℃可重复使用食品包装或容器用于医疗和食品领域,还适合制造在热水环境中使用的水龙头、配管等,也可用于制造门把手和照明器具等。

Mindel B 为 PSF/PBT 系列合金,由 Amoco 公司开发成功并商品化。该合金兼具非结晶性树脂的低翘曲性和结晶性树脂的耐化学药品性。PSF/PBT 合金的力学性能和电性能与 30％玻璃纤维增强 PBT 相当,但其成型后的翘曲程度仅为 30％玻璃纤维增强 PBT 的 1/3 左右。对一般溶剂而言,它还显示了优良的耐应力开裂性。PSF/PBT 合金具有高介电强度和低介电损耗等特点,特别适合用于高速电子电器零件。即使在高温和高湿条件下,这些特点仍能良好地保持。近年来,PSF/PBT 合金已用于制造 CD 或 CD-ROM 的光传感器零件。此外,PSF/PBT 合金系列韧性比 PPS 好,价格比 PES 低,可用玻璃纤维进行增强。Mindel B-340 的弯曲模量高达 11 GPa。与 PBT 相比,该合金的电绝缘性和介电强度更好,介质损耗因数更小,适合制作精密仪器、仪表等对电性能要求高的部件。

Mindel M 为 PSF/矿物掺混型系列合金,适用作厚壁耐应力开裂制件。其中,Mindel M825 也已通过美国 FDA 的认可,可用于食品和医疗领域。

Mindel S 为阻燃级系列改性聚砜,阻燃性达到 UL94 V0 级,具有优异的耐热、耐热水及尺寸稳定等特性。

由中国上海曙光化工厂开发成功的矿物填充 PSF 在保持 PSF 良好流动性的同时,热变形温度由原来的 150 ℃提高到 165 ℃,刚性提高了 4 MPa 以上,且提高了性价比,但抗冲击性却比填充前有所降低,此种聚砜是介于普通聚砜与玻璃纤维增强聚砜之间的 PSF 新材料。

(1)PSF/PA 合金。将聚砜和聚酰胺(PA)组成合金能够改善聚砜的耐应力开裂性能并赋予其良好的流动性。然而,聚砜和聚酰胺是完全不相溶的,所以二元混合物的力学性能非常差。解决这一难题的简便方法是用马来酸酐接枝聚砜,再与聚酰胺混合得到界面作用强的混合物。PSF/PA 合金制备过程是将 80 份马来酸酐接枝聚砜、20 份尼龙 6 或尼龙 66 在混合器中于 310 ℃混合 5 min,再经骤冷、干燥并研磨制得成品。

(2)PSF/PC 合金。为了制备超韧性聚砜合金,采用聚砜、聚碳酸酯和丙烯酸酯橡胶制备 PSF/PC 合金。例如,采用 75 份聚砜、20 份聚碳酸酯和 5 份接枝丙烯酸酯橡胶所得到的合金,拉伸强度为 57 MPa,拉伸模量为 2.3 GPa,伸长率 75％,弯曲强度为 100 MPa,弯曲模量为 2.5 GPa,悬臂梁缺口抗冲击强度为 17.3 J/m,热变形温度为 166 ℃。

(3)PSF/液晶聚合物合金。PSF 具有优异的力学性能、抗蠕变性能及耐高温性能,还有优良的电性能、耐化学品性。但由于 PSF 大分子结构中存在大量的刚性链段,熔体黏度高,且表观黏度对温度敏感,流动温度高,故成型加工有一定困难。液晶聚合物(LCP)具有强度高、模量高、剪切黏度低等诸多优良特性,使其与 PSF 共混,可以降低共混体系的黏度,改善其加工性能。同时,LCP 还可在流动场作用下取向成纤对基体起到增强作用。

(4)PSF/PPS 合金。PPS 作为特种工程塑料的第一大种类,以其优异的高温稳定性、阻燃性、耐化学品性,以及熔体黏度小、力学性能和电学性能良好而受到广泛关注。但由于 PPS 存在脆性大、韧性差的缺点使其应用范围受到一定限制。将 PSF 和 PPS 混合可以制备耐化学药品性能良好、易加工和耐湿性好的 PSF 合金,同时可以改善 PPS 的韧性、热性能和加工性能等。

(5)PES/PTFE 合金。英国 ICI 公司在 PES 中加入 10％和 20％的聚四氟乙烯(PTFE),制得摩擦因数很低的 2010F 和 2020F 高耐磨工程塑料。

8.5.3 玻璃纤维增强聚砜

采用玻璃纤维增强聚砜可提高其力学性能(如强度、模量、刚性、抗蠕变性、尺寸稳定性等),较大程度改善了 PSF 耐疲劳性差的缺点;还可提高其耐热性,降低成型收缩率和线膨胀系数,并提高耐水性。

用 40%玻璃纤维增强后可使 PSF 原来已经很小的成型收缩率由 0.7%降至更低的 0.2%,线膨胀系数由 $5.7 \times 10^{-5} ℃^{-1}$ 降至 $2.2 \times 10^{-5} ℃^{-1}$,从而使增强 PSF 制品的尺寸精度接近金属材料的水平。当玻璃纤维含量到 30%时,增强 PSF 的拉伸屈服强度、弯曲模量可提高 1 倍,最大疲劳应力提高 2~3 倍,蠕变量却降低到未增强 PSF 的 33%~50%,增强效果非常明显。但玻璃纤维增强 PSF 的脆性增加,断裂伸长率由未增强时的 50%~100%降至增强后的 2%~3%。此外,其热变形温度从 175 ℃提高到 185 ℃,阻燃性从 UL94 HB 级提高到 V0 级;电性能仍保持良好,介电强度由 14.6 kV/mm 提高到 18.9 kV/mm,而其他电性能基本未变。

用 30%玻璃纤维增强 PES 后,拉伸强度、弯曲模量、抗蠕变能力提高了近 1 倍,增强后的尺寸稳定性能更加优异。增强后 PES 的耐磨性提高幅度更大,磨损量仅为未增强的 1/10,甚至超过了 PA66。但是,增强 PES 的抗冲击强度没有提高,脆性有所增加,断裂伸长率有所下降。即使如此,其脆性程度仍比热固性塑料和 PPS 等热塑性塑料小。此外,用 30%玻璃纤维增强 PES 后,PES 的热变形温度可由 203 ℃提高到 216 ℃,最高连续使用温度可由 180 ℃提高到 200 ℃。图 8-10~图 8-13 分别为玻璃纤维含量对 PSF 性能的影响情况,表8-10~表8-12 分别列出了玻璃纤维增强 PSF、PAS 和 PES 的性能数据。

表 8-10 玻璃纤维增强 PSF 的性能

性能		20%玻璃纤维增强 PSF	30%玻璃纤维增强 PSF
相对密度		1.38	1.45
吸水率/%		0.2	0.2
收缩率/%		0.3~0.4	0.2~0.3
熔融温度/℃		385	385
拉伸强度/MPa		103	124
伸长率/%		3.0	3.0
弯曲强度/MPa		145	165
弯曲模量/GPa		5.9	8.3
洛氏硬度(M)		92	92
缺口抗冲击强度/(kJ·m^{-1})		2.73	3.78
热变形温度/℃	0.46 MPa	188	191
	1.86 MPa	182	185
最高连续使用温度/℃		149	149
线膨胀系数/($10^{-5} ℃^{-1}$)		1.7	1.4
氧指数/%			35
介电常数(60 Hz)			3.55

续表

性能	20％玻璃纤维增强 PSF	30％玻璃纤维增强 PSF
体积电阻率/(Ω·m)		10^{15}
介质损耗因数(60 Hz)		1.9×10^{-3}

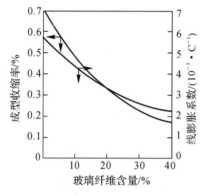

图 8-10 玻璃纤维含量与 PSF 成型收缩率
和线膨胀系数的关系

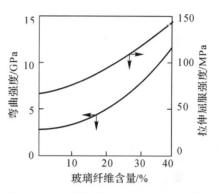

图 8-11 玻璃纤维含量与 PSF 弯曲模量
和拉伸屈服强度的关系

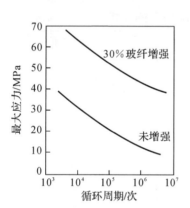

图 8-12 含 30％玻璃纤维和未增强
PSF 的耐疲劳曲线

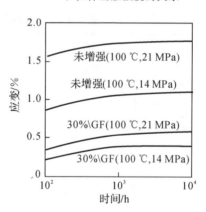

图 8-13 含 30％玻璃纤维和未增强
PSF 的耐蠕变曲线

表 8-11 玻璃纤维增强 PAS 的性能

性能	30％玻璃纤维增强 PAS
相对密度	1.67
吸水率/％	0.51
拉伸强度/MPa	190.8
抗冲击强度/(kJ·m⁻²)	126.3
压缩强度/MPa	367.2

续表

性能		30%玻璃纤维增强 PAS
弯曲强度/MPa		346
马丁耐热温度/℃		＞250
表面电阻率/Ω	常态	1.57×10^{15}
	180 ℃	3.16×10^{14}
体积电阻率/(Ω・m)	常温	2.82×10^{13}
	180 ℃	1.56×10^{12}
介电常数(10^6 Hz)	常温	2.68
	180 ℃	3.44
介电损耗因数(10^6 Hz)	常温	4.99×10^{-2}
	180 ℃	7.5×10^{-2}
介电强度/(kV・mm^{-1})	180 ℃	24.98
	90 ℃	26.52

表 8-12　玻璃纤维增强 PES 的性能

性能		30%玻璃纤维增强 PES
相对密度		1.60
吸水率/%	20 h	0.30
	饱和	1.50
收缩率/%		0.2
燃烧性		自熄
线膨胀系数/(10^{-5}℃$^{-1}$)		2.3
最高连续使用温度/℃		200
拉伸强度/MPa		140
拉伸模量/GPa		1.24
伸长率/%		3
弯曲强度/MPa		190
弯曲模量/GPa		8.4
悬臂梁抗冲击强度/(kJ・m^{-1})	缺口	83
	无缺口	560
体积电阻率/(Ω・m)		10^{14}

续表

性能	30％玻璃纤维增强 PES
耐电弧时间/s	70～120

8.5.4 填充改性聚砜

聚砜塑料中可以加入无机填料、矿物填料、碳纤维、聚四氟乙烯粉末、阻燃剂、颜料和抗静电剂等制备具有特种要求的塑料。如上海曙光化工厂在 PSF 中填充经偶联剂表面处理的 $CaCO_3$ 粉末制备 PSF/$CaCO_3$ 复合材料。当 $CaCO_3$ 质量分数为 20％时,复合材料的拉伸强度由 51.2 MPa 增大至 57.6 MPa,静弯强度由 121.5 MPa 增大至 140.0 MPa,热变形温度由 151 ℃增大至 167 ℃,线膨胀系数由 $5.2×10^{-5}℃^{-1}$ 降低至 $3.9×10^{-5}℃^{-1}$。表 8 - 13 为 PSF/$CaCO_3$ 复合材料的性能数据。又如在 PES 中添加固体润滑剂制出了耐磨性十分优异的 FS2200 和 E3010 聚醚砜,它们具有很高的极限 PV 值,极小的摩擦因数和磨耗量,耐磨性超过了碳纤维或聚四氟乙烯填充的 PPS、聚四氟乙烯填充的 POM 和 PC。表 8 - 14 为这两种聚醚砜与一些工程塑料摩擦性能的比较。

表 8 - 13 PSF/$CaCO_3$ 复合材料的性能数据

原料配比 PSF：$CaCO_3$	静弯强度/MPa	拉伸强度/MPa	热变形温度 (1.8 MPa)/℃	线膨胀系数/ ($×10^{-5}℃^{-1}$)	体积电阻率/($\Omega \cdot m$)	绝缘强度/($MV \cdot m^{-1}$)
100：0	121.5	51.2	151	5.2	$1.6×10^{17}$	19.0
95：5	127.3	54.1	155	5.0	$1.8×10^{17}$	18.5
90：10	135.6	55.7	159	4.4	$2.0×10^{17}$	18.2
85：15	137.8	60.2	163	3.8	$2.4×10^{16}$	16.8
80：20	140.0	57.6	167	3.3	$3.9×10^{16}$	19.4
75：25	132.7	49.6	172	3.1	$1.4×10^{17}$	21.3

表 8 - 14 PES FS2200 和 PES E3010 与一些塑料摩擦性能的比较

塑料名称	负荷/MPa	速度/ ($m \cdot min^{-1}$)	摩擦因数	磨耗系数/ [$mm \cdot (Pa \cdot km)^{-1}$]	磨耗量/mg
FS2200	6	40	0.14～0.21	$19.2×10^{-10}$	0.16
	1	100	0.29	$29.3×10^{-10}$	0.17
E3010	6	40	0.14	$0.73×10^{-10}$	0.10
	1	100	0.24	$2.0×10^{-10}$	0.32
	2	100	0.22	$0.93×10^{-10}$	0.48

续表

塑料名称	负荷/MPa	速度/ (m·min⁻¹)	摩擦因数	磨耗系数/ [mm·(Pa·km)⁻¹]	磨耗量/mg
碳纤维及 PTFE 填充 PPS	6	40	0.40	19.2×10^{-10}	13.0
	1	100	0.81	31.3×10^{-10}	10.5
	2	100	0.53	29.2×10^{-10}	8.6
PTFE 填充 POM	6	40		经数分钟即熔融	
PTFE 填充 PC	6	40			

8.6 聚砜的成型加工

8.6.1 双砜 A 型聚砜的成型加工

8.6.1.1 PSF 的成型工艺性

(1)PSF 的熔融温度在 310 ℃以上,分解温度 $T_d > 420$ ℃,加工温度范围较宽。PSF 的熔体流变行为接近于牛顿流体,流变特性类似于 PC,即熔体黏度对温度敏感性高于压力。在 310~420 ℃范围内,温度每提高 30 ℃,黏度可降低 1/2。由于熔体黏度受剪切速率影响较小,因此注射成型时不宜施加过大的成型压力,以降低制品内应力、分子取向和各向异性。对于挤出和吹塑工艺,降低压力可减小出模膨胀率,便于控制产品形状和尺寸。

(2)PSF 熔体的热稳定性比较好,成型温度下停留 30~60 min,流动性无明显变化。

(3)PSF 分子链刚性较大,冷凝温度较高,因此制品内的内应力无法自行消除,需要后处理。

(4)PSF 吸水率(0.22%)虽然小于 PC(0.58%),而且遇水不会水解,但在高温及载荷作用下对水敏感,水能促进应力开裂。此外,微量吸水会造成制品中有气泡、表面有银丝等缺陷。因此加工前应对物料进行预干燥处理,使含湿量降至 0.05%以下。干燥条件为:温度135~165 ℃,时间 3~4 h。

(5)PSF 为无定形聚合物,当制品冷却时不会结晶,故制品收缩率小(0.7%)且透明。

(6)PSF 熔体黏度大,流动性差,因此加工温度较高(300~400 ℃)。此外,熔体冷却快,模塑周期短,因此模具设计时应尽量减小流道阻力,模具应有加热装置。

8.6.1.2 PSF 的成型方法

PSF 可按一般热塑性塑料的方法成型加工,可以注射、挤出、吹塑、热成型及二次加工。

PSF 的注射成型采用螺杆式注射机,应选用等距、低压缩比的渐变螺杆,以及喷孔直径稍大的直通式喷嘴。注射成型温度取决于制件的大小及复杂程度,由于注射成型制品易产生内应力,为了克服这个缺点,模具温度要高。壁厚为 1.9~2.5 mm 的简单制品,模温控制在 93 ℃ 左右,而壁薄、长流程或形状复杂的制品模温应提高到 149~160 ℃。为避免制品出现残余应力开裂,通常采用退火处理。可以采用甘油浴退火方法,条件为 160 ℃,1~5 min,或采用空气浴处理,条件为 160 ℃,1~4 h。表 8 - 15 为 PSF 的注射成型工艺条件。

表 8 - 15　PSF 的注射成型工艺条件

PSF 注射工艺条件		单位	数值
料筒温度	后段	℃	320~340
	中段		350~370
	前段		340~360
喷嘴温度		℃	320~340
注射压力		MPa	100~200
保压压力		MPa	30~100
螺杆背压		MPa	5~20
螺杆转速		r · min^{-1}	50~100
模具温度		℃	80~150
注塑时间		s	20~90
保压时间		s	0~5
冷却时间		s	30~60
总周期时间		s	50~160
干燥条件			120 ℃/5 h 或 160 ℃/2~3 h
后处理条件	甘油浴		165~170 ℃/1~5 min
	空气浴		165~170 ℃/3~4 h

PSF 的挤出成型主要用于成型管材、棒材、板材、片材、薄膜及电线电缆包覆物。挤出螺杆长径比一般为 20∶1,压缩比为(2.5~3.5)∶1,机头温度控制在 310~340 ℃,牵引温度为 150~200 ℃,螺杆转速为 15~30 r/min。

PSF 的挤出发泡可用于制备高绝缘聚砜泡沫。挤出发泡是将有机溶剂系发泡剂添加到聚砜树脂中,在合适的温度范围内挤出发泡,制得厚壁绝缘聚砜泡沫,主要用于电气电子领域。美国 Amoco 公司有 Udel P - 1700 泡沫级和 Udel P - 1720 泡沫级产品,该品级以 1% 颜料作为成核剂,可改进阻燃性,有良好的弯曲强度和弯曲模量。聚砜泡沫的制备方法有挤出发泡。

PSF 的吹塑成型用于制备中空制品,可先在螺杆式挤出机上利用型坯口模制成筒坯,然后置于吹塑模内吹胀并冷却定型。挤出口模内熔料流动应呈流线型,口模温度为 300~360 ℃,吹塑模温为 70~100 ℃,吹塑压力为(2.8~4.9)×10^{-5} Pa。

PSF 可进行黏结、电镀、机加工等二次加工,黏结可在 300 ℃ 下热黏,也可以用二氯甲烷为溶剂将 PSF 配成 5％的溶液进行黏结,胶接压力约 3.5 MPa。PSF/ABS 合金常用于电镀。此外,PSF 还可以通过车、铣、钻等机加方法指出所需的零部件。

采用湿法纺丝技术可以生产带微孔的 PSF 中空纤维膜。

8.6.2 聚芳砜的成型加工

PAS 的分子链中含有刚性联苯链节,熔体黏度很大以至于熔体流动性很差,因此熔融加工十分困难。加工前要求对物料充分干燥,干燥条件为 150 ℃时 10～16 h 或 200 ℃时 6 h。

PAS 主要的成型加工方法有模压、溶液流延、浸渍、层合工艺,也可用注射、挤出、涂覆和电镀等。模压工艺条件为:模具温度 360～380 ℃,模压压力 7～14 MPa,卸模温度 260 ℃。注射工艺条件为:料筒温度 315～410 ℃,模具温度 230～280 ℃,注射压力 140～280 MPa,成型周期 15～40 s。挤出工艺条件为:料筒温度 315～410 ℃,口模温度 340～410 ℃,螺杆转速 20～90 r/min。溶液流延制薄膜工艺为:先将 PAS 溶于硝基苯中配成 40％的浓溶液,再用二甲基甲酰胺或 N-甲基吡咯烷酮稀释至 20％,再在高温流延机(200～250 ℃)上成膜,或者将经过沉淀、洗涤、干燥后的聚芳砜配成 20％的溶液再成膜。

8.6.3 聚醚砜的成型加工

8.6.3.1 PES 的成型工艺性

(1)PES 熔体为假塑性流体,即熔体表观黏度随剪切速率的增加呈下降趋势,但下降幅度并不大。但是当 PES 在正常加工温度范围内(310～335 ℃)长时间或多次加工时,会出现熔体增稠现象,可能是剪应力导致分子链断裂形成了自由基,自由基使分子链产生支化或轻度交联所致。因此,加工 PES 时应控制熔体在设备中不要停留过长时间,一般不应超过 40 min。

(2)PES 的吸水率比较高(0.3％),在加工前应干燥,使含水量降至 0.12％以下。干燥条件为 120～140 ℃时 10 h 或 160 ℃时 3 h 以上。

(3)PES 的熔融温度范围较窄,为 315～335 ℃,熔体冷却速率较快,因此应采用较高的注射速率将熔体送入模具,以避免熔料充模流动性变差而使制品欠料。

(4)PES 在成型时一般均形成无定形结构,因此挤出时的出模膨胀率较小,注射时的收缩率也较小,但当加入少量的成核剂时也会形成晶体结构。

8.6.3.2 PES 的成型方法

PES 可按一般热塑性塑料的方法进行成型加工,无须特殊设备,可采用的方法有注射、挤出、模压、流延、吹塑、真空成型、发泡成型和涂覆成型,但以注射和挤出为主。

注射成型用于加工 PES 的工程零部件,应选用螺杆式注射机,以等矩渐变螺杆为主,均化段螺槽应比一般螺杆深,以避免熔体受到过高的剪切摩擦热。喷嘴宜用直通式,模具设计时应避免出现熔接痕。表 8-16 为 PES 和玻璃纤维增强 PES 的注射工艺条件。

表 8 - 16 PES 和玻璃纤维增强 PES 的注射工艺条件

性能		PES	玻璃纤维增强 PES
料筒温度/℃	后段	300	310
	中段	330	340
	前段	330~360	340~370
喷嘴温度/℃		330~360	340~370
模具温度/℃		110~130	120~150
注射压力/MPa		110~160	120~160
保压压力/MPa		50~70	60~80
螺杆背压/MPa		5~6	5~10
螺杆转速/(r·min⁻¹)		50~60	30~50
成型周期/s		20~40	20~40

挤出成型用于 PES 粉料造粒、着色，以及管、棒、片、薄膜等制品的成型。表 8 - 17 为 PES 挤出造粒时的工艺条件。

表 8 - 17 PES 的挤出造粒工艺条件

性能		双螺杆挤出机	单螺杆挤出机
料筒温度/℃	后段	285	280
	中段	290	295
	前段	295	300
机头温度/℃		300	315
螺杆转速/(r·min⁻¹)		14	10~50
主机电流/MPa		4	1.0~2.2

通过绿色环保的超临界 CO_2 微孔发泡技术可以制备 PES 微孔泡沫。①超临界状态下的 CO_2 分子向 PES 树脂内部扩散形成均相体系；②通过快速升高温度和（或）快速降低压力使均相体系中形成热力学不稳定状态并发生相分离，形成气泡核；③体系中的过饱和气体不断扩散到气泡核内使泡孔增大并定型，形成规整的微孔结构。微孔结构的引入有利于降低密度，增大抗冲击强度和比拉伸强度，降低介电常数和介电损耗因子，提高隔热性能。PPS 的引入可以降低成型加工温度和拓宽微孔发泡温度范围。图 8 - 14 为 PES 和 PPS/PES 合金（质量比为 1：1）微孔泡沫的扫描电子显微镜（SEM）照片。

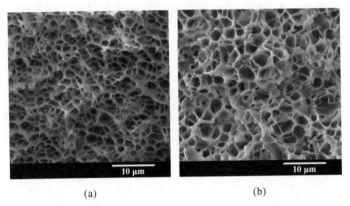

图 8-14 PES 和 PPS/PES 合金(质量比为 1∶1)微孔泡沫的 SEM 照片
(a) PES 微孔泡沫的 SEM 照片; (b)PPS/PES 合金微孔泡沫的 SEM 照片

8.7 聚砜的应用

8.7.1 双砜 A 型聚砜的应用

PSF 具有优良的力学性能、电性能、化学稳定性和耐热性,适宜制造各种高强度、低蠕变、高尺寸稳定性、耐蒸煮、能在高温下使用的制品,广泛应用于电子电器、精密机械设备、交通运输、医疗器械和家用器具等领域。

(1)电子电器领域,用作印刷电路板、集成电路载体及衬板、绝缘件、线圈骨架、套架、接触器、电视机、录像(音)机组件、电容薄膜、高性能电池外壳、电钻外壳、电线(缆)包覆等。目前电子电器零部件向小型、轻量、耐高温方向发展,这些都将促进聚砜类聚合物在电子电器领域的应用。

(2)精密机械领域,适用于制作耐热件、减摩耐磨件、仪器仪表零件等,大量代替铜、铝、锌、铅等金属材料,以降低部件重量,起到经济、美观、耐用的目的,如钟表的表壳、内部零件,照(摄)像机、投影机等零件。

(3)交通运输领域,适合制造汽车防护罩、分速器盖、仪表盘、灯具镶嵌玻璃沟缘部件、电动齿轮、蓄电池盖、雷管、点火器、传感器等。

(4)医疗器械领域,通常用于医疗领域的材料必须满足极苛刻的要求,例如需要在热水或蒸气中有较长的使用寿命和抗蠕变性,能经受各种反复消毒和冲洗,同时应该是生物惰性和耐医学环境的化学品。采用 PSF 代替金属能够降低更换成本,同时减轻质量、制成复杂的外形,可用作外科手术工具盘、喷雾器、湿润器、流体控制器、仪表外壳、心脏阀、起搏器、防毒面罩、流体容器、牙托、仪器外壳、内视镜零件、接触眼镜片的消毒器皿等。

(5)食品与卫生领域,聚砜类聚合物无毒而且获得 FDA 的认证,可与食品及饮用水接触,可制成与食品反复接触的制品,例如微波炉设备、蒸气餐盘、咖啡加热器、水加热器、牛奶及农产品盛器、饮料和食品分配器等。近几年,PC 婴儿塑料奶瓶在多个国家和地区遭到禁售,原因是该材料在加热时可能会有双酚 A 析出,对婴儿的免疫系统造成损害。聚砜树脂

(PSF)是 PC 的理想替代品。与 PC 相比,PSF 不含双酚 A,具有高透明性、水解稳定性、可经受重复的蒸汽消毒,而且抗冲击强度与 PC 基本相同。

(6)膜制品及中空纤维,水污染处理设备、水纯化设备及气体分离及纯化设备等。

8.7.2　聚芳砜的应用

PAS 主要用作耐高温结构材料,如高速喷气机的机械零件;在电子电器工业中用作耐高低温的 C 级绝缘材料、线圈骨架、印刷电路板、耐高温电容器、集成电路元件,以及电线涂覆等;还可用作黏结剂、涂料和纤维等。PAS 还可与 PTFE 粉末或石墨粉混合后压制成型为耐高温、耐磨结构零件,如高温和高负荷下使用的轴承,与云母混合后可用作高级绝缘材料,玻璃纤维增强层合塑料可用作耐高温结构材料。

8.7.3　聚醚砜的应用

PES 在较宽温度范围(−100~200 ℃)内具有高的力学性能、高的热变形温度(203 ℃)及良好的耐老化性能,制品耐候性好,阻燃,烟密度低,电性能优良,透明性好,因而被广泛应用于电子电器、机械工业、汽车工业、航空航天、输送管道、医疗及食品等领域。

(1)电子电器领域。主要用于线圈骨架、接触器、印刷电路板、开关零件、灯架基座、电池及蓄电池外罩、电容器薄膜等。

(2)机械工业领域。聚醚砜的长期使用温度高达 180 ℃,尺寸稳定性高,电绝缘性能优良,阻燃且易于加工,制品透明,适宜于制造高强度、低蠕变性、高尺寸稳定性、能在较高温度下使用的产品。其常被用作线圈骨架、接触器、印制电路板、开关、电池外罩等。玻璃纤维增强 PES 具有耐蠕变、高强度、高尺寸稳定等特性,可制作轴承支架、活塞环、机械摇柄、温水泵泵体、叶轮、热水测量仪表、防水表外壳等。

(3)汽车工业领域。在聚砜类聚合物中,PES 拥有较高的 HDT 和抗冲击强度,广泛应用于汽车领域。PES 的主要应用有止推环、用于空调压缩系统的密封条、在防抱死制动系统(ABS)使用的零部件以及齿轮传动装置等。由于 PES 的价格较高,因此主要用作发动机、底盘等技术含量较高的部位零件,也可用作照明灯的反光镜、汽车齿轮箱滚珠轴承保持架、制动器轴承衬套、点火噪声消除器、热空气导管、窗框及电气连接件和机电控制元件。随着 PES 等聚砜类聚合物合金及复合材料的研制开发使其成本的降低,该类聚合物在汽车领域的应用更加广泛。

(4)航空航天领域。用于飞机内部装饰件如支架、门、窗等。同时,由于 PES 对雷达波的透过率极佳,也可以代替环氧用于雷达罩。

(5)输送管道领域。PES 具有耐高温、耐稀酸、耐稀碱的特性,可用于制造化工领域氯碱、盐酸等的输送管道、管件和阀门等,还可用于制造飞机的热风输送管件。

(6)医疗领域。PES 可耐水煮、耐消毒剂溶液,可用作钳、罩、手术室照明组件、离心泵、手术器材的手柄、人工呼吸器、血压检查管、牙科反射镜支架、容器、湿度计等。

(7)其他领域。PES 可用于厨房用具如咖啡器、煮蛋器、微波器、热水泵等,可用于照明及光学器材领域中作反光灯、信号灯等,也可制备各种高力学性能的超滤膜、渗透膜、反渗透膜及中空纤维等制品。

随着电子电器、航空航天、交通运输、机械制造、医疗器械等领域的快速发展,聚砜类材料越来越展现出广阔的发展前景。近年来,国内自主研发的产品牌号不断面世,产量也有所增加。然而,国内配套加工企业少,生产能力不足,产量、质量与国外相比均存在一定差距,目前仍然主要依赖进口,这制约着该行业的产业化发展。因此,研究开发高附加值和高科技含量的聚砜类材料及其复合材料是国内高端塑料工业发展的重中之重。随着国内经济的快速发展,相信聚砜类材料将进入一个新的高速发展阶段。

第9章 聚酰亚胺

9.1 概　　述

聚酰亚胺(Polyimide，PI)是指分子主链或侧链上含有酰亚胺基(—C—N—C—)的聚合物。按照化学结构，可将聚酰亚胺分为芳香族聚酰亚胺和脂肪族聚酰亚胺两大类。但由于脂肪族聚酰亚胺不易合成，更主要的是其热稳定性和耐水解性差，没有实际应用，因此现有的聚酰亚胺大多为芳香族聚酰亚胺，其结构通式如图9-1所示。

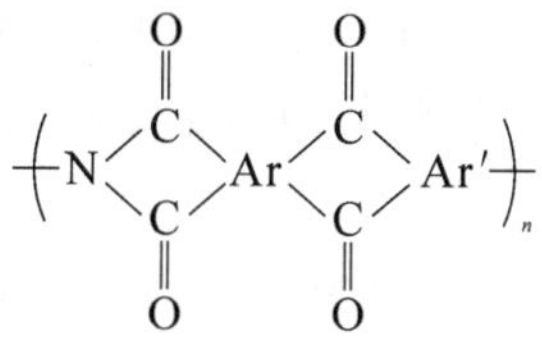

图9-1　聚酰亚胺的结构通式

其中，Ar代表二酐中的芳基，Ar′代表二胺中的芳基，但也有二酐中不含芳基的聚酰亚胺，如聚双马来酰亚胺。目前已经报道用来合成聚酰亚胺的单体二酐超过400种，二胺则超过1 000种，已合成不同结构的聚酰亚胺数目至少达到数千种，而真正商业化的聚酰亚胺也只有几十种。按结构特点和加工特性可将聚酰亚胺分为不熔性PI、可熔性PI、热固性PI和改性PI四大类。

聚酰亚胺具有突出的耐热性、阻燃性和耐辐照性，同时还具有优异的力学性能、电性能、化学惰性、耐磨性和低温稳定性等综合性能，被称为"解决问题的能手"。与其他芳香杂环聚合物相比，聚酰亚胺因其综合性能突出、合成途径多、加工成型方法多和应用领域广泛而格外受到重视。聚酰亚胺可以作为薄膜、高性能工程塑料、泡沫塑料、高性能纤维、先进复合材料基体、黏结剂、涂料、清漆、分离膜、光刻胶和光电材料等使用，广泛用于航空航天、电子电器、风力发电、微电子、柔性显示和湿敏材料等领域。目前聚酰亚胺的发展趋势为：进一步寻找新的合成单体，对现有品种进行改性，降低生产成本，改造生产技术和设备，扩大生产规模，不断拓宽应用领域。

9.2　聚酰亚胺的发展

1908 年,美国科研人员 Boger 和 Rebshaw 最早通过 4-氨基邻苯二甲酸酐熔融自缩聚首次合成了芳香族聚酰亚胺。但受限于当时还未充分认识聚合物的本质,该发现没有受到重视。到 20 世纪 40 年代又合成了含有脂肪链的聚酰亚胺,但由于其合成困难且耐热性和耐水解性能较差而未得到实际应用。

1959 年,美国杜邦公司首先报道了能用多种四羧酸二酐和芳香族二胺合成聚酰亚胺的专利,并于 1961 年正式实现了均苯型聚酰亚胺薄膜(Kapton®)和清漆(Pyre ML®)的工业化,开启了聚酰亚胺蓬勃发展的时代。1964 年,美国杜邦公司又成功研发了聚均苯四甲酰亚胺模塑料(Vespel®),随后,相应的纤维、泡沫、涂料、黏结剂等材料也相继问世。

1964 年,美国 Amoco 公司成功研发出新型聚酰胺酰亚胺电气绝缘用清漆(AI),不久后又成功开发出模塑材料 Torlon®,并在 1976 年实现商品化。美国西屋公司和孟山都公司将 PI 用于绝缘材料、黏结剂和层压制品,并分别成功开发出 PI 模压制品。

由于以均苯四甲酸二酐为原料制成的 PI 不能进行熔融加工且成本很高,从 1965 年开始,各国相继开发出一系列可熔型 PI,如单醚酐型 PI、双醚酐型 PI、酮酐型 PI 等,以及在分子主链上引入酰胺基(—$\overset{\text{O}}{\overset{\|}{\text{C}}}$—NH—)、酯基(—$\overset{\text{O}}{\overset{\|}{\text{C}}}$—O—)和醚键(—O—)的聚酰胺酰亚胺(PAI)、聚酯酰亚胺和聚醚酰亚胺(PEI)等改性聚酰亚胺,如 1972 年美国通用公司(GE)开发出加工性能优异的 PEI(Ultem®)。PEI 的耐热性虽然略低于均苯型聚酰亚胺,但其溶解性能好且可熔融加工,能按通常热塑性塑料的加工方法成型各种制品,使聚酰亚胺的应用更广泛。

1968 年,法国罗纳普朗克公司(Rhone Poulenc)成功开发出双马来酰亚胺预聚体(Kerimid 601)、该预聚物在固化时不产生低分子副产物,制品无气孔,并以其为基体开发出了新型模塑成型材料 Kinel。美国 NASA Lewis 研究中心于 20 世纪 70 年代研制了 PMR(in-situ Polymerization of Monomer Reactants)型热固性聚酰亚胺树脂,极大地改善了聚酰亚胺的成型工艺性,其热分解温度达到 600 ℃,被大量用于柔性印刷线路板。20 世纪 80 年代,以 4,4'-二氨基二苯甲烷与马来酸酐合成的另一种热固性二苯甲烷双马来酰亚胺,由于可以与众多活性化合物共聚形成耐高温、高韧性、耐湿热、电性能、力学性能、化学性能及工艺性能优良的树脂基体,成为耐高温树脂基复合材料领域研究的焦点,在航空航天、电子电器等领域内得以迅速发展。

1978 年,日本宇部兴产公司开发了联苯型聚酰亚胺 Upilex-R®,随后又开发了一种新型联苯聚酰亚胺产品 Upilex-S®。联苯型 Upilex-S® 薄膜的线性热膨胀系数(CTE 为 12～20 ppm/℃)和铜箔的线性热膨胀系数(CTE=17 ppm/℃)匹配度高,可作为覆铜板薄膜用于柔性印制电路板中。1994 年,日本三井东亚化学公司(Mitsui)研发了一种新型热塑性聚酰亚胺粒料(Aurum),并命名为 Regulus®。2006 年,日本三菱瓦斯开发了无色透明 PI 薄膜(Neoprim)。随着微电子行业的兴起与蓬勃发展,电子级聚酰亚胺的需求逐渐增大。到目前为止,PI 已经发展成为耐热芳杂环聚合物中应用最为广泛的材料之一。全球电子级聚酰亚胺市场主要由杜邦(美国)、钟渊化学(日本)、宇部兴产(日本)、杜邦-东丽(日本)和 SKC Kolon(韩国)五家公司垄断。

国内早在 20 世纪 60 年代初就开始了聚酰亚胺的研究,主要是为了满足绝缘薄膜和耐高温漆包线漆的需求,研究单位有长春应用化学研究所、上海合成树脂研究所和桂林电器科学研究院有限公司等。20 世纪 60 年代末,为满足耐高温工程塑料的需要,上海合成树脂研究所和长春应用化学研究所开展了醚酐型热塑性聚酰亚胺的研制。上海合成树脂研究所以二苯醚二酐(ODPA)和二苯醚二胺(ODA)合成的聚酰亚胺成功实现工业化生产并打入国际市场,在高新技术产业和国防军工领域发挥了重要作用。长春应用化学研究所以氯代苯酐为原料开展了系列聚酰亚胺的合成,在合成路线开发和异构体分离上取得了成功。

20 世纪 70 年代,中国科学院化学研究所和成都科技大学(现四川大学)开展了 PMR 型聚酰亚胺和双马来酰亚胺的研究。80 年代,北京航空材料研究院等开始了双马来酰亚胺在飞机部件上的应用研究,上海交通大学开始了聚酰亚胺在微电子技术中的应用研究。80 年代中后期以来,长春应用化学研究所在气体分离膜、光刻胶、液晶取向排列剂、液晶显示用负性补偿膜、耐高温透明薄膜及压电材料等方面都取得了不同程度的成果。此外,国内中国科学院化学研究所、北京化工大学、北京航空航天大学、西北工业大学、东华大学、哈尔滨工程大学和中国航天 703 所等也开展了广泛的研究工作。

经过数十年的发展,国内已逐渐形成了以均苯二酐型、联苯二酐型、偏酐型、单醚酐型、酮酐型、双酚 A 二酐型聚酰亚胺、双马来酰亚胺型聚酰亚胺衍生物和功能型聚酰亚胺等为主的研发格局,主要产品为聚酰亚胺薄膜,在某些领域已处于国际领先水平。但是,与发达国家的聚酰亚胺产品相比,国内产品仍存在精细化程度低、性能稳定性差、生产规模小、应用领域少、产品价格高等缺点。因此,进一步促进聚酰亚胺生产原料及新工艺路线的研发、提高聚酰亚胺性能及稳定性、扩大原料产业及聚酰亚胺生产规模都将成为国内未来聚酰亚胺发展的重要方向。表 9-1 为国内外典型的商品化聚酰亚胺产品的牌号和结构式。

表 9-1　国内外典型的商品化聚酰亚胺产品

国家或地区	研发单位	商品牌号	结构式
美国	杜邦	Kapton、Vespel	
	GE	Ultem	
	Amoco	Torlon	

续表

国家或地区	研发单位	商品牌号	结构式
法国	Phone Poulenc	Kerimid、Kinel	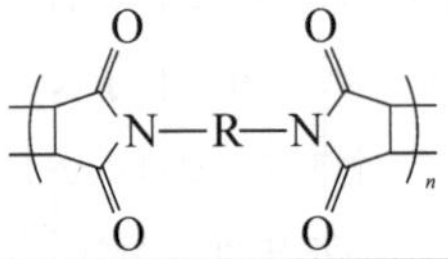 （结构式）
日本	宇部兴产	Upilex - R	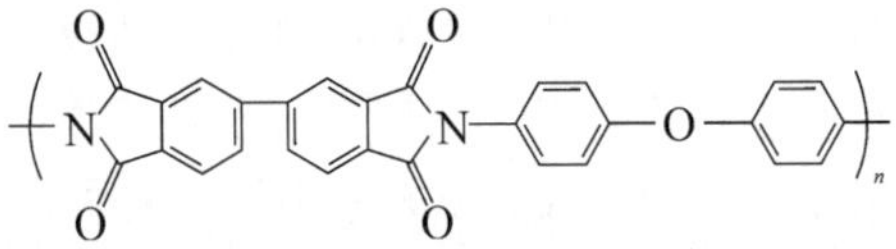 （结构式）
		Upilex - S	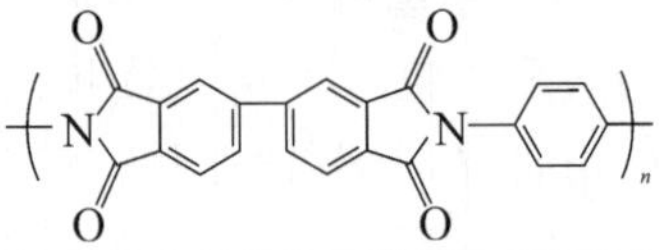 （结构式）
	三井东亚	Regulus、Aurum	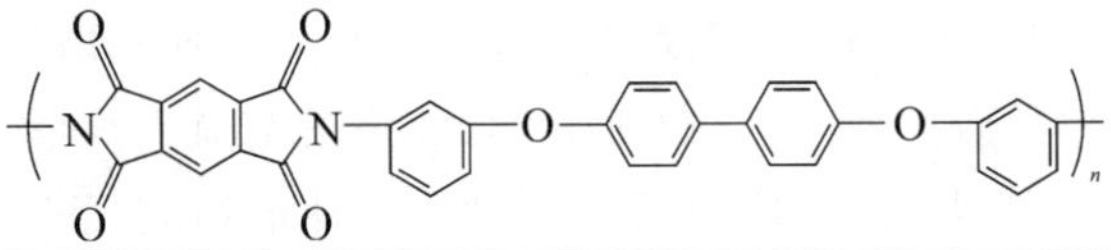 （结构式）
中国	上海合成树脂研究所	YS - 20	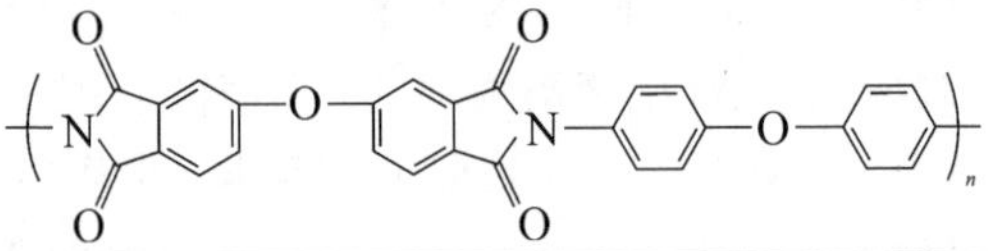 （结构式）
		YS - 30	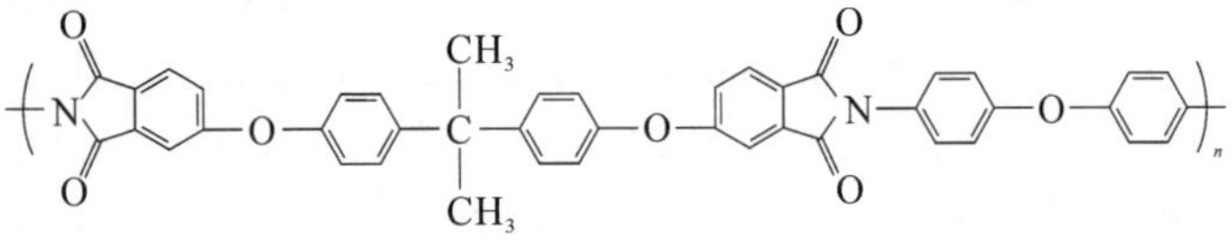 （结构式）
	长春应用化学研究所	YHPI	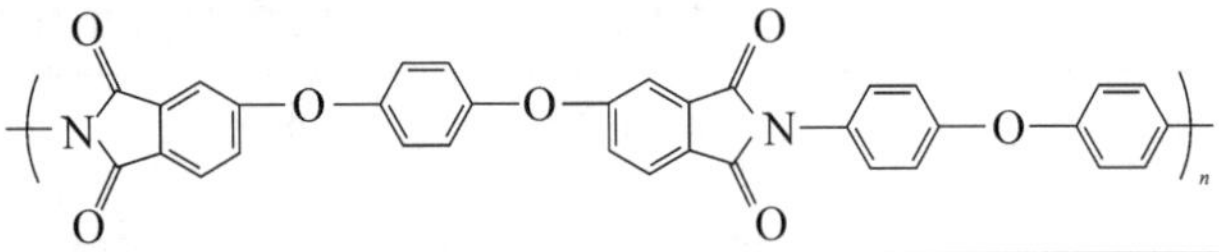 （结构式）

9.3　聚酰亚胺的合成

根据聚合所用单体不同,可将聚酰亚胺的合成方法分为三类:由二酐和二胺合成聚酰亚胺;由二酐衍生物与二胺或二酐与二胺衍生物合成聚酰亚胺;由其他单体合成聚酰亚胺。

9.3.1　二酐和二胺合成聚酰亚胺

由二酐和二胺合成聚酰亚胺通常采用两步法:第一步为芳族二元酸酐与芳香族二元胺在极性有机溶剂中缩聚生成聚酰胺酸;第二步为聚酰胺酸经热转化法或化学转化法脱水环化形成聚酰亚胺。以均苯四甲酸二酐(PMDA)与 4,4'-二氨基二苯醚(ODA)合成均苯型聚酰亚胺的反应过程如下。

1)缩聚反应

在强极性溶剂二甲基甲酰胺(或二甲基乙酰胺、N-甲基吡咯烷酮、吡啶、二甲基亚砜等)中,加入定量4,4′-二氨基二苯醚,待溶解后于10~50 ℃温度下边搅拌边逐渐加入均苯四甲酸二酐,当原料达到等物质的量之比时,溶液黏度急剧上升,即得到聚酰胺酸,反应式为

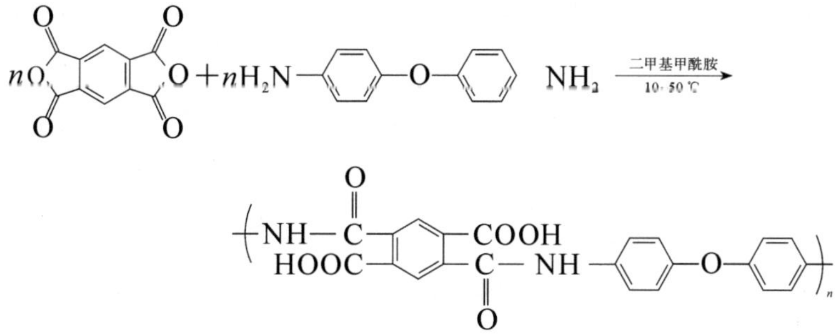

$$(9-1)$$

2)酰亚胺化反应

酰亚胺化反应可采用热转化法或化学转化法。热转化法是最常用的方法,它是将聚酰胺酸先除去溶剂制成粉末或直接流延成为薄膜,然后在惰性气体保护下或在真空中加热至300~450 ℃处理1 h,使聚酰胺酸完成分子内脱水环化生成聚酰亚胺,反应式为

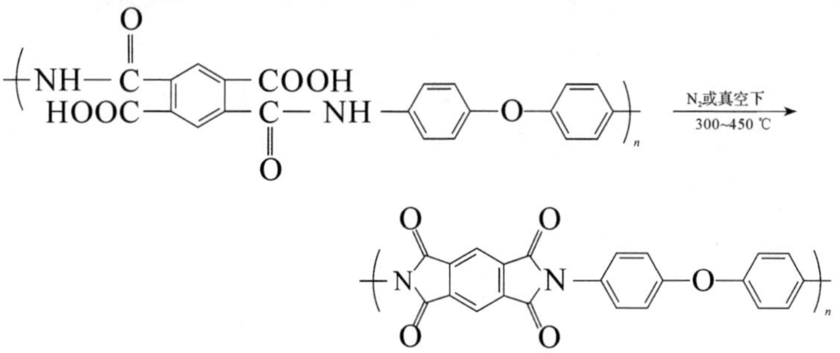

$$(9-2)$$

化学转化法是将脱水剂(如醋酸酐、丙酸酐、丁酸酐等)与催化剂直接加入聚酰胺酸溶液中进行环化脱水。

可用以上所述两种方法制备聚酰亚胺的二酐(Ar)和二胺(Ar′)的常见结构式见表9-2。

表 9-2 合成聚酰亚胺的单体结构

二酐(Ar)	二胺(Ar′)
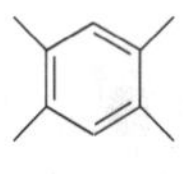	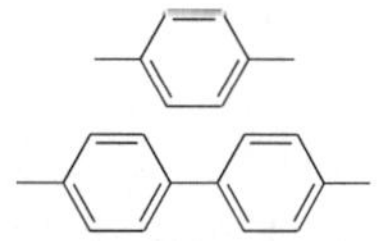
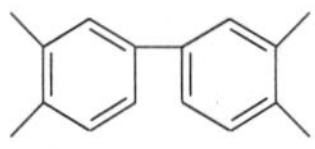	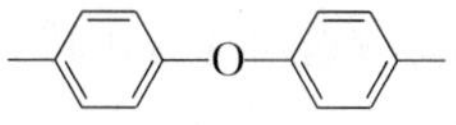

续表

二酐（Ar）	二胺（Ar'）
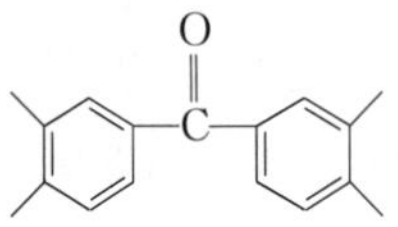	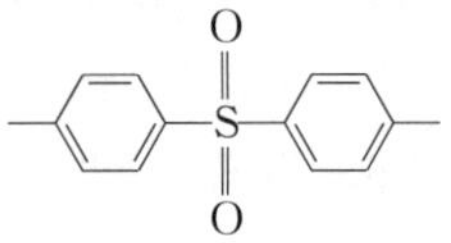
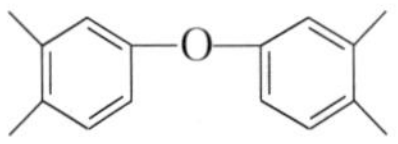	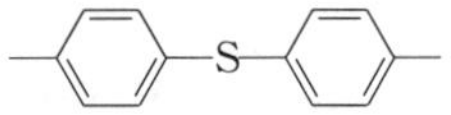
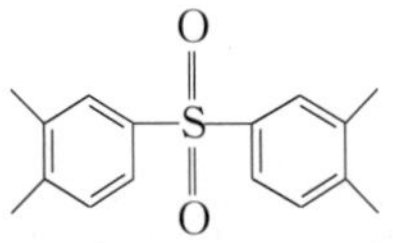	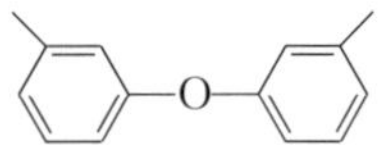
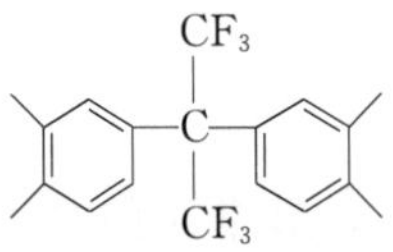	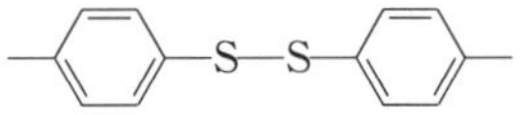 
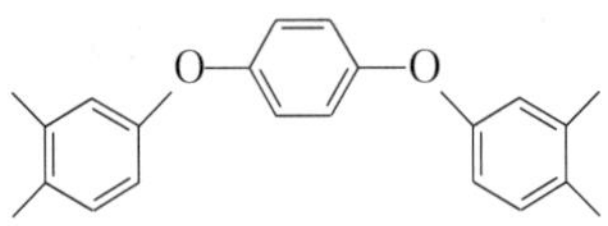	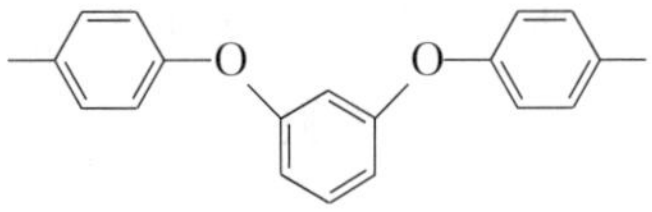
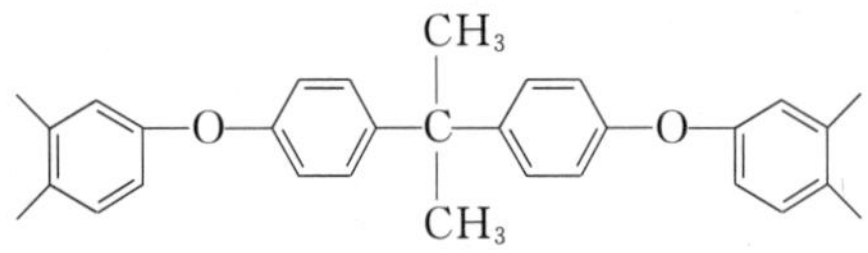	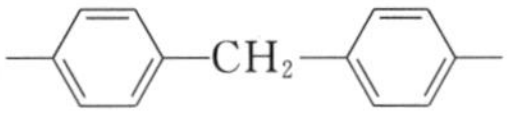 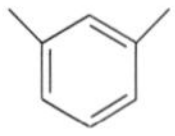

对于可溶性聚酰亚胺或单体活性较低聚酰亚胺可采用一步法合成，即由二胺和二酐在高沸点溶剂中（如间甲酚、N-甲基吡咯烷酮等）直接加热缩聚得到聚酰亚胺，而不使用中间体聚酰胺酸进行后处理。该法为单体反应物的聚合（PMR）方法，可以获得低黏度、高固含量的溶液，在加工时具有低黏度窗口，适用于复合材料的制备。其反应式为

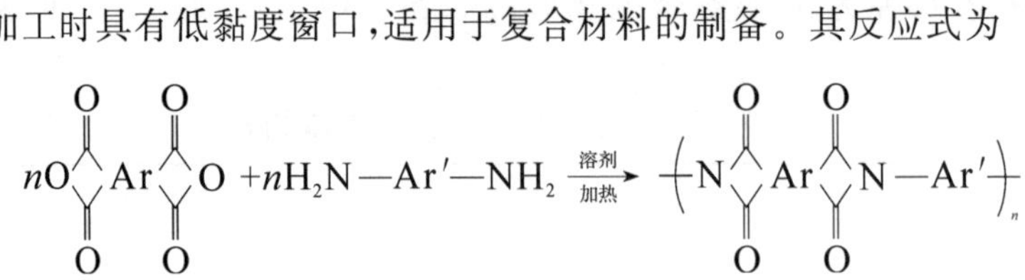

$$n O \overset{\displaystyle\underset{O}{\parallel}}{\underset{\underset{O}{\parallel}}{\diagup}} Ar \overset{\displaystyle\underset{O}{\parallel}}{\underset{\underset{O}{\parallel}}{\diagdown}} O + n H_2N-Ar'-NH_2 \xrightarrow[\text{加热}]{\text{溶剂}} \left(N \overset{\displaystyle\underset{O}{\parallel}}{\underset{\underset{O}{\parallel}}{\diagup\diagdown}} Ar \overset{\displaystyle\underset{O}{\parallel}}{\underset{\underset{O}{\parallel}}{\diagdown\diagup}} N-Ar' \right)_n$$

(9-3)

此外，也可通过三步法合成聚酰亚胺，即由二胺单体和二酐单体先聚合得到聚酰胺酸，然后在脱水剂作用下环化成聚异酰亚胺，再通过加热或催化作用异构化得到聚酰亚胺。该法增加了聚合物的溶解性，在转化的过程中不放出低分子化合物，为加工带来方便。其反应式为

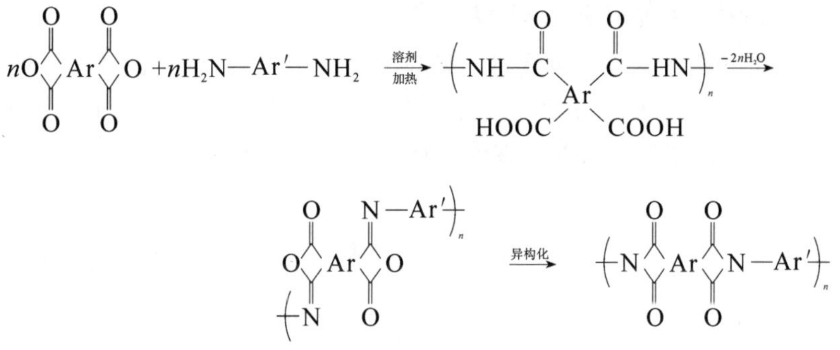

$$(9-4)$$

9.3.2 二酐衍生物与二胺或二酐与二胺衍生物合成聚酰亚胺

9.3.2.1 四酸和二胺反应合成聚酰亚胺

由四元酸和二元胺在高沸点溶剂(如间甲酚、N-甲基吡咯烷酮等)中先生成聚酰胺酸盐,再高温闭环生成聚酰亚胺,反应式为

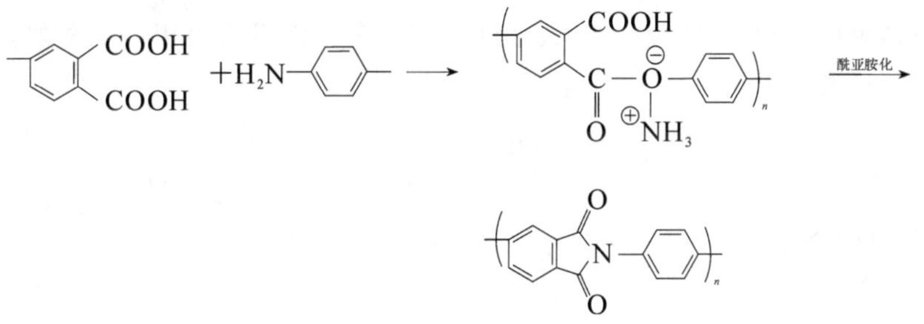

$$(9-5)$$

四酸可由二酐水解得到,也可以在合成时不经过成酐步骤直接得到四酸。所得到的四酸在使用前需在合适的温度下烘干,以脱去吸附的水分。如果温度太高,那么可能会使部分四酸脱水形成二酐。

9.3.2.2 二酸二酯和二胺合成聚酰亚胺

由二酸二酯和二胺反应先得到相应的盐,然后脱去醇分子得到二酐,得到的二酐与二胺之间进一步反得到聚酰亚胺,反应式为

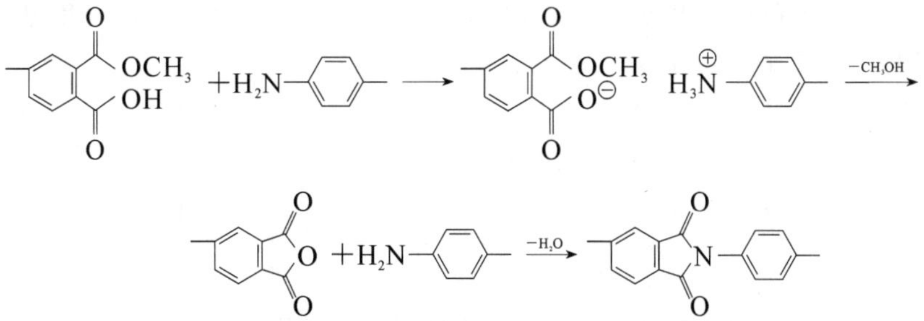

$$(9-6)$$

该方法可以避免由脂肪二胺与二酐反应时生成凝胶状的盐。

9.3.2.3 二酐和二异氰酸酯合成聚酰亚胺

由芳香族二酐和脂肪族或芳香族二异氰酸酯反应生成七元环状中间体,然后脱去 CO_2 得到聚酰亚胺。该反应需要在无水条件下进行且反应过程中不生成小分子水,释放出的 CO_2 可以作为发泡剂用于制备聚酰亚胺泡沫材料。其反应式为

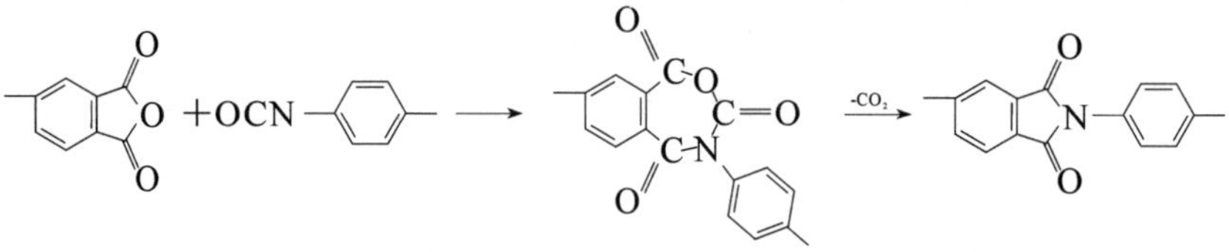

$$(9-7)$$

9.3.2.4 二酐和二脲反应合成聚酰亚胺

由二酐和二脲反应得到聚酰亚胺。该反应中二脲的反应活性高于二胺,且形成的副产物(咪唑)易于从体系中去除。该反应的优点是不产生较难除去并且可能带来副反应的水分,而是产生易去除的咪唑和 CO_2。将均苯四甲酸二酐(PMDA)和二脲及催化剂 4-二甲氨基吡啶(DMAP)加入 N,N'-二甲基丙烯基脲(DMPU)中,120 ℃下搅拌反应直到 CO_2 停止释放。反应结束后冷却,将反应物倒入乙醇中沉淀,充分洗涤后再用丙酮萃取,干燥后得到聚酰亚胺。其反应式为

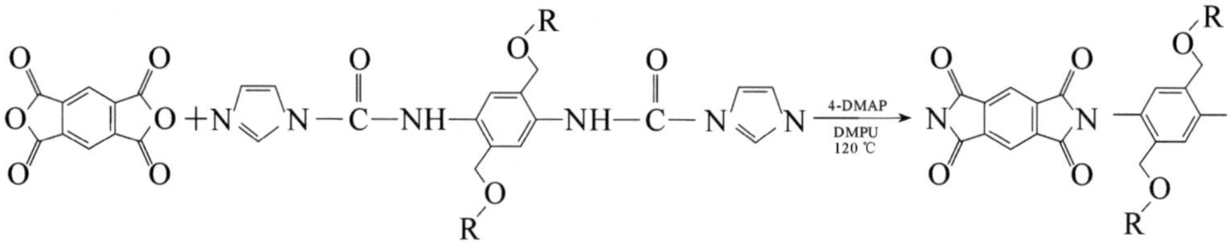

$$R=C_nH_{2n+1}, \quad n=4,6,8$$

$$(9-8)$$

9.3.2.5 二酐和硅烷化二胺合成聚酰亚胺

由二酐和三烷基氯硅烷硅化的二胺在非质子极性溶剂中反应得到聚酰胺三烷基硅脂,然后经热酰亚胺化脱去三烷基硅醇得到聚酰亚胺。将硅烷化的 ODA 溶于 DMAc 中,加入 PMDA,氮气下于 $10\sim15$ ℃搅拌反应 1 h,40 ℃搅拌反应 6 h。将所得溶液直接涂膜后真空室温干燥 2 d 得到无色透明聚酰胺三甲基硅脂薄膜。进一步,将聚酰胺三甲基硅脂薄膜在氮气下热处理得到聚酰亚胺薄膜。其反应式为

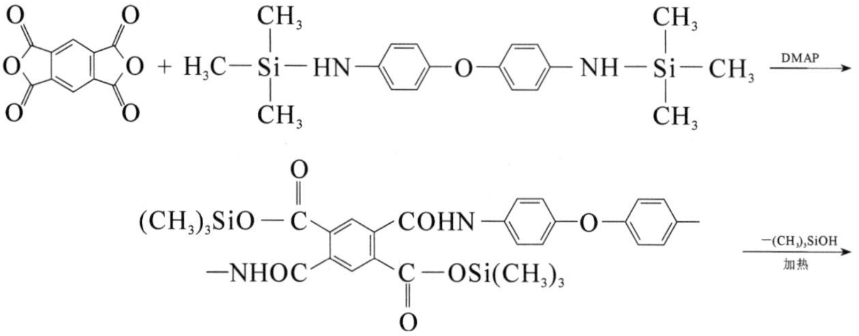

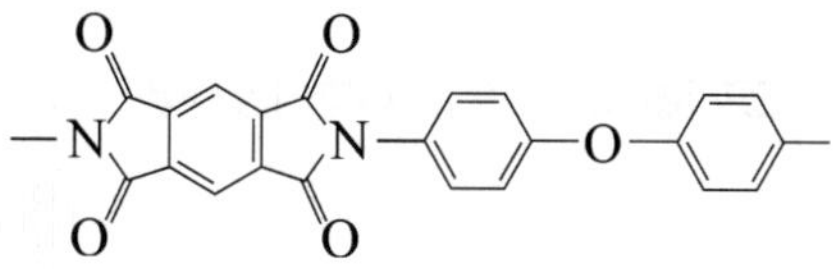

$$(9-9)$$

该法的优点是将二胺用三烷基氯硅烷硅烷化,与二胺相比在空气中的稳定性和在非极性溶剂中的溶解性增加,且在酰亚胺化过程中不会产生可以使酰亚胺环水解的水分而是容易挥发的三烷基硅烷。另外,强给电子基团三甲基硅烷可以提高二胺的亲核性,对于反应活性低的二胺单体,该法可提高聚酰亚胺的相对分子质量。

9.3.3 其他单体合成聚酰亚胺

9.3.3.1 酰亚胺交换反应合成聚酰亚胺

由含酰亚胺环结构的单体与胺进行交换反应合成聚酰亚胺,该法可为某些特殊结构聚酰亚胺的合成提供简便途径。首先由 PMDA 和二胺反应得到聚酰胺酰胺,然后进行热酰亚胺化得到聚酰亚胺,并放出氨,反应式为

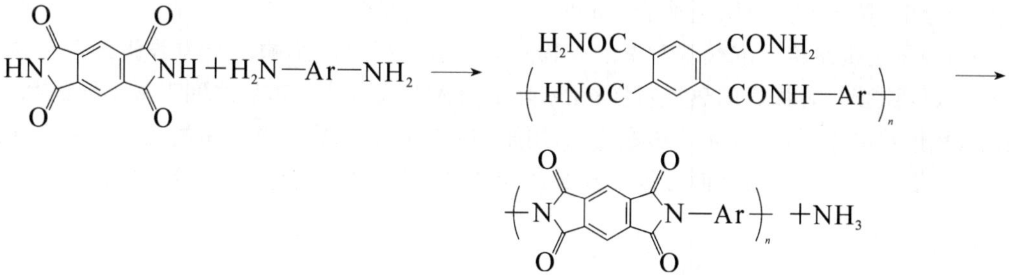

$$(9-10)$$

9.3.3.2 醚交换反应合成聚酰亚胺

由含醚键的酰亚胺单体通过醚交换反应合成聚酰亚胺。将含醚键和酰亚胺环结构的单体 I、4,4′-二羟基联苯和苯酚钠在氮气下加热到 250 ℃,得到琥珀色熔体;减压到 50 mmHg(1 mmHg≈133 Pa)并在 300 ℃下反应 30 min,蒸出苯酚得到聚醚酰亚胺。其反应式为

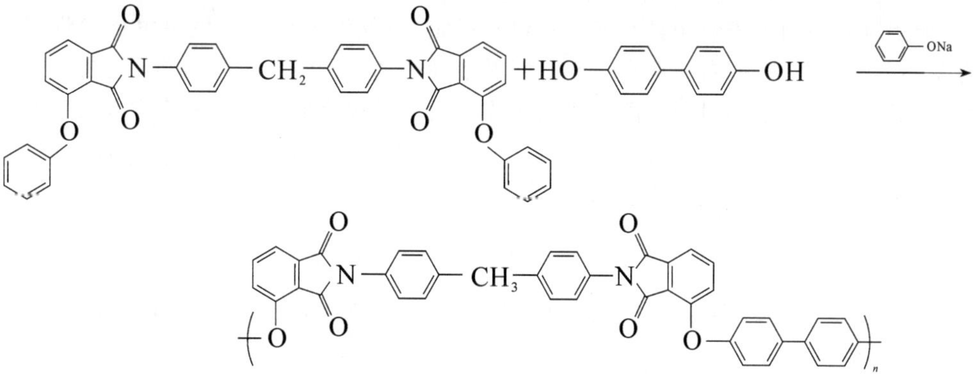

$$(9-11)$$

9.4 聚酰亚胺的结构与性能

9.4.1 分子主链结构

芳香族聚酰亚胺主链主要由苯环和亚胺环构成,不同品种的聚酰亚胺由于合成单体的分子结构不同,导致其宏观性能存在很大差别。芳香族聚酰亚胺分子结构特点及其对热性能和力学性能的影响如下:

(1)分子主链中含有大量苯环,酰亚胺基被纳入苯环形成了稳定的五元杂环,分子链的刚性大,分子间的作用力强,敛集密度高;碳-氮键受到五元杂环的保护,羰基为对称结构使极性相互抵消;由苯环和酰亚胺基构成的肽酰亚胺是平面对称的环状结构,键长和键角都处于正常状态。因此,聚酰亚胺的热稳定性和热氧稳定性非常突出,力学性能特别是在高温下的力学性能保持率很高,其电性能、耐化学介质性、耐辐射性也很优异。

(2)聚酰亚胺是由电子给予体(芳香胺链节)和电子接收体(芳香二酐链节)交替组成的,两者之间会发生分子内或分子间的电荷转移作用。这种电荷转移作用可以影响聚酰亚胺的颜色、光分解、荧光、光导性、电性能及玻璃化转变温度和熔点。

(3)分子主链结构及取代基对聚酰亚胺的热性能有很大的影响。由纯芳族二酐和二胺制备的聚酰亚胺具有最高的热稳定性;在苯环上引入取代基或在苯环之间引入不同的基(特别是砜基和异丙撑基)都会降低热稳定性;用脂肪族二酐和二胺制备的聚酰亚胺热稳定性最低。以均苯四甲酸二酐与不同芳族二胺所合成聚酰亚胺为例,其热稳定性次序为

在有氧存在下,热氧稳定性由开始放热的温度即初始氧化分解温度确定。苯环在对位上相互连接时制备的聚酰亚胺具有最高的热氧稳定性;醚键的引入会使热氧稳定性稍有降低;在苯环上有取代基,或者在两个苯环之间有不同的基以及间位上有苯环均会使其热氧稳定性急剧下降。由均苯四甲酸二酐与不同芳族二胺所合成聚酰亚胺热氧稳定性次序为

(4)聚酰亚胺分子链中铰链基的存在及亚胺环的位置对其力学性能的影响也有一定的规律性,这些铰链基是由杂原子或者杂原子团组成,如—O—、—S—、—S—S—、—SO₂—、—CO—,还可以是烷基—CH₂—、—C(CH₃)₂—或者带间位键的苯环。按照分子结构中是否含有铰链基及其在分子结构中的位置可将聚酰亚胺分为 4 类(见表 9-3)。每类聚酰亚胺不仅具有相似的化学结构,而且也有相似的力学性能。

a.第一类聚酰亚胺。二酐和二胺均为芳核,不含有铰链基,仅含有直接连接或通过亚胺环彼此相连的芳核。大分子链具有非常高的刚性,分子间具有很强的范德华力。它的特点是密度高、呈脆性且不熔融、弹性模量很高。在室温下其拉伸模量高达 10 GPa 左右,在 400 ℃的高温下拉伸模量仍能达到 1~4 GPa。

b.第二类聚酰亚胺。仅在二酐中含有铰链基,这些铰链基连接苯环后再通过亚胺环牢固地与二胺中的芳基连接。虽有铰链基的存在仍不能使靠近铰链基的刚性苯环及亚胺环围绕其旋转,也不会使大分子链产生大的柔顺性。因此第二类聚酰亚胺与第一类在性能上相似,在室温下仍具有高的弹性模量,但其弹性模量受温度影响比第一类强烈,这可能与一些苯环在高温下能围绕铰链基旋转以及大分子之间相互作用力有较大减弱有关。尽管如此,第二类聚酰亚胺在 400 ℃高温下仍具有 1 GPa 左右的拉伸模量,且不熔、不软化。

c.第三类聚酰亚胺。仅在二胺中含有铰链基,铰链基位于两个苯环之间,逐次由单键通过苯环与亚胺环上的氮原子相连。这种结构有利于分子链的内旋转,并保持了较为疏松的敛集。第三类聚酰亚胺在室温下仍有较高的拉伸模量(2~4 GPa),而且在高温和低温下均有高的韧性和强度。与第一类和第二类相比,第三类聚酰亚胺分子间作用力大大降低,在 400 ℃时的拉伸模量迅速降低为 10~50 MPa,但由于在高温下第三类聚酰亚胺会交联形成特殊的环状结构,又会使拉伸模量迅速增加至 200~600 MPa。第三类聚酰亚胺因在高温下先软化而后迅速交联,因此一般认为仍是不熔、不软化的聚酰亚胺。

d.第四类聚酰亚胺。在二酐和二胺中均含有铰链基,这类聚酰亚胺呈现出弹性,且密度较低。它们的特点是具有很窄的熔融温度范围并能转变为黏流态,可以熔融加工。在高于 T_g 的温度下,拉伸模量为 1~10 MPa,具有高弹态特征。

9.4.2 耐热性

聚酰亚胺最突出的性能是它的耐热性很高,表现在它具有很高的玻璃化温度(T_g)、高的最高连续使用温度和高的热分解温度(T_d),以及高温下低的热失重率和低的线膨胀系数。如第三类中聚均苯四甲酰二苯酰亚胺(杜邦公司的 H 薄膜)T_g 为 399 ℃,T_d 为 500 ℃,在空气中的最高连续使用温度可达 250~270 ℃。再如第四类中的单醚型聚酰亚胺(DPO 塑料),T_d 为 530~550 ℃,最高连续使用温度可达 200~230 ℃。尽管第四类聚酰亚胺可以熔融,但其 T_g 也都高于 200 ℃。

由于二酐单元与二胺单元间形成电荷转移络合物,从而增加了分子间的作用力,使聚合物呈现高的 T_g。同时,在二酐上引入铰链基比在二胺上引入铰链基对降低 T_g 的作用更为明显。由表 9-4 可见,在二酐或二胺中引入醚键和羰基使聚酰亚胺的 T_g 发生了显著的改变。

表 9 - 3　聚酰亚胺的分类和性能

类别	二酐(Ar)结构式	二胺(Ar')结构式	拉伸强度/MPa			断裂伸长率/%			温度/℃		弹性模量/GPa		
			-195℃	20℃	400℃	-195℃	20℃	400℃	软化点	熔点	20℃	400℃ 3 min	400℃ 15 min
第一类	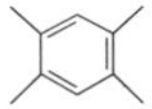 (结构式)	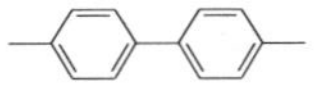 (结构式)		200	100		2	15	不软化		12	3	3.3
	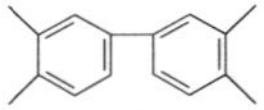 (结构式)	 (结构式)		150			4				7.5	0.9	1.3
	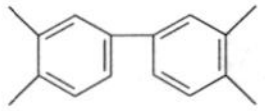 (结构式)	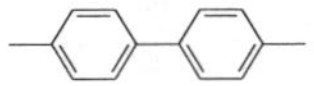 (结构式)		230			8				7	0.8	1.3
第二类	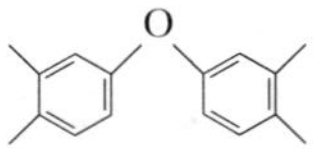 (结构式)	 (结构式)		150			5				6.5	0.9	1.3
	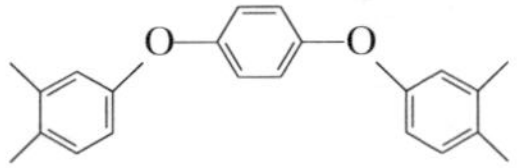 (结构式)	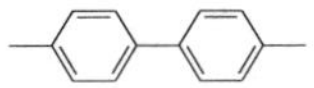 (结构式)		150			4				3.9	0.5	0.8
第三类	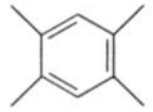 (结构式)	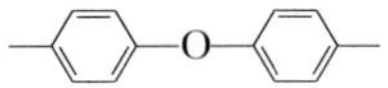 (结构式)	350	200	40	40	100	120	软化但迅速交联		3.5	0.05	0.6
	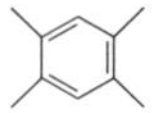 (结构式)	 (结构式)	300	152	40	30	130	140			3.2	0.04	0.5
	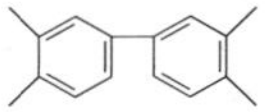 (结构式)	 (结构式)		180	25		20	160			3.5	0.01	0.2

续表

类别	二酐(Ar)结构式	二胺(Ar')结构式	拉伸强度/MPa			断裂伸长率/%			温度/℃		弹性模量/GPa		
			−195 ℃	20 ℃	400 ℃	−195 ℃	20 ℃	400 ℃	软化点	熔点	20 ℃	400 ℃ 3 min	400 ℃ 15 min
第四类	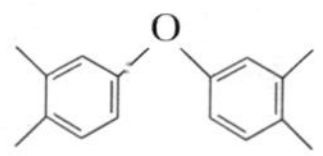 （结构式）	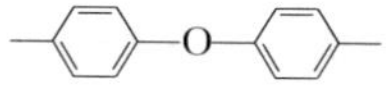 （结构式）	250	200		8	100		270		3	0.002	0.01
	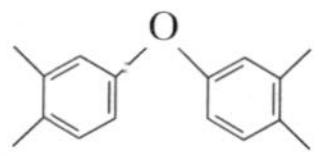 （结构式）	 （结构式）		150			50		250	450	2.7		
	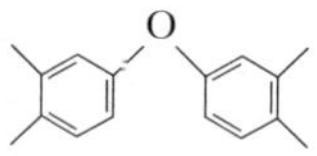 （结构式）	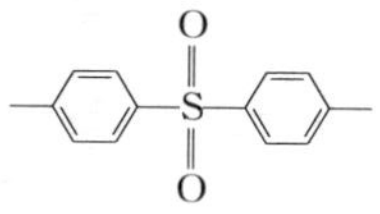 （结构式）		150			30		300		3	0.0045	0.0045
	（结构式）	（结构式）					15		260	490	2.9	0.005	
	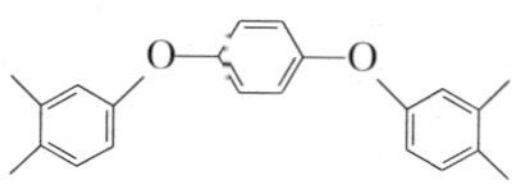 （结构式）	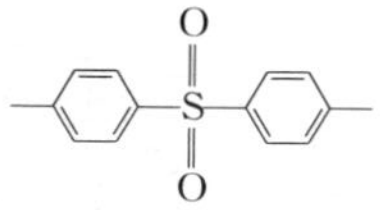 （结构式）		110					290		3.2	0.0006	0.001
	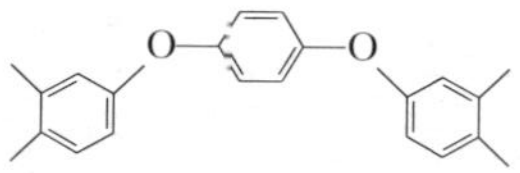 （结构式）	 （结构式）		150			100		200	400	2.4	0.005	0.02

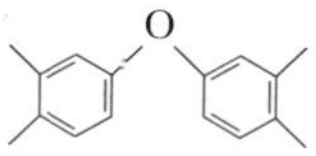

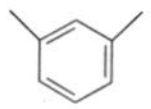

表 9 - 4　醚键和羰基的位置对聚酰亚胺 T_g 的影响

聚酰亚胺	T_g/℃
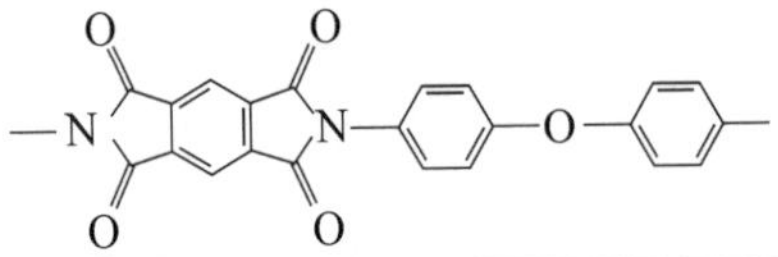	399
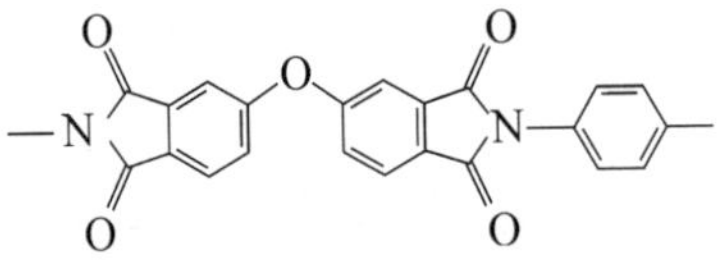	342
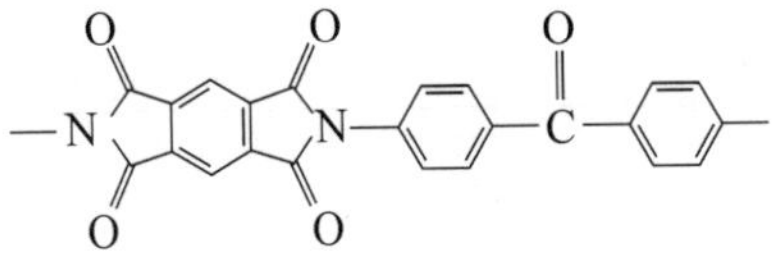	412
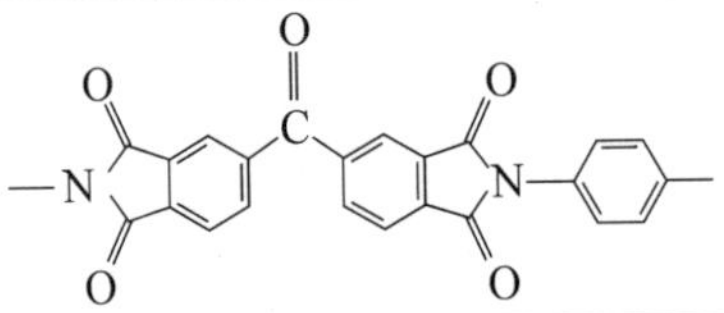	333

9.4.3　物理性能、力学性能

聚酰亚胺分子主链中含有大量的芳环和亚胺环,分子链的刚性大,分子间的作用力很强,因而敛集密度高,硬度大,可作为耐热耐磨工程塑料使用。通常密度可达到 $1.28\sim1.48$ g/cm³,随着亚胺化程度提高、结晶度增加,密度会增加,当主链含有侧基时密度会下降。

聚酰亚胺在未增强时就具有较高的拉伸、弯曲、压缩强度,力学性能指标属中上水平,而模量高特别是在高温下的弹性模量高是其力学性能的突出优点,模量与其结构组成密切相关,一般第一类聚酰亚胺弹性模量>第二类聚酰亚胺弹性模量>第三类聚酰亚胺弹性模量>第四类聚酰亚胺弹性模量(见表 9 - 3)。即使在 400 ℃高温下第一类、第二类聚酰亚胺弹性模量仍能保持 $1\sim4$ GPa。

聚酰亚胺还具有突出的抗蠕变性,因而尺寸稳定性十分突出,如在 14 MPa 负荷下,室温时若单醚酐型聚酰亚胺 DPO 的相对蠕变值为 1,则 PPO 为 2.5,PP 为 100,即使在 200 ℃高温下 DPO 也仅为 1.2,因而特别适合制作高温下尺寸精度要求高的塑料制品。

9.4.4　电性能

虽然聚酰亚胺分子链中含有相当多的极性基团(如羰基、酰亚胺基、醚键、硫醚键等),但由于羰基为对称结构,极性相互抵消,且其与 N 原子一起被纳入芳杂环中,极性活动能力受到强烈束缚,而醚键或硫醚键与相邻苯环可形成共轭体系,使极性受到削弱,加上聚酰亚胺分子本身刚性大、分子间作用力强、玻璃化转变温度高等因素,使它在较宽的温度范围内仍具有偶极损耗小、电绝缘性优良的特点,属于中频介电材料。降低聚酰亚胺介电常数最通用的方式是引进氟,一些含氟聚酰亚胺的介电常数可以降到 2.4。此外,引入泡孔结构也能降低聚酰亚胺的介电常数。表 9-5 为聚酰亚胺的电性能数据。

表 9-5　聚酰亚胺的电性能数据

性能		数值
表面电阻率/Ω	室温	$10^{15} \sim 10^{16}$
	300 ℃	10^{10}
体积电阻率/(Ω·m)	室温	10^{15}
	300 ℃	10^9
介电常数	1×10^3 Hz	4.0
	1×10^6 Hz	3.5
介电损耗因数	1×10^3 Hz	0.001
	1×10^6 Hz	0.009
介电强度/(kV·mm^{-1})		23.6
耐电弧性/s		125

9.4.5　耐辐照性

聚酰亚胺大分子链中存在的大量芳环结构,使其吸收射线的能力很强,因而耐辐射性优良,它能经受 γ 射线、中子、电子及紫外线的作用。如 H 薄膜以中子 5×10^{18} cm^{-2} 剂量长期照射后其柔软性和介电性能基本不变,用 PRK-2 型汞灯照射 DPO 薄膜 200 h 后的力学性能无变化,而在相同条件下 PET、PE 和 PA 等薄膜均会出现龟裂且丧失弹性。均苯型 PI 经钴 60 射线 4.28×10^7 Gy 辐射后,拉伸强度保持率为 88%,伸长保持率为 62%,介电强度保持率为 81%,如经 2×10^6 eV 辐射时,发生性能劣化的剂量高达 7×10^7 Gy 以上。

9.4.6　化学性能

聚酰亚胺分子链中最薄弱的亚胺环中的碳-氮键受到五元杂环的保护,因而难以被一般化学介质破坏,与具有相同碳-氮键的聚酰胺和聚氨酯相比,化学稳定性大大提高。聚酰亚胺耐油、耐有机溶剂、耐稀酸,但不耐强氧化性的浓硫酸和发烟硝酸,也不耐碱和过热水蒸气。在强氧化剂作用下会发生氧化降解,碱和过热水蒸气作用时会发生亚胺环的打开和主链断裂。表 9-6 为均苯型 PI 在部分化学介质中浸渍后的拉伸强度保持率。

表 9-6　均苯型 PI 在部分化学介质中浸渍后的拉伸强度保持率

化学介质	温度/℃	浸渍时间/h	拉伸强度保持率/%
甲酚	204	1 000	75
邻二氯苯	180	1 000	100
二乙酮	99	1 900	100

续表

化学介质	温度/℃	浸渍时间/h	拉伸强度保持率/%
乙醇	99	1 900	100
硝基苯	215	1 000	85
过氯乙烯	99	1 900	100
甲苯	99	1 900	100
磷酸	120	1 000	100
润滑油	99	1 900	80
磷酸三甲酚	260	1 000	80
15%醋酸	99	1 900	20
38%盐酸	23	120	70
70%硝酸	23	120	40

9.5 聚酰亚胺的主要品种

聚酰亚胺按其结构特点和加工特性可分为不熔性 PI、可熔性 PI、热固性 PI 和改性 PI 四大类,本节分别介绍这 4 类聚酰亚胺的主要品种。

9.5.1 不熔性聚酰亚胺

均苯型聚酰亚胺(Polypyromellitimide,简称 PPMI)是不熔性 PI 的主要品种,由均苯四甲酸二酐(PMDA)与各种芳香二胺缩聚得到,是最早发现和实现工业化生产的耐高温聚合物。其化学结构通式如图 9-2 所示。

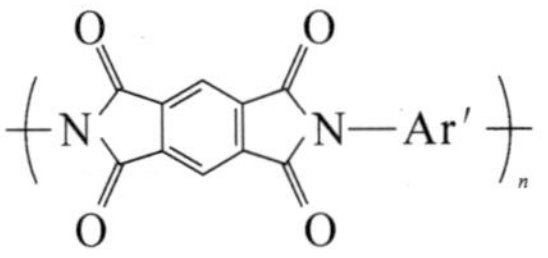

图 9-2 均苯型聚酰亚胺的结构通式

Ar′ 的结构可为

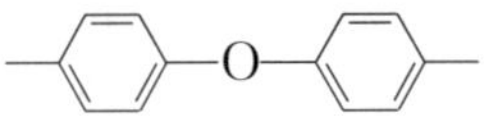

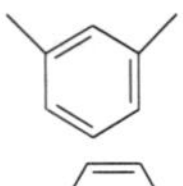

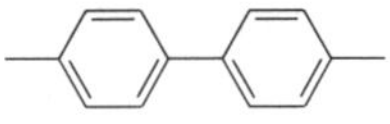

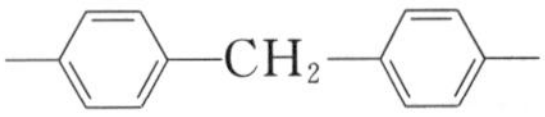

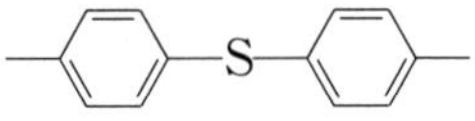

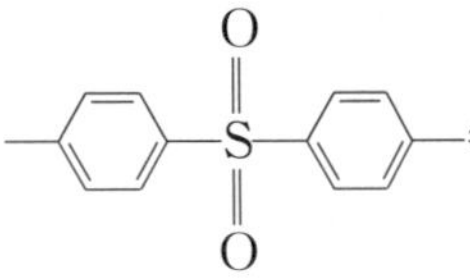

我国在均苯型聚酰亚胺研究中处于世界领先地位,中国科学院长春应化研究所几乎与

美国杜邦公司同期研制成功并实现工业化生产。其主要工业化产品为聚均苯四甲酰二苯醚亚胺,化学结构式如图 9-3 所示。

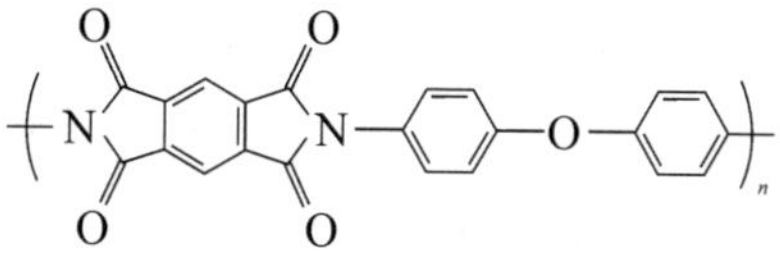

图 9-3　聚均苯四甲酰二苯醚亚胺的化学结构式

均苯型聚酰亚胺外观多为深褐色固体。在 $-269\sim400$ ℃温度范围内保持较高的力学性能;可在 $-240\sim260$ ℃的空气中或 315 ℃的氮气中长期使用;耐辐照性能突出,经 α 射线 2.58×10^5 C/kg 照射后,仍保持较高的力学和介电性能;电绝缘性能好,耐老化,难燃,尺寸稳定性好,耐大多数溶剂、油脂等,并耐臭氧,耐细菌的侵蚀等。均苯型聚酰亚胺的缺点是,抗冲击强度对缺口敏感性强,易受强碱及浓无机酸的侵蚀,且不宜长期浸于水中。均苯型聚酰亚胺分子刚性大,分子间作用力强,不溶不熔,流动性很差,因此不能采用熔融加工方法(如注塑、挤出)制备,只能采用特殊的加工方法方可制成有实用价值的产品。

均苯型 PI 可作为模塑制品、薄膜、层压材料、泡沫塑料、纤维、漆和黏结剂使用。目前常用的加工方法有 3 种:

(1)均苯型 PI 模塑制品:利用类似粉末冶金的方法,在高温、高压下模压成型,即将模塑粉加入模具中,在 300 ℃下保持 10 min,加压至 275 MPa 保持 2 min,在保持此压力条件下吹冷风降温至 200 ℃以下开模即得所需形状和尺寸的 PI 模塑制品。模塑粉中还可加入石墨、PTFE、MoS_2 等填料。表 9-7 为均苯型 PI 模塑制品的性能。

表 9-7　均苯型 PI 模塑粉的性能

性能		纯树脂	15％石墨	40％石墨	15％石墨＋10％PTFE	15％MoS_2
相对密度		1.43	1.51	1.65	1.55	1.60
吸水率/％		0.24	0.19	0.14	0.21	0.23
洛氏硬度(M)		92～102	82～94	68～78	69～79	
拉伸强度/MPa	23 ℃	89.6	62.1	52.4	41.4	81.4
	250 ℃	45.5	41.4	29.0	20.7	44.8
	316 ℃	35.9	34.5	24.1	17.2	34.5
伸长率/％	23 ℃	7～9	4～6	2～3	3～4	6～8
	250 ℃	6～8	3～5	1～2	2～3	5～7
弯曲强度/MPa	73 ℃	117	103	89.6	70.3	131
	316 ℃	62.1	55.3	48.3	27.6	
弯曲模量/GPa	23 ℃	3.1	3.72	5.17	3.17	3.45
	250 ℃	2	2.55	3.65	1.86	
	316 ℃	1.79	2.24	3.17	1.59	

续表

性能		纯树脂	15％石墨	40％石墨	15％石墨＋10％PTFE	15％MoS₂
压缩强度/MPa	23 ℃	276	221	124	125	
	150 ℃	207	145	103	105	
	250 ℃	138	89.6	82.7	82.7	
抗冲击强度/(J·m⁻¹)		53.3	26.7			
摩擦因数		0.29	0.24	0.03	0.12	0.25
线膨胀系数/(10⁻⁶℃⁻¹)		45～52	38～59	23～59	43～63	49～59

(2)均苯型 PI 薄膜：由连续浸渍法和流延法制备。浸渍法和流延法类似,区别是承载聚酰胺酸溶液(以二甲基乙酰胺为溶剂)的基材分别是铝箔和连续运转的不锈钢带,浸渍或流延后的基材通过加热干燥将溶剂挥发掉,然后升温至 350 ℃进行热脱水亚胺化,冷却剥离后即制得 PI 薄膜。图 9-4 为流延法生产聚酰亚胺薄膜工艺流程示意图。表 9-8 为杜邦公司均苯型 Kapton 薄膜的性能。

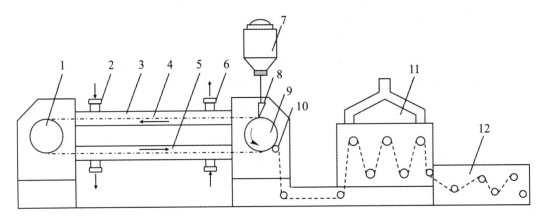

1—后转鼓； 2—进风口； 3—上烘干道； 4—钢带； 5—下烘干道； 6—出风口；
7—树脂储罐； 8—流延嘴； 9—前转鼓； 10—剥离辊； 11—亚胺化炉； 12—收卷机

图 9-4 流延法生产聚酰亚胺薄膜工艺流程示意图

表 9-8 均苯型 Kapton 薄膜的性能

性能		数值
相对密度		1.42
拉伸强度/MPa	23 ℃	231
	200 ℃	139
断裂伸长率/%	23 ℃	72
	200 ℃	83

续表

性能		数值
拉伸模量/GPa	23 ℃	2.5
	200 ℃	2.0
抗冲击强度/(kJ·m⁻²)		78
收缩率(250 ℃,30 min)/%		0.3
摩擦因数(动态)		0.48
摩擦因数(静态)		0.63
极限氧指数/%		37
介电常数		3.4
表面电阻率/Ω		10^{17}
体积电阻率/(Ω·m)		1.5×10^{17}
介电强度/(kV·mm⁻¹)		303

(3)层压成型:将玻璃布、碳纤维或石墨纤维浸渍聚酰胺酸溶液后,干燥脱除溶剂,在高温高压下热压成板材或制品。

均苯型 PI 薄膜占 PI 用途的 75%,可用于电机、变压器的绝缘层和绝缘槽衬里,以及高温电容器介质等,作为 H 级绝缘材料使用。模塑制品可用于特种条件下的精密零件,耐高温自润滑轴承、压缩机活塞环、密封圈,鼓风机叶轮等;还可用于与液氨接触的阀门零件,喷气发动机燃料供应系统零件。黏结剂可用于火箭、喷气飞机机翼的黏结和金刚砂轮的黏结。

9.5.2　可熔性聚酰亚胺

为了改善均苯型聚酰亚胺的加工性,在酸酐分子中引入—O—和$-\overset{\overset{\textstyle O}{\|}}{C}-$等柔性基团,开发了可熔性聚酰亚胺,主要品种有单醚酐型聚酰亚胺、双醚酐型聚酰亚胺和酮酐型聚酰亚胺。

9.5.2.1　单醚酐型聚酰亚胺

单醚酐型 PI 的化学结构通式如图 9-5 所示。

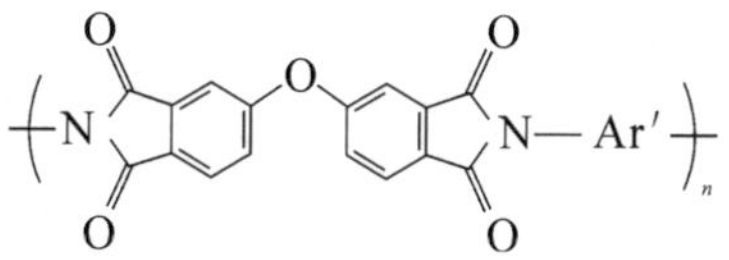

图 9-5　单醚酐型 PI 的结构通式

图中 Ar′ 为 —C₆H₄—O—C₆H₄—、—C₆H₃(CH₃)—、—C₆H₄—SO₂—C₆H₄— 等。上海合成树脂所最

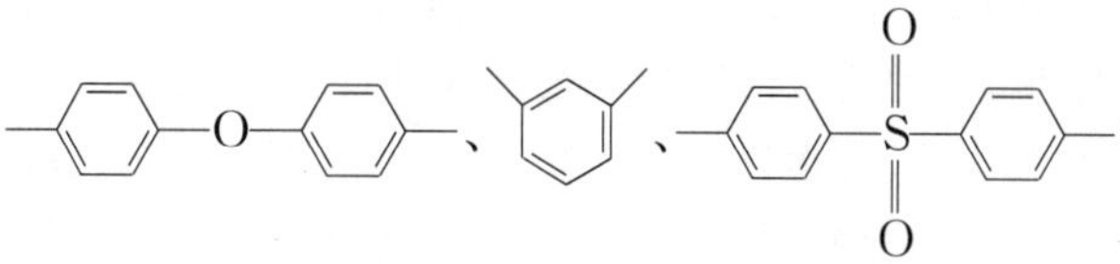

早于 1966 年开发了以 3,3′,4,4′-二苯醚二酐为原料的单醚酐型聚酰亚胺 YS,化学结构式如图 9-6 所示。苏联和法国的罗纳普朗克公司也随后研发了单醚酐型聚酰亚胺。

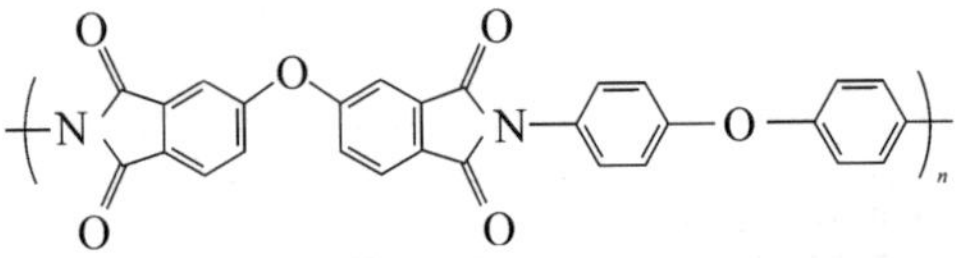

图 9-6　单醚酐型聚酰亚胺 YS 的化学结构式

单醚酐型 PI 的合成与均苯型 PI 相似,可作为薄膜、模塑粉和层压材料使用。它在结构上属于第四类,是可溶可熔的聚酰亚胺,除耐热性略低于均苯型 PI 外,其他物理性能、力学性能基本相同,可在 −180～230 ℃长期使用。它的加工性能较均苯型 PI 好得多,可采用模压、层压、挤出、注射等方法进行加工。它能耐大多数有机溶剂及盐酸的腐蚀,其薄膜在 340 ℃左右具有自黏性。

单醚酐型 PI 可用作压缩机叶片、活塞环、密封垫、轴瓦,也可用于自润滑轴承、轴承保持架、齿轮、离合器、刹车片等;还可用于插头、插座、线圈骨架等作为绝缘材料,用于原子能和宇航工业中的耐辐射制品。薄膜用于电器元件的包覆,还可作黏结剂和漆使用。

9.5.2.2　双醚酐型聚酰亚胺

双醚酐型 PI 也是由醚酐与芳香二胺合成的聚合物,化学结构通如图 9-7 所示。

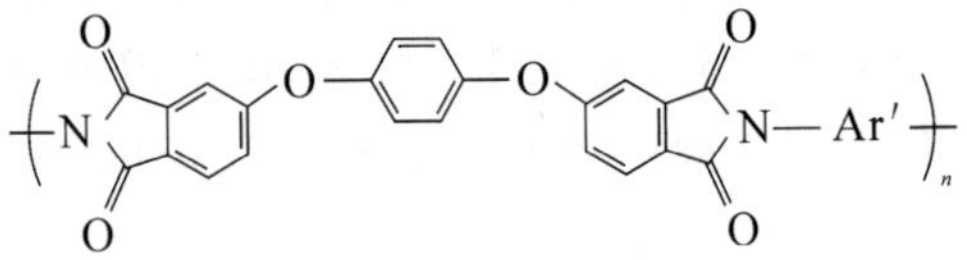

图 9-7　双醚酐型 PI 的结构通式

图中 Ar′可为

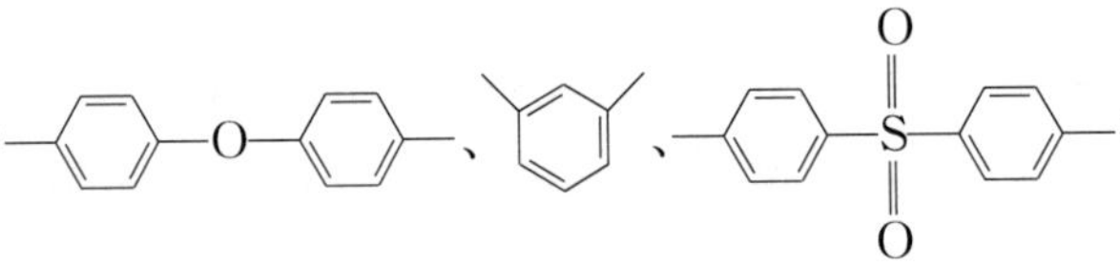

等。双醚酐型 PI 最早出现于苏联,中国科学院长春应用化学研究所在 20 世纪 60 年代末也开发了双醚酐型聚酰亚胺 YHPI。其化学结构式如图 9-8 所示。

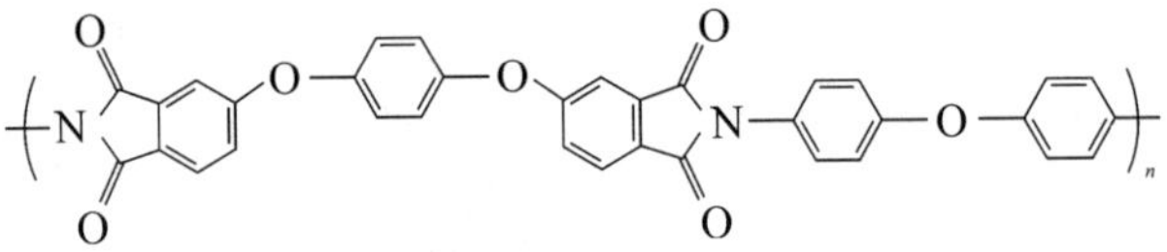

图 9-8　双醚酐型聚酰亚胺 YHPI 的化学结构式

双醚酐型 PI 与单醚酐型 PI 的化学结构相近,仍属第四类,是可熔可溶的聚酰亚胺。双醚酐型 PI 具有良好的综合性能,耐低温性能比单醚酐型 PI 更好,可在 −250 ℃以上长期使用,连续最高使用温度可达 230 ℃,力学性能、电绝缘性、耐辐照性、耐磨性均很优良,与均苯型 PI 相比加工性能大大改善。双醚酐型 PI 可以用来制取薄膜、漆、层压板、黏结剂,并可用模压、挤出、注射等工艺生产出各种工程塑料零件。

双醚酐型 PI 用于制造自润滑摩擦材料、密封件、轴承保持架、冷气压缩机密封卡块、球面垫、冷气活门、活塞环、电线、密封插头、汽车、飞机及其他机电产品零部件，以及各种棒材、板材，还可用作浸渍漆和黏结剂。

9.5.2.3 酮酐型聚酰亚胺

酮酐型 PI 的化学结构通式如图 9-9 所示。

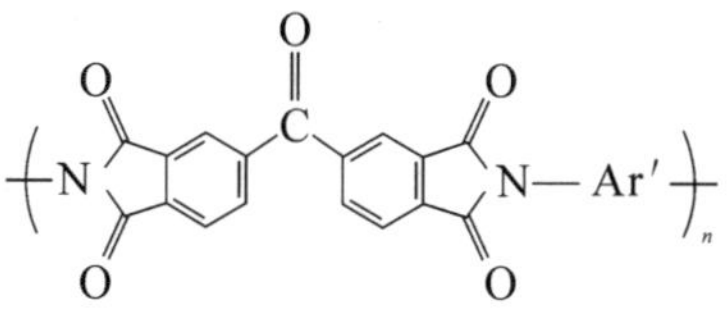

图 9-9 酮酐型 PI 的结构通式

式中 Ar′ 可为

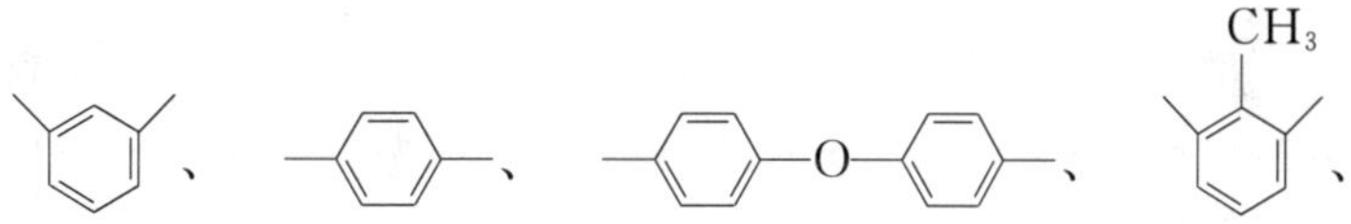

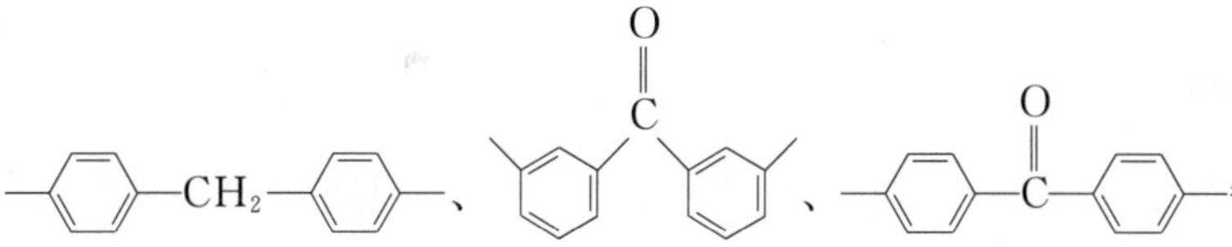

酮酐型 PI 与醚酐型 PI 不同之处在于，二酐中引入了羰基（—C—）作为铰链基，而醚酐型在二酐中引入了醚键（—O—）作为铰链基，因此在结构上仍属第四类，是可溶可熔型聚酰亚胺。酮酐型 PI 中以美国 Upjohn 公司开发的 PI-2080 性能最优，应用最为普遍。PI-2080 以 3,3′,4,4′-二苯甲酮四羧酸二酐（BDTA）与甲苯二异氰酸酯（TDI）和二苯甲烷二异氰酸酯（MDI）的混合物（物质的量之比为 20∶80）为原料，在 N-甲基吡咯烷酮或二甲基亚砜溶剂中一步法直接缩聚得到，化学结构式如图 9-10 所示。它的最高连续使用温度可达 260～300 ℃，短期使用温度高达 400 ℃，与玻璃、金属有良好的黏结力，可溶于普通溶剂丙酮中。其易于与玻璃纤维和碳纤维复合制备复合材料，还可用石墨、PTFE 等进行填充改性。表 9-9 为未改性与改性 PI-2080 的力学性能。

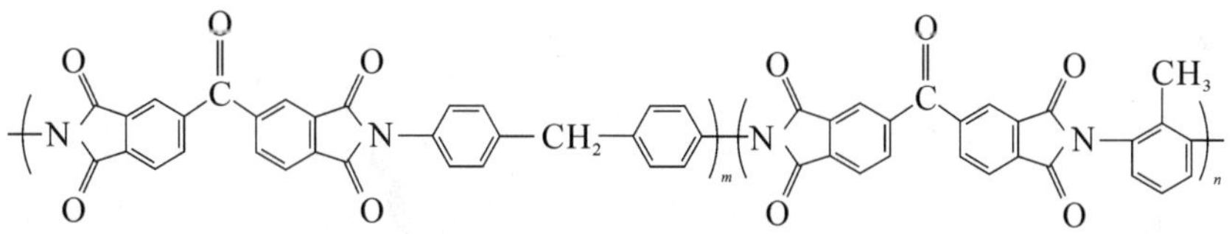

$m∶n=20∶80$

图 9-10 PI-2080 的化学结构式

表 9-9 未改性与改性 PI-2080 的力学性能

性能		未改性	15%石墨	30%PTFE
拉伸强度/MPa	25 ℃	120	74	44
	288 ℃	31	—	—
断裂伸长率/%		10	7	7
拉伸模量/GPa		1.32	1.87	1.06
弯曲强度/MPa		203	96.5	65
弯曲模量/GPa		2.38	2.59	1.43
压缩强度/MPa		210	146	80
压缩模量/GPa		2.07	1.90	1.38
抗冲击强度/(kJ·m^{-2})		32.7		

酸酐型 PI 可以用于层压制品、复合材料、薄膜、泡沫塑料、工程塑料、漆和黏结剂等，并能按模压、层压、挤出、注射、烧结等方法成型各种制品，也可制备飞机、火箭、发动机内的耐高温结构件。

9.5.3 热固性聚酰亚胺

热固性聚酰亚胺也称为加成型聚酰亚胺，端基带有乙炔基或乙烯基的芳香族低相对分子质量酰亚胺的齐聚物，在有固化剂或高温的条件下，通过活性端基发生加成反应而交联固化成为网状结构的酰亚胺聚合物，固化时没有低分子挥发物生成，可在低压下成型，常用于制备耐高温黏结剂、复合材料和层压制品。3 种常用的不同端基热固性聚酰亚胺为 5-降冰片烯-2,3-二羧酸酐(NA)基封端的聚酰亚胺、乙炔基封端的聚酰亚胺和双马来酰亚胺。

9.5.3.1 NA 基封端的聚酰亚胺

NA 基封端的聚酰亚胺的化学结构通式如图 9-11 所示。

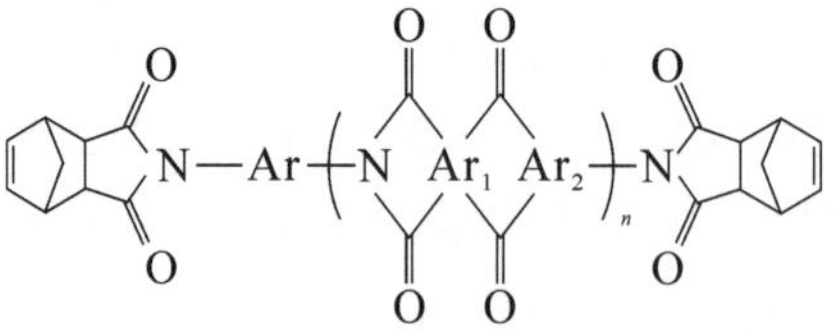

图 9-11 NA 基封端的聚酰亚胺的结构通式

图中 Ar_1 为 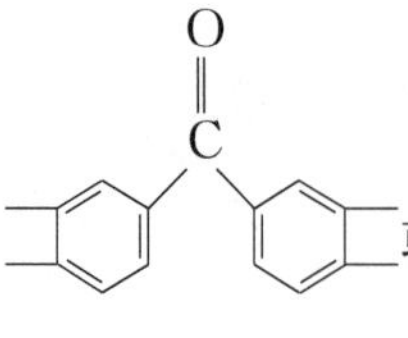 或 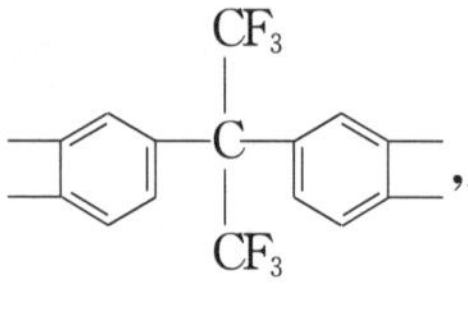，Ar 和 Ar_2 为 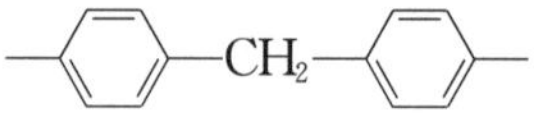、

—S—、——、——、——CH_2——等。

NA 基封端的聚酰亚胺主要有 P13N、P105AC、LaRc - 13、PMR - 15、PMR - II、LaRc -
160 等牌号。P13N 是由 BDTA 与 4,4′-二氨基二苯甲烷(DDM)缩合制得带有端氨基的低
相对分子质量聚合物,然后再用 NA 进行封端处理,它的平均相对分子质量为 1 300。
P105AC 是用 DDM 与 4,4′-二氨基二苯硫醚(DDS)的混合二元胺与 BDTA 反应并经 NA
封端后得到。LaRc - 13 与 P13N 不同之处在于二元胺为 3,3′-二氨基二苯甲烷(DDM)。
PMR - 15 是 P13N 的改性物,PMR - II 是 PMR - 15 的第二代。表 9 - 10 为 NA 基封端的
聚酰亚胺的合成单体与封端剂。

表 9 - 10 NA 基封端的聚酰亚胺的合成单体与封端剂

牌号	二酐	二胺	封端剂
P13N	3,3′,4,4′-二苯甲酮 四羧酸二酐(BDTA)	4,4′-二氨基二苯 甲烷(DDM)	5-降冰片烯- 2,3-二羧酸酐(NA)
P105AC	3,3′,4,4′-二苯甲酮四羧 酸二酐(BDTA)	4,4′-二氨基二苯甲烷(DDM) 4,4′-二氨基二苯硫醚(DDS)	5-降冰片烯- 2,3-二羧酸酐(NA)
LaRc - 13	3,3′,4,4′-二苯甲酮 四羧酸二酐(BDTA)	3,3′-二氨基 二苯甲烷(DDM)	5-降冰片烯- 2,3-二羧酸酐(NA)
PMR - 15	3,3′,4,4′-二苯甲酮 四羧酸二甲酯(BTDE)	4,4′-二氨基二苯甲烷(DDM)	5-降冰片烯- 2,3-二羧酸单甲酯(NE)
PMR - II	4,4′-(六氟异丙基)双-邻 苯二甲酸二甲酯(HFDE)	对苯二胺(PPDA)	5-降冰片烯- 2,3-二羧酸单甲酯(NE)
LaRc - 160	3,3′,4,4′-二苯甲酮 四羧酸二甲酯(BTDE)	液状多元胺 (JaffemineAP - 22)	5-降冰片烯- 2,3-二羧酸单甲酯(NE)

PMR - 15 和 LaRc - 160 的合成反应式为

(PMR-15,n=2.087)

$$(9-12)$$

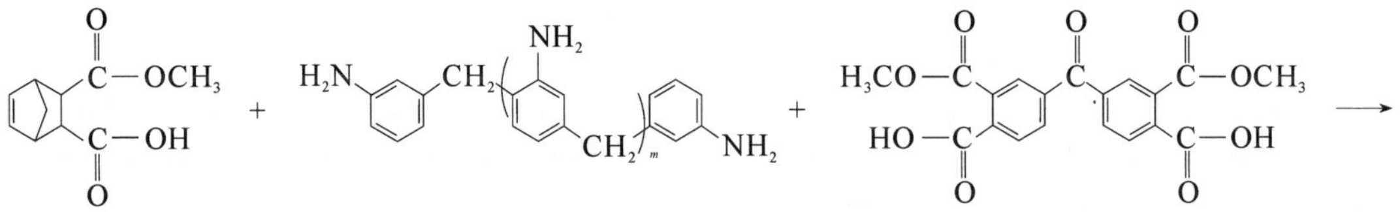

(NE)　　　　　(Jaffemine AP-22, m=0,1,2)　　　　　(BTDE)

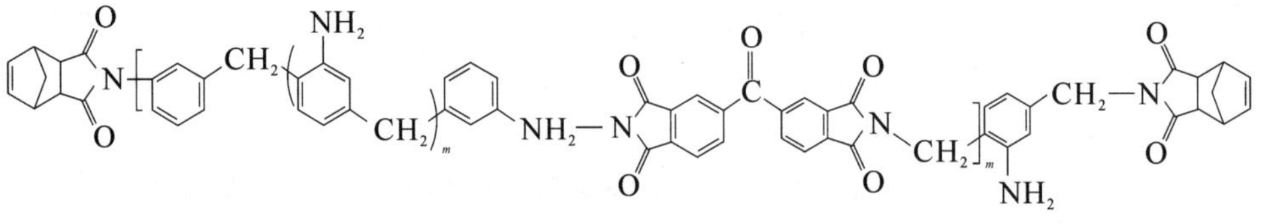

(LaRc-160)

$$(9-13)$$

PMR-Ⅱ的化学式如图 9-12 所示。

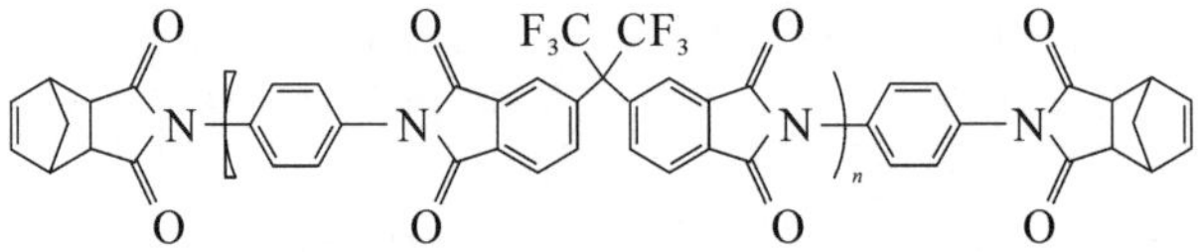

PMR-Ⅱ，$n=1.670$

图 9-12　PMR-Ⅱ的化学式

NA 基封端的聚酰亚胺预聚体能在 250 ℃发生逆 Didls-Alder 反应,释放出环戊二烯,随即此二烯化合物又与马来酰亚胺聚合,交联形成网状结构,固化反应历程为

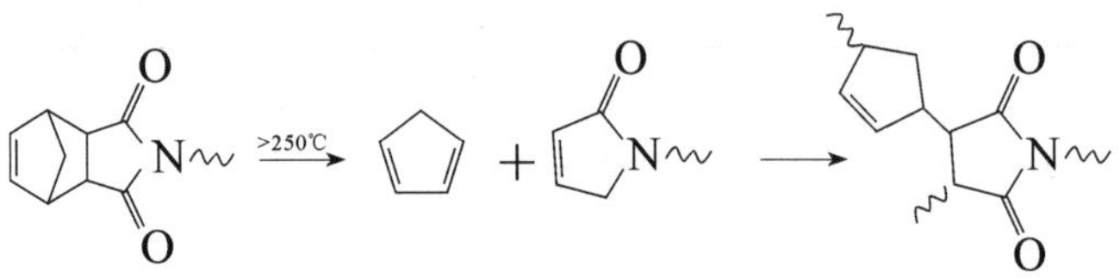

$$(9-14)$$

NA 基封端的聚酰亚胺中 P13N 具有固化时不产生低分子物,预浸渍工艺简单,预浸料储存期长,模压制品热稳定性好等优点。长期耐热温度为 260～288 ℃,层压板的力学性能高,孔隙率低(＜2%)。其缺点是溶剂毒性大,制品吸水率高且成本高。PMR-15 和 PMR-Ⅱ成本低,毒性小,PMR-15 的平均相对分子质量为 1 500,长期耐热温度为 288～300 ℃。PMR-Ⅱ的耐热性高于 PMR-15,短期耐热可达 316 ℃,层压制品具有很高的层间剪切强度。LaRc-160 为 PMR-15 的改进型,具有热熔性,该树脂的浸渍性很好,加工流动性也很好,可在中温和低压下成型,能用于制造复杂的结构件,可在 260～288 ℃的高温下长期使用。

NA 基封端的聚酰亚胺主要用于制作耐高温复合材料、层压板、结构件及耐高温绝缘件,用于飞机和电器等领域。

9.5.3.2　乙炔基封端的聚酰亚胺

乙炔基封端的聚酰亚胺的化学结构通式如图 9-13 所示。

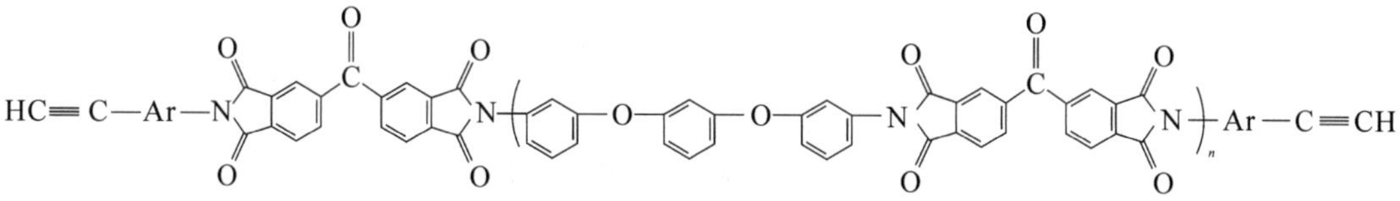

图 9-13 乙炔基封端的聚酰亚胺的结构通式

如 Ar 为 :当 $n-1$ 时为 HR-600 低聚物,当 $n-2$ 时为 HR-602 低聚物。

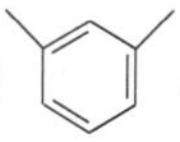

如 Ar 为 :当 $n=1$ 时为 HR-650 低聚物;当 $n=2$ 时为 HR-700 低聚物。

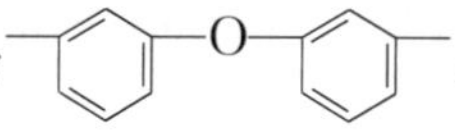

HR-600 是以酮酐、间位二氨基多苯醚、3-氨基苯乙炔为原料,N-甲基吡咯烷酮或二甲基甲酰胺为溶剂进行缩聚反应得到的相对分子质量在 2 000 以上的低聚物。当低聚物被加热至 200~250 ℃时,3 个乙炔端基可以成环反应而使低聚物交联成为网状结构的聚酰亚胺大分子,合成反应式为

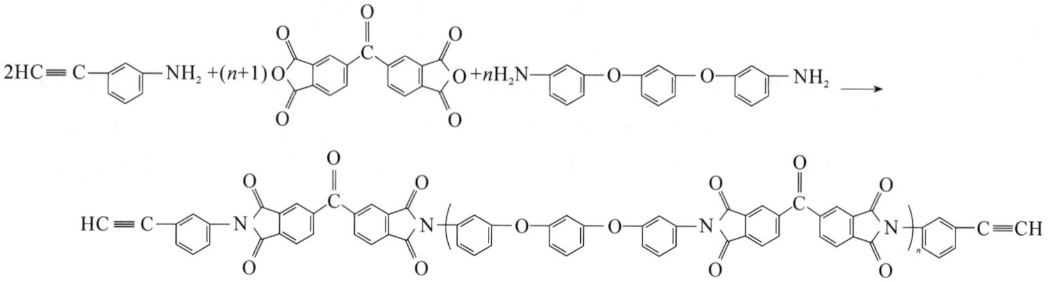

$$(9-15)$$

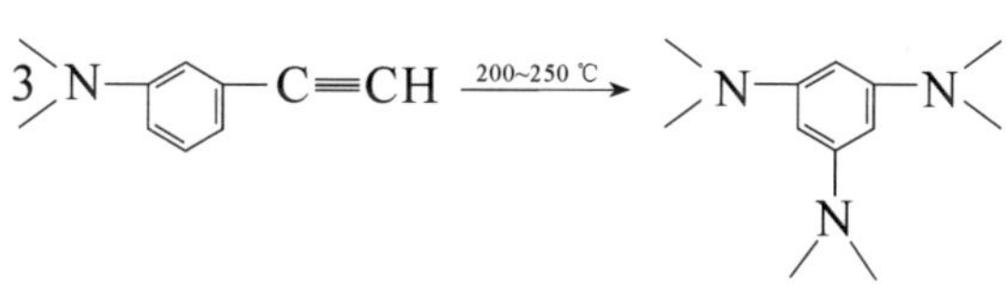

$$(9-16)$$

乙炔基封端的聚酰亚胺具有突出的耐热性,最高连续使用温度为 300~350 ℃。固化过程中无低分子挥发物逸出,因而制品的孔隙率低。其与纤维复合后制出的层压板或复合材料不仅具有突出的耐热性,还具有很高的强度、模量和硬度。其缺点是加工性差、成本高。乙炔基封端的聚酰亚胺主要用于制作玻璃纤维或石墨纤维增强的复合材料和模压塑料,也可添加 MoS_2 等制作固体自润滑材料和耐高温耐磨的部件,用于航空航天领域中的耐高温结构部件,还可作为耐高温结构黏结剂等。

9.5.3.3 双马来酰亚胺(BMI)

双马来酰亚胺也称为马来酸酐或顺丁烯二酸酐封端的聚酰亚胺,是以马来酰亚胺为活性端基的一类双官能团化合物,结构通式如图 9-14 所示。

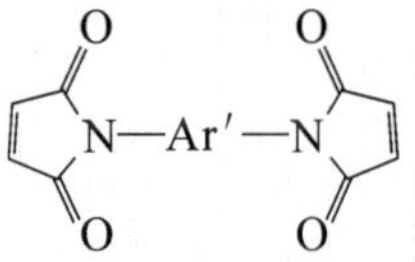

图 9-14 双马来酰亚胺的结构通式

图 中 Ar′ 可 为 、、、

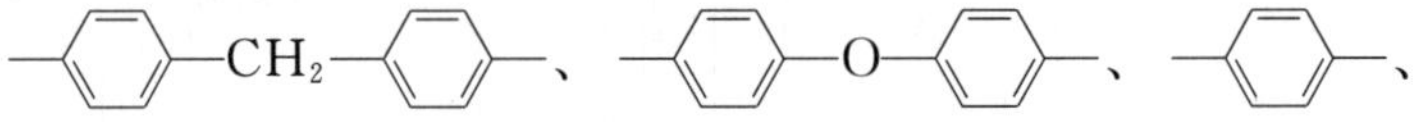

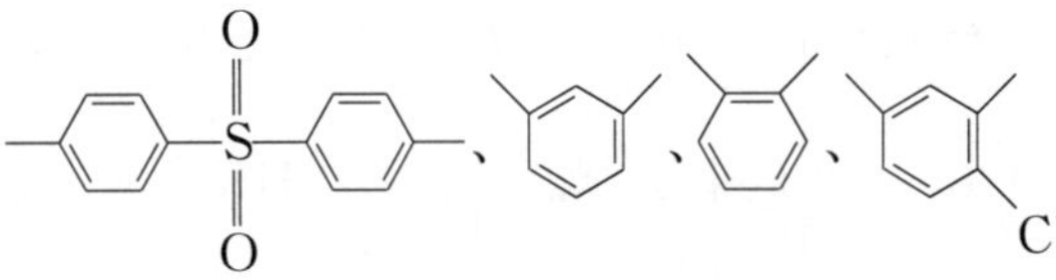

、、 等。其主要工业化品种为 4,4′-双马来酰

亚胺二苯甲烷(BDM),化学结构式如图 9-15 所示。

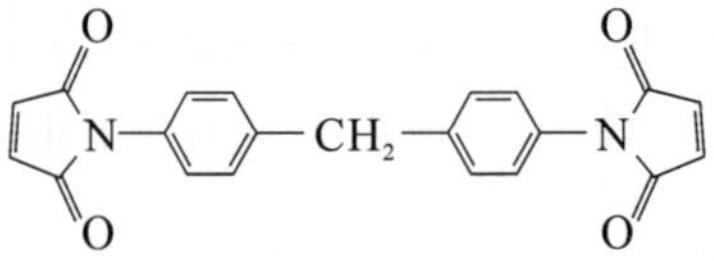

图 9-15 4,4′-双马来酰亚胺二苯甲烷的化学结构式

BMI 主要由马来酸酐与芳香族二胺合成,通常分为两步。以 BDM 为例,首先将马来酸酐和 4,4′-二氨基二苯甲烷(MDA)溶解在二甲基甲酰胺、甲苯、二氯乙烷、丙酮等溶剂中,在室温下生成双马来酰胺酸,然后加入醋酸酐或甲苯磺酸钠为脱水剂并在 90 ℃下环化脱水得到 BDM,反应式为

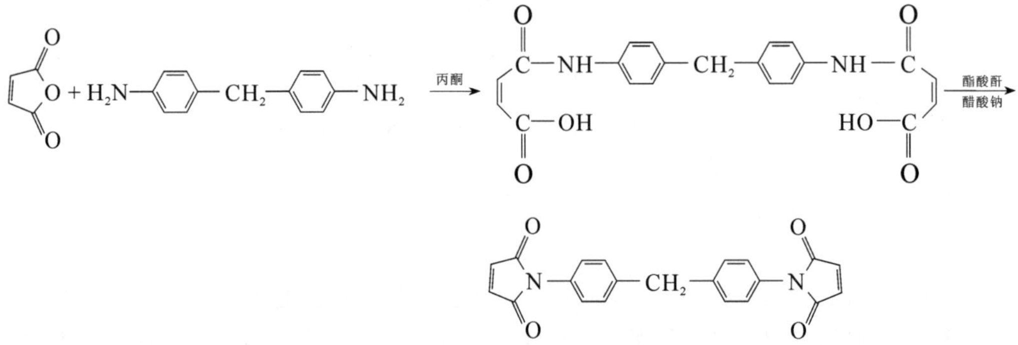

$$(9-17)$$

BMI 的分子链两端含有两个不饱和双键,反应活性很强,能与二元胺、酰胺、酰肼、硫化氢、氰尿酸和多元酚等含有活泼氢的化合物发生 Michael 加成反应,也可以同含有不饱和双键的化合物、环氧树脂及其他结构的 BMI 进行共聚反应,还可以在催化剂或加热条件下发生自聚反应。BMI 与二元胺发生反应的化学方程式为

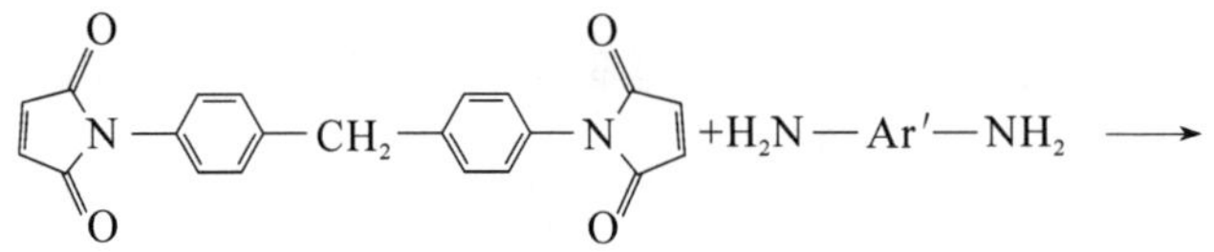

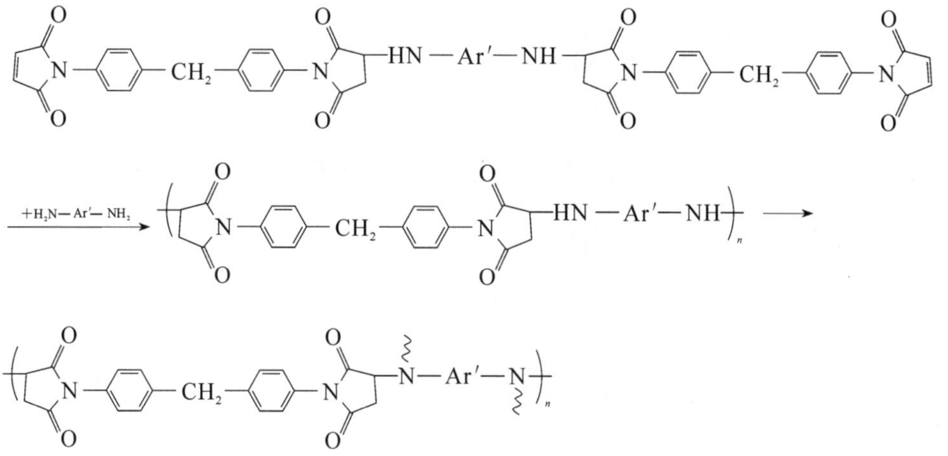

$$(9-18)$$

BMI 树脂的优点是固化反应属于加成聚合,成型时无低分子副产物放出,且容易控制,制品无气孔,结构致密,因而具有较高的强度和模量。固化产物具有高的耐热性,其 T_g 一般均大于 250 ℃,最高连续使用温度可达 177~232 ℃,分解温度大于 420 ℃。此外还具有高的模量和强度、高的电绝缘性、耐化学介质性、耐环境性和耐射线性。BMI 能溶于二甲基甲酰胺(DMF)、N-甲基吡咯烷酮(NMP)等强极性有机溶剂中,易于制备预浸料,但在普通溶剂(如酒精、甲苯)中的溶解性差,固化产物脆性大,与纤维的黏结力不高,这些缺点常需改性处理。

BMI 作为新一代高性能复合材料的树脂基体,已在航空航天、电子电器、机械工程等领域得到应用。例如,在航空航天领域几乎可以取代所有的复合材料构件,如飞机大面积变截面蒙皮、梁形件、共固化加肋壁板、整形结构、π 形结构、弓形结构、夹层结构、筒形件、井字形加肋结构、厚板结构、硬壳结构、雷达罩;在电子电器领域可作印刷线路板、耐高温绝缘件和灌封件;在机械工程领域可作砂轮、刹车件、轴承等;也可作为耐高温黏结剂、绝缘材料、模压塑料、泡沫塑料和功能材料使用。

9.5.4 改性聚酰亚胺

改性聚酰亚胺是指在 PI 分子主链中引入醚键(—O—)、酯键($-\overset{\overset{O}{\|}}{C}-O-$)和酰胺键($-\overset{\overset{O}{\|}}{C}-NH-$)等柔性基团,从而提高 PI 的热塑性和熔融加工性,使其熔融加工性接近于热塑性工程塑料(如 PC、PET 和 PA)。但这同时会带来耐热性和力学性能的降低,可通过增强和填充予以补偿。

9.5.4.1 聚醚酰亚胺(PEI)

聚醚酰亚胺的化学结构通式如图 9-16 所示。

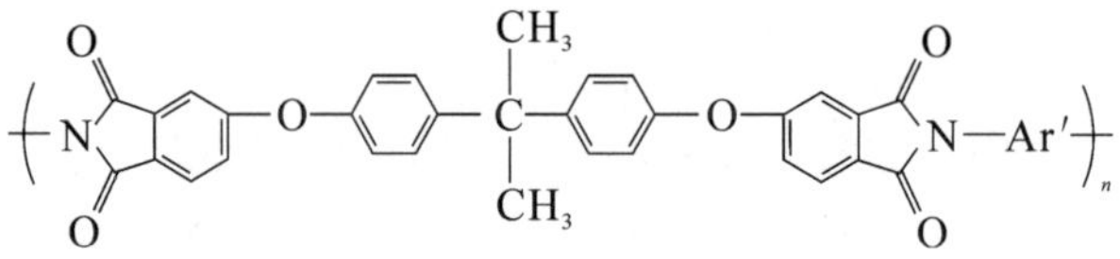

图 9-16　聚醚酰亚胺的结构通式

图中 Ar′ 可为 、、、 等。GE 公司于 1982 年开始商品化生产 Ultem(Ultimate Engineering Materials 的缩写)聚醚酰亚胺，化学结构式如图 9-17 所示。

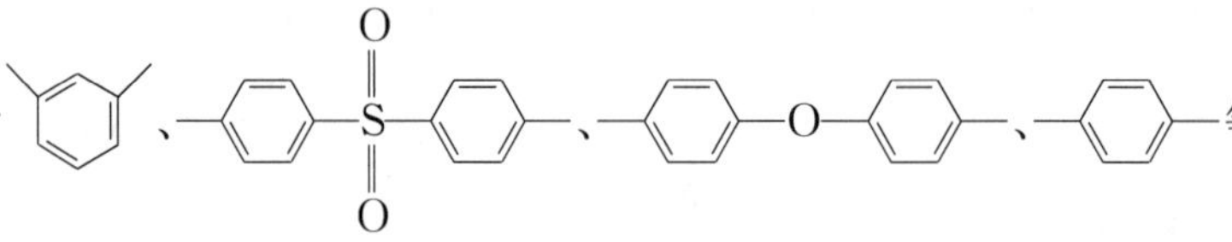

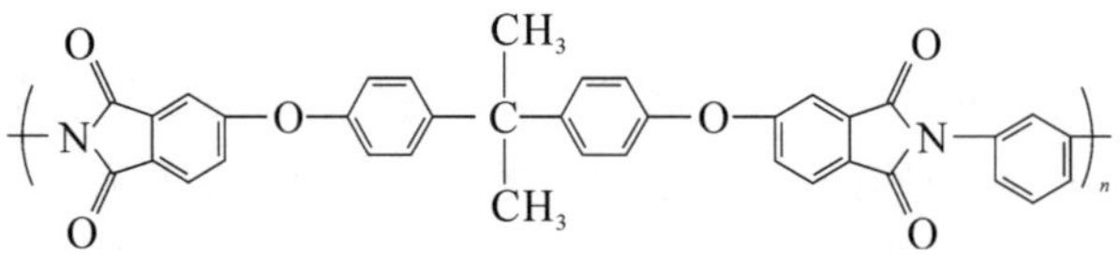

图 9-17　Ultem 聚醚酰亚胺的化学结构式

聚醚酰亚胺的合成过程为：由偏苯三甲酸单酐与双酚 A 反应得到二苯基双酚 A 四羧酸二酐；进一步，由二苯基双酚 A 四羧酸二酐与 4,4′-二氨基二苯醚、间苯二胺或对苯二胺在二甲基乙酰胺等极性溶剂中经加热缩聚、成粉、酰亚胺化制得聚醚酰亚胺。Ultem 1000、Ultem 2100、Ultem 2200、Ultem 2300 和 Ultem 2300 采用了间苯二胺，Ultem 6000 和 Ultem 6200 采用了对苯二胺。上述缩聚反应也可以采用反应挤出技术进行，该技术不使用极性较大的有毒溶剂，有利于保护生态环境。Ultem 1000 聚醚酰亚胺的合成反应式为

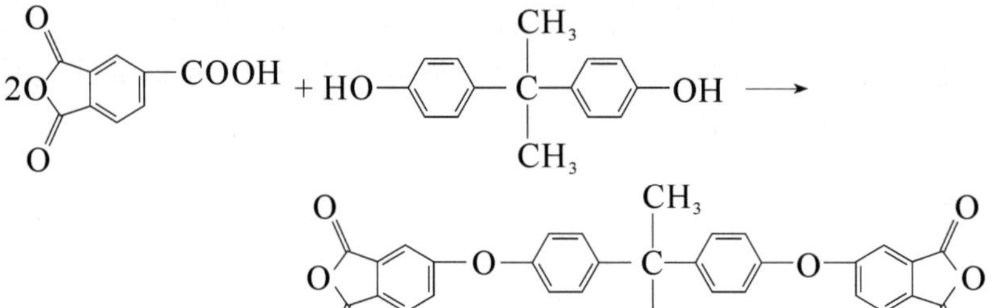

(9-19)

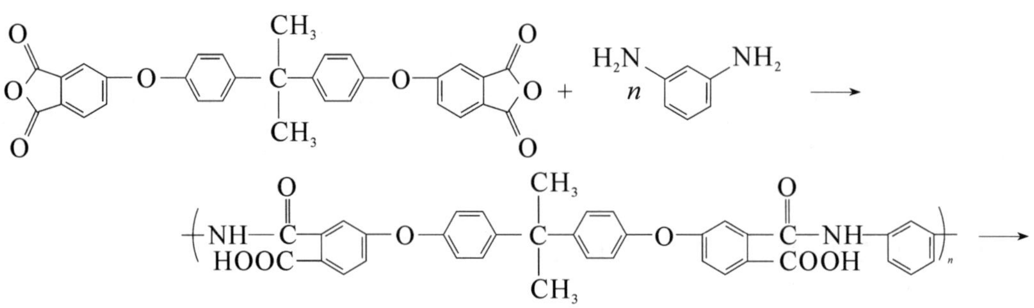

$$(9-20)$$

聚醚酰亚胺由于在分子主链中引入了大量的柔性基醚键和异丙基,使其熔融流动性比构苯型聚酰亚胺大大改善,可按通常热塑性工程塑料的加工方法进行注射、挤出等成型,熔融加工性与 PC 和 PSU 接近。尽管它的耐热性较聚酰亚胺有所降低,但仍然是综合性能十分优良的工程塑料,价格低廉且容易加工,还可通过增强、填充、合金等方法予以改性。表 9-11 为 Ultem 聚醚酰亚胺的主要性能数据。

表 9-11　Ultem 聚醚酰亚胺的性能

性能		型号			
		1000(未增强)	2100 (10％增强)	2200 (20％增强)	2300 (30％增强)
密度/(g·cm^{-3})		1.27	1.34	1.42	1.51
吸水率/％	24 h	0.25	0.28	0.26	0.18
	饱和	1.25	1.0	1.0	0.9
热变形温度/℃		200	207	209	210
线膨胀系数/(10^{-5}℃$^{-1}$)		6.2	3.2	2.5	2.0
拉伸强度/MPa		107	122	143	163
断裂伸长率/％		60	6	3	3
拉伸模量/GPa		3.06	4.59	7.04	9.18
弯曲强度/MPa		148	205	214	235
弯曲模量/GPa		3.37	4.59	6.33	8.47
压缩强度/MPa		143	163		163
压缩模量/GPa		2.96	3.16	0.57	3.88
氧指数/％		47		50	
介电常数(1×10^3 Hz)		3.15		3.5	
体积电阻率/(Ω·m)		6.7×10^{13}		0.7×10^{13}	
成型收缩率/％		0.5～0.7			

聚醚酰亚胺电绝缘性优良、尺寸稳定性高、强度高、热稳定性(170 ℃长期使用)好、耐化学介质腐蚀、耐磨,因而被用于电子、电机、航空等领域中,可用作电器产品外壳、线路板、线圈、反射镜、座椅靠背、壁板、手术器械、微波炉托盘、轴承、搅拌轴、转阀、涂层、薄膜、泡沫塑料、高强度纤维等。

9.5.4.2 聚酯酰亚胺

聚酯酰亚胺的化学结构通式如图 9-18 所示。

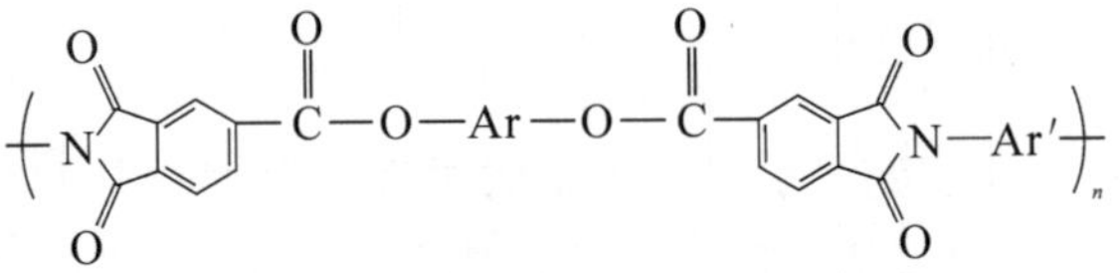

图 9-18 聚酯酰亚胺的结构通式

图中 Ar 为 ———— 或 —————— ，Ar' 为 ————O———— 、

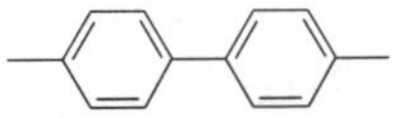

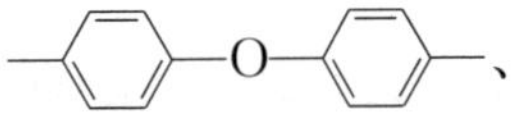

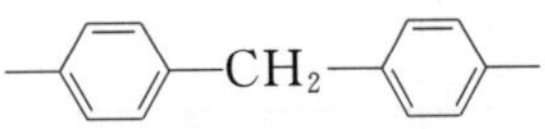

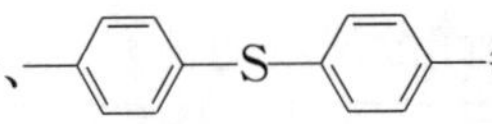

————CH₂———— 、————S———— 等。

聚酯酰亚胺的合成包括聚酯酰胺酸法和酯化法。聚酯酰胺酸法化学反应过程为:将对苯二酚二乙酸酯与偏苯三甲酸单酐反应先制备含有两个酯键的二酐,再与 4,4'-二氨基二苯醚(或其他二胺)在强极性溶剂中进行缩聚反应制备聚酯酰胺酸,然后流延成膜或沉淀制成粉末,再在 240~300 ℃下进行酰亚胺化。其反应式为

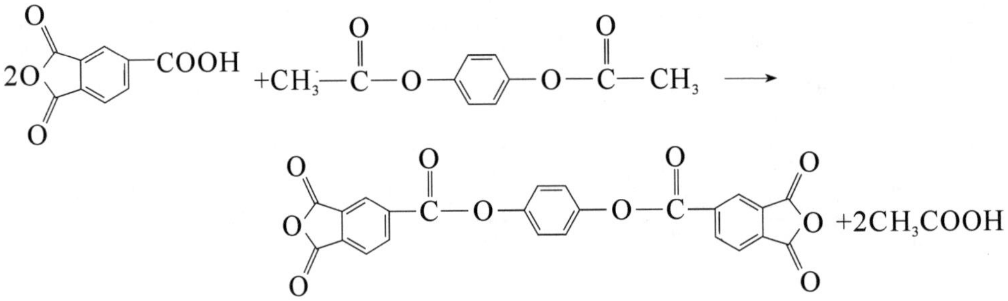

(9-21)

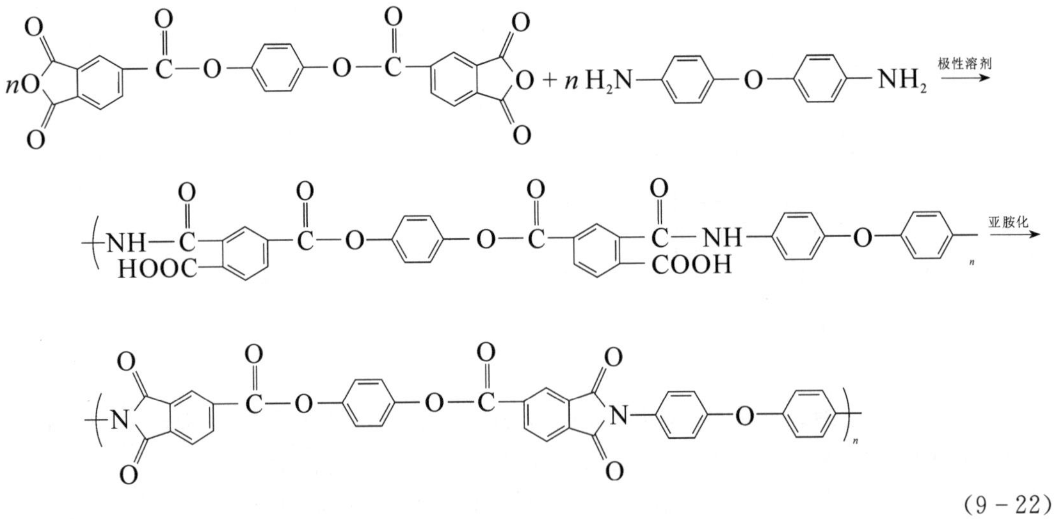

(9-22)

聚酯酰亚胺综合了芳香族聚酯优良的电绝缘性、力学性能和聚酰亚胺高的耐热性,它的介电性、耐辐照性、耐溶剂性与 PI 相当,而加工性比 PI 好得多,可注射和挤出成型,且尺寸

稳定,成本低,能在 230～240 ℃中使用 20 000 h 以上。加工性优于均苯型聚酰亚胺,成本较低。聚酯酰亚胺薄膜可在 230 ℃长期使用,虽然高温氧化稳定性不如均苯型聚酰亚胺薄膜,但比聚酯薄膜仍好得多。

聚酯酰亚胺主要用作 F 级或 H 级绝缘材料,如绝缘漆、耐热绝缘薄膜、电线电缆包皮、半导体元件封装材料以及纤维等。

9.5.4.3　聚酰胺酰亚胺(PAI)

聚酰胺酰亚胺(PAI)是最早开发的聚酰亚胺改性品种,最早由美国 Amoco 公司于 1964 年开发成功。聚酰胺酰亚胺的化学结构式主要有两种,如图 9-19 所示。

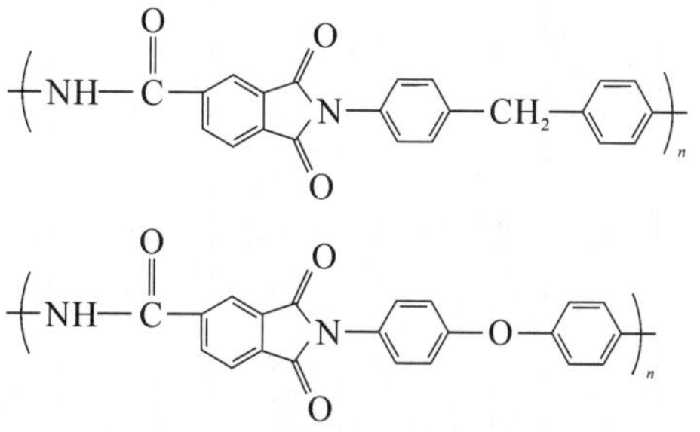

图 9-19　聚酰胺酰亚胺的化学结构式

聚酰胺酰亚胺的合成方法有 4 种,即酰氯法、异氰酸酯法、直接聚合法和亚胺二羧酸法。前两种方法为工业上的主要方法,其中酰氯法与聚醚酰亚胺和聚酯酰亚胺的合成方法相似,先制取聚酰胺酸溶液,再高温脱水环化形成聚酰酰亚胺。酰氯法的反应式为

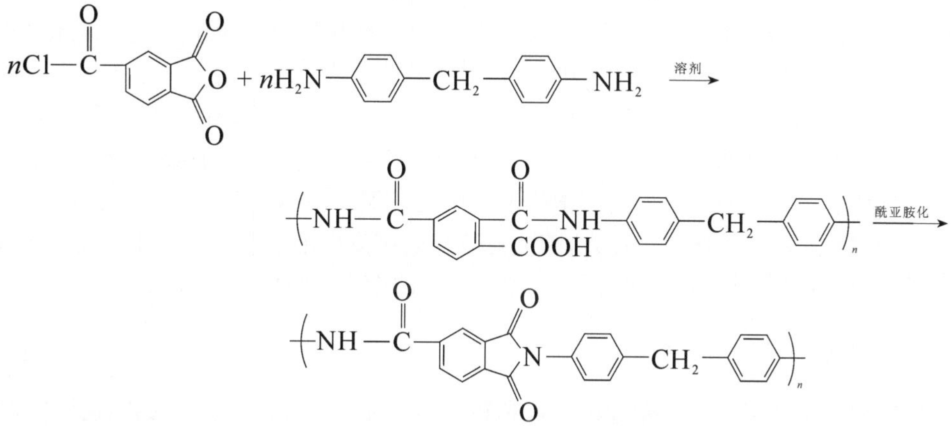

$$(9-23)$$

而异氰酸酯法则可一步制出聚酰胺酰亚胺。异氰酸酯法的反应式为

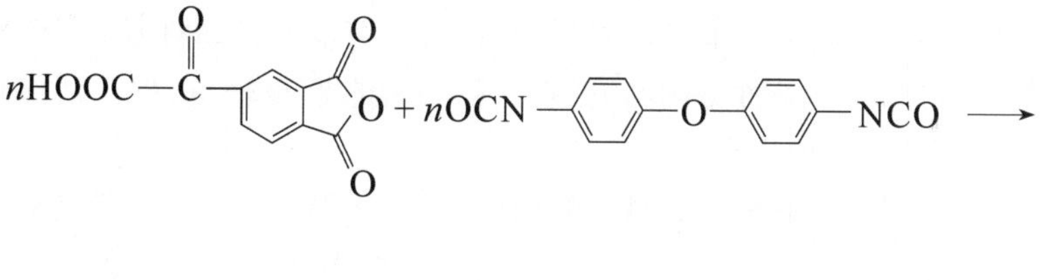

$$\left[NH-C(=O)-\underset{\underset{O}{\big|\big|}}{\overset{\overset{O}{\big|\big|}}{\bigcirc}}\!N-\bigcirc\!-O-\bigcirc\right]_n + 2n CO_2\uparrow$$

$$(9-24)$$

聚酰胺酰亚胺具有优良的综合性能,它的拉伸强度在未增强时可达 172 MPa 以上,热变形温度为 274 ℃,可在 220 ℃下长期使用,300 ℃以下不失重,450 ℃才开始分解。此外,它的黏结性、韧性、耐碱性、耐磨性均优于均苯型 PI,而且成本较低,可进行增强、填充、合金等改性,并能用注射、挤出、模压、流延、涂覆等多种热塑性塑料的加工方法进行加工。

聚酰胺酰亚胺可用作层压材料、薄膜、模塑料、浇铸料、玻璃纤维增强料、漆、涂料和黏结剂等产品。模塑料可作齿轮、辊子、轴承、复印机分离爪及 F 或 H 级绝缘制品,透波材料,发动机零部件等。漆主要用作要求耐辐射、耐高温的漆包线,薄膜用于耐高温绝缘器件。

9.6　聚酰亚胺的应用

9.6.1　聚酰亚胺薄膜

聚酰亚胺薄膜最早作为绝缘膜(即电工膜)进入产业化,是用量最大的聚酰亚胺材料。目前商品聚酰亚胺薄膜主要有 3 类:美国杜邦公司的 Kapton© 系列、日本宇部兴产的 Upilex© 系列和钟渊化学的 Apical© 系列,其中 Kapton© 和 Apical© 是均苯型聚酰亚胺,Upilex© 是联苯型聚酰亚胺。市场上使用的聚酰亚胺薄膜,75%以上都是均苯型聚酰亚胺结构。

聚酰亚胺薄膜的主要应用是,作为 H 级以上要求的电机、电缆的耐热绝缘衬垫和绕包材料,目前广泛应用于电器绝缘、线路板、电热膜、天线、大型工业马达、发动机马达、手机基板、薄膜太阳能电池、导弹用天线罩和压敏胶带基材等。均苯型聚酰亚胺薄膜可以满足极端环境下所需要的耐久性和可靠性要求,可用于航空航天线路绝缘、火箭电缆绝缘、汽车开关、加热器和传感器等。随着电子电器科学技术的快速发展,柔性印刷电路板用的各种聚酰亚胺覆铜板已成为新的巨大产业。此外,聚酰亚胺介电薄膜可用于微电子器件,无色透明聚酰亚胺薄膜可用于太阳能电池和 OLED,炭化膜可用于气体分离等。

9.6.2　高性能工程塑料

聚酰亚胺工程塑料包括热塑性聚酰亚胺和热固性聚酰亚胺两大类。热固性聚酰亚胺不溶不熔的性质,使其在工程塑料实际应用中受到限制。热塑性聚酰亚胺不仅具有优良的可加工性,可采用模压、注射或挤出等方法进行加工成型,而且具有优良的力学性能和耐热性,因而广泛用于结构件、密封件、自润滑材料和绝缘件,飞行器的发动机零件、耐烧蚀材料和透磁材料,电子电器零件,特种条件下的精密零件、耐高温自润滑轴承、轴瓦活塞环、喷气发动机供应燃料系统的零件,特种泵密封等机械部件等。

聚酰亚胺工程塑料在高温使用领域(例如在 250 ℃甚至 350 ℃下长期使用)具有其他高

分子材料所难以超越的优势,但成本较高,因此发展低成本的合成路线是今后的发展方向。

9.6.3　聚酰亚胺泡沫

聚酰亚胺泡沫与其他聚合物泡沫相比具有耐热、阻燃、耐辐射、韧性、发烟率低及在分解时放出的有毒气体少等优点。根据酰亚胺结构在分子链内的位置不同,可将聚酰亚胺泡沫分为主链型聚酰亚胺泡沫和侧链型聚酰亚胺泡沫。主链型聚酰亚胺泡沫是指酰亚胺环结构位于分子主链上的泡沫材料,简称为 PI 泡沫塑料,使用温度可以高达 $200 \sim 300$ ℃;侧链型聚酰亚胺泡沫是指酰亚胺环结构以侧基方式存在的泡沫材料,主要是指聚(甲基)丙烯酰亚胺(PMI)泡沫,最高使用温度约为 180 ℃。PI 泡沫主要用于水面舰艇和舰艇的隔热、降噪材料,也可用于民用船(如豪华游轮、快艇、液化天然气船)中。PMI 泡沫作为结构泡沫芯材广泛应用于风机叶片、直升机旋翼、飞行员头盔内衬、航天器、舰船、运动器材、医疗器械等领域,也可作为宽频透波材料用于雷达、天线等领域,还可以作为隔热、隔声材料用于高速机车和音响等。

另外,将热不稳定的脂肪链段引入聚酰亚胺中然后在高温下裂解可得到的纳米泡沫材料。通过溶胶-凝胶法得到聚酰胺酸凝胶,再经超临界 CO_2 干燥和高温酰亚胺化可得到聚酰亚胺气凝胶。聚酰亚胺纳米泡沫和聚酰亚胺气凝胶在微电子封装、电子通信、隔热阻燃、吸附清洁、隔信吸声、催化载体、电线/缆绝缘层等领域具有良好的应用前景。特别是美国国家航空航天局等将所研制的聚酰亚胺气凝胶应用于航空航天、尖端武器和火星探测研究中,极大地推动了聚酰亚胺气凝胶的应用和发展。

9.6.4　聚酰亚胺纤维

高强、高模聚酰亚胺纤维的密度比碳纤维低 20% 左右,韧性高于碳纤维,且与树脂基体具有良好的界面相溶性,可用作先进复合材料的增强材料或者防护材料,也可以作为高温介质及放射性物质的过滤材料和制作防弹、阻燃防护服和降落伞等。利用其低介电、低吸水率和低密度的特点,可代替石英玻璃纤维用于制备航空航天、电子电器领域的轻质高强高模透波复合材料。利用其高强、耐辐照等特性,可用于空间绳索、光缆保护、核工业线缆等领域。此外,由静电纺丝得到的纳米纤维无纺布可用于锂电池隔膜及精细过滤材料等。

9.6.5　先进复合材料基体

航空和航天工业对高比模量和比强度材料的需求是发展先进复合材料的主要推动力。以热固性聚酰亚胺为基体的复合材料作为最耐高温的结构材料之一,可用于航天器、航空器和火箭的结构部件及发动机零部件,在 380 ℃ 或更高温度下可以使用数百小时,短时间内可以经受 $400 \sim 500$ ℃ 的高温。美国的超声速客机的设计速度为 $2.4Ma$(飞行速度与当地大气中声速之比),飞行时表面温度为 177 ℃,使用寿命为 60 000 h,预计 50% 的结构材料为以热塑性聚酰亚胺为基体的碳纤维增强复合材料。

9.6.6　黏结剂、涂料和漆

聚酰亚胺黏结剂可作为高温结构胶用于半导体工业,还可用于火箭、喷气机翼的黏结以及金刚砂磨轮的黏结。黏结对象包括金属(钛、铜、铝及钢等)、非金属(硅片、玻璃及磨料,如金刚砂、氮化硅等)及聚合物(如聚酰亚胺本身)三大类,也可作为电子元件高绝缘灌封料。聚酰亚胺可作为绝缘漆用于电磁线及耐高温涂料,聚酯酰亚胺是 F 级漆的主要品种,占世界漆包线漆总产量的 16% 以上。

9.6.7 分离膜

聚酰亚胺分离膜具有高热稳定性、高力学性能、耐溶剂性等特点,在高温物质分离、有机气体和液体分离方面具有特别重要的意义,可用于各种混合气体(如 H_2/N_2、N_2/O_2、CO_2/N_2 或 CO_2/CH_4 等)的分离。

9.6.8 其他应用

聚酰亚胺可作为光刻胶(有负性胶和正性胶),用于微电子行业的光可加工,分辨率可达亚微米级,可以得到性能良好的聚酰亚胺图形;可作为光电材料用于柔性显示器件基板、波导材料、无源或有源波导材料的光学开关材料等;利用其结构多样性可用作液晶显示器的取向排列剂;利用其吸湿线性膨胀的原理可以制作湿度传感器;利用其无毒、无溶血的特性,可用于医疗外科手术器械的手柄、托盘、夹具、假肢、医用灯反射镜和牙科用具;在食品工业中,可用作产品包装和微波炉的托盘。

9.7 聚酰亚胺的发展

9.7.1 透明聚酰亚胺薄膜

柔性透明材料在液晶显示设备、柔性太阳能电池基板、光学波导材料等领域具有重要的应用价值。随着柔性显示技术的快速发展,对柔性基板的耐高温性、光学性能和力学性能等诸多性能提出了很高的要求。高透明耐高温聚酰亚胺被认为是最有前景的柔性显示用透明基板材料之一。然而,传统的芳香聚酰亚胺通常是棕黄的透明材料,无法满足柔性显示器件的要求。其主要原因为,大分子主链中交替的二酐残基羰基的吸电子作用和二胺残基的给电子作用使分子间和分子内产生较强的电荷转移络合物(CTC)效应,导致可见光区透光率较低(见图 9-20),并且二酐的吸电子能力越强,二胺的给电子能力越强,聚酰亚胺中的CTC 效应越强,得到的聚酰亚胺薄膜的颜色越深。

制备高透明耐高温聚酰亚胺的主要思路是通过二胺与二酐的分子结构设计,避免或减少共轭单元,减弱分子间和分子内 CTC 的形成,从而提高透光率。具体的结构设计包括:

(1)在聚酰亚胺分子结构中引入含氟取代基,利用氟原子较大的电负性,切断电子云的共轭,抑制 CTC 的形成;

(2)降低聚酰亚胺分子结构中芳香结构的含量,采用带有脂环结构的二酐或二胺单体,减少 CTC 的形成;

(3)引入体积较大的取代基,如圈形结构及其他大的侧基;

(4)在联苯的 2,2′-位引入取代基以产生非共平面结构,破坏较大范围的共轭,减少

CTC 的形成；

（5）采用能使主链弯曲的单体，如 3,4-二酐和 3,3′-二酐，间位取代的二胺等；

（6）引入砜基结构，利用砜基的刚性和强吸电子作用减少 CTC 的形成。

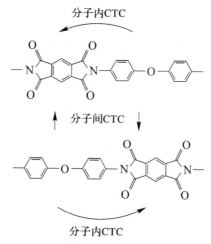

图 9-20　聚酰亚胺的分子内和分子间 CTC

9.7.2　高溶解性聚酰亚胺

传统的聚酰亚胺由于其分子链刚性大、分子链间作用力强的特点，在极性溶剂（如 DMF、DMAc 和 NMP 等）中的溶解性能较差。此外，聚酰亚胺的 T_g 一般在 260 ℃ 以上，难以进行热加工成型。因此，在实际应用中主要以其前驱体如聚酰胺酸或聚酰胺酯等形式使用，但生产工艺较为复杂，且前驱体溶液储存稳定性差，固化过程中易释放小分子挥发物使制品中形成孔洞，从而影响材料性能。另外，传统前驱体溶液的亚胺化温度至少在 300～350 ℃，如此高的温度对于许多精密微电子器件及温度敏感的应用领域是无法忍受的。因此，亟须开发在有机溶剂中具有高溶解性的聚酰亚胺。

改善聚酰亚胺在有机溶剂中的溶解性主要包括：

（1）在聚酰亚胺分子骨架上引入对溶剂具有亲和性的化学结构，如含氟、硅或磷的基团。

（2）在分子主链上引入大的侧基，如异丙基、叔丁基、萘基、苯环或三氟甲基等，或引入非共平面结构，有效降低分子链的堆积密度，减少分子间的相互作用，从而在保持其耐热性的同时改善溶解性。

（3）通过共聚降低聚酰亚胺分子链的规整性和对称性，或利用树枝状或超支化结构，使结构变疏松，从而提供更大的自由体积，促进聚酰亚胺的溶解。同时，树枝状或超支化结构的端基也会显著地影响聚酰亚胺的溶解性。

如图 9-21 所示的支化型聚酰亚胺在 DMAc、DMF、DMSO、CH_3Cl、CH_2Cl_2 和 THF 等溶剂中均具有较好的溶解性。

9.7.3　低介电常数聚酰亚胺

随着现代微电子工业高集成化、多功能化和高功率化的快速发展，集成电路的尺寸越来越小,导致互联电路 RC 延迟(resistance - capacitance delay)增加。当集成电路的特征尺寸减小到 250 nm 以下时,互联电路 RC 延迟成为集成电路性能的限制性因素。为了解决 RC 延迟问题,需寻求介电常数更低的层间电介质。传统互联金属层间电介质 SiO_2 的介电常数为 3.9,因此当介电常数低于 3.9 时称为低介电,低于 2.2 时则称为超低介电。聚酰亚胺具有低于 SiO_2 的介电常数(聚酰亚胺本征介电常数为 3.4 左右),优异的耐热性、化学稳定性和机械强度,在微电子工业中受到高度重视。但是,传统聚酰亚胺的介电常数仍旧偏高,尤其是 1‰～3‰ 的吸水率导致其实际介电常数更高。因此,亟须在保持聚酰亚胺综合性能的基础上,进一步降低介电常数,以满足先进电子领域日益迫切的技术需求。

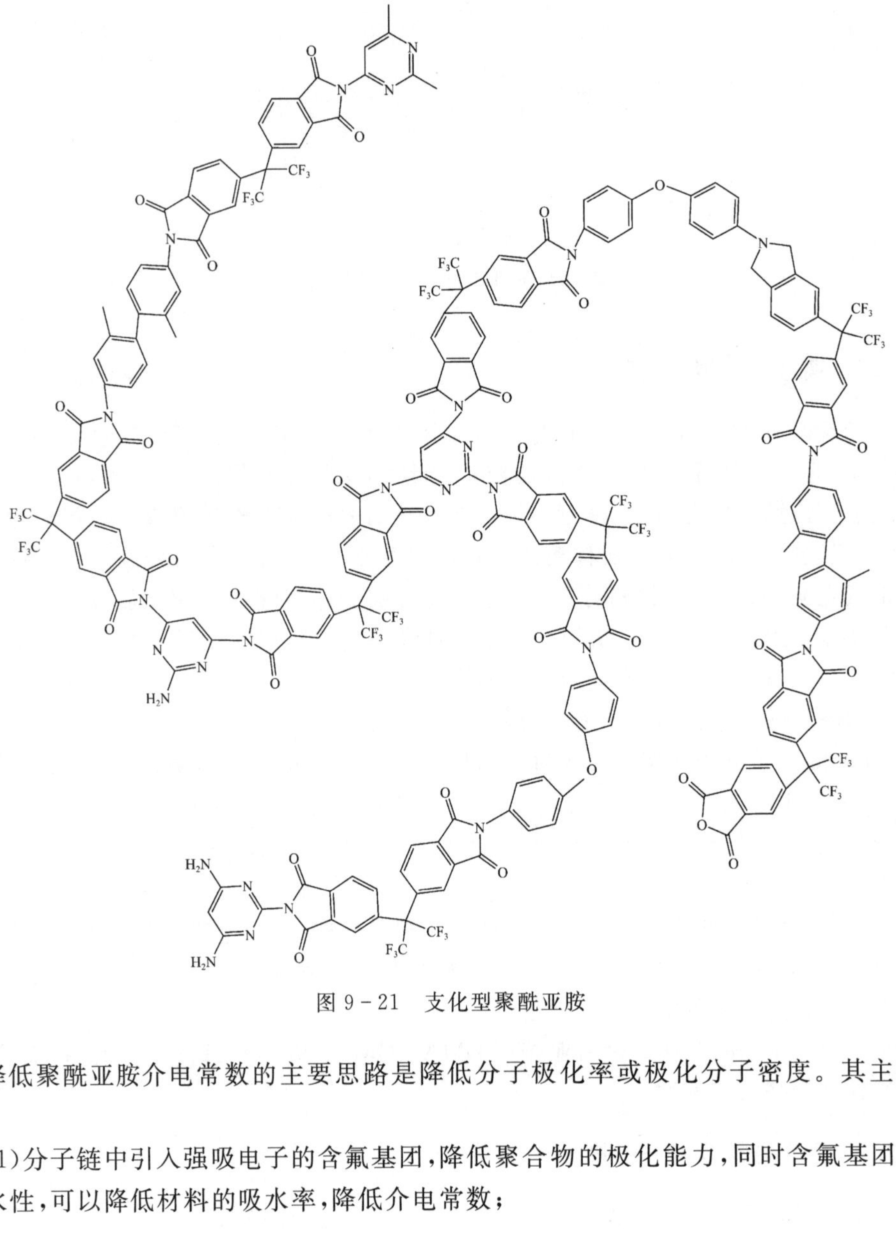

图 9 - 21   支化型聚酰亚胺

降低聚酰亚胺介电常数的主要思路是降低分子极化率或极化分子密度。其主要方法包括:

(1)分子链中引入强吸电子的含氟基团,降低聚合物的极化能力,同时含氟基团具有一定疏水性,可以降低材料的吸水率,降低介电常数;

（2）分子链中引入刚性非共平面或非对称结构的大体积基团，使聚酰亚胺分子链间距变大、堆积密度变小，增大聚合物自由体积，从而降低极化分子密度，从而降低介电常数；

（3）通过交联或引入脂肪结构可以破坏聚酰亚胺分子链的规整性，减少分子间电荷转移，从而降低介电常数；

（4）引入超支化结构增加聚合物的自由体积，从而降低介电常数；

（5）由于空气的介电常数很低（约为 1.0），因此在 PI 中引入孔隙结构可以有效降低介电常数，一般在 2.5 以下，甚至 2.0 以下。

在聚酰亚胺中引入孔隙结构的方式主要两种：一是通过物理发泡或化学发泡构筑纳米孔；二是引入有机多孔材料（如共价有机框架，COFs）或无机多孔材料（如笼型聚倍半硅氧烷，POSS）。

9.7.4　发光聚酰亚胺

聚合物发光材料具有低功耗、低启动电压、高亮度和快速响应等优点，在柔性可印刷显示领域具有重要的应用价值。但是，传统聚合物发光材料在制备过程中会出现氧化和光降解等化学变化，高温下尺寸不稳定，严重影响器件的工作稳定性和寿命。芳香族聚酰亚胺是一类新的给体-受体大分子，具有良好的耐热性、机械性能和尺寸稳定性等，同时具有良好的结构可设计性，在有机光电领域受到重视。根据单体单元结构，可将发光聚酰亚胺分为半芳香型和全芳香型两大类。

全芳香型聚酰亚胺分子内和分子间可形成较强的电荷转移络合物（CTC）效应，导致电荷转移（Charge Transfer, CT）跃迁，使 CT（$\pi—\pi^*$）态成为最低激发态，而 CT（$\pi—\pi^*$）态的振子强度很低，故全芳香型聚酰亚胺的荧光量子产率较低。通过在分子主链或侧链中引入一些发光基团（如蒽、芘、萘、芴和吡啶等）或金属配合物可以提高全芳香型聚酰亚胺的荧光量子产率。含有脂肪链软段的半芳香型聚酰亚胺能有效抑制 CT 作用，具有较高的荧光量子产率。而且引入脂肪链软段能有效提高聚酰亚胺的可加工性能，得到的 PI 具有高透明度、低折射率和低双折射等优点。图 9-22 所示为以芳香型二酐与含脂肪环的二胺聚合得到的具有较强蓝光特性的聚酰亚胺薄膜，绝对荧光量子效率达到 0.11。其中二酐单体含有可弯曲、可旋转的二苯基醚键结构，阻止了聚合物分子链间的密集堆叠，从而有利于荧光的增强。

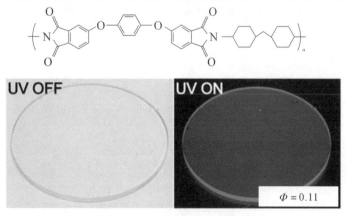

图 9-22　发光聚酰亚胺薄膜

第 10 章　其他特种工程塑料

10.1　聚醚醚酮(PEEK)

10.1.1　聚醚醚酮简介

聚醚酮(PEK)是分子主链含有苯环、醚键和酮基间隔的线性聚合物,早在 1962 年就有报道,由于合成难度大,直到 1978 年才由英国帝国化学工业公司(ICI)生产出第一个商品化的产品,即聚醚醚酮(PEEK),主要应用于国防军工领域。

PEEK 的重复单元中除了苯环以外含有两个醚键和一个酮基,所以称为聚醚醚酮,属于结晶性热塑性聚合物。虽然聚醚醚酮(PEEK)的 T_g 只有 143 ℃,但其熔点却高达 334 ℃。纯 PEEK 树脂的热变形温度也只有 150 ℃左右,但经过玻璃纤维或者碳纤维增强后热变形温度高达 310 ℃左右,是 20 世纪 80 年代热塑性工程塑料中热变形温度最高的,为其在耐高温、高尺寸稳定性要求的领域应用提供了基础。

为了进一步提高 PEEK 的玻璃化转变温度,1986 年 ICI 公司开发出了聚醚酮(PEK),PEK 比 PEEK 少了一个醚键,其 T_g 升高到 154 ℃,熔点提高到 367 ℃。1987 年,杜邦公司开发出聚醚酮酮(PEKK),其 T_g 升高到 165 ℃,熔点提高到 384 ℃。我国长春应用化学研究所开发出非结晶的酚酞型聚醚酮(PEK-C),其 T_g 升高到 230 ℃。由此可见,通过大分子链中芳环、醚键、酮基的不同组合变化,可以制备出一系列化学结构不同且性能各异的聚醚酮类高性能热塑性聚合物,其中 PEEK、PEK、PEKK、PEEKK 和 PEK-C 的分子结构式如图 10-1 所示。

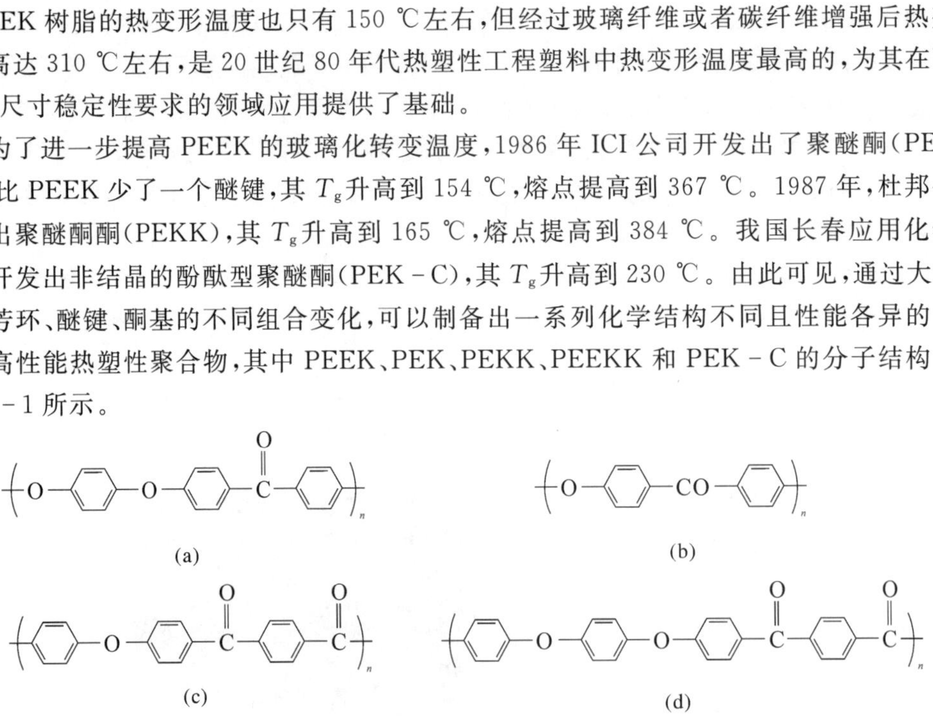

图 10-1　几种已经商业化的聚醚酮类聚合物的分子结构式
(a)PEEK；　(b)PEK；　(c)PEKK；　(d)PEEKK

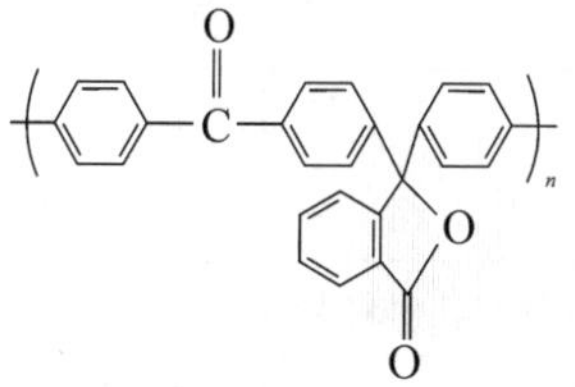

续图 10 - 1　几种已经商业化的聚醚酮类聚合物的分子结构式

(e)PEK - C

10.1.2　聚醚酮的合成

英国 ICI 公司采用 $4,4'$-二氟二苯酮与对苯二酚在无水碳酸盐存在下,以二苯酚为溶剂,在 $280 \sim 340\ ℃$,采用亲核取代反应机理进行溶液缩聚,克服了反应中产生凝胶、支化、交联的难题,获得了高相对分子质量的线性聚醚醚酮(PEEK)。其合成反应为

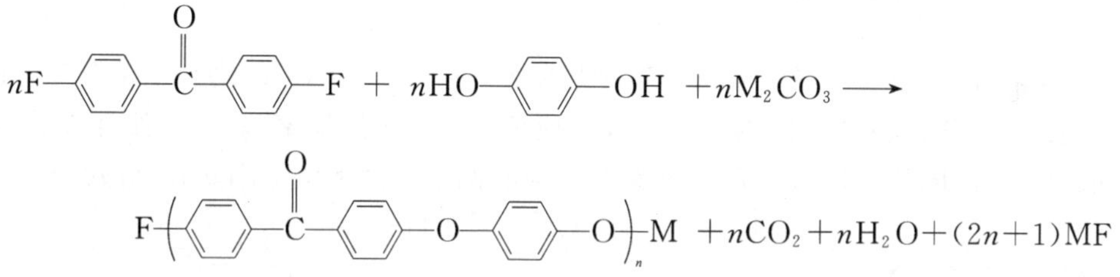

$$(10 - 1)$$

这一合成反应由 3 个单元反应构成:第一阶段,对苯二酚与碳酸盐反应形成单酚盐;第二阶段,单酚盐继续与碳酸盐反应形成双酚盐;第三阶段,$4,4'$-二氟二苯酮与对苯二酚盐缩合反应,形成聚醚醚酮。其反应式为

$$(10 - 2)$$

$$(10 - 3)$$

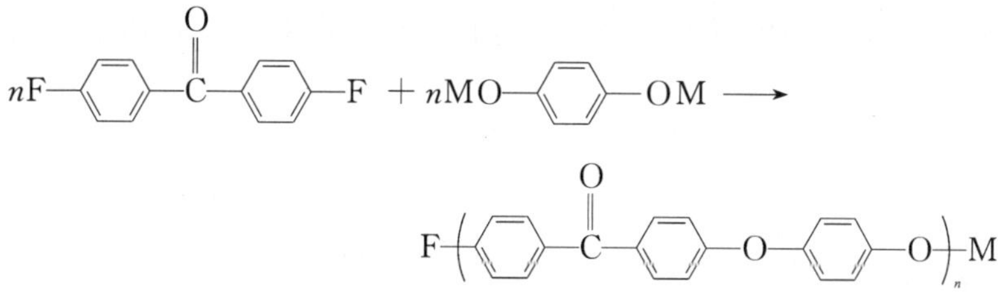

$$(10 - 4)$$

依据反应时的投料比和后处理,PEEK 的端基可以是羟基、氟基和苯基。其中苯端基的热稳定性最高,羟端基的热稳定性最低,而氟端基介于两者之间。但苯端基的成本较高,现有的商业化 PEEK 以氟端基为主。

目前,PEEK 的通用牌号见表 10 - 1。

表 10 - 1　Victrex 的主要牌号与吉林大学对比

ICI 公司 Victrex 的主要牌号与用途		吉林大学相应牌号
450P	纯树脂,粉料,高相对分子质量的挤出、注射	010P
380P	纯树脂,粉料,中相对分子质量的挤出、注射	021P
150P	纯树脂,粉料,低相对分子质量的涂料	090P
450G	450P 的粒料	010G
380G	380P 的粒料	021G
450GL20	20％短玻璃纤维增强粒料	010GF20
450GL30	30％短玻璃纤维增强粒料	010GF30
450CL20	20％短碳纤维增强粒料	010CF20
450CL30	30％短碳纤维增强粒料	010CF30

美国 Raychem 公司用对三苯二醚与对苯酰氯,在 LiCl₄ - AlCl₃ 络合剂催化下,使用非质子溶剂二甲基甲酰胺(DMF)和亲核取代反应机理进行溶液缩聚,获得了线性高相对分子质量的聚醚醚酮酮(PEEKK),PEEKK 链节中含有两个醚键和两个酮基,反应式为

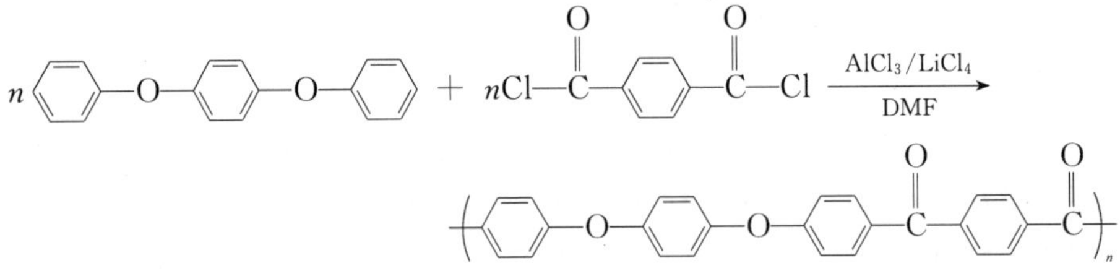

$$(10 - 5)$$

采用二苯醚与对苯二甲酰氯和间苯二甲酰氯,在 LiCl₄ - AlCl₃ 络合剂催化下,使用非质子溶剂二甲基甲酰胺(DMF)和亲核取代反应机理进行溶液缩聚,就可以合成链节中含有两个酮基的聚醚酮酮(PEKK),反应式为

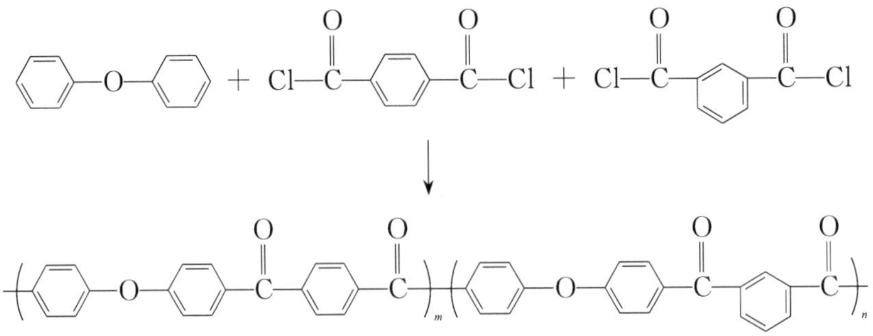

PEKK (m/n = 60/40)

$$(10 - 6)$$

长春应用化学研究所以 4,4′-二氯二苯酮和酚酞为原料,在无水碳酸钾存在下,以环丁砜为溶剂,在 220 ℃下采用亲核取代反应机理进行溶液缩聚,合成出高相对分子质量的酚酞

型聚醚酮(PEK－C)。PEK－C 侧基大,破坏了分子链的规整度,结晶困难,因此是聚醚酮类中首个非晶型聚醚酮。在氯代烃、非质子溶剂(如 DMF、DMAc、DMSO 和 NMP)中均能很好地溶解,为其后续采用溶液法成型薄膜、制备复合材料制品提供了较好的条件。其反应式为

$$n\ Cl-\!\!\!\!\bigcirc\!\!\!\!-CO-\!\!\!\!\bigcirc\!\!\!\!-Cl + n\ HO-\!\!\!\!\bigcirc\!\!\!\!-C(\!\!\!\!\bigcirc\!\!\!\!-OH)(phenolphthalein) \xrightarrow[\substack{K_2CO_3,\ 220℃ \\ \text{(环丁砜)}}]{}$$

$$\left(-\!\!\!\!\bigcirc\!\!\!\!-CO-\!\!\!\!\bigcirc\!\!\!\!-O-\!\!\!\!\bigcirc\!\!\!\!-C(\!\!\!\!\bigcirc\!\!\!\!-)(\text{phthalide ring})\right)_n$$

$$\tag{10-7}$$

10.1.3　聚醚酮的结构与性能

聚醚酮的产品生产商、分子结构式以及 T_g 和熔融温度 T_m 见表 10－2。这类产品中仍然以 PEEK 为主。

表 10－2　聚醚酮类生产商、分子式以及热性能

生产商和商标	品种	结构式	T_g/℃	T_m/℃
ICI－Victrex	PEEK	$\left(-O-\bigcirc-O-\bigcirc-CO-\bigcirc-\right)_n$	143	334
Amoco－Kadel	PEEK	$\left(-O-\bigcirc-O-\bigcirc-CO-\bigcirc-\right)_n$	145	335
ICI－Victrex	PEK	$\left(-O-\bigcirc-CO-\bigcirc-\right)_n$	162	373
Hoechst－Hoetmaec	PEK	$\left(-O-\bigcirc-CO-\bigcirc-\right)_n$	167	360
ICI－Victrex	HTX	$\left(-O-\bigcirc-\bigcirc-O-\bigcirc-CO-\bigcirc-\right)_n$	205	386
DuPont－Aretone	PEKK	$\left(-O-\bigcirc-CO-\bigcirc-CO-\bigcirc-\right)_n$	156	343

续表

生产商和商标	品种	结构式	T_g/℃	T_m/℃
BASF - UltraPEK	PEKEKE	[结构式]	173	371
Hoechst - Hoetmaec	PEEKK	[结构式]	162	373
长春应化所	PEK - C	[结构式]	230	

聚醚醚酮具有优异的耐高温性和力学性能,而且耐腐蚀、耐水解、抗蠕变、耐疲劳、自润滑、阻燃,具有极低的吸水性等。其主要性能见表 10 - 3。

表 10 - 3　PEEK 及其增强产品的主要性能

性能	Victrex 380P	Victrex 450P	Victrex 450GL30	Victrex 450CL30
拉伸强度/MPa	100	100	180	240
断裂伸长率/%	25	30	2.7	1.7
弯曲强度/MPa	160	160	270	350
弯曲模量/MPa	4 100	4 100	11 300	23 000
缺口抗冲击强度/(kJ·m⁻²)	5.5	6.5	10	9.5
无缺口抗冲击强度/(kJ·m⁻²)	NB	NB	60	45
熔融温度/℃	343	343	343	343
热变形温度(1.82 MPa)/℃	150	150	328	336
阻燃性(0.5 mm 厚)	V0	V0	V0	V0
密度/(g·cm⁻³)	1.30	1.3	1.5	1.4

(1)耐热性。纯 PEEK 的玻璃化转变温度为 143 ℃,熔融温度为 343 ℃,其长期使用温度可达 250 ℃,负载热变形温度短时温度可达 300 ℃左右。

(2)耐疲劳性能。PEEK 耐疲劳性能优异,其对交变应力的耐疲劳性能是所有塑料中最出众的,甚至可与合金材料相媲美。

(3)抗蠕变性能。PEEK 优异的抗蠕变性能,在室温时的抗蠕变性能无论有无缺口,都比其他树脂材料的抗蠕变性能高很多。

（4）耐腐蚀性能。PEEK 良好的耐腐蚀性，在各种化学环境中即使在温度不断提高的条件下也可表现出良好的耐腐蚀性能。PEEK 为半结晶性物质，很难溶于普通溶液，即使在温度不断提高的情况下也不溶于大多数无机和有机溶剂，只溶于浓硫酸。

（5）耐磨性。PEEK 良好的耐磨性，可以与聚酰亚胺的耐磨性相媲美，且在各种压力、速率、温度和原始粗糙程度条件下都可以显示出良好的耐磨性。

（6）电性能。PEEK 在 0～150 ℃以及频率 50～10^{10} Hz 范围内，介电常数均保持为 3.2～3.3；介电损耗在 0.003 3 左右，介电强度为 16～21 kV/mm。

10.1.4　聚醚醚酮的应用

（1）电子电器：电线、磁导线包覆、高温接线柱、挠性印刷电路板等。

（2）机械行业：压缩机阀片、密封件、活塞环、凸轮等。

（3）航空领域：飞机操纵杆、直升机的尾翼结构件、飞机内部部件。

（4）化工行业：化工设备中的过滤器部件。

（5）医疗器械：人造骨、人造关节等。

10.2　聚芳酯（PAR）

10.2.1　聚芳酯简介

聚芳酯（PAR）是指分子主链含有芳香族环和酯基的全芳香族聚酯。它是一种无定形透明的聚合物，是与聚碳酸酯、聚砜相似的等级更高的工程塑料。聚芳酯主链结构中含有大量的芳环，因而具有优异的耐热性和良好的力学性能，在航空航天、电子电器、汽车及机械行业、医用品和日用品等行业具有广泛的应用。

聚芳酯于 20 世纪 50 年代开始研究，最早的研究报道是 1957 年比利时人 Couix 首先以对苯二甲酸和间苯二甲酸同双酚 A 通过界面聚合制得聚芳酯。1958 年，苏联 Kopiiak 等人也进行过研究报道，但一直未见其工业化生产。直到 1973 年日本 Unitika 公司首先实现工业化，商品名为 U-polymer。随后世界各大公司相继开展了研发工作。目前，生产聚芳酯的公司主要有日本 Unitika 公司（U-polymer）、钟渊公司（NAP），美国联合碳化公司（Aedel）、Hooker 公司（dnryl）、DuPont 公司（Arylon）、德国 Bayer 公司（APE）、奥地利 Isovolta（Isaryl15 和 Isaryl25）公司等。

我国沈阳化工研究院对聚芳酯的研究开始于 20 世纪 60 年代，后在沈阳树脂厂试产，广州化工研究所和晨光化工研究院也进行了聚芳酯的研究，晨光化工研究院进行了批量生产，总体上规模不大。

10.2.2　聚芳酯的合成

最早生产聚芳酯的是日本 Unitika 公司，商品名为 U-polymer，型号为 U-100。该类聚芳酯以双酚 A 为单体，与对苯/间苯二甲酸或者对苯/间苯二甲酰氯进行缩聚反应制得共聚缩聚物。它的通式如图 10-2 所示。

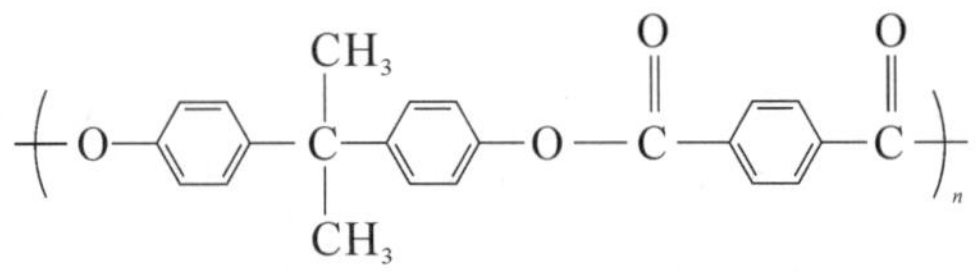

图 10-2　U-polymer 的结构通式

该类聚芳酯的耐热性好,但也存在一些缺点,如熔融黏度高、流动性差,溶解性能、加工性能不好,特别是薄壁和大件制品难以制得。

奥地利 Isovlta 公司用图 10-3 所示的两种不同于双酚 A 的新型双酚单体与对苯二甲酰氯和间苯二甲酰氯反应,合成了链长约 50 万个链节单元的聚芳酯,并已经工业化,型号分别为 Isaryl 15 和 Isaryl 25。

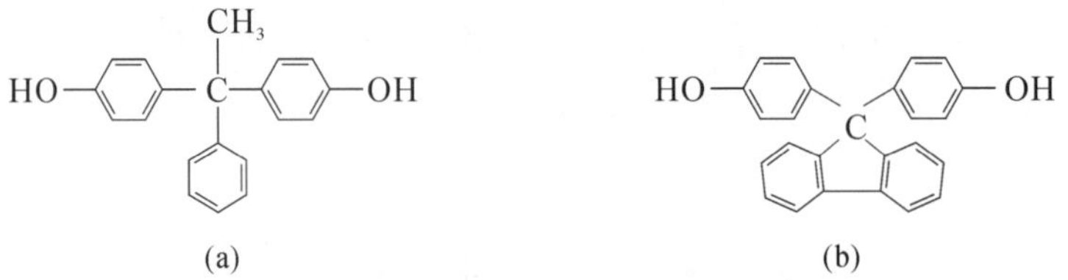

图 10-3　奥地利 Isovlta 公司合成 PAR 所用双酚单体的结构式
(a)Isaryl 15 所用双酚单体；　(b)Isaryl 25 所用双酚单体

聚芳酯的常用的合成方法有熔融聚合法、溶液聚合法和界面聚合法。

(1)熔融聚合法。以双酚 A 和芳香族二元羧酸(对苯二甲酸、间苯二甲酸或对苯二甲酸和间苯二甲酸的混合物)为原料,在熔融状态下直接进行缩聚反应。由于制得的聚芳酯相对分子质量较小,而且颜色较深,因此,一般采用双酚 A 的醋酸盐为原料进行反应。熔融聚合时,生产的聚芳酯熔体黏度较高,当达到一定的聚合度时,反应体系的搅拌及副产物醋酸的溢出都比较困难,不易制得相对分子质量较高的产物,因而此法目前已很少采用。

(2)溶液聚合法。溶液聚合可根据聚合温度和所选的溶剂分为低温溶液聚合和高温溶液聚合。低温溶液聚合常用的溶剂有四氢呋喃、二氯甲烷、1,2-二氯乙烷等,温度在 -10~30 ℃之间。高温溶液聚合常用的溶剂有多氯联苯、邻二氯苯或氯萘等,温度常在 150~210 ℃之间,所用单体一般为双酚 A 和芳香族二甲酰氯。溶液聚合法反应物料单一,所得产品相对分子质量较高,反应产品容易析出,操作简便。

(3)界面聚合。该法与光气法合成双酚 A 型聚碳酸酯类似,先把二元酚制成二元酚钠盐溶于水中,而把二元酰氯溶于有机溶剂中,并加入季铵盐类相转移催化剂,通过二元酰氯与二元酚钠在水相和油相的界面进行缩聚反应,反应产物溶解于油相,反应温度一般在 20 ℃左右。反应结束后,经分水后用甲醇或丙酮等沉淀剂使聚合物析出,再经洗涤、离心分离、干燥制得聚芳酯产品。界面聚合由于具有反应条件温和、反应速度快、易得到高相对分子质量产物等优点,逐渐成为聚芳酯的主要合成方法。

10.2.3　聚芳酯的结构与性能

从结构式可以看出,PAR 与 PC 的结构类似,但 PAR 比 PC 在链节中增加了对位和间位苯环结构,大幅度提高了大分子链的结构刚性,降低了聚合物的结晶能力。聚芳酯为无定形聚合物,可制得透明塑料,纯制品为无色或者淡黄色,有玻璃光泽感,在 400 nm 以上可见光区具有接近 90% 的透光率,而对 350 nm 以下的紫外光具有阻隔性,提高了材料的耐紫外能力。

聚芳酯的耐热性与对苯二甲酰氯和间苯二甲酰氯的比例有关,一般比例在 7:3～5:5,玻璃化转变温度在 190～220 ℃,比聚碳酸酯 150 ℃ 的玻璃化转变温度更加优异。熔融温度为 290～350 ℃,热分解温度大于 443 ℃。1.82 MPa 热变形温度为 165～180 ℃,比聚碳酸酯高 20～40 ℃。其 UL 的耐热指数为 130 ℃,氧指数为 36%,具有自熄性,可以达到 UL94 V0 级。此外,PAR 热收缩率和耐热焊性要优于聚碳酸酯、聚甲醛和聚砜。

作为一种耐热性高于 PC 的透明材料,PAR 依然保持了较高的力学性能、韧性和绝缘性能,主要力学性能见表 10-4。

表 10-4　聚芳酯的主要性能

性能	单位	博生新材 HP-5090	拜耳 Apec1803	博生新材 HP-7070	尤尼奇卡 U-100
外观		无色透明颗粒	无色透明颗粒	无色透明颗粒	浅黄色透明颗粒
拉伸强度	MPa	75.25	69.53	73.9	70.74
断裂延伸率	%	19.1	19.6	19.8	20.6
弯曲强度	MPa	72.24	73.26	70.05	66.10
弯曲模量	GPa	2.26	2.42	2.35	2.17
悬臂梁无缺口抗冲击强度	kJ/m²	不断	不断	不断	不断
悬臂梁有缺口抗冲击强度	kJ/m²	16.98	10.30	14.69	17.17
热变形温度	℃	174	165	180	175
玻璃化转变温度	℃	194		197	
体积电阻率	$\Omega \cdot cm$	1.11×10^{16}	$>10^{16}$	2×10^{16}	2×10^{16}
介电常数		2.7～3.2	3.0	3.1	3.0
耐电弧性	s	102		130	129

为了满足应用需要,PAR 也可以进行合金化改性。

(1)PAR/PC 合金。在高温下熔融共混时,U-100 的酯基与 PC 的碳酸基反应,伴随脱 CO_2 而形成嵌段共聚物,起到增容剂的作用,得到相溶体系的透明合金。所得的合金可从 U-Polymer 的 $T_g=193$ ℃ 到 PC 的 $T_g=150$ ℃ 之间变化,这样就可根据耐热温度的需要来混配 U-100 和 PC。这种透明合金改进了 U-100 的成型性和透明性,可望在 PC 耐热性不足的领域使用。此外,这种合金除了保持良好的耐热性外,其着色性和流动性也都有一定提高,可用于汽车头灯反光镜、灯罩等部件。

(2)PAR/PET 合金。U-Polmer 和 PET 都是苯二甲酸系列的聚酯,二者在特定的条件下熔融共混,也可以形成单一 T_g 的透明相溶体系合金。该合金各种性能可根据组成调控,如随着 PET 比例的升高,T_g 下降,热变形温度提高,而 T_m 下降。当 U - Polymer 含量超过 60% 时,T_m 消失,显示非晶性。该合金有很好的防气体和水蒸气渗透性能,其最突出的是优异的抗紫外线能力,同时该材料亦适于吹塑、挤出和注射成型工艺。注射成型,可在尼龙的尺寸稳定性或 PMMA 的抗冲击性能不能满足要求的情况下使用,如用于办公机器的外壳、各种透镜、打印机指示器罩、梳夹子等;吹塑成型,可在与 PET 相近的条件下很容易地进行双轴拉伸吹塑和深拉成型,得到耐热性、透明性、阻气性、阻紫外线性、耐冲击性和卫生性都良好的容器。另外,PET/PAR/PET 三叠层瓶子由于具有超过 PET 的耐热性,可应用在需要高温充灌然后灭菌的容器领域,以代替玻璃瓶和金属罐等。

10.3 聚苯并咪唑(PBI)

10.3.1 聚苯并咪唑简介

聚苯并咪唑(Polybenzimidazole,PBI),是 1961 年由美国国家航空航天局与美国空军材料实验室共同开发出来的高性能工程塑料,商品名 Imidite,目前约有 15 种四胺和 60 种二元酸可以合成 PBI。最常用的四胺单体和二酸单体及其衍生物见表 10 - 5 和表 10 - 6。

表 10 - 5   合成聚苯并咪唑常用的四胺单体

单体名称	缩写	结构式	熔点/℃
3,3′,4,4′-四氨基联苯	DAB	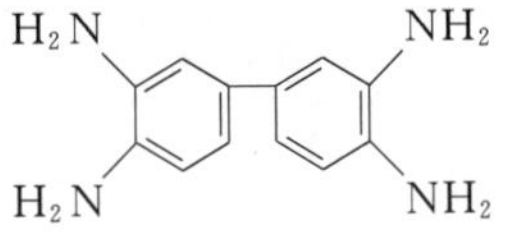	178
3,3′,4,4′-四氨基二苯醚	TADE	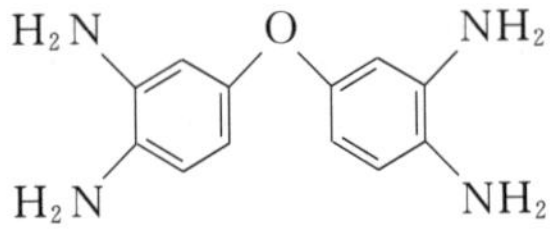	152
3,3′,4,4′-四氨基二苯砜	TADS	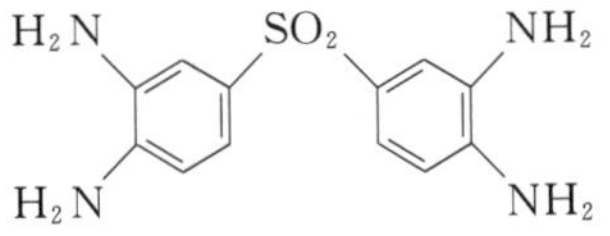	
3,3′,4,4′-四氨基二苯甲酮	TABP	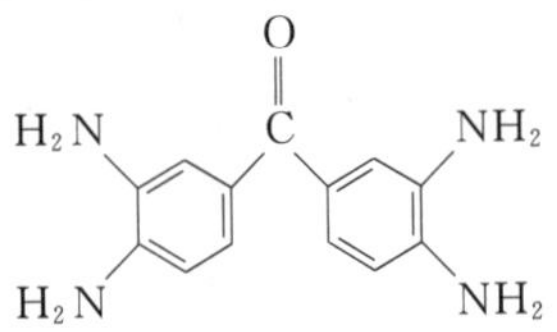	293
3,3′,4,4′-四氨基二苯甲烷	TADM	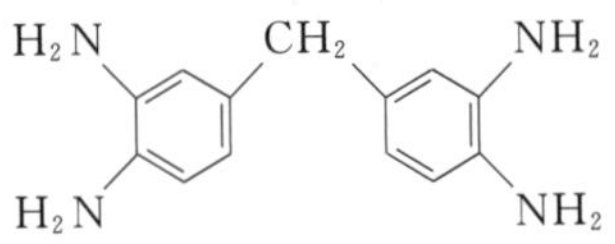	138

续表

单体名称	缩写	结构式	熔点/℃
3,3′,4,4′-四氨基二苯硫醚	TASE	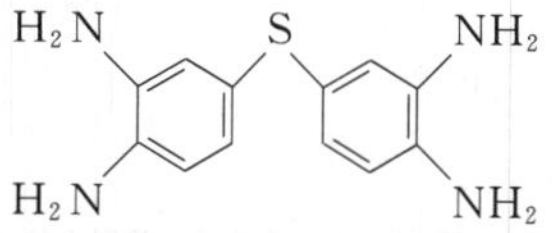	
1,2,4,5-四氨基苯	TAB	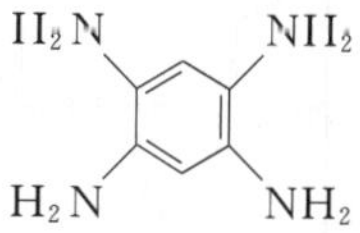	
2,3,6,7-四氨基萘	TAN	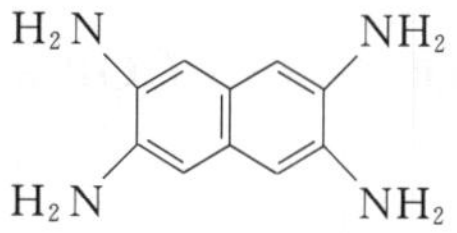	

表 10-6　合成聚苯并咪唑常用的二酸单体及其衍生物

单体名称	缩写	结构式	熔点/℃
间苯二甲酸	IPA	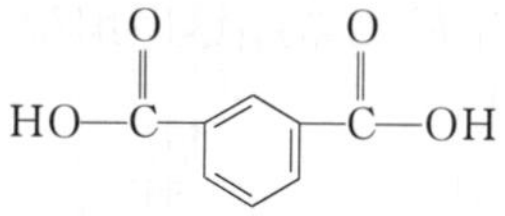	345
间苯二乙酸	m-PDA	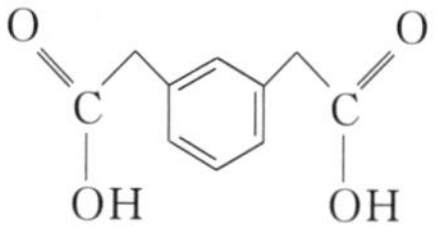	174
间苯二甲酸二苯酯	DPI	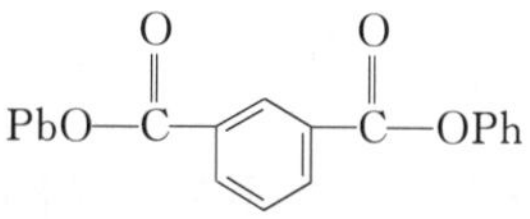	124
对苯二甲酸	TPA	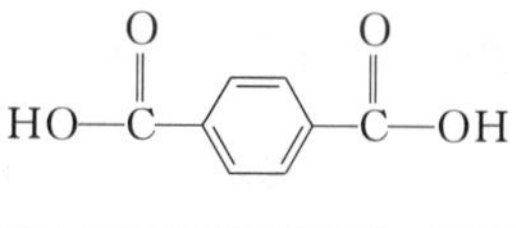	300
对苯二乙酸	p-PDA	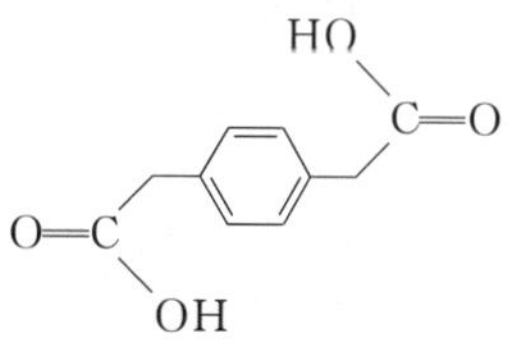	256

续表

单体名称	缩写	结构式	熔点/℃
对苯二甲酸二苯酯	DPT	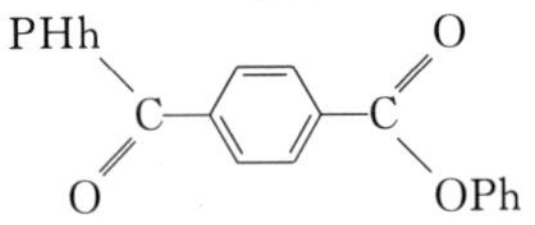	186

10.3.2 聚苯并咪唑的合成

合成聚苯并咪唑的反应包括四胺与二酸反应法、四胺与二酯反应法、四胺与二醛反应法、四胺与二酰胺反应法、四胺与二腈反应法等,合成 PBI 的反应通式为

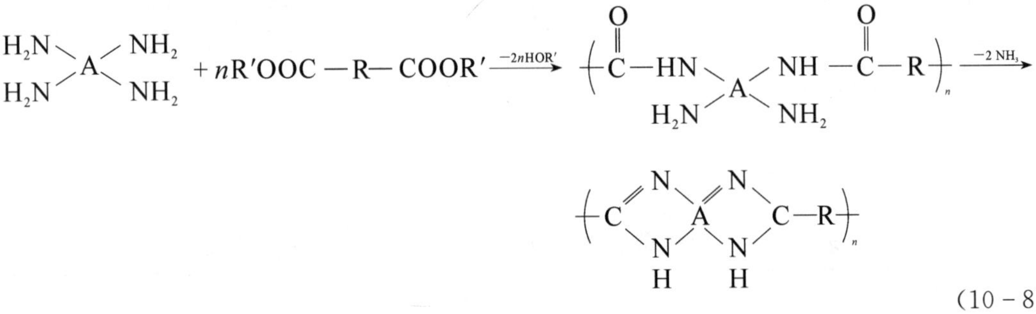

$$(10-8)$$

由四氨基联苯与间苯二甲酸二苯酯熔融缩聚合成聚间苯撑苯并咪唑的反应式为

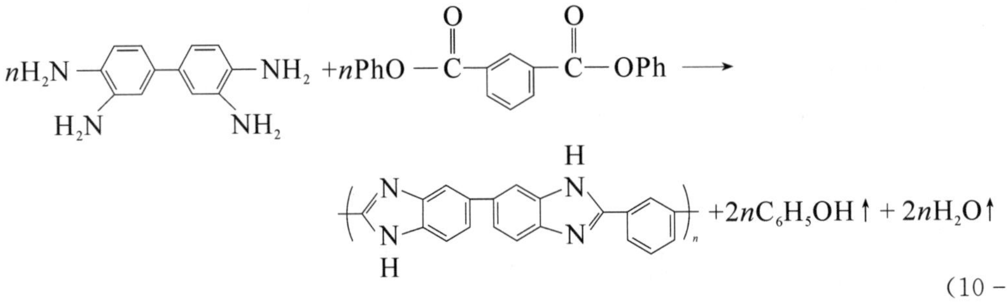

$$(10-9)$$

3,3′,4,4′二氨基联苯胺与间苯二甲酸二苯酯在氮气中,于 200~300 ℃缩聚制得预聚物,再在高真空下,于 300~400 ℃聚合制得聚苯并咪唑。

由四氨基苯与对苯二甲酸二苯酯溶液缩聚合成聚对苯撑苯并咪唑的反应式为

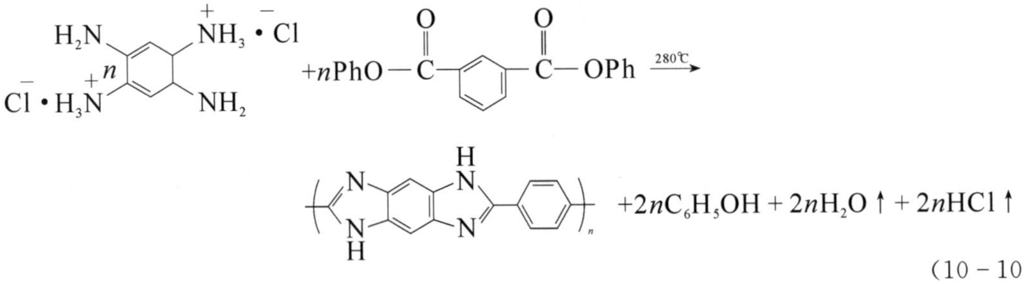

$$(10-10)$$

将四氨基联苯的盐酸盐与二元酸或它们的衍生物在多磷酸存在下,于 200~300 ℃ 制

得预聚体,再在 300～400 ℃脱水制得聚苯并咪唑。

10.3.3　聚苯并咪唑的性能

PBI 呈黄色到暗褐色,其主要性能见表 10－7。

表 10－7　聚苯并咪唑的主要性能

性能	数值	性能	数值
密度/(g·cm^{-3})	1.3	压缩强度/MPa	408
玻璃化转变温度/℃	427	无缺口抗冲击强度/(kJ·m^{-2})	60.2
热变形温度/℃	435	邵氏 D 硬度	99
空气中 5％热分解温度/℃	580	吸水率/％	0.4
线膨胀系数/K^{-1}	2.3×10^{-5}	静摩擦因数	0.27
导热系数/[W·(m·K)$^{-1}$]	0.41	动摩擦因数	0.19
氧指数/％	58	体积电阻率/(Ω·cm)	8×10^{14}
拉伸强度/MPa	163	击穿电压/(kV·mm^{-1})	20.9
断裂伸长率/％	3	相对介电常数(1 kHz)	3.3
拉伸模量/GPa	6.0	相对介电常数(1 kHz)	3.3
弯曲强度/MPa	224	介质损耗因数(1 kHz)	0.000
弯曲模量/GPa	6.63	介电损耗因数(8～12 GHz)	0.04～0.006

(1)耐热性:T_g 为 427 ℃,热变形温度为 435 ℃,在空气中 550 ℃开始分解,到1 000 ℃热失重 35％,在 316 ℃的空气中,300 h 热失重约 10％,可在 270 ℃长期使用,在 400 ℃短期使用,在 －196 ℃也不发脆;在高温苛刻环境下,仍能长期使用,尺寸和力学性能均保持不变。

(2)力学性能:高于其他高强度塑料,压缩强度数倍于聚酰胺酰亚胺(PAI)、聚酰亚胺(PI)和液晶材料,当变形量为 12％时,压缩应力为 408 MPa,可同大理石相匹敌;拉伸强度163.2 MPa 与聚酰亚胺相近;非常高的表面硬度和较低的摩擦因数。

(3)耐冲击性能:大大优于碳素材料,在高温下与金属件组合时,PBI 的线胀系数更接近金属;碳素材料是导电导热体,PBI 树脂是隔热绝缘体。

(4)耐磨性能:PBI 树脂的硬度高,摩擦因数低,其耐磨耗性能是聚酰亚胺的 50 倍,是聚酰胺酰亚胺的 500 倍。

(5)耐化学试剂性:仅次于氟树脂,具有良好的耐化学试剂性,430 ℃时的尺寸稳定性依然很高,可用于反应釜放料闸板阀的阀板。

(6)阻燃性能:氧指数达 58%。

PBI 有极好的耐热水性能,在沸腾的热水中浸渍 7 d 不水解,有良好的耐溶剂、耐化学药品性能,特别是对煤油、汽油、二氯甲烷、磷酸酯类等溶剂有良好的稳定性能;对二甲基亚砜和二甲基乙酰胺不稳定,在高温下不耐浓硫酸等强酸。

PBI 可用作耐高温黏合剂和制作高性能复合材料,应用于宇航、化工机械、石油开采、汽车等领域,纤维织物则用作防火、防原子辐射的防护服。

10.4　聚苯并噁唑(PBO)

10.4.1　聚苯并噁唑简介

聚对苯撑苯并二噁唑,又称聚对苯亚基苯并双噁唑,简称聚苯并噁唑,英文名 poly－p－phenylene benzobisoxazazole,简称 PBO。PBO 是一种液晶芳香族杂环聚合物。PBO 聚合物采用空气间隙－湿法纺丝制成的 PBO 纤维,作为一种高性能的芳香族聚酰胺纤维是继 Kevlar 纤维之后出现的又一高性能合成纤维,被誉为"21 世纪的超级纤维"。PBO 分子结构式如图 10－4 所示。

图 10－4　聚对苯撑苯并二噁唑(PBO)的分子结构式

PBO 的分子链中的苯环和苯并二噁唑环在一个平面上,并形成共轭结构,分子链之间堆积紧密,位阻较小,使得分子链具有很强的刚性,呈现液晶高分子的刚性。

PBO 的主链高度有序,加上主链上存在杂环,使得由 PBO 聚合物制成的纤维具有高强度(5.8 GPa)、高模量(280 GPa)、高热稳定性($T_d=680$ ℃)、耐老化、耐溶剂、耐冲击、高温耐磨性、阻燃(LOI=68)等特性。

PBO 的工作温度可达 330 ℃左右,苯撑和杂环几乎与链轴是同轴的,拉伸变形时应变能由刚性的对位键和环的变形而消耗,不会造成链轴的重新取向。

PBO 纤维从室温加热至 400 ℃,其弹性模量仅从 280 GPa 线性地下降到 190 GPa,并且 PBO 纤维几乎对所有的有机溶剂和碱都是稳定的,强度几乎不发生变化。

PBO 纤维被誉为可应用于民用、军事领域,如可将 PBO 纤维用作光纤张力构件和橡胶补强材料、高性能横梁外壳、桥梁缆索、耐热垫材、消防服、体育器械及航空宇航领域中所需的高比强度材料。

10.4.2　聚苯并噁唑的合成

聚苯并噁唑的合成难度很大,其原因在于单体不易得到、合成过程复杂、反应条件苛刻、副反应难以控制、聚合物相对分子质量很难提高。以缩短反应时间、提高产率、制得具有理想结构的高性能的 PBO 聚合物并实现大规模工业化为目标,人们开展了大量的合成研究,取得了一系列成功的合成技术方法。以下介绍几种公开报道的合成方法。

1)DAR·2HCl 与 TPA 缩聚法

美国陶氏(Dow)化学公司开发成功的以三氯苯为起始原料,经过硝化、碱化、氢化合成出了 DRA·HCl 单体,在合成过程中不会生成异构体,产率很高。对 PBO 的工业化生产起到了很大的作用,但存在原料不易获取、成本高的问题。此合成反应式为

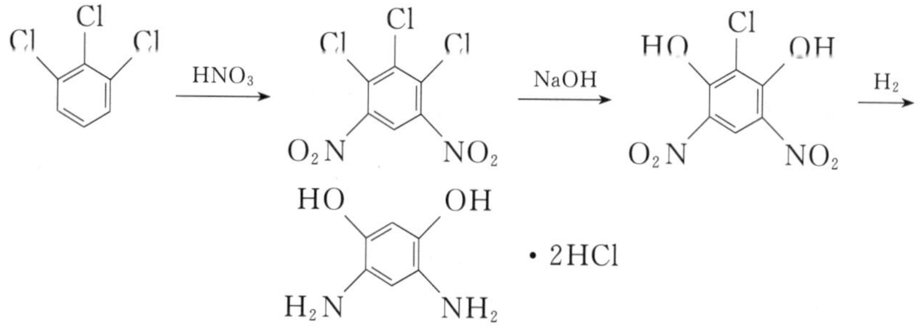

$$(10-11)$$

然后,将 4,6-二氨基间苯二酚盐酸盐(DAR·2HCl)与对苯二甲酸(TPA)以等物质的量之比,在多聚磷酸(PPA)或多聚磷酸/甲基磺酸(PPA/MSA)的混合溶液中反应,合成出 PBO,其中多聚磷酸既是溶剂,又是缩聚催化剂。其反应式为

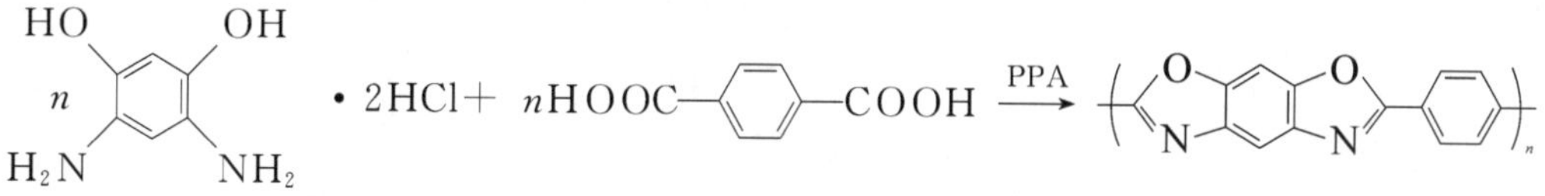

$$(10-12)$$

首先脱除 HCl 气体提高 DAR·2HCl 的活性,然后补加五氧化二磷(P_2O_5),控制 PPA 中的 P_2O_5 浓度,于 120～210 ℃ 程序升温反应。反应过程中出现液晶相,最终得到高相对分子质量的 PBO。

由于反应中产生的水会稀释 PPA,并且 P_2O_5 会吸收空气中大量水分,使反应速率减慢,所以需要分批快速加入。

通过补加 P_2O_5 使其在体系中的质量分数控制在 82.5%～84.0% 之间,保证 PPA 不被水解。同时,由于 DAR·2HCl 和 TPA 两种单体在溶剂中的溶解度不同(TPA 在 PPA 中的溶解度很低),很难保证等物质的量之比反应,所以在反应之前需要对 TPA 进行微化处理,将其粒径控制在 10 μm 以下,以增加其表面积提高反应活性。

该法缺点是:反应前期要经历很长时间的脱 HCl 阶段,HCl 气体会在黏稠的体系中产生大量的泡沫,使反应物黏附在反应器壁上,不能保证反应物以等物质的量之比反应,而且搅拌速度下降,聚合物的特性黏数很小,难以制得高相对分子质量的 PBO 聚合物。同时,强酸气体会腐蚀设备,缩短设备的使用寿命。

2)DAR 磷酸盐与 TPA 缩聚法

DAR 的磷酸盐形式有两种:DAR·$2H_3PO_4$ 和 DAR·H_3PO_4。其与 TPA 共缩聚制备 PBO 的反应式为

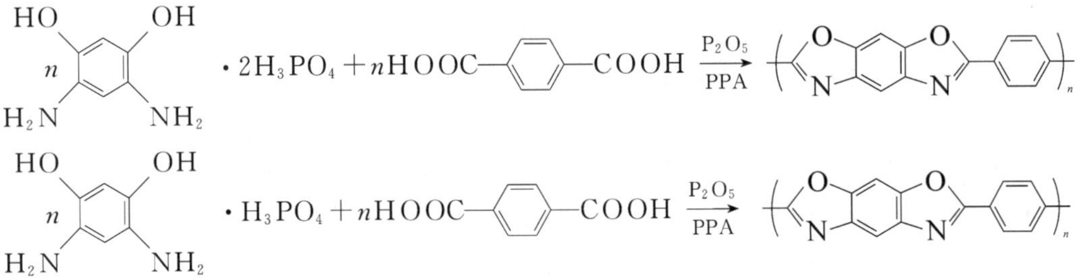

$$(10-13)$$

具体方法是:将计量的 4,6 -二氨基间苯二酚磷酸盐、TPA、PPA 及少量的 $SnCl_2$ 加入反应器内,通氮气保护,高速搅拌。于 90～180 ℃ 程序升温反应。在 150 ℃ 后出现黄绿色搅拌荧光,并最终得到黄绿色的 PBO 聚合物。

该法的优点是:与盐酸盐相比,4,6 -二氨基间苯二酚磷酸盐稳定性更好,储存时间更长,聚合过程中可避免气体的干扰,提高聚合度,缩短反应时间。其缺点是磷酸盐的形式不好控制,并且加料烦琐,在加入 PPA 和 P_2O_5 时,需要在无氧条件下进行。而且为了避免 PPA 和 P_2O_5 与水反应产生大量的热使单体氧化,反应需要在冰水浴下进行。

(3)对苯二甲酰氯(TPC)法

为了提高反应速率,缩短反应时间,采用对苯二甲酰氯(TPC)制备 PBO。其化学反应式为

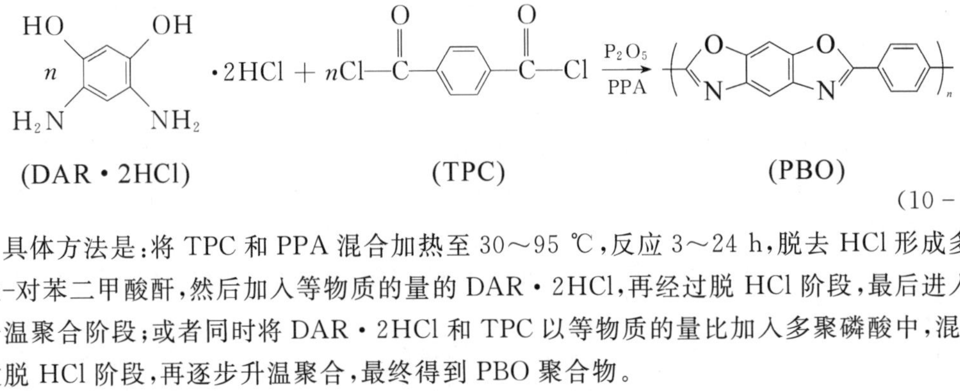

(DAR·2HCl)　　　　　　　　(TPC)　　　　　　　　(PBO)

$$(10-14)$$

具体方法是:将 TPC 和 PPA 混合加热至 30～95 ℃,反应 3～24 h,脱去 HCl 形成多聚磷酸-对苯二酸酐,然后加入等物质的量的 DAR·2HCl,再经过脱 HCl 阶段,最后进入逐步升温聚合阶段;或者同时将 DAR·2HCl 和 TPC 以等物质的量比加入多聚磷酸中,混合,经过脱 HCl 阶段,再逐步升温聚合,最终得到 PBO 聚合物。

研究发现:TPC 在 PPA 中的溶解度远远大于 TPA 在 PPA 中的溶解度,因而聚合反应速度较快,聚合反应时间相对较短,消除了 TPA 粒度对聚合反应的影响;TPC 中不含羟基,缩聚过程中产生的水比 TPA 少,因而需要补加的 P_2O_5 少;由于 TPC 的熔点远低于 TPA,避免了 TPA 聚合过程中的升华现象。但是,反应中有大量的 HCl 气体放出,发泡严重,对设备的腐蚀严重,并且 TPC 易吸湿,应保存在绝对干燥的环境中。因此该方法不适宜在工业上广泛应用。

4)DAR/TPA 盐自身缩聚法

由于 DAR 极易溶于 PPA,而 TPA 在 PPA 中溶解度较低[在质量分数 86% 的 PPA 溶液中,100 ℃ 时溶解量为 $(190\pm20)\mu g$,140 ℃ 时为 $(590\pm60)\mu g$],这就限制了 TPA 的聚合反应速率,不能保证两单体以等物质的量之比反应,从而很难获得高相对分子质量的聚合

物。为了保证两单体以等物质的量比反应,采用了先合成 DAR/TPA 盐,再将 DAR/TPA 盐在 PPA 中反应得到高聚合度 PBO 的方法,反应式为

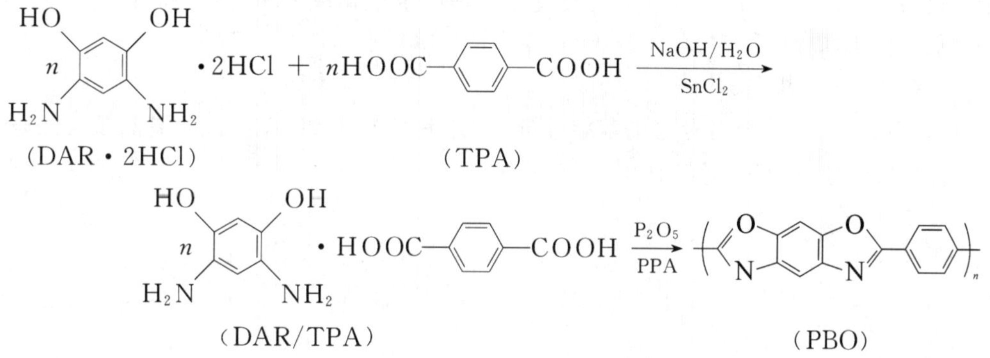

$$(10-15)$$

　　具体方法是:将一定量 DAR·2HCl 溶于含少量 SnCl_2 的除氧去离子水中,加入配有搅拌棒、温度计、氮气导入管和恒压漏斗的四口圆底烧瓶中,将等物质的量的 TPA 溶解于 0.2 mol/L 的 NaOH 溶液中,加入恒压漏斗中,然后在氮气保护下,将其滴入烧瓶中;反应液于 90 ℃反应 10 min,待产生的白色固体完全沉淀后,充分冷却,在氮气氛围中用除氧去离子水过滤、洗涤至中性,再在 80 ℃真空干燥箱中干燥,获得 DAR/TPA 盐;然后,将 DAR/TPA 盐、PPA 按比例加入搅拌器中,补加一定量的 P_2O_5,程序升温,最后得到高聚合度的 PBO。成盐后也可直接将 PPA、P_2O_5 在冰水浴下加入反应体系,这样可避免在抽滤时消耗大量的除氧去离子水及用氮气保护,最后程序升温直至得到高相对分子质量的 PBO。该方法的缺点是湿的 DAR/TPA 盐在空气中极易氧化,需在真空或保护气体下操作,但是干燥的盐保存时间比较长。

　　5)三甲基硅氮烷基化法

　　三甲基硅烷氮基化法是由东京技术研究中心的 Yoshio Imai 发明的,反应式为

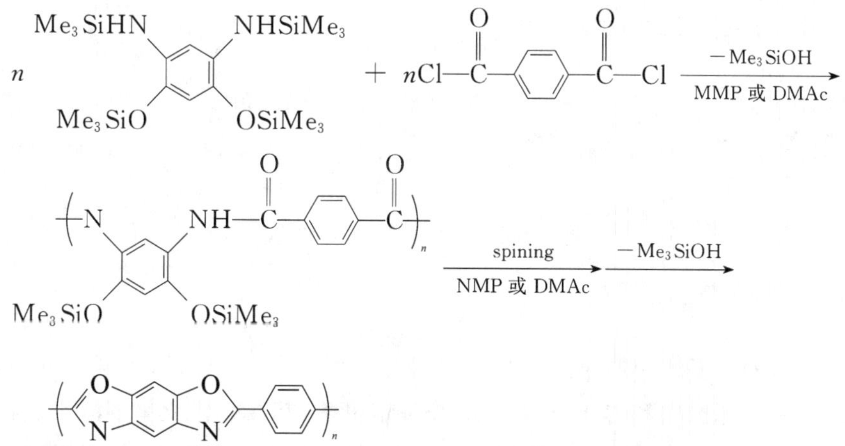

$$(10-16)$$

　　具体方法是:以 4,6-二氨基间苯二酚(DAR)与三甲基硅氮烷(HMDS)为原料进行反应,生成 N,N′,O,O′均四(三甲基硅氮烷)取代的中间体,将其在 N 甲基-2-吡咯烷酮

(NMP)或 N,N-二甲基乙酰胺(DMAc)溶剂中与对苯二甲酰氯进行加热反应,生成产物再在 350～400 ℃进行脱三甲基硅烷环化,经加热反应生成 PBO 聚合物。该法所得预聚体可溶于有机溶剂(如 NMP、DMAc),又能通过热处理脱水环化成 PBO 聚合物,因此可先用预聚物制成所需形状,然后加热环化成不熔、不溶的 PBO 制品。

6)1,4-二(三氯甲基)苯法

针对 TPA、TPC 聚合时存在的溶解度低、易升华等问题,将 4,6-二氨基间苯二酚与 1,4-(三氯甲基)苯溶液缩聚制备 PBO,反应式为

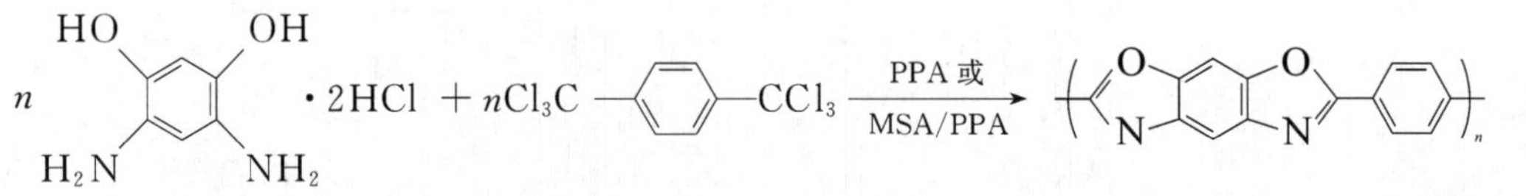

$$(10-17)$$

具体方法是:将等物质的量的 DAR·2HCl 和 1,4-(三氯甲基)苯加到一定量的 PPA 溶液或 PPA/MSA 溶液中,反应中需添加一定量的 P_2O_5;然后程序升温直至得到高聚合度的 PBO。另外,还可以通过将一定量的 1,4-二(三氯甲基)苯加入相应比例的 PPA 中,加热得到 TPA,再加入一定量的 DAR,程序升温直至得到高聚合度的 PBO 聚合物。加热过程中升华的 1,4-二(三氯甲基)苯可通过热风器重新回到反应容器中参与反应。该法最大的优势是 1,4-二(三氯甲基)苯无须微化,也不怕水,甚至可以仅依靠 PPA 中的 P_2O_5 进行聚合反应,所以聚合过程中不用补加 P_2O_5,另外缩聚过程中不产生小分子。

7)对羟基苯甲酸酯法

为了进一步优化 PBO 的制备方法,提高反应速率,以对羟基苯甲酸甲脂为单体经一系列的反应也可合成 PBO,反应式为

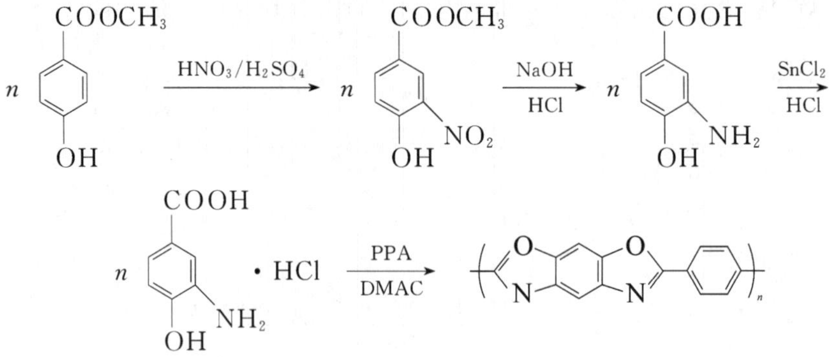

$$(10-18)$$

具体方法是:以对羟基苯甲酸甲酯为原料,在混酸作用下,于室温下反应得中间体,再在碱性条件下反应,粗品用酸中和得 4-羟基-3-胺基苯甲酸,其在氯化亚锡溶液中进行自缩聚得高纯度的单体 3-胺基-4-羟基苯甲酸的盐酸盐,最后在多聚磷酸介质、二甲基乙酰胺溶剂中缩聚得高相对分子质量的 PBO。该法原料易得,反应条件容易实现,并且反应时间短,产率较高。但是,其聚合步骤繁杂,需要严格控制每步反应的合成条件。

10.4.3　聚苯并噁唑纤维的制备及性能

作为一种新型的特种高分子材料,聚苯并噁唑目前主要作为高性能纤维使用。PBO 纤维(Zylon)纺丝目前最为成熟的是干喷湿纺-水洗干燥液晶纺丝技术,如图 10-5 所示。所选的纺丝溶剂有多聚磷酸、甲磺酸、甲磺酸/氯磺酸、硫酸、三氯化铝和三氯化钙/硝基甲烷等,一般选用多聚磷酸为纺丝溶剂。PBO 在多聚磷酸中的缩聚溶液作为纺丝原液,溶质的质量分数调整到 15% 左右。纺丝原液溶至液晶性,经脱泡和过滤,通过双螺杆挤出机挤出,经过空气层,在喷头进行一次拉伸。大分子链沿着纤维的轴向取向,形成刚性伸直链原纤结构,在磷酸水溶液中凝固成型。采用磷酸水溶液可以减缓磷酸脱除的速度,有利于纤维内部孔隙的闭合,形成致密结构的纤维。纺丝再经过洗涤除去纤维中的磷酸,干燥后卷绕成型。

要制备高模量的纤维,可将初生丝在张力下于 600 ℃ 左右的高温进行热处理。纤维弹性模量上升为 1 760 cN/dtex,而强度不下降。经过热处理的高模丝的表面呈金黄色的金属光泽。

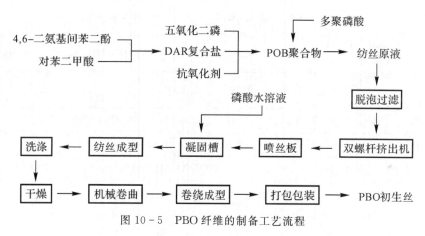

图 10-5　PBO 纤维的制备工艺流程

PBO 纤维与其他高性能有机纤维的主要性能对比见表 10-8,PBO 纤维与有机纤维、碳纤维和无机纤维的主要性能对比见表 10-9。

表 10-8　PBO 纤维与其他高性能有机纤维的主要性能对比

性能	聚苯并噁唑 PBO	聚苯并咪唑 PBI	聚芳砜 PSA	对位芳纶 PPTA	蜜胺 MF	聚苯硫醚 PPS	超高相对分子质量聚乙烯 HMWPE
密度/ $(g \cdot cm^{-3})$	1.54;1.56	1.4	1.42	1.43~1.47	1.4	1.37	0.97~0.98
拉伸强度/ $(cN \cdot dtex^{-1})$	37	2.8	3.1~4.4	20.5	1.5~1.8	3~4	27~35
断裂伸长率/%	3.5;2.5	30	20~25	1.4~4.4	10	15~35	3.0~4.0

续表

性能	聚苯并噁唑 PBO	聚苯并咪唑 PBI	聚芳砜 PSA	对位芳纶 PPTA	蜜胺 MF	聚苯硫醚 PPS	超高相对分子质量聚乙烯 HMWPE
吸湿率/%	2.0;0.6	15	6.28	3.5—7	5	0	0
热分解温度/℃	650	550	422	550	400	450	150
极限氧指数/%	68	41	33	27～37	30	34～35	

注:PBO 纤维中第一个数据为初生丝;第二个数据为高模丝。

表 10 - 9 PBO 纤维与其他高性能有机纤维的主要性能对比

性能	有机高分子纤维				碳纤维			无机纤维	
	PPTA		PAR	UHMWPE	PBO	PAN 基碳纤维		碳化硅纤维	玻璃纤维
	Kevlar 49	Kevlar 129	Vectran	Tekmilon	Zylon	T300	M60J	T800H	Hi - Nicalon	E - Glass
密度/(g·cm^{-3})	1.45	1.44	1.41	0.96	1.56	1.76	1.91	1.81	2.74	2.54
弯曲强度/GPa	2.80	3.40	3.27	3.43	5.80	3.53	3.82	5.49	2.74	2.54
弹性模量/GPa	109	96.6	74.5	98.0	280	230	588	294	270	72.5
伸长率/%	2.5	3.3	3.9	4.0	2.5	1.5	0.7	1.9	1.4	4.8
比强度/[GPa·(g·cm^3)$^{-1}$]	19.3	24	24	36.5	37.2	20	20	30.3	10	12
比模量/[GPa·(g·cm^3)$^{-1}$]	7.7	6.8	5.4	10.4	18	13	31	16.2	9.6	2.9

由表 10 - 8 和表 10 - 9 可以看出,PBO 纤维具有现有的有机纤维中最高的弯曲强度和弹性模量,为当今世界高性能纤维之冠。弯曲强度和弹性模量约为对位芳纶纤维的 2 倍。PBO 弯曲强度是钢丝纤维的 10 倍以上,是力学性能唯一超过钢丝纤维的合成纤维。

PBO 纤维极限氧指数(LOI)为 68%,在火焰中不燃烧、不收缩,耐热性和难燃性高于其他任何一种有机和无机纤维,耐冲击性、耐摩擦性和尺寸稳定性均很优异,并且质轻而柔软。

PBO 纤维的热分解温度高达 650 ℃,工作温度高达 300～500 ℃;在 300 ℃空气中放置 100 h 后,强度保持率为 48%左右,在 500 ℃强度仍能保持 40%,高模 PBO 纤维在 400 ℃下仍能保持 75%的弹性模量;而且在 750 ℃燃烧时产生的 CO、HCN 等有毒气体很少,大大低于其他芳香族聚酰胺纤维。

PBO 纤维的耐化学腐蚀性良好,除溶解于 100%的浓硫酸、甲基磺酸、氯磺酸等强酸外,在其他有机溶剂和碱中稳定,不溶于任何有机溶剂,且强度几乎不变。

PBO 纤维柔软性良好,织成的织物柔软性近似于涤纶纤维织物,对于纺织编织加工极为有利。PBO 纤维的耐药品性、耐切割性较好,作为保护材料有良好的效果。

PBO 纤维的缺点是耐光性差,紫外线照射会影响纤维的强度,因此使用时应避光。

未经表面处理的 PBO 纤维复合材料层间剪切强度低于芳纶纤维复合材料,抗压强度和染色性也较差。

10.4.4　PPO 纤维的应用

光缆增强材料:高强度微型光缆在水下机器人、光纤制导武器等对微型光缆的抗拉强度要求极高的领域有着广泛的应用。日本占河电气工业在 2005 年成功开发出了在 FTTH 光缆中具有 2 倍以上抗拉强度的 PBO 非金属引入光缆,通过在抗拉构件中采用 PBO,生产出将截面积减小 50 ％以上的"细缆型"以及将抗拉强度提高 50 ％以上的"高强度型"两种产品。

(1)航海领域。美国 NAVTEC 公司利用 PBO 纤维的高强及高模量特性,将其用于绳索和缆绳等高拉力材料、桥梁缆绳、航海运动帆船的主缆、操纵杆以及赛艇用帆布。

(2)航天航空领域。PBO 作为高抗张性、热稳定性与轻质材料,还具有很低的介电常数和介电损耗,与环氧树脂也具有较好的相溶性,因此特别适于制作高性能复合材料。改性PBO 复合材料特别适用于航空与航天业,如用于宇宙飞船、火箭等结构材料和高端电子电器部件等,还可用于航天服、飞机座位的阻燃层等。

PBO 纤维产品数量少,且价格高达 2 000 元/kg 左右,这使其大规模应用受到限制,目前仅用于特殊领域。

10.5　二氮杂萘酮类聚合物(PPESK)

10.5.1　二氮杂萘酮类聚合物简介

大连理工大学蹇锡高院士团队研究发现,4 -(4 -羟基苯基)- 2,3 -二氮杂萘- 1 -酮(DHPZ)是一种含有 N、O 的芳香族稠环化合物,其中苯环与二氮杂萘酮环不在同一个平面上,相互扭曲一个角度,具有扭曲、非共平面的结构特点,如图 10 - 6 所示。DHPZ 单体含有两个活性基团,一个为—OH,另一个为—H,类似双酚单体,可以与二卤单体进行缩聚反应合成出一系列耐高温、可溶解的线性聚合物。六元氮杂萘酮结构与五元酰亚胺环类似,但其六元二氮杂环的化学稳定性显著优于五元一氮杂环酰亚胺,有利于克服酰亚胺环耐湿热性能差的缺点。

由于引入 DHPZ 结构,聚合物具有扭曲非共平面结构,阻碍结晶,利于溶解,实现了既耐高温又可溶解,解决了传统聚芳醚不能兼具耐高温可溶解的技术难题。图 10 - 7 所示为含 DHPZ 结构的聚合物化学结构及空间结构。

蹇锡高院士在大量实验基础上总结出"全芳环非共平面扭曲的分子链结构可赋予聚合物既耐高温又可溶解的优异综合性能"的结论。在此思想指导下,进一步研制成功含二氮杂萘酮联苯结构二酐、二胺、二酸等系列新单体,进而开发成功新型结构的聚酰亚胺、聚芳酰胺、聚酰胺酰亚胺、聚芳酯等系列高性能树脂,使得含有二氮杂萘酮结构的聚合物成为一个独具耐热、高性能特色的热塑性高聚物体系。其性能优势在于低成本、高性能、结构和性能易调控、加工方式多样化等,应用领域包括结构件、功能膜、漆、涂料等。这一系列工程塑料如图 10-8 所示。

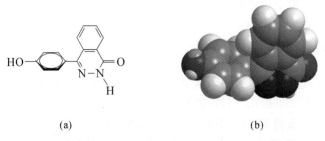

(a)　　　　　　　　　　　　(b)

图 10-6　4-(4-羟基苯基)-2,3-二氮杂萘-1-酮(DHPZ)的化学结构与空间结构
(a)DHPZ 化学结构；　(b)DHPZ 空间结构

图 10-7　含 DHPZ 结构的聚合物化学结构及空间结构

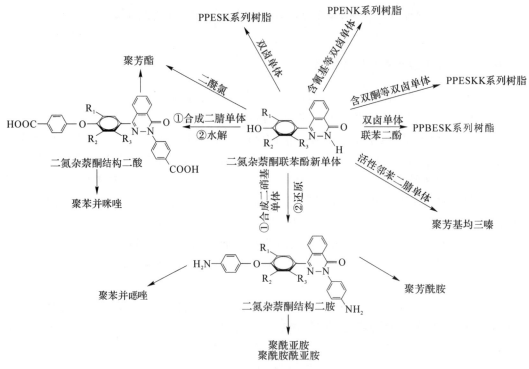

图 10-8　含二氮杂萘酮系列高性能工程塑料

10.5.2　二氮杂萘酮聚醚砜酮(PPESK)

含二氮杂萘酮的聚醚砜酮(PPESK)的合成由含有烷基取代基 R_1、R_2、R_3 的 4 -(4′-羟基苯基)-2,3 -二氮杂萘- 1 -酮与 4,4′-二卤二苯砜和 4,4′-二卤二苯酮共缩聚反应得到,反应式为

$$(10-19)$$

当反应中只有取代 4 -(4 -羟基苯基)-2,3 -二氮杂萘- 1 -酮与 4,4′-二卤二苯砜时,所得聚合物为含二氮杂萘酮的聚醚砜(PPES),当反应中只有取代 4 -(4′-羟基苯基)-2,3 -二氮杂萘- 1 -酮与 4,4′-二卤二苯砜时,所得聚合物为含二氮杂萘酮的聚醚酮(PPEK)。可以通过取代基 R_1、R_2、R_3 以及砜、酮单体的比例调节共缩聚物的结构与性能。其中 PPESK 与 PEEK 的性能对比见表 10 - 10。可以看出,PPESK 的热变形温度比 PEEK 的高 100 ℃,在 250 ℃时 PPESK 拉伸强度是 PEEK 拉伸强度的 2.5 倍多。

表 10 - 10　PPESK 与 PEEK 的性能对比

性能	单位	PPESK	PEEK(450G)
T_g	℃	263～305	143 (T_m = 334)
T_d(5%, N_2)	℃	>500	>500
1.82 MPa 热变形温度	℃	253	152
拉伸强度(室温)	MPa	90～122	93
拉伸强度(250 ℃)	MPa	32	12
拉伸模量	GPa	2.4～3.8	3.6
断裂伸长率	%	11～26	50
弯曲强度	MPa	153～172	170
弯曲模量	GPa	2.9～3.3	3.3
体积电阻率	10^{16} Ω·cm	3.8～4.8	4.9
密度	g·cm^{-3}	1.31～1.34	1.32
溶解性(室温)		NMP、CHCl$_3$、DMAc	H_2SO_4

10.5.3　二氮杂萘聚醚腈砜系列(PPENS)

含二氮杂萘酮的聚醚腈砜(PPENS)的合成由含有烷基取代基 R_1、R_2、R_3 的 4-(4-羟基苯基)-2,3-二氮杂萘-1-酮与间位二卤苯腈、4,4'-二卤二苯砜或者 4,4'-二卤二苯酮、全对位三苯二酮共缩聚反应得到,反应式为

$$X = F,Cl \quad \xrightarrow[\text{K}_2\text{CO}_3]{\text{Sulfolane}}$$

PPEN: $k \neq 0, i = m = n = 0$
PPENS: $k \neq 0, i \neq 0, m = 0, n = 0$
PPENK: $k \neq 0, i = 0, m \neq 0, n = 0$
PPENSK: $k \neq 0, i \neq 0, m \neq 0, n = 0$
PPENSKK: $k \neq 0, i \neq 0, m = 0, n \neq 0$

$$(10-20)$$

依据腈、砜、酮、酮酮四种单体的存在与否,可以分别得到含二氮杂萘酮的聚醚腈(PPEN)、聚醚腈砜(PPENS)、聚醚腈酮(PPENK)、聚醚腈砜酮(PPENSK)、聚醚腈酮酮(PPENKK)、聚醚腈砜酮酮(PPENSKK)。还可以通过取代基 R_1、R_2、R_3 以及腈、砜、酮、酮酮四种单体的比例调节共缩聚物的结构与性能。

聚醚腈砜(PPENS)、聚醚腈砜酮(PPENSK)与不含二氮杂萘酮的聚芳醚腈 PEN™ ID300 性能对比见表 10-11。可以看出,与不含氰基的聚芳醚相比,由于强极性氰基侧基引入,耐热性、阻燃性、机械强度等均有显著提高,可利用其氰基进行交联或功能化改性。与不含二氮杂萘酮的聚芳醚腈 PEN™ ID300 相比,含二氮杂萘酮的聚醚腈砜(PPENS)、聚醚腈砜酮(PPENSK)耐热性大幅度提高,玻璃化转变温度提高了约 150 ℃,热变形温度提高了大约 110 ℃,同时还具有较高的力学性能和电绝缘性能,而且能够溶解于氯仿、NMP、DMAc 等常规有机溶剂中。

表 10 - 11　PPENS、PPENSK 与不含二氮杂萘酮的 PEN™ID300 性能对比

性能	PPENS (N/S=1∶1)	PPENSK (N/K/S=2∶1∶1)	PEN™ID300
T_g/℃	301	290	148(T_m=340)
$T_{d5\%}$(N₂)/℃	≥500	≥500	≥500
热变形温度(1.8 MPa)/℃	280	275	165
拉伸强度/MPa	90	135	132
断裂伸长率/%	10	12	10
弯曲强度/MPa	150	195	194
弯曲模量/GPa	3.3	3.8	3.8
介电常数	3.5	3.5	3.5
氧指数	35	38	40
溶解性能	溶解于氯仿、NMP、DMAc		浓硫酸

10.5.4　二氮杂萘酮聚合物的几个典型应用

1)30%玻璃纤维增强 PPEK 注射级工程塑料

BK870 是由 30%玻璃纤维增强的含二氮杂萘酮的聚醚酮 PPEK,在 150 ℃下仍然具有 105 MPa 的拉伸强度,远超过 PEEK 的 70 MPa,而成本仅为 PEEK 的 40%～60%,温度越高优势越明显。表 10 - 12 为 BK870 与 PEEK 的主要性能对比。

表 10 - 12　BK870 与 PEEK 的主要性能对比

性能	测试温度	BK870	PEEK
拉伸强度/MPa	室温	158	160
	150 ℃	105	70
	220 ℃	70	
弯曲强度/MPa	室温	179	
缺口抗冲击强度/(kJ·m⁻²)	室温	7.2	

2)耐磨自润滑材料

含有聚四氟乙烯和炭黑的 86F30C15 工程塑料的摩擦因数可低至 0.06,与聚四氟乙烯相当,但磨损系数比 PTFE 低 1 个数量级,且具有耐高温不易蠕变的优点(见表 10 - 13)。其可用于制作密封材料、仪表阀密封环等,经实用考核,各项性能均满足要求,尤其是耐热性、耐辐照性、耐腐蚀性、耐磨性能优异,材料稳定性好,适用于航空航天高速轴承、舰船尾轴密封件等。

表 10 - 13　耐磨自润滑工程塑料的主要性能

性能	拉伸强度/MPa	弯曲强度/MPa	弯曲模量/GPa	无缺口抗冲击强度/(kJ·m⁻²)	热变形温度/℃	摩擦因数	磨损系数/(m³·Nm⁻¹)
86C30	188	300	16	24	280	0.10	8×10^{-16}
86F30C15	99	143	5.96	16	274	0.06	7×10^{-16}

3）连续碳纤维增强热塑性树脂基复合材料

将连续碳纤维浸渍含二氮杂萘酮的聚芳醚砜（PPES）、含二氮杂萘酮的聚醚砜酮（PPESK）、含二氮杂萘酮的聚醚腈酮（PPENK）的溶液，然后烘干除去溶剂，两边覆盖塑料薄膜，就可以制备成碳纤维增强预浸料，如图 10 - 9 所示。由于溶液的黏度相比树脂熔融态的黏度大为降低，有利于树脂对纤维的有效浸润，且在浸渍结束后，去除溶剂即可获得预浸料。溶液浸渍的特点是整个浸渍过程简单，操作方便，树脂在纤维中的分布均匀，工艺设备的通用性较强。用该预浸料成型出的复合材料的性能见表 10 - 14。

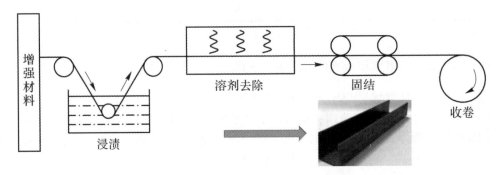

图 10 - 9　连续碳纤维增强热塑性树脂基预浸料复合材料的制备工艺流程

表 10 - 14　复合材料的性能

复合材料	弯曲强度/MPa			层间剪切力/MPa
	23 ℃	200 ℃	250 ℃	
CF/PPBES	1 901	1 520		83
CF/PPESK	1 517	1 106		83
CF/PPENK	1 769		979	6

4）耐 250 ℃和 2500 V 采油加热电缆

采用含二氮杂萘酮的改性聚芳醚酮 PPEK（见图 10 - 10）挤塑成型出了电缆护套层和绝缘层，该新型电缆在 260 ℃保温 4 h，压痕深度为 10%，可耐 4 800 V 电压，抗张强度为 14.7 N/mm²，断裂伸长率达 250%，绝缘性能优异。经应用考核，其完全满足油井正常生产情况时产生的高温、酸性等恶劣的环境，连续运行稳定，确认比传统的钢电缆更安全、可靠，操作简单，性价比高，提升了原油开采效率。

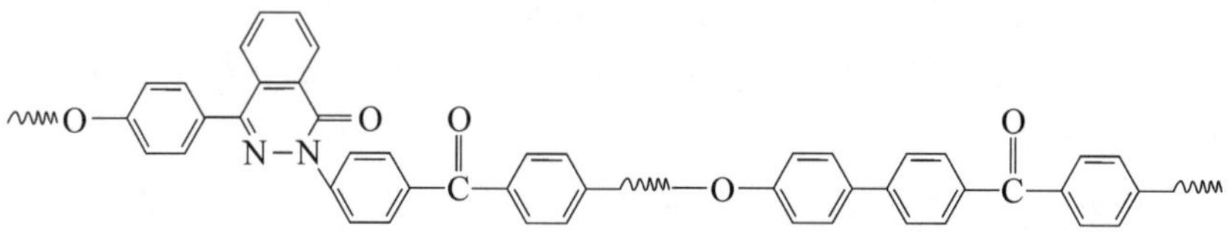

图 10 - 10　PPEK 的分子结构

10.6　聚芳醚腈(PEN)

10.6.1 聚芳醚腈简介

聚芳醚腈(Poly arylene ether nitriles,PEN)是一类大分子链侧基带有氰基、主链含有芳醚类的聚合物,其化学结构式如图 10-11 所示。常见的双酚单体 Ar 有双酚 A(BPA)、对苯二酚(HQ)、间苯二酚(RS)、联苯二酚(BP)、双酚 F(BPAF)、双酚 S、酚酞(PP)、酚酞啉(PPL)等。

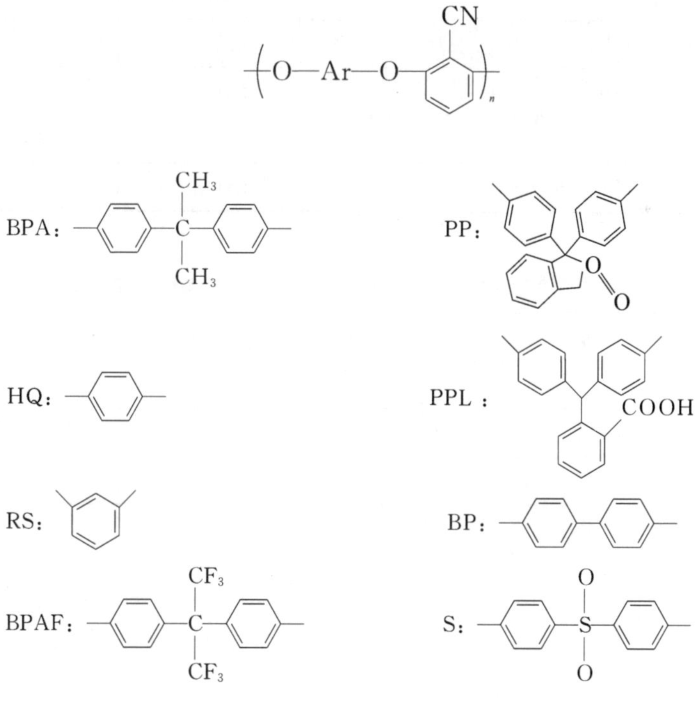

图 10 - 11　聚芳醚腈的分子结构式

合成聚芳醚腈的方法有亲电取代和亲核取代两种。亲核取代反应是公认的合成聚芳醚腈最普遍的方法,最早是在 1973 年由日本科学家 Health 利用二硝基苯腈与双酚单体作为原料合成聚芳醚腈。20 世纪 80 年代,Mohanty 等人采用 2,6 -二卤苯甲腈与不同的酚单体进行反应得到不同类型的聚芳醚腈聚合物。1993 年,Matsuo 等人利用 2,6 -二卤苯甲腈与不同的酚单体,在以 NMP 为溶剂、碳酸钾或是碳酸钠为催化剂的条件下合成了一系列不同酚结构的聚芳醚腈产品。

作为聚芳醚腈最早的工业化产品,日本出光兴产于 1986 年开发成功了间苯型聚芳醚腈(PEN - RS),商品名为 PEN - ID300,表 10 - 15 列出了 PEN - ID300 的主要性能。表 10 - 16 列出了 PEN - ID300 与英国 Victrex PEEK 的性能对比。可以发现,PEN 与 PEEK 的耐热性很相近,拉伸强度和弯曲强度均好于 PEEK。PEN 对于玻璃纤维的黏结性非常好,这主要是由于强极性氰基侧基的存在增强了聚合物的黏结能力。

表 10 - 15　PEN - ID300 的主要性能

物理性能	未增强	30％玻璃纤维增强	30％碳纤维增强
密度/(g・cm^{-3})	1.32	1.53	1.42
收缩率/％	2.5	1.3	0.7
吸水率(23 ℃)/％	0.3	0.1	0.1
拉伸强度(23 ℃)/MPa	132	200	230
拉伸模量/MPa	3 300	7 500	12 300
断裂伸长率/％	10.0	3.2	2.3
弯曲强度/MPa	140	220	290
弯曲模量/MPa	3 800	11 000	16 400
缺口抗冲击强度/(kJ・m^{-2})	4.7	7.0	4.0

表 10 - 16　PEN - ID300 与英国 Victrex PEEK 的性能对比

性能	PEN - ID300	PEEK
熔点/℃	340	335
T_g/℃	148	145
热变形温度(1.81 MPa)/℃	165	160
连续使用温度[①]/℃	225	230
拉伸强度/MPa	132	95
拉伸模量/GPa	3.3	3.2
断裂伸长率/％	10	8
弯曲强度/MPa	140	143
弯曲模量/MPa	3.8	3.6
极限氧指数(3.2 mm)/％	42	35
洛氏硬度(M)	114	98

注:①30％玻璃纤维增强。

与 PES、PEEK 相比,PEN - ID300 有着如下优势:

(1)聚芳醚腈分子主链上含有大量苯环,以及强极性侧基腈(—CN)的存在,使得聚芳醚腈分子主链刚硬而且分子链段之间作用力增强。另外,聚芳醚腈分子主链上还含有大量的醚键,这使其具有一定柔韧性,有利于成型加工。

(2)聚芳醚腈具有很高的力学强度,PEN - ID300 拉伸强度为 132 MPa,弯曲强度为 140 MPa,压缩强度为 210 MPa。玻璃纤维增强的聚芳醚腈拉伸强度可高达 200 MPa,比玻璃纤维增强的聚醚酮、聚苯硫醚、聚酰胺和聚对苯二甲酸二丁酯等增强材料均高。间苯二酚型聚芳醚腈的玻璃化转变温度为 148 ℃,熔点为 340 ℃,比聚苯硫醚高 50 ℃左右,在结晶性热塑性塑料中是耐热性最高的一种。其负荷变形温度为 165 ℃,玻璃纤维增强的聚芳醚腈负荷变形温度可达 330 ℃,连续使用温度可达 230 ℃以上。

(3)PEN 具有良好的电绝缘性能,其中 PEN - ID300 纯树脂的介电常数约为 3.5,基本上与频率无关。当频率增大时,介电损耗因数变小,1 GHz 时为 0.000 15,这是其他树脂所不及的。

(4)PEN - ID300 在不加阻燃剂的情况下,即可达 UL94 V0 级。其极限氧指数为 42%。

(5)PEN 可耐除浓硫酸以外的其他酸和碱的水溶液、烃类和酮类有机溶剂、润滑油等。PEN - ID300 在 150 ℃的润滑油、机油、齿轮油中浸泡 1 000 h 强度不但没有降低,相反却有所提高。PEN - ID300 的平衡吸水率极低,湿度和水分不会引起尺寸和强度的变化,可耐 150 ℃以上的热水。

(6)PEN 具有很好的润滑性,以 PEN - ID300 为例,它的摩擦因数小,具有良好的润滑性。加入氟树脂、石墨、碳纤维后,其耐磨耗性能可超过聚酰亚胺。

1997 年起,国内以电子科技大学刘孝波教授为代表的研究团队对聚芳醚腈开展了数十年的系统研究工作,获得了一系列新型聚芳醚腈树脂、复合材料、薄膜、片材、棒材、纤维等产品,形成了系列化聚芳醚腈工业化研究成果。

近年来,聚芳醚腈的研究开始着重于交联型聚芳醚腈以及功能化聚芳醚腈的合成、改性与应用。聚芳醚腈的发展历经 3 个阶段(三代产品):第一代为普通的线性聚芳醚腈,包含无定形聚芳醚腈和结晶性聚芳醚腈;第二代为具有可交联的端基或者侧基的聚芳醚腈;第三代为功能型聚芳醚腈,如磺化聚芳醚腈、含氟聚芳醚腈、聚芳醚砜腈、聚芳醚酮腈、聚芳硫醚腈等。

聚芳醚腈作为一种特种高分子材料,具有分子结构可设计、性能可调节的优点,也能通过加工和复合等方法赋予聚芳醚腈更多的特殊性能。聚芳醚腈总体上具有耐高温、抗氧化、耐腐蚀、强度高、模量高、抗蠕变、阻燃性好等优点,是近年来最具发展前景的一类新型高性能高分子材料,在航空航天、电子、通信、石油、汽车以及其他高新技术领域具有重要的应用前景。

10.6.2　线性聚芳醚腈

1)合成

聚芳醚腈的合成由二元酚和 2,6 -二氯苯甲腈(DCBN)通过亲核芳香族取代聚合反应合成的,无水 K_2CO_3 在 NMP 介质中充当催化剂,甲苯作为脱水剂。当反应溶剂里的温度升至 140 ℃左右时,反应过程中开始脱水,持续脱水 3 h 后,缓慢将从水和甲苯从分水器中流出,直至反应溶体中温度升至 180 ℃左右,并维持这个反应温度 3 h 直至凝结物的黏度不再发生变化时终止实验。之后将反应产物纯化以去除反应单体、小分子和 K_2CO_3 等无机盐。最后,将粉末烘干得到不同结构的聚芳醚腈。其合成反应式为

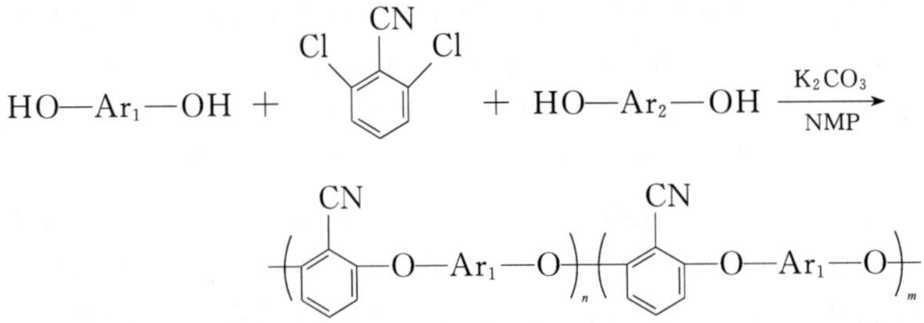

$$HO-Ar_1-OH + \quad + \quad HO-Ar_2-OH \xrightarrow[NMP]{K_2CO_3}$$

Ar_1 和 Ar_2 的结构为

PEN(HQ/RS) $Ar_1 = $; $Ar_2 = $ PEN(PPL) $Ar_1 = Ar_2 = $

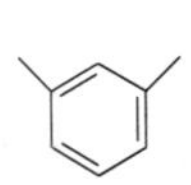

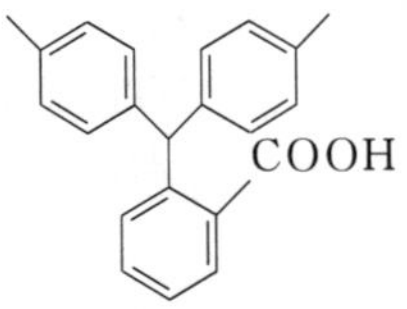

PEN(BP) $Ar_1 = Ar_2 = $

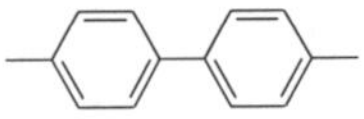

PEN(BPA) $Ar_1 = Ar_2 = $ 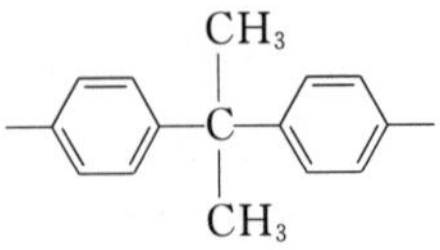   PENS $Ar_1 = Ar_2 = $

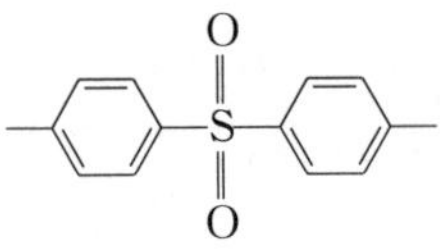

PEN(PP) $Ar_1 = Ar_2 = $ 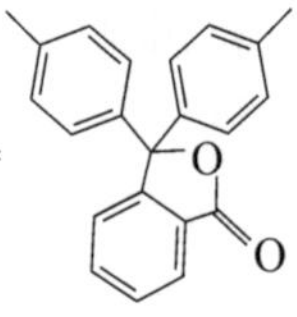   PEN(DHPZ) $Ar_1 = Ar_2 = $

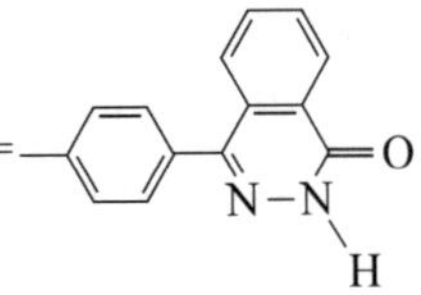

$$(10-21)$$

2)性能

第一代聚芳醚腈的性能见表 10-17。由表可见,通过调节主链中 Ar_1 和 Ar_2 的结构与比例,可以得到一系列性能不同的聚芳醚腈。其玻璃化转变温度为 150~300 ℃,熔点为 320~360 ℃,分解温度为 400~530 ℃,连续使用温度为 200~300 ℃,拉伸强度为 100~130 MPa,缺口抗冲击强度为 10~15 kJ/m^2,与特种工程塑料 PPS、PES、PEEK、PEI 等相近或者更高。

表 10-17 第一代聚芳醚腈的主要性能

性能	高结晶		半结晶型	无定型			
	PENRS	PENHQ	PENBP	PENBPA	PENPP	PENS	PENDHPZ
玻璃化转变温度/℃	150	170~180	214	175	258	215	295
分解温度/℃	490	>500	530	485	440	408	469~517

续表

性能	高结晶		半结晶型	无定型				
	PENRS	PENHQ	PENBP	PENBPA	PENPP	PENS	PENDHPZ	
熔点/℃	325～340	345～360	346					
连续使用温度/℃	200～230	220～230	220～250		250	230	290	
拉伸强度/MPa	120～132	130	130	100	120	100		
缺口抗冲击强度/(kJ·m⁻²)	11	11	15					

10.6.3　交联型聚芳醚腈

1)端基交联型聚芳醚腈

(1)合成。第一步:按 3∶1 的体积比加入 NMP 和甲苯,然后加入混合均匀的 DCBN、BP、HQ、碳酸钾混合物,加热后由于缩合成低分子而出现脱水现象,2 h 后间接地放出水和甲苯,使得反应温度升至 180 ℃继而进行聚合成高分子的反应,待聚合物黏度不再上升时即得到羟基封端聚芳醚腈。第二步:将上述混合产物冷却至 80 ℃,加入适量碳酸钾与 4 -硝基邻苯二甲腈以及 NMP 溶剂,在 80 ℃继续恒温反应 4 h,得到邻苯二甲腈封端聚芳醚腈。然后,将产物倒入搅拌着的丙酮中进行萃取,以除去未反应完的二元酚、4 -硝基邻苯二甲腈等小分子,抽滤得到土黄色粉末。再将黄色粉末倒入装有极稀盐酸溶液的烧杯中反复清洗以除去产物中的碳酸钾盐。最后,将粉末置于烘箱中烘干得到可交联聚芳醚腈粉末。其合成反应式为

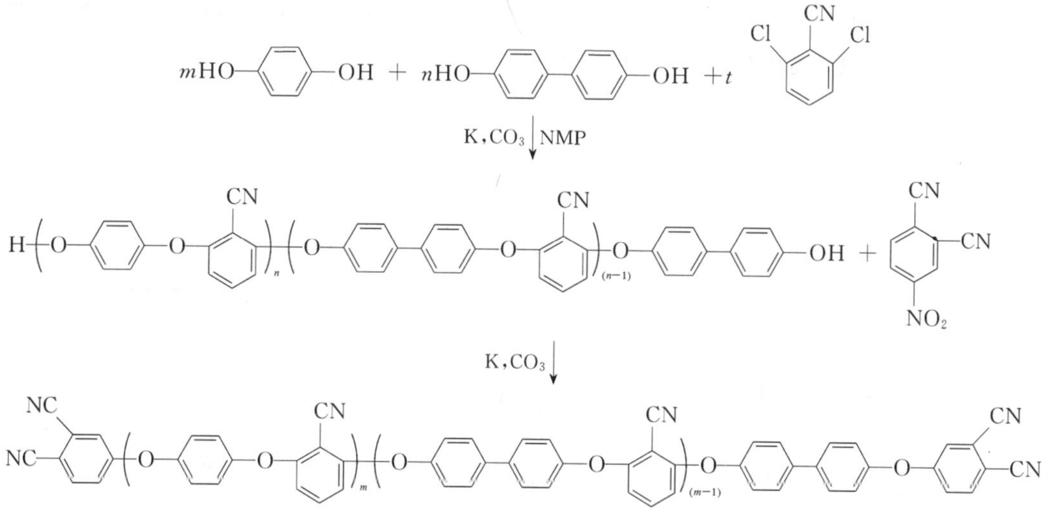

$$(10-22)$$

通过改变式中 m 和 n 的物质的量之比,即可合成出不同二元酚比例的可交联聚芳醚腈,而改变 m+n 和 t 的物质的量之比,即可合成出不同相对分子质量的可交联聚芳醚腈。

(2)交联反应。可交联聚芳醚腈由于分子链两端含有邻苯二甲腈基团,因此在 300 ℃左右高温下可发生交联反应生成酞菁环和三嗪环,其反应机理与双邻苯二甲腈树脂的反应机理

类似,主要反应机理图如图 10-12 所示。交联聚芳醚腈的玻璃化转变温度为 190～220 ℃,拉伸强度约为 110 MPa。它可以作为复合材料的树脂基体使用,也可以作为薄膜材料使用。

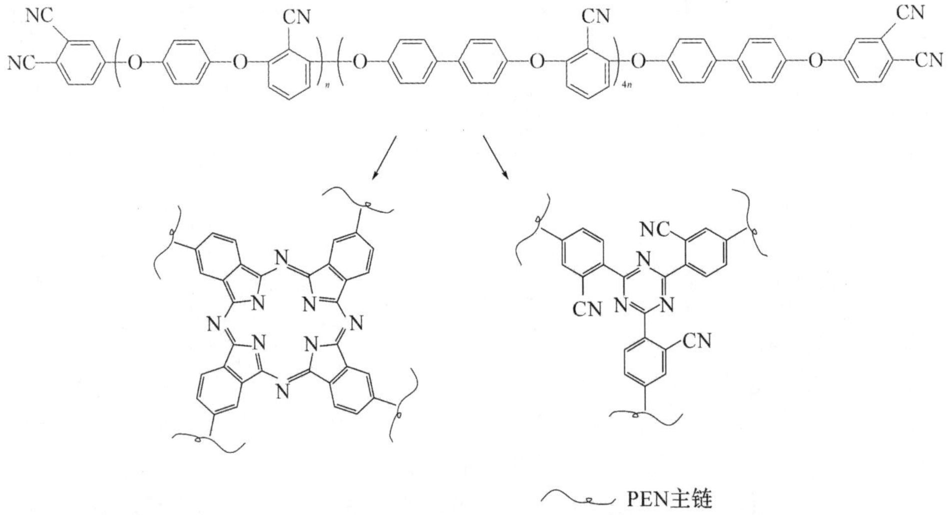

图 10-12 可交联聚芳醚腈的交联反应

2)侧链交联型聚芳醚腈

(1)合成出侧链含有羧基的聚芳醚腈 PEN-COOH:在混合溶剂 NMP 和甲苯中加入双酚 A、酚酞和 2,6-二氯苯腈,在碳酸钾的催化下加热反应,约 30 min 后出现脱水现象,继续反应 2 h,间歇性放出水以及甲苯,直到温度上升为 200 ℃并出现胀浮现象,继续反应 2 h;将溶液倒入搅拌的水中,加入适量盐酸以除去碳酸钾,过滤得到 PEN-COOH;将合成产物烘干、粉碎、洗涤、抽滤、再烘干得到纯化后的 PEN-COOH。其反应式为

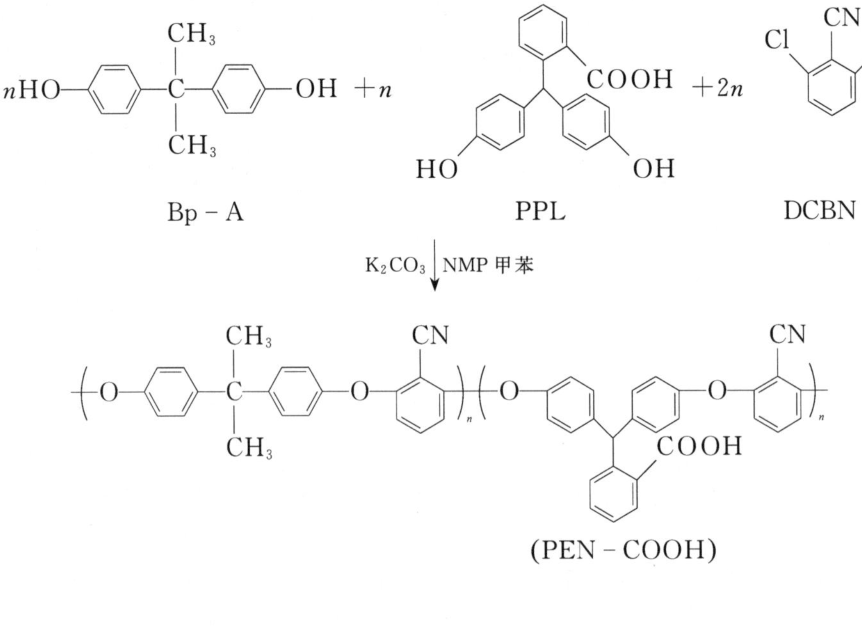

(PEN-COOH)

(10-23)

（2）合成出侧链含邻苯二甲腈的交联型聚芳醚腈：将侧链含有羧基的聚芳醚腈、4-氨基苯氧基邻苯二甲腈在 DMAc 和甲苯溶液中，加入吡啶、TPP 催化剂于 133 ℃回流反应 8 h，用水沉淀后经洗涤、干燥、粉碎后制得侧链含有邻苯二甲腈基团的可交联型聚芳醚腈 PEN-CN。其反应式为

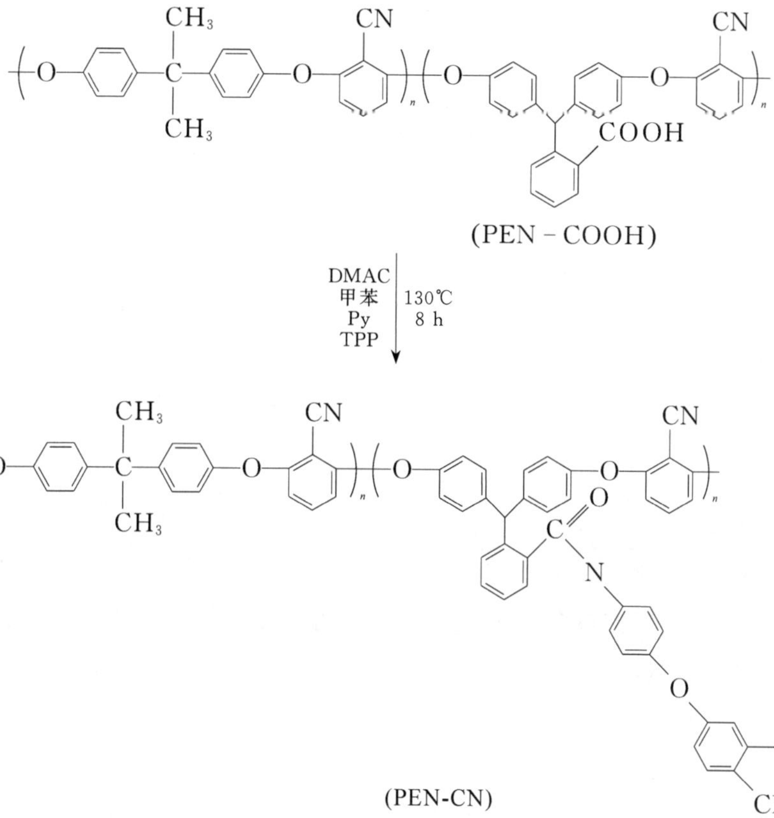

（PEN-COOH）

DMAC
甲苯　130℃
Py　　8 h
TPP

（PEN-CN）

$$(10-24)$$

（3）侧链含有邻苯二甲腈基团的聚芳醚腈 PEN-CN 可以按照端基含有邻苯二甲腈基团的聚芳醚腈的机理固化，即不同分子链中的邻苯二甲腈基团可以在 250~280 ℃反应生成酞菁环和三嗪环铰链结构。

10.6.4　功能型聚芳醚腈

1）侧链含有羧基的聚芳醚腈

侧链含有羧基的聚芳醚腈（PEN-COOH）具有较高的耐热性，并且具有较大的共轭刚性平面，以及高活性的羧基，这使得此类高分子不仅具有一定的荧光性，同时也可以控制载体与稀土化合物配位反应获得荧光性更加优异的耐高温的复合材料。

侧链含有羧基的聚芳醚腈合成路线：首先是将酚酞在碱性水溶液中通过催化剂锌粉的作用将内酯基转化为活性的羧酸盐，然后再加入盐酸还原成带有羧基的酚酞啉，再在氮气保护下，以及溶剂 N-甲基吡咯烷酮、脱水剂甲苯、催化剂无水碳酸钾存在下，让酚酞啉与 2,6-二氯苯腈反应制备出侧链含有羧基钾的聚芳醚腈，最后经过盐酸处理得到侧链含有羧基

的聚芳醚腈(PEN‐COOH)。其反应式为

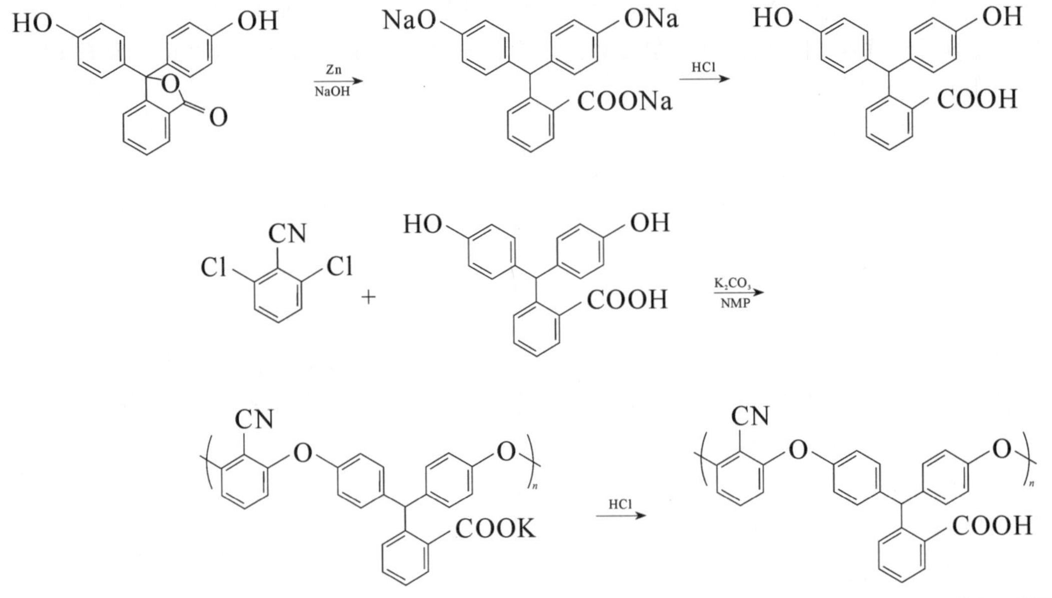

(10‐25)

2)磺化聚芳醚腈

磺化聚芳醚类聚合物具有热稳定性和化学稳定性好、抗水解能力强、结构多样且价格相对较低等优点,是目前研究最多,也是最有希望成为替代 Nafion 等全氟磺酸膜的质子交换膜材料之一。它主要包括磺化聚醚酮、磺化聚醚砜、磺化聚苯醚、磺化聚苯硫醚、磺化聚醚磷酮等系列聚合物。最早制备磺化聚芳醚的方法是后磺化方法。首先合成聚芳醚聚合物,然后利用磺化试剂对聚合物进行磺化。最具代表性的就是磺化聚芳醚砜和磺化聚醚醚酮系列聚合物。磺化试剂主要有浓硫酸、三氧化硫‐磷酸三乙酯、氯磺酸及三甲基硅磺酰氯等。聚合物中磺酸基含量主要由反应时间、反应温度及所用磺化试剂的浓度来控制。此方法虽然具有合成简单、母体聚合物大多已实现大规模工业生产、可以直接购买等优点,但是用发烟硫酸和氯磺酸甚至浓硫酸作磺化剂时往往易造成聚合物的降解。这是后磺化方法的一个致命缺点。其另一个缺点是磺化度难以精确控制。因此,目前用得比较多的是先开发磺化单体,再进行聚合。

聚芳醚腈作为聚芳醚类树脂的一个重要分支,在磺化质子交换膜中也起着重要作用。以 2,6‐二氟苯腈(DFBN)为原料,2,5‐二羟基苯磺酸钾(SHQ)与双酚 A 按不同比例共聚合成磺酸基含量不同的聚芳醚腈聚合物。其反应式为

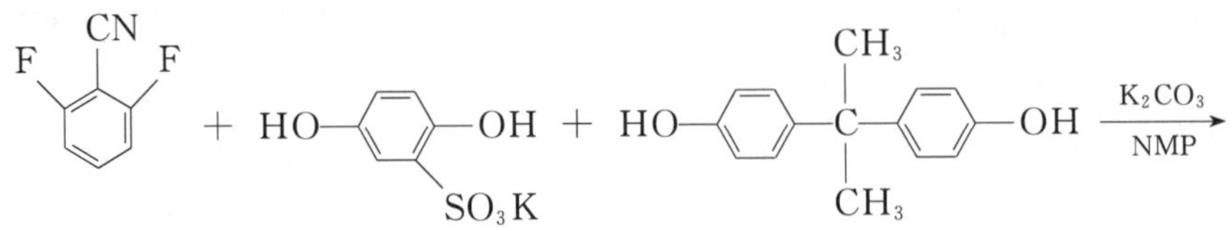

$$(10-26)$$

该类聚合物的磺酸基含量高,玻璃化转变温度为 182～240 ℃,薄膜拉伸强度为 45～62 MPa,断裂延伸率为 6%～10%,吸水率高达 10%～60%,可以作为离子交换树脂用于燃料电池中。

参 考 文 献

[1] JAMES M M. Engineering Thermoplastics. New York：Marcel Dekker，Inc. ，1985.

[2] 日本高分子学会. 塑料合金. 朱洪法，张权，金日光，等译. 北京：中国轻工业出版社，1992.

[3] 福本修. 聚酰胺树脂手册. 北京：中国石化出版社，1994.

[4] 张克惠. 塑料材料学. 西安：西北工业大学出版社，1995.

[5] 金国珍. 工程塑料. 北京：化学工业出版社，2001.

[6] 赵耀明. 非纤维用热塑性聚酯工艺与应用. 北京：化学工业出版社，2002.

[7] 马之庚，陈开来. 工程塑料手册：材料卷. 北京：机械工业出版社，2004.

[8] 周其凤，范星河，谢晓峰. 耐高温聚合物及其复合材料：合成、应用与进展. 北京：化学工业出版社，2004.

[9] JAMES M M. Engineering Plastics Handbook. New York：The McGraw – Hill Companies，Inc. ，2006.

[10] 郭宝华，张增民，徐军. 聚酰胺合金技术与应用. 北京：机械工业出版社，2010.

[11] 吴忠文. 特种工程塑料及其应用. 北京：化学工业出版社，2011.

[12] 丁孟贤. 聚酰亚胺：单体合成、聚合方法及材料制备. 北京：科学出版社，2011.

[13] 张玉龙，张文栋，严晓峰. 实用工程塑料手册. 北京：机械工业出版社，2012.

[14] 樊新民，车剑飞. 工程塑料及其应用. 2版. 北京：机械工业出版社，2017.

[15] 黄玉东，胡桢，黎俊，等. 聚对苯撑苯并二噁唑纤维. 北京：国防工业出版社，2017.

[16] 杨桂生. 中国战略性新兴产业：新材料：工程塑料. 北京：中国铁道出版社，2017.

[17] 董侠，王笃金. 长碳链聚酰胺制备、改性剂应用关键技术. 北京：科学出版社，2019.

[18] 杨士勇. 先进聚酰亚胺材料：合成、表征及应用. 北京：化学工业出版社，2020.